EUL VERLAG

STEUER, WIRTSCHAFT UND RECHT

Herausgegeben von vBP StB Prof. Dr. Johannes Georg Bischoff, Wuppertal, Dr. Alfred Kellermann, Vorsitzender Richter am BGH (a. D.), Karlsruhe, Prof. (em.) Dr. Günter Sieben, Köln, und WP StB Prof. Dr. Dr. h. c. Norbert Herzig, Köln

Band 333
Nils Ahrens
Unternehmensbeteiligungen und ihre Auswirkungen auf die Buchwertabfindung
Lohmar – Köln 2013 • 472 S. • € 72,- (D) • ISBN 978-3-8441-0262-8

Band 334
Michael Tippelhofer
Subjektive Qualifikationskonflikte bei Direktinvestitionen in den USA
Lohmar – Köln 2013 • 272 S. • € 58,- (D) • ISBN 978-3-8441-0291-8

Band 335
Benjamin Markus Engel
Steueroptimale Strukturierung von Auslandsinvestitionen deutscher mittelständischer Unternehmen
Lohmar – Köln 2013 • 524 S. • € 74,- (D) • ISBN 978-3-8441-0293-2

Band 336
Volker Dudek
Rechtsformabhängige Ungleichbehandlungen beim gewerbesteuerlichen Verlustabzug nach § 10a GewStG
Lohmar – Köln 2013 • 328 S. • € 62,- (D) • ISBN 978-3-8441-0294-9

Band 337
Peter Christian Müller
Cash-Flow-Unternehmenssteuern und Europäisches Recht
Lohmar – Köln 2013 • 272 S. • € 58,- (D) • ISBN 978-3-8441-0295-6

Band 338
Janine v. Wolfersdorff
Steuerbilanzielle Gewinnermittlung – Stand und Entwicklungsperspektiven aus deutscher und europäischer Sicht
Lohmar – Köln 2014 • 360 S. • € 64,- (D) • ISBN 978-3-8441-0312-0

JOSEF EUL VERLAG

HEINRICH HEINE
UNIVERSITÄT DÜSSELDORF

Wirtschaftswissenschaftliche Fakultät

INAUGURALDISSERTATION ZUR ERLANGUNG DES DOKTORS DER WIRTSCHAFTSWISSENSCHAFTEN (DR. RER. POL.) AN DER HEINRICH-HEINE-UNIVERSITÄT DÜSSELDORF

Vorgelegt im Wintersemester 2013/2014 von

Dipl.-Kffr. Janine v. Wolfersdorff

unter dem Titel

Steuerbilanzielle Gewinnermittlung

\- Stand und Entwicklungsperspektiven der steuerbilanziellen Gewinnermittlung von Unternehmen unter Berücksichtigung freiheitlich-demokratisch verankerter Leitlinien und Prinzipien -

Erstgutachter: Prof. Dr. Guido Förster
Zweitgutachter: Prof. Dr. Heinz-Dieter Smeets
Tag der mündlichen Prüfung: 6.2.2014

D 61

Reihe: Steuer, Wirtschaft und Recht · Band 338

Herausgegeben von vBP StB Prof. Dr. Johannes Georg Bischoff, Wuppertal, Dr. Alfred Kellermann, Vorsitzender Richter (a. D.) am BGH, Karlsruhe, Prof. (em.) Dr. Günter Sieben, Köln, und WP StB Prof. Dr. Dr. h. c. Norbert Herzig, Köln

Dr. Janine v. Wolfersdorff

Steuerbilanzielle Gewinnermittlung

Stand und Entwicklungsperspektiven aus deutscher und europäischer Sicht

EUL VERLAG

Bibliografische Information der Deutschen Nationalbibliothek

Die Deutsche Nationalbibliothek verzeichnet diese Publikation in der Deutschen Nationalbibliografie; detaillierte bibliografische Daten sind im Internet über <http://dnb.d-nb.de> abrufbar.

Dissertation, Heinrich-Heine-Universität Düsseldorf, 2014, unter dem Titel: Steuerbilanzielle Gewinnermittlung – Stand und Entwicklungsperspektiven der steuerbilanziellen Gewinnermittlung von Unternehmen unter Berücksichtigung freiheitlich-demokratisch verankerter Leitlinien und Prinzipien

D 61

ISBN 978-3-8441-0312-0
1. Auflage März 2014

JOSEF EUL VERLAG GmbH
Brandsberg 6
53797 Lohmar
Tel.: 0 22 05 / 90 10 6-6
Fax: 0 22 05 / 90 10 6-88
E-Mail: info@eul-verlag.de
http://www.eul-verlag.de

Bei der Herstellung unserer Bücher möchten wir die Umwelt schonen. Dieses Buch ist daher auf säurefreiem, 100% chlorfrei gebleichtem, alterungsbeständigem Papier nach DIN 6738 gedruckt.

Vorwort

Die vorliegende Arbeit entstand als „externe Promotion“ neben meiner Tätigkeit als Leiterin der Geschäftsstelle des Instituts Finanzen und Steuern und wurde im Oktober 2013 von der Wirtschaftswissenschaftlichen Fakultät der Heinrich-Heine-Universität Düsseldorf als Dissertation angenommen.

Wissenschaft geht von einer Offenheit der Gedanken aus, sie lebt vom freien Diskurs. Beides wurde mir durch den Betreuer meiner Arbeit und Inhaber des Lehrstuhls für Betriebswirtschaftslehre, insbes. Betriebswirtschaftliche Steuerlehre, Herrn Prof. Dr. Guido Förster, in idealer Weise ermöglicht. Für die zielführende, sehr engagierte und motivierende Betreuung meiner Arbeit möchte ich mich ganz herzlich bedanken.

Herrn Prof. Dr. Heinz-Dieter Smeets, Inhaber des Lehrstuhls für VWL, insb. Internationale Wirtschaftsbeziehungen, danke ich besonders für das meiner Arbeit entgegengebrachte Interesse und die zügig vorgenommene Zweitbegutachtung. Bei Frau Prof. Dr. Johanna Hey, Direktorin des Instituts für Steuerrecht der Universität zu Köln, möchte ich mich außerdem für die begleitende Unterstützung von Köln aus bedanken.

Völlig unentbehrlich zur Erstellung der vorliegenden Arbeit und für die nachfolgende Disputation war schließlich ein kleines Netzwerk im Territorium zwischen Deutschland und Chile, das mich bei guter Laune gehalten hat. Allen, die mich hier echt „bärenstark“ unterstützt haben – inhaltlich, moralisch, liebenswert – danke ich inniglich und widme ich diese Arbeit. Ein namentlicher Dank gilt meinen Eltern und meiner kleinen Zwillingsschwester, außerdem meinem großen Bruder. Danken möchte ich außerdem einer besonderen Kölner Taxifahrerin, die mich als Glücksbringer unentgeltlich zur Prüfung fuhr.

Köln, 19. Februar 2014 — Janine v. Wolfersdorff

INHALTSVERZEICHNIS

ABBILDUNGSVERZEICHNIS

ABKÜRZUNGSVERZEICHNIS

Abb.	Abbildung
Abl.	Amtsblatt
AfA	Absetzung für Abnutzung
AnwZpvV	Verordnung zur Festlegung eines späteren Anwendungszeitpunktes der Verpflichtungen nach § 5b des Einkommensteuergesetzes
AEUV	Vertrag über die Arbeitsweise der Europäischen Union
AG	Arbeitsgruppe
AktG	Aktiengesetz
Art.	Artikel
Aufl.	Auflage
Az.	Aktenzeichen
BB	Betriebs-Berater
BilMoG	Bilanzrechtsmodernisierungsgesetz
BFH	Bundesfinanzhof
BFHE	Sammlung der Entscheidungen des BFH
BFH/NV	Sammlung der Entscheidungen des Bundesfinanzhofs (BFH), die nicht in der amtlichen Sammlung des BFH veröffentlicht werden
BFuP	Betriebliche Forschung und Praxis
BMF	Bundesministerium der Finanzen
BGBl.	Bundesgesetzblatt

BStBl.	Bundessteuerblatt
BRD	Bundesrepublik Deutschland
BR-Drs.	Bundesrats-Drucksache
BT-Drs.	Bundestags-Drucksache
BGB	Bürgerliches Gesetzbuch
BVerfG	Bundesverfassungsgericht
BVerfGE	Entscheidungen des Bundesverfassungsgerichts
CCCTB	Common Consolidated Corporate Tax Base
c. p.	ceteris paribus
DB	Der Betrieb
DDR	Deutsche Demokratische Republik
ders.	Derselbe (in Fußnoten)
dies.	Dieselbe (in Fußnoten)
DK	Der Konzern
DStJG	Deutsche Steuerjuristische Gesellschaft
DStR	Deutsches Steuerrecht
Einl.	Einleitung
EStG	Einkommensteuergesetz
EStÄR	Einkommensteueränderungsrichtlinien
EStR	Einkommensteuerrichtlinien
EG	Europäische Gemeinschaften

EU	Europäische Union
EuGH	Europäischer Gerichtshof
EUV	EU-Vertrag
FA	Finanzarchiv
ff.	fortfolgende
Fn.	Fußnote
FR	Finanzrundschau Ertragsteuerrecht
GewStG	Gewerbesteuergesetz
GKB	Gemeinsame Körperschaftsteuer-Bemessungsgrundlage
GKKB	Gemeinsame Konsolidierte Körperschaftsteuer-Bemessungsgrundlage
GmbHG	Gesetz betreffend die Gesellschaften mit beschränkter Haftung
GmbHR	GmbH-Rundschau
GoB	Grundsätze ordnungsmäßiger Buchführung
GuV	Gewinn- und Verlustrechnung
HFA	Hauptfachausschuss
HGB	Handelsgesetzbuch
h. M.	herrschende Meinung
Hrsg.	Herausgeber
IDW	Institut der Wirtschaftsprüfer
IFSt	Institut Finanzen und Steuern

IStR	Internationales Steuerrecht
i. V. m.	in Verbindung mit
JZ	Juristenzeitung
KStG	Körperschaftsteuergesetz
m. w. N.	mit weiteren Nachweisen
Nr.	Nummer
NWB	Neue Wirtschaftsbriefe
ÖStZ	Österreichische Steuerzeitung
PublG	Publizitätsgesetz – Gesetz über die Rechnungslegung von bestimmten Unternehmen und Konzernen
RH	Rechnungslegungshinweis
RIW	Recht der Internationalen Wirtschaft
RL	Richtlinie
Rn.	Randnummer
Rz.	Randziffer
S.	Seite
SE	Societas Europaea
Stbg	Die Steuerberatung
StuB	NWB Unternehmenssteuern und Bilanzen
StuW	Steuer und Wirtschaft
StWa	Steuerwarte
Tz.	Textziffer

u. a.	unter anderem
Ubg	Die Unternehmensbesteuerung
usw.	und so weiter
Vgl.	Vergleiche
VO	Verordnung
WPg	Die Wirtschaftsprüfung
ZfhF	Zeitschrift für handelswissenschaftliche Forschung
z. T.	zum Teil

TEIL 1: ZIEL, VORGEHENSWEISE UND EINORDNUNG DER UNTERSUCHUNG

A. Problemstellung, Ziel und Aufbau der Untersuchung

Die steuerliche Gewinnermittlung von Unternehmen basiert auf einem bilanziellen Betriebsvermögensvergleich nach Maßgabe der handelsrechtlichen Grundsätze ordnungsmäßiger Buchführung („Maßgeblichkeitsprinzip"), soweit dem keine zwingenden steuerlichen Vorschriften entgegenstehen oder steuerliche Wahlrechte eine Abweichung erlauben (§ 5 Abs. 1 Satz 1 und Abs. 6 EStG). Die für die Steuerbemessungsgrundlage maßgeblichen Prinzipien und Regelungen befinden sich daher im kodifizierten wie nicht kodifizierten Handelsrecht sowie in korrigierenden, einfachgesetzlich kodifizierten Normen des Steuerrechts. Über Auslegungsfragen sind außerdem steuerrechtlich nicht ausdrücklich kodifizierte Leitlinien und Prinzipien des Steuerrechts relevant.[1] Es gibt im Ergebnis kein eigenes und in sich geschlossenes Regelsystem für die steuerliche Gewinnermittlung von Unternehmen.[2]

Dass handelsrechtliche „Kaufmannsgrundsätze" der bilanziellen Rechnungslegung die Grundlage der steuerlichen Gewinnermittlung bilden, wird in der Literatur seit Jahr und Tag kritisch hinterfragt.[3] Das Maßgeblichkeitsprinzip scheint dabei im Zeitablauf auch einem schleichenden und mittlerweile signifikanten Prozess der Schwächung ausgesetzt zu sein, der im Kern in unterschiedlichen Zielen von Handels- und Steuerbilanz wurzelt. Hinsichtlich der

---

1 Vgl. im Detail dazu Teil 4 Abschnitte A und B.

2 Gewinn wird hier begrifflich für das Einkommen eines Unternehmens auf der ersten steuerlichen Gewinnermittlungsstufe verwendet (vgl. näher Teil 4 Abschnitt A). Das Unternehmen wird hier allgemein als Bezugsobjekt der steuerlichen Gewinnermittlung begriffen und ist vom konkret steuerrechtlichen und handelsrechtlichen „Gewerbebetrieb" (vgl. etwa § 2 Abs. 1 Nr. 2 EStG; § 1 Abs. 1 und 2 HGB;) zu unterscheiden. Begrifflich wird zumindest ein allgemeiner, auch private Haushalte umfassender Betriebstyp ausgeschlossen (dazu Gutenberg, Produktion, S. 457 ff.). Detailfragen der subjektiv-persönlichen Abgrenzung der steuerlichen Gewinnermittlung sind nicht Gegenstand der Untersuchung.

3 Vgl. insbesondere unter Teil 5 Abschnitt B.

heutigen Reichweite des Maßgeblichkeitsprinzips und auch seiner Zukunftsstabilität besteht in hohem Maße Unsicherheit.[4]

Die steuerliche Maßgeblichkeit von Teilen des Handelsrechts ist dabei steuerhistorisch als gewachsenes und „praktisch" orientiertes Recht zu begreifen. Verteidigt wurde sie über Jahrzehnte nicht nur als Vereinfachungsstrategie, sondern auch als „Schutzverankerung" vor einer fiskalisch willkürlichen Fortentwicklung der Gewinnermittlung.[5] Je schwächer das Maßgeblichkeitsprinzip im Zeitablauf allerdings wurde, umso geringer schienen die Rechtfertigungsschwellen für weitere Durchbrechungen zu werden. Insbesondere hat sich der steuerliche Gesetzgeber selbst nie auf ein konsistentes System oberer Leitlinien und Prinzipien als Basis der steuerlichen Gewinnermittlung festgelegt – wohl auch, weil er das aufgrund der maßgeblichen handelsrechtlichen Prinzipien vermeintlich gar nicht musste.

Mangels eines anerkannten Systems von Leitlinien und Prinzipien steuerlicher Gewinnermittlung steht die steuerbilanzielle Gewinnermittlung auch unter dem latenten „Verdacht" einer Begünstigung von Unternehmen gegenüber nicht-unternehmerischen Steuerpflichtigen, die als einkommensteuerliche Bemessungsgrundlage eine zahlungsstromorientierte Überschussrechnung erstellen.[6] Das bewirkt einen zusätzlichen Druck auf das Maßgeblichkeitsprinzip. Eine „große Steuerbilanzreform" unter Abkopplung der steuerbilanziellen Gewinnermittlung vom Handelsrecht zugunsten einer gemeinsamen europäischen Bemessungsgrundlage wurde schließlich auch bereits in den Gesetzesmaterialien des handelsrechtlich fokussierten Bilanzrechtsmo-

---

4 Vgl. unten Teil 3 Abschnitt A.IV.1.cc), Teil 4 Abschnitte B und E sowie Teil 5 Abschnitt A.

5 Grundlegend Döllerer, Maßgeblichkeit, BB 1971 S. 1333 ff. Vgl. unten Teil 3 Abschnitt A.IV.4 und Teil 4 Abschnitt B.

6 Vgl. unten Teil 5 Abschnitt B.

dernisierungsgesetzes als „Prüfauftrag" vermerkt.[7] Ein ausformulierter Richtlinienvorschlag der EU-Kommission liegt hierfür vor.[8]

Die skizzierten Entwicklungen werfen die Frage auf, ob und inwieweit das geltende steuerbilanzielle Gewinnermittlungsrecht den Anforderungen einer sachgerechten steuerlichen Gewinnermittlung genügt und ob es ggf. bessere Alternativen gibt. Das ist die Ausgangsfrage der vorliegenden, normativ-betriebswirtschaftlichen Untersuchung.[9] Sie will zunächst ein breites Gefüge elementarer ökonomischer wie rechtlicher Leitlinien für die steuerliche Gewinnermittlung von Unternehmen herausarbeiten (Teil 2 der Untersuchung), dem nachfolgend ein Prinzipiensystem für die steuerliche Gewinnermittlung zugeordnet werden kann (Teil 3 der Untersuchung). Weiteres Unterziel ist es, die geltende steuerbilanzielle Gewinnermittlung von Unternehmen in Grundzügen so darzustellen, dass elementare Differenzen zu dem herausgearbeiteten Maßstab einer sachgerechten steuerlichen Gewinnermittlung sichtbar werden (Teil 4 der Untersuchung). Ausgehend von den bisher gewonnen Erkenntnissen, sollen in einem letzten Schritt grundlegende Entwicklungsmöglichkeiten der steuerlichen Gewinnermittlung normativ eingeordnet werden. Fokussiert wird dabei auf eine prinzipienbasierte Steuerbilanzreform unter Aufgabe des Maßgeblichkeitsprinzips, eine Rücknahme von Periodisierungen zur Rückführung des dualistisch gespalteten Einkünftebegriffs und die Einführung einer gemeinsamen europäischen Steuerbemessungsgrundlage (Teil 5 der Untersuchung).

---

7 Vgl. Regierungsentwurf des Bilanzrechtsmodernisierungsgesetzes vom 30.7.2008, BT-Drs. 16/10067, S. 34.

8 Vgl. EU-Kommission, Richtlinienvorschlag für eine Gemeinsame konsolidierte Körperschaftsteuer-Bemessungsgrundlage (GKKB) vom 16.3.2011, KOM(2011) 121/4.

9 Die normative betriebswirtschaftliche Steuerlehre gehört neben der Steuerwirkungslehre und der Steuergestaltungslehre zu den drei Hauptaufgaben der Betriebswirtschaftlichen Steuerlehre. Vgl. Rose, Steuerberatung und Wissenschaft, S. 59 f.; Kußmaul, Steuerlehre, S. 1 f.; Siegel, Steuerwirkungen, S. 14 ff.

B. Steuerwissenschaftliche Einordnung

I. Der normativ-betriebswirtschaftliche Untersuchungsansatz

Die vorliegende normativ-betriebswirtschaftliche Untersuchung befasst sich mit Grundlagenfragen einer sachgerechten steuerbilanziellen Gewinnermittlung von Unternehmen.

Sachgerecht ist die Gewinnermittlung dann, wenn sie „zweckgerecht“ ist, also steuerlichen Zielen und Nebenbedingungen weitestmöglich Rechnung tragen kann.[10] Das lenkt den Blick zunächst auf die Frage, wie ein „gutes Steuersystem“ – einschließlich seiner einzelnen Elemente – idealerweise auszusehen hat.

Spätestens seit der französischen Aufklärung Ende des 18. Jahrhunderts haben sich sowohl Wirtschaftswissenschaftler als auch Rechtswissenschaftler mit dieser Fragestellung befasst.[11] Es geht um die Bestimmung von „Grundsätzen“, „Maximen“ oder „Leitlinien“ der Besteuerung, die als „Sollqualitäten“ zielgerichtet Anforderungen für das Steuersystem definieren.[12] Ein Konsens für diese Anforderungen hinsichtlich ihrer Begrifflichkeiten, Präzisierungsformen, Gruppierungen, Hierarchisierungen und Betonungen konnte indes bisher nicht erreicht werden; zu vielfältig sind die Aufgaben oder auch Nebenbedingungen, die Steuern neben dem reinen Fiskalzweck etwa aus wirtschaftspolitischer oder sozialpolitischer Perspektive zu erfüllen haben und zu vielfältig die verschiedenen Ansichten dazu im Zeitablauf.[13] Sollqualitäten einer jeweils „zieladäquaten“ Besteuerung wurden und werden folglich in

---

10 Vgl. Prinz, Maßgeblichkeit versus eigenständige Steuerbilanz, S. 280 f.; Moxter, Bilanztheorie, S. 24.

11 So entstand die aufklärerische Forderung nach Gleichheit in revolutionärer Ablehnung feudaler Ungleichheit gerade bei der Verteilung von Steuerlasten; vgl. Rüstow, Ortsbestimmung der Gegenwart III, S. 98; Tipke, Steuerrechtsordnung I, S. 314 f. Vgl. auch den Überblick bei Lang, Steuergesetzbuch, S. 89 ff.

12 Neumark, Steuerpolitik, S. 15 f.

13 Vgl. Littmann, Finanzwissenschaft, S. 107; Bodenhöfer, Rationales Steuersystem, S. 787 ff.

verschiedenen und kaum mehr überschaubaren Variationen postuliert.[14] Sie sind keine kategorischen Imperative. Ziele und Funktionen der Besteuerung ändern sich im Zeitablauf mit gesellschaftlichen, politischen und ökonomischen Entwicklungen.[15]

Die *Finanzwissenschaft* befasst sich hiermit aus gesamtwirtschaftlicher Perspektive.[16] Anforderungen an die Besteuerung können dabei wissenschaftlich dann begründet werden, wenn Wesen und Funktion der Besteuerung richtig erfasst werden und daraus sowie aus allgemein anerkannten politischen Zielen Anforderungen für die Besteuerung abgeleitet werden.[17]

Für Steuern in freiheitlich-demokratischen Gesellschaftsordnungen ist allgemein anerkannt, dass sie die Funktion haben, Deckungsmittel für öffentliche Aufgaben des Staates zu beschaffen und dabei die Werte und Ziele der Gesellschaftsordnung zu beachten haben.[18] Hiervon wird im Folgenden ausgegangen.

Als „Besteuerungsprinzipien" lassen sich aus finanzwissenschaftlicher Perspektive gruppieren:[19]

(1) fiskalisch-budgetäre Grundsätze aus Perspektive des Staates als Steuergläubiger: die „Ausreichendheit" und eine „deckungspolitische Anpassungsfähigkeit";[20]

(2) ethisch-sozialpolitische Grundsätze aus Perspektive der Steuerpflichtigen, wobei darunter Postulate der Gerechtigkeit – Allgemeinheit und

---

14 Vgl. Littmann, Finanzwissenschaft, S. 107; Neumark, Steuerpolitik, S. 15 ff.

15 Vgl. Neumark, Steuerpolitik, S. 18; Kußmaul, Steuerlehre, S. 2.

16 Das entspricht dem Ansatz einer „normativen Ökonomie", der eine „positive Ökonomie" gegenübergestellt wird. Vgl. Stiglitz/Schönfelder, Finanzwissenschaft, S. 14 ff.

17 Vgl. Neumark, Steuerpolitik, S. 17 f.

18 Vgl. Bodenhöfer, Rationales Steuersystem, S. 787 f.; Neumark, Steuerpolitik, S. 18 f.; Zimmermann, Finanzwissenschaft, S. 4 ff.

19 Vgl. Neumark, Steuerpolitik, S. 20 ff.

20 Vgl. Neumark, Steuerpolitik, S. 47 ff.

Gleichmäßigkeit der Besteuerung, Leistungsfähigkeitsprinzip – und Umverteilung gefasst werden;[21]

(3) wirtschaftspolitische Grundsätze aus gesamtwirtschaftlicher Perspektive, wobei darunter eine Vermeidung fiskaldirigistischer Eingriffe in das Marktgeschehen, ungewollte Beeinträchtigungen des Wettbewerbs und eine Minimierung von Einschränkungen der Dispositionsfreiheit verstanden wird,[22] ferner Flexibilisierungsgrundsätze im Sinne einer konjunkturbedingten, antizyklischen Fiskalpolitik[23] und schließlich Grundsätze einer wachstumspolitischen Ausrichtung der Besteuerung: Verhinderung wachstumshemmender Wirkungen und Zulässigkeit partiell wachstumsförderlicher Maßnahmen;[24]

(4) steuerrechtlich-technische Grundsätze[25] der Widerspruchslosigkeit und Systemhaftigkeit, der Steuertransparenz im Sinne von Eindeutigkeit/ Bestimmtheit und Verständlichkeit/Klarheit, der Anwendungspraktikabilität, Stetigkeit und Wirtschaftlichkeit.

Die *Steuerrechtswissenschaft* bringt zwar grundsätzlich keine Besteuerungsmaximen in die Diskussion mit ein, die von der Finanzwissenschaft nicht bereits berücksichtigt worden wären. Als wertgebundene Normenlehre („Wertungsjurisprudenz“[26]) geht sie jedoch weitaus stärker noch von den Wertvorstellungen der Gesellschaftsordnung aus, die dem „inneren System“ der Rechtsordnung zugrunde liegen.[27] Sie betont, konkretisiert und detailliert vor allem Fragen der Gerechtigkeit als „Sollqualität“ eines guten Steuersystems und kann so maßgeblich zur „Verrechtlichung finanzwissenschaftlicher Be-

---

21 Vgl. Neumark, Steuerpolitik, S. 67 ff.

22 Vgl. Neumark, Steuerpolitik, S. 261 ff.

23 Aktive Anpassungsfähigkeit etwa über Abschreibungsbedingungen der steuerlichen Gewinnermittlung; passive Anpassungsfähigkeit über eine breite Bemessungsgrundlage ohne viele Ausnahmen oder auch einen Verlustrücktrag, vgl. Neumark, Steuerpolitik, S. 282 ff.

24 Vgl. Neumark, Steuerpolitik, S. 311 ff.

25 Vgl. Neumark, Steuerpolitik, S. 344 ff.

26 Grundlegend Larenz, Methodenlehre, S. 119 ff.

27 Vgl. Tipke, Steuerrechtsordnung I, S. 110 ff.

steuerungsprinzipien“[28] beitragen.[29] Sie befasst sich mit einer Systematisierung des gesamten vorhandenen Steuerrechtsgerüsts, indem sie es in seinen Zusammenhängen und möglichen Widersprüchen zu erklären versucht. Mit Blick auf die Einheit der Rechtsordnung wird möglichst das gesamte Vielsteuersystem betrachtet.[30]

Neben der Finanzwissenschaft und der Rechtswissenschaft befasst sich traditionell auch die *betriebswirtschaftliche Steuerlehre* mit normativen Fragen der Ausgestaltung eines Steuersystems.[31] Es besteht allerdings kein Konsens hinsichtlich des zugehörigen Wissenschaftsverständnisses.[32] Der normative Zweig der betriebswirtschaftlichen Steuerlehre wird innerhalb des Fachs zum Teil abgelehnt,[33] und wenn er akzeptiert wird, werden steuerpolitische Zielvorgaben teilweise gar nicht erst ihrem Forschungsbereich zugeordnet,[34] teilweise auch nur eine Entscheidungsneutralität[35] als solitäre betriebswirtschaftliche Forderung herausgearbeitet und untersucht.[36]

Aus dieser Perspektive wird die normativ wissenschaftliche Politikberatung unter denkbar engem „Erfahrungswissenschaftsverständnis“ von einer bloß „offen wertenden Politikberatung“ abgegrenzt.[37] Als wissenschaftlich werden dann nur Untersuchungen angesehen, die zu deskriptiven und insoweit „wahren“, allgemeingültigen Aussagen gelangen.[38] Dazu zählen beispielsweise Untersuchungen, die nur hypothetische Ziele unterstellen und Mittel zur Ziel-

---

28 Tipke, Steuerrechtsordnung I, S 15.

29 Vgl. Lang, Steuergesetzbuch, S. 92 ff., m. w. N.

30 Tipke, Steuerrechtsordnung I, S 12 ff. Das entspricht auch finanzwissenschaftlichen Forderungen nach einer Gesamtoptimierung des Steuersystems (vgl. Neumark, Steuerpolitik, S. 4), kann allerdings umgekehrt wiederum den einzelwirtschaftlichen Blick auf die sachgerechte Ausgestaltung einer einzelnen Bemessungsgrundlage verstellen.

31 Vgl. nur Siegel, Steuerpolitik, S. 14 ff.

32 Zu dem langjährigen Disput vgl. Schmiel, Rechtskritik, S. 18 ff.

33 Vgl. dazu Schneider/Bareis/Siegel, Normative Steuerlehre, DStR 2013 S. 1145 ff. und Küting/Kußmaul et al., Plädoyer, DB 2013 S. 2097 ff.

34 Vgl. Kußmaul, Steuerlehre, S. 2.

35 Vgl. dazu näher unter Teil 2 Abschnitt V.2.

36 Vgl. Fritz-Schmied, Die steuerbilanzielle Gewinnermittlung, S. 2; Kahle, Zukunft der Steuerbilanz, S. 563, Rz. 3066.

37 Deutlich bei Schmiel, Rechtskritik, S. 225.

38 Vgl. dazu auch die Spaltung der Finanzwissenschaft in einen normativen und einen positiven Zweig, Stiglitz/Schönfelder, Finanzwissenschaft, S. 14 ff.

erreichung aufzeigen. Mangels normativ wertender Aussagen wird dies als nur „quasi-normativ“ bezeichnet.[39] Eine betriebswirtschaftlich wissenschaftliche Politikberatung kann nach dieser Auffassung keine wertenden Stellungnahmen enthalten, da wertende Aussagen nicht „wahr“ seien.[40] Der Verzicht auf wertende Aussagen wird als „Werturteilsfreiheit“ bezeichnet.[41]

Wenn steuerliche Normen dann sachgerecht sind, wenn sie steuerpolitisch zielkonform bzw. zweckadäquat sind und dies wiederum nur dann bejaht werden kann, wenn die vorgegebenen Ziele zum jeweiligen Zeitpunkt insgesamt den Bedürfnissen und Wertvorstellungen der Gesellschaft entsprechen,[42] können jedoch nur unter nicht-selektiver Bezugnahme auch zu ethischen Grundfragen normativ valide Aussagen für die Besteuerung getroffen werden. Dass die Beziehungen zur Ethik „nicht zu den zentralen Themen betriebswirtschaftlicher Forschung und Lehre“ gehören,[43] ist daher in der Sache bereits zurückzuweisen. Ohne Bezug zur Ethik ist keine valide normative betriebswirtschaftliche Untersuchung denkbar.

Dass es tatsächlich noch keine normativ-betriebswirtschaftliche Untersuchung zu Grundlagen und Entwicklungsperspektiven der Steuerbilanz gibt, die zwischen einem gültigen Gesamtkanon ethischer Grundwerte und dem „Mikrokosmos“ des einzelnen Betriebs und seiner steuerlichen Erfolgsrechnung einen Bogen spannt, mag schließlich der Weite und Interdisziplinarität des betriebswirtschaftlichen Forschungsfeldes geschuldet sein. Anliegen dieser Arbeit ist es, diese Untersuchungslücke zu schließen. Über eine Bezugnahme zu allgemein akzeptierten Wertvorstellungen und Bedürfnissen der Gesellschaft ist dieser betriebswirtschaftlich-steuerliche Untersuchungs-

---

39 Vgl. Hartl, Politikberatung durch die Kommission Rechnungswesen, S. 41 ff.

40 Vgl. Hartl, Politikberatung durch die Kommission Rechnungswesen, S. 46.

41 Vgl. Hartl, Politikberatung durch die Kommission Rechnungswesen, S. 34.; Schmiel, Rechtskritik, S. 224, 146 ff. Schneider schreibt, dass die Betriebswirtschaftslehre als eigenständiger Wissenschaftszweig sogar als Spätfolge des Wissenschaftsstreits um die „Werturteilsfreiheit“ von der Volkswirtschaftslehre abgekapselt wurde. Vgl. Schneider, Gewinnbesteuerung, S. 243 f.

42 Zu einem entsprechenden betriebswirtschaftlichen Untersuchungsansatz Schneider, Gewinnbesteuerung, S. 26 f.; Siegel, Steuerpolitik, S. 16 ff.

43 Küpper, Unternehmensrechnung, S. 23.

ansatz dabei interdisziplinär offen gegenüber den beiden anderen Teildisziplinen der Steuerwissenschaften.[44]

Für die konkreten Ausgestaltungsfragen einer sachgerechten steuerlichen Gewinnermittlung kann er auf ein breites betriebswirtschaftliches Instrumentarium zurückgreifen[45] und damit auch finanzwissenschaftliche Grundsätze mit diesem Wissen und aus einzelwirtschaftlicher Perspektive[46] konkretisieren. Normativ-wertende Fragen der Ausgestaltung der steuerlichen Gewinnermittlung betreffen originär betriebswirtschaftliche Begriffe und Konzepte einer Aufwands- und Ertragsmessung.[47] Das äußere Rechtssystem[48] folgt diesen zwar nicht, soweit sie nicht gesetzlich normiert sind. Allerdings kann – vor allem – die Betriebswirtschaftslehre sie hinsichtlich valider steuerpolitischer Zielvorgaben bzw. Sollqualitäten einordnen und legislativ optionale Gewinnermittlungsregeln durch ihr Verständnis von Unternehmensprozessen, Risiko[49] und Märkten sachgerecht beurteilen.[50]

Anforderungen an die Ausgestaltung der steuerlichen Gewinnermittlung aus rein betriebswirtschaftlicher und unternehmerischer Sicht können isoliert zwar kein sachgerechter normativer Maßstab für die Besteuerung sein; betriebswirtschaftliche Anforderungen können jedoch konform gehen mit gesamtstaatlichen Anforderungen[51] und diese verdeutlichen; sie werden daher nachfolgend mit in den Blick genommen.

---

44 Vgl. dazu auch Siegel, Steuerpolitik, S. 13.

45 Vgl. Rose, Steuerlehre, S. 19 ff.

46 Vgl. Schneider/Bareis/Siegel, Normative Steuerlehre, DStR 2013 S. 1146.

47 Vgl. jüngst Schneider/Bareis/Siegel, Normative Steuerlehre, DStR 2013 S. 1146 und Hey, Steuerrecht, § 3 Rz. 10.

48 Vgl. Tipke, Steuerrechtsordnung I, S. 105 ff.

49 Zu Typen einer Unsicherheit i. e. S. – Ungewissheit (Eintrittswahrscheinlichkeiten möglicher Umweltzustände können nicht angegeben werden) und Risiko (Eintrittswahrscheinlichkeiten möglicher Umweltzustände können angegeben werden) vgl. Kruschwitz, Investitionsrechnung, S. 293 f. Zur Definition von Risiko und Unsicherheit vgl. auch Pindyck/Rubinfeld, Mikroökonomie, S. 219. Im Folgenden wird von diesen Differenzierungen abstrahiert; Risiko und Unsicherheit werden synonym gebraucht.

50 Zu Schmalenbachs Betriebswirtschaftslehre vgl. in dem Zusammenhang Kruk/Potthoff/Sieben, Schmalenbach, S. 288 ff.

51 Das gilt insbesondere für das – neutrale (vgl. Fn. 803 und Teil 2 Abschnitt B.V) – Ziel eines Unternehmenserhalts. Vgl. auch Siegel, Steuerpolitik, S. 20 ff. Betriebswirtschaft-

Für Zwecke dieser Untersuchung muss eine Konzentration insoweit erfolgen, als nicht die sachgerechte Ausgestaltung eines gesamten Steuersystems, sondern fokussiert diejenige der steuerlichen Gewinnermittlung interessiert. Dennoch sollten sich – pars pro toto – oberste Besteuerungsmaximen auch in der konkreten Ausgestaltung einer einzelnen Steuer – und hier: auch in deren Bemessungsgrundlage – wiederfinden.[52]

Diese Leitlinien beziehen sich in erster Linie auf die Unternehmensbesteuerung in Deutschland und haben insoweit insbesondere den verfassungsmäßigen Grundwerten und Zielen zu entsprechen. Mit Blick auf die mögliche unionsrechtliche Implementierung einer steuerlichen Gewinnermittlung in der EU[53] sollen diese Grundwerte und Ziele jedoch auch unionsrechtlich legitimiert sein. Ziele und Erfordernisse im europäischen Binnenmarkt und speziell der Eurozone[54] führen dazu, dass die Implementierung einer europäischen Gewinnermittlung als mögliche Reformoption für die bislang nationale steuerbilanzielle Gewinnermittlung von Unternehmen ernsthaft geprüft werden muss.[55] Die vorliegende Arbeit nimmt daher eine weitergehende europäische Perspektive ein, indem sie nicht allein deutschen, sondern auch europäischen Grundwerten und Zielen entsprechende Leitlinien steuerlicher Gewinnermittlung herausstellt. Mit Blick auf die exterritorial gültigen Grundwerte, auf denen die inhaltliche Ausfüllung der Leitlinien basiert, behält ein solch

---

liche Forderungen, die den Unternehmenserhalt betreffen, sichern wiederum dem Staat und privaten „Stakeholdern" des Unternehmens, wie Arbeitnehmern, Anteilseignern und Gläubigern, den Erhalt ihrer Einnahmenquelle, worauf Leffson (Grundsätze, S. 59) zutreffend hinweist. Unternehmerische und gesamtwirtschaftliche Ziele gehen hier also konform.

52 Vgl. Neumark, Steuerpolitik, S. 335 ff. Zwar wirken für Steuerwirkungen Bemessungsgrundlage und Steuertarif erst zusammen, sodass relative wie absolute Grenzen der Besteuerung ihre Bedeutung und ihr argumentatives wie rechtliches Gewicht erst unter „Hinzudenken" des Steuertarifs erhalten; man stelle sich beispielhaft nur einen 0,5%-igen Steuersatz für die Gewinnbesteuerung vor. Dies darf allerdings keineswegs dazu führen, entsprechende Besteuerungsmaximen unter Hinweis auf dieses Zusammenwirken im Rahmen der Bemessungsgrundlage auszublenden. So etwa Dietel, IAS und steuerliche Gewinnermittlung, S. 29 ff.

53 Vgl. unten Teil 5 Abschnitt C.

54 Vgl. Smeets/Vogel, Stabilitäts- und Wachstumspakt, S. 422 ff. und v. Wolfersdorff, Zukunftsfragen, S. 11 ff.

55 Vgl. Teil 2 Abschnitt B.V.4., Teil 4 Abschnitt B.II. und Teil 5 Abschnitt C und D.

normativer betriebswirtschaftlicher Untersuchungsansatz daher auch grenzüberschreitend Gültigkeit.[56]

Durch Spiegelung betriebswirtschaftlicher Begriffe und zugehöriger Erfolgsermittlungskonzeptionen am unternehmerischen Geschehen und Zuordnung zu wertgebundenen Leitlinien der Besteuerung können im Ergebnis normative Empfehlungen zu einer „besseren" legislativen Ausgestaltung der steuerlichen Gewinnermittlung gegeben werden. Da das Verständnis der steuerpolitischen Sollqualitäten und ihrer Beziehungen zueinander elementar für die nachgelagerte Beurteilung optionaler Gewinnermittlungsregeln ist, ist nach hier vertretener Auffassung zuvor auch eine eigene Befassung und Zusammenführung dieser Zielvorgaben erforderlich.

Ausgangspunkt der Untersuchung sind also allgemein gültige Werturteile einer freiheitlich-demokratischen Gesellschaftsordnung.[57] Die Konkretisierung darauf basierender Besteuerungsleitlinien sowie schließlich von Prinzipien der steuerlichen Gewinnermittlung wird transparent offengelegt.[58] Normatives Ergebnis dieses Untersuchungsansatzes ist dann nicht die Vorgabe von Normen wie Zielen der Besteuerung als „kategorischer Imperativ". Da diese auf eine bestimmte Interpretation und Gewichtung abstrakter gesamtwirtschaftlicher Grundwerte und Bedürfnisse zurückgeführt werden können,[59] verbleibt in Detailfragen zwangsläufig ein politischer Beurteilungs- und Gestaltungsspielraum. Das normative Ergebnis ist insoweit nicht „allgemeingültig", allerdings werturteilsgebunden.

Einem „quasi-normativen" Ansatz, der hingegen nur hypothetische Ziele unterstellt und zur Untersuchung heranzieht, – dies wird als zulässiges Wert-

---

[56] Zu eng insoweit auch Schneider/Bareis/Siegel, Normative Steuerlehre, DStR 2013 S. 1148. Da in dieser Untersuchung optionale Entwicklungswege der deutschen steuerlichen Gewinnermittlung normativ beurteilt werden sollen, kann zumindest eine nationale Prägung allerdings auch nicht ausgeschlossen werden.

[57] Insoweit werden die Grundwertungen der hier ermittelten Leitlinien und Prinzipien einer sachgerechten steuerlichen Gewinnermittlung grundsätzlich auch außerhalb der Europäischen Union Gültigkeit beanspruchen können.

[58] Zu einer entsprechenden Forderung Schneider/Bareis/Siegel, Normative Steuerlehre, DStR 2013 S. 1146.

[59] Vgl. Zimmermann/Henke/Broer, Finanzwissenschaft, S. 6.

urteil eines Metabereichs bezeichnet[60] – mangelt es an valider normativer Qualität durch hinreichend breite Verankerung in den Grundwerten der Gesellschaftsordnung.

Da sich Meinungsdifferenzen zur legislativen Ausgestaltung einer steuerlichen Bemessungsgrundlage häufig verdeckt auf unterschiedliche Auffassungen und Unklarheiten über ethische Grundlagen und Zielvorgaben der steuerlichen Gewinnermittlung zurückführen lassen, wird mit der vorliegenden Arbeit auch insgesamt ein breiterer, normativ-betriebswirtschaftlicher Forschungsansatz angeregt. Die Auffassung, dass normative Fragestellungen keinen Forschungsgegenstand der betriebswirtschaftlichen Steuerlehre darstellen, ist zurückzuweisen. Die betriebswirtschaftliche Steuerlehre würde sich damit enger definieren, als es ihrem Potenzial entspricht.[61]

II. Abgrenzung zu bisherigen Untersuchungen

Lösungsvorschläge zu normativen Fragestellungen der unternehmerischen Gewinnermittlung gehören traditionell zum festen Themenkern der Betriebswirtschaftslehre.[62] Sie waren es auch, die die Privat- und Betriebswirtschaftslehre ab den 1920-er Jahren aus einer wenig beachteten Nische zu heben vermochten, als Lösungsvorschläge für das virulent gewordene Problem der Gewinnermittlung bei inflatorischer Geldentwertung gesucht wurden.[63]

Die betriebliche Rechnungslegung für Zwecke der Erfolgsermittlung stellt dabei eine Disziplin der Betriebswirtschaftslehre dar, die sich aus kaufmännischen Übungen, Techniken und Gewohnheiten speist.[64] Betriebswirtschaftli-

---

60 Vgl. Schmiel, Rechtskritik, S. 225.

61 Dabei stellt gerade die betriebswirtschaftliche Aufforderung an die Unternehmensführung, eine „Marketing Myopia“ zu vermeiden und sich selbst nicht zu eng zu definieren, eine der elementarsten wirtschaftlichen Überlebensstrategien für Unternehmen dar. Vgl. Levitt, Marketing Myopia, Harvard Business Review, S. 45 ff. Anwendbar scheint mir dies – u. a. – auch auf den Wissenschaftszweig der steuerlichen Betriebswirtschaftslehre.

62 Vgl. vorangehend unter Abschnitt I.

63 Vgl. Schneider, Gewinnbesteuerung, S. 244. Zu einem Literaturüberblick über betriebswirtschaftliche Lösungsansätze zu einer Inflationskorrektur vgl. Moxter, Gewinnermittlung, S. 184 ff.

64 Wöhe/Mock, Handels- und Steuerbilanz, S: 1.

che Untersuchungen zeigen hier für unterschiedliche Zwecke und unter differierenden Prämissen Aussagekraft und Aussagegrenzen verschiedener Gewinnkonzeptionen auf.[65] Davon zu unterscheiden ist die Rechnungslegung bzw. „Bilanz im Rechtssinne",[66] die gesetzlichen Regelungen unterliegt.[67] Dazu zählt die Rechnungslegung für handelsrechtliche sowie für steuerrechtliche Zwecke.

Die Rechtsnatur und auch die Art der Ermittlung der für diese Bilanzierung im Rechtssinne jeweils ganz maßgeblichen „Grundsätze ordnungsmäßiger Buchführung" (GoB) unterlagen im Zeitablauf einem Wandel. Während sie zunächst als Gepflogenheiten sorgfältiger Kaufleute verstanden wurden und damit betriebswirtschaftliche und rechtliche Gewinnermittlung verschwammen, führte die zunehmende Ausnutzung der weiten Beurteilungsspielräumen nach der Aktienrechtsnovelle 1870 zu einer schrittweisen Wandlung der GoB zu Grundsätzen, die ein ordentlicher Kaufmann nach der Verkehrsanschauung wohl angewandt hätte, und schließlich zu vorsichtsbasierten, objektivierenden Rechtssätzen.[68] Damit stieg gleichzeitig die Bedeutung der Finanzgerichtsbarkeit für die Kristallisierung und Gewinnung von GoB durch „Bilanzrechtsprechung".[69] Da GoB aber zunächst induktiv aus der Kaufmannspraxis entstanden waren und nicht durch den Gesetzgeber in einem einmaligen, transparent zweckgerechten Legislativakt implementiert wurden,

---

65 Zu Zwecken, Konzepten und Instrumenten betriebswirtschaftlicher Gewinnermittlung, deren Aussagegrenzen sowie rechtlichen Grenzen sei nur auf die umfassenden Untersuchungen von Moxter (Gewinnermittlung, 1982; Bilanztheorie, 1984) verwiesen. Eine Symbiose zwischen betriebswirtschaftlicher und rechtlicher Bilanz strebte historisch Schmalenbach mit seinen Untersuchungen zur „dynamischen Bilanz" an (vgl. Teil 3 Abschnitt A.IV.2.). Auch Ernst Walb, einst Schüler Schmalenbachs, befasste sich eingehend mit der betriebswirtschaftlichen Gewinnermittlung (Erfolgsrechnung, 1926; Finanzwirtschaftliche Bilanz, 1966).

66 BFH vom 17.7.1974 – I R 195/72, BStBl. II 1974 S. 684: Die Bilanz im Rechtssinne ist keine Kostenrechnung. Vgl. auch Döllerer, Anschaffungs- und Herstellungskosten, S. 195.

67 Vgl. Wöhe/Mock, Handels- und Steuerbilanz, S: 1.

68 Ebenda, S. 46 f.; Euler, Bilanzrechtstheorie, S. 171 ff. Zu Rechtsnatur und Ermittlung von GoB als Rechtsnormen durch objektiv-teleologische Auslegungsmethode vgl. die Untersuchung von Döllerer, Grundsätze, BB 1959 S. 1217 ff.

69 Vgl. dazu die umfassende Gesamtschau in mittlerweile 6. Auflage durch Moxter (Bilanzrechtsprechung). Kritisch zur hohen Bedeutung der Einzelfallrechtsprechung durch den BFH Marx, Ubg 2013 S. 354 ff. und auch Leffson, Grundsätze, S. 137 ff.

besteht seither das Problem ihrer Systematisierung und juristisch-hermeneutischen bzw. deduktiven Ermittlung und Weiterentwicklung.[70]

Mit der Entwicklung von GoB von Kaufmannspraktiken bis hin zu Rechtssätzen schwanden daher im Ergebnis nicht nur Einfluss und Kompetenz der Betriebswirtschaftslehre bei der Bestimmung von GoB.[71] Da ein – wenngleich der Zahl und Güte nach insgesamt beachtliches[72] – bilanzsteuerliches „Case Law"[73] Inhalt und Weiterentwicklung von GoB bestimmt, unterbleibt damit regelmäßig auch eine generelle Aufarbeitung offener und strittiger Bilanzierungsfragen.[74]

Das Handelsgesetz und – über das Maßgeblichkeitsprinzip – das Steuergesetz verweisen dabei mit dem Begriff der handelsrechtlichen GoB auf Werte und Ordnungsvorstellungen außerhalb der konkret normierten gesetzlichen Regelungen, die aus den impliziten, sich im Zeitablauf durch einzelne Rechtsänderungen wandelnden und teils widersprüchlichen Zwecken von Buchführung und Jahresabschluss abgeleitet werden.[75] Ein Großteil der Literatur zur handels- und steuerrechtlichen Gewinnermittlung befasst sich daher seit Jahrzehnten mit Zustand, Entwicklung und Folgen der Zweckdivergenz von Handels- und Steuerbilanz und der Maßgeblichkeit als Bindeglied zwischen beiden Rechenwerken.[76] Verstärkt durch die sukzessiv ge-

---

[70] Vgl. die Untersuchungen von Leffson (Grundsätze, 1964), Baetge (Bilanzen, 2005, S. 106 ff. mit Darlegungen zur juristisch-hermeneutischen Auslegungsweise von GoB, welche eine Deduktion neuer GoB impliziert), Moxter (Grundsätze, 2003) und Beisse (Bilanzrecht und Betriebswirtschaftslehre, StuW 1984 S. 1 ff.).

[71] Vgl. Moxter, Grundsätze, S. 9 ff.

[72] Vgl. Marx, Fehlabbildungen, Ubg 2013 S. 354.

[73] Böcking/Gros, Gewinnermittlung, DStR 2007 S. 3340.

[74] Dazu Marx, Fehlabbildungen, S. 359.

[75] Leffson, Grundsätze, S. 17 ff.; Baetge, Bilanzen, S. 106 ff.

[76] Grundlegend Schön (Hrsg.), Maßgeblichkeit, 2005; Prinz, Maßgeblichkeit versus eigenständige Steuerbilanz, S. 279 ff. und Einkünfteermittlung, S. 135 ff.; Hüttemann, Zukunft der Steuerbilanz, DStZ 2011 S. 507 ff.; Herzig, Konsequenzen des BilMoG, S. 87 ff.; Herzig/Schäperclaus, Einheitstaxonomie, DB 2013 S. 1 ff.; Hennrichs, Maßgeblichkeit, Ubg 2009 S. 533 ff., ders., Bilanzgestützte Kapitalerhaltung, StuW 2005 S. 256 ff.; Förster/Schmidtmann, Steuerliche Gewinnermittlung, BB 2009 S. 1342 ff.; Wendt, Bilanzrecht, S. 1061 ff.; Marx, Fehlabbildungen, Ubg 2013 S. 354 ff.; ders., Teilhaberthese, BB 2011 S. 1003 ff.; Sigloch, Gewinnermittlung, S. 551 ff.; ders., Maßgeblichkeit, S. 157 ff.; Döllerer, Maßgeblichkeit, BB 1971 S. 1333 ff.; Beisse, Zukunft des Maßgeblichkeitsgrundsatzes, S. 1 ff.; Schramm, Deutscher Maßgeblichkeitsgrundsatz, S. 293 ff.;

stiegene Bedeutung internationaler Rechnungslegungsnormen (IFRS) und europäischer Rechtsharmonisierungsziele[77] stehen schließlich zunehmend die durch die Maßgeblichkeit erschwerte (weitere) Internationalität bzw. Europäisierung der handels- und steuerrechtlichen Rechnungslegung sowie entsprechende Lösungsvorschläge für die Handels- und Steuerbilanz im Fokus der Untersuchungen zur handels- und steuerrechtlichen Gewinnermittlung.[78]

Wissenschaftlich gehört das Maßgeblichkeitsprinzip als Basis der steuerlichen Gewinnermittlung dabei zu den wohl meistuntersuchten – und strittigsten – Themenfeldern der Steuerwissenschaften.[79] Zur Frage, ob es sachgerecht im Sinne von steuerpolitisch zielkonform ist, werden in den betriebswirtschaftlichen wie rechtswissenschaftlichen Untersuchungen als speziell steuerliche Zielvorgaben insbesondere

- das Leistungsfähigkeitsprinzip,
- der verfassungsrechtliche Eigentumsschutz,
- die Einheit der Rechtsordnung,
- Rechtsstaatlichkeit und Objektivierung,

Böcking/Gros, Gewinnermittlung, DStR 2007 S. 2339 ff.; Niemann, Grundsätze, 2000; Schreiber, Maßgeblichkeitsprinzip, S. 491 ff.; Wagner, Neuordnung der steuerlichen Gewinnermittlung, BB 2002 S. 1885 ff.; Freidank/Velte, Maßgeblichkeit, StuW 2010 S. 185 ff.; Spengel, Zukunft der Steuerbilanz, S. 101 ff.; Dziadkowski, Überschußrechnung, BB 2000 S. 399 ff.; Weber-Grellet, Reform des Bilanzsteuerrechts, DStR 1998 S. 1343 ff.; ders., Maßgeblichkeitsschutz, DB 1994 S. 288 ff.; Ballwieser, Maßgeblichkeitsprinzip, S. 477 ff.; Wüstemann/Wüstemann, System der GoB, S. 766 ff.; W. Müller, Maßgeblichkeitsprinzip, DStR 2001 S. 1858 ff.; Fritz-Schmied, Die steuerbilanzielle Gewinnermittlung, 2005.

77 Zuletzt: Richtlinienvorschlag zu einer gemeinsamen steuerlichen Bemessungsgrundlage in der EU, vgl. weiter unten Teil 5 Abschnitt C.

78 Vgl. Schreiber, Gewinnermittlung, StuW 2002 S. 105 ff.; Wagner, Aufgabe der Maßgeblichkeit, DB 1998 S. 2073 ff.; Wöhe/Mock, Handels- und Steuerbilanz, S. 76 f.; Herzig/Hausen, Gewinnermittlung, DB 2004 S. 1 ff.; Herzig/Bär, Zukunft der steuerlichen Gewinnermittlung, DB 2003 S. 1 ff.; Herzig/Kuhr, Richtlinienentwurf der GKKB, StuW 2011 S. 305 ff.; dies., GKKB-Richtlinienentwurf, DB 2011 S. 2053 ff.; Scheffler/Krebs, CCCTB, DStR-Beihefter 2011 S. 13 ff.; Weber-Grellet, Grundfragen, DB 2010 S. 2298 ff.; Kahle/Dahlke/Schulz, CCCTB, Ubg 2011 S. 491 ff.; Spengel/Zöllkau (Hrsg.), CCCTB, 2012; Lenz/Rautenstrauch, GKKB, DB 2011 S. 726 ff.; Böcking/Gros, Gewinnermittlung, DStR 2007 S. 2339.

79 Vgl. die Nachweise in den Fußnoten 67 und 78, die lediglich einen Auszug grundlegender Literatur zum Themenfeld darstellen. Zum Begriff der ökonomischen und rechtlichen Steuerwissenschaften Rose, Steuerlehre, S. 21.

- eine Vereinfachung,
- Neutralität,
- europäische Harmonisierungsziele,
- Internationalisierungsziele entsprechend den IFRS und
- faktische Begründungen zu steuerlichen Gesetzgebungsvorhaben

vorgebracht,[80] über deren letztlich selektive oder einseitig fokussierte Auswahl indes keine stabilen inhaltlichen Systemvorgaben für die Gewinnermittlung gewonnen werden können.

Ein auf den Grundwerten eines freiheitlich-demokratischen Rechtsstaats basierendes Gesamtsteuersystem konzipierte schließlich *Kirchhof* 2011 mit seinem Bundessteuergesetzbuch. Dazu gehört auch ein eigenständiges, vom Handelsrecht losgelöstes Steuerbilanzrecht für die unternehmerische Gewinnermittlung.[81] Eine geschlossene Überleitung von Grundwerten bzw. oberen Besteuerungsmaximen zu diesen Bilanzierungsgrundsätzen wird allerdings nicht vorgenommen.[82]

Das „Gesetz zur Steuerlichen Gewinnermittlung", das die Stiftung Marktwirtschaft unter Aufgabe der steuerlichen Maßgeblichkeit vorschlägt, zielt grundsätzlich auf eine „prinzipiengerechte Besteuerung nach der Leistungsfähig-

---

80 Vgl. Beisse, Zukunft des Maßgeblichkeitsgrundsatzes, S. 15; Schildbach, Plädoyer, S. 505 ff.; Schramm, Deutscher Maßgeblichkeitsgrundsatz, S. 293 ff.; Böcking/Gros, Gewinnermittlung, DStR 2007 S. 2341; Niemann, Grundsätze, S. 93 ff.; Marx, Teilhaberthese, BB 2011 S. 1003 ff.; Weber-Grellet, Grundfragen, DB 2010 S. 2298 ff. Zu jüngeren Forschungsarbeiten Gräbe, Maßgeblichkeitsprinzip, S. 324 ff.; Fritz-Schmied, Die steuerbilanzielle Gewinnermittlung (Österreich), S. 49 ff. und 282 ff.; Versin, Derogation des Maßgeblichkeitsprinzips, S. 162 ff.; Titz, Das Bilanzsteuerrecht (Österreich), S. 203 ff.; Schütz, Der Maßgeblichkeitsgrundsatz, S. 179 ff.; Pietsch, Fair Value, S. 239 ff.; Lenz, Grundsätze steuerlicher Gewinnermittlung, S. 14 ff.; Dietel, IFRS und steuerliche Gewinnermittlung, S. 27 ff.; Vgl. auch Müller, Verbindlichkeitsrückstellungen, S. 55 ff.; Scheffler, Maßgeblichkeitsprinzip, S. 66 und im Ergebnis auch Schneider, Steuerbilanzen, S. 13 ff.

81 Vgl. Kirchhof, Bundesteuergesetzbuch, S. 1063 ff.

82 Lang hatte mit seinem „Steuergesetzbuch" 1993 ebenfalls einen weiten steuerlichen Reformansatz vorgelegt; er nimmt einschlägige und grundlegende Besteuerungsmaximen als Ausgangspunkt; zu der bilanziellen Gewinnermittlung stellt er dann jedoch ebenfalls keinen direkten Bezug her. Er bleibt vielmehr einfach bei der steuerlichen Maßgeblichkeit handelsrechtlicher GoB und adressiert dann über eine Zinsbereinigung Neutralitätsziele. Vgl. Lang, Steuergesetzbuch, S. 89 ff.; 182 f.

keit“ und Vereinfachung.[83] Speziell der Vorschlag einer eigenständigen steuerbilanziellen Gewinnermittlung verfolgt dabei auch Internationalisierungsziele einer möglichen späteren europäischen Gewinnermittlungsharmonisierung, indem IFRS als „starting point“ für Gewinnermittlungsregeln herangezogen werden. Sie werden sodann an einzelnen steuerlichen Zielsetzungen gemessen,[84] ohne dass diese allerdings im Einzelnen im Vorfeld offen dargelegt und zueinander in Bezug gesetzt worden wären.

Die bislang vorliegenden Untersuchungen zu Stand und Entwicklungsperspektiven der steuerbilanziellen Gewinnermittlung nehmen im Ergebnis durchaus sachgerechte steuerliche Leitlinien als Ausgangspunkt für eine Beurteilung des geltenden Rechts und die Vorlage auch eigener Reformvorschläge. Sie gehen dabei allerdings mehr oder weniger selektiv vor, indem die elementaren Leitlinien und Prinzipien der Besteuerung zuvor nicht umfassend in ihrer Bedeutung, ihren Schnittmengen und Zielkonflikten konkretisiert und den Untersuchungen zugrunde gelegt werden. So richten sich zu große normative Erwartungen insbesondere an das Leistungsfähigkeitsprinzip, das für die steuerliche Bemessungsgrundlage als Verhältnismäßigkeitsprinzip indes bei alleiniger Betrachtung inhaltlich zu unbestimmt bleibt, um als Richtschnur für die steuerliche Gewinnermittlung zu taugen. Das kann vielmehr erst bei Betrachtung und Untersuchung des Gesamtgefüges der maßgeblichen steuerlichen Leitlinien gelingen.

Die vorliegende Untersuchung nimmt hierin ihren Ausgangspunkt, um die wesentlichen Grundzüge des geltenden Steuerbilanzrechts und mögliche Entwicklungsperspektiven anhand letztlich ethisch valider und transparenter Zielvorgaben beurteilen zu können. Durch Verwendung insbesondere auch europäisch valider Grundwerte ist es dabei möglich, auch den europäischen Richtlinienvorschlag zu einer gemeinsamen steuerlichen Bemessungsgrundlage von Unternehmen sachgerecht beurteilen zu können.

---

83 Vgl. Stiftung Marktwirtschaft, Entwurf eines Einkommensteuergesetzbuches, 2009, S. 32 ff.

84 Vgl. Stiftung Marktwirtschaft, Gesetz zur Steuerlichen Gewinnermittlung (StGEG), 2006, S. 14 ff.

Auf diese Weise kann im Ergebnis erstmalig eine verbindende Klammer um Untersuchungsfragen der Maßgeblichkeit, der weiteren „Europäisierung“ der steuerlichen Gewinnermittlung und auch des Dualismus der Einkünfteermittlung in Deutschland gelegt werden. Mit diesem übergreifenden und interdisziplinär offenen Ansatz geht die vorliegende normativ-betriebswirtschaftliche Untersuchung über bisherige Arbeiten zu Stand und Perspektiven der steuerbilanziellen Gewinnermittlung deutlich hinaus.

TEIL 2: LEITLINIEN EINER SACHGERECHTEN STEUERLICHEN GEWINNERMITTLUNG

A. Zielvorgaben der Gewinnbesteuerung im freiheitlich-demokratischen Verfassungsstaat

I. Einführung und Abgrenzung

Steuern und die mit ihnen zu finanzierenden Staatsaufgaben hängen maßgeblich von der jeweiligen Staatsform und den darüber verwirklichten Grundwerten der Gesellschaft ab.[85] Mit der steuerlichen Lastenverteilung auf die bürgerlichen „Schultern" und der Finanzausstattung des mit Allgemeinwohlaufgaben betrauten Staates sind daher letztlich auch Kernfragen einer rechtsstaatlich organsierten Gesellschaft adressiert. Für die steuerliche Bemessungsgrundlage relevante Grundwerte der deutschen Rechtsordnung wie auch der Europäischen Union sind dabei die

- Freiheit,
- Gleichheit,
- Demokratie,
- Rechtsstaatlichkeit und auch
- Achtung der Menschenwürde.[86]

Diese Grundwerte zeichnen sich durch einen inneren Zusammenhang aus.[87] Sie stellen bereits für sich alleine staatliche bzw. unionsrechtliche „Zielwerte" dar,[88] sollen jedoch auch dazu beitragen, Frieden und Allgemeinwohl eines Volkes zu verwirklichen.[89] Hierfür sind auch weitergehend konkretisierte

---

85 Vgl. Tipke, Steuerrechtsordnung I, S. 2; Zimmermann/Henke/Broer, Finanzwissenschaft, S. 6.

86 Art. 2 EUV; Art. 1, 2, 3, 20 GG. Zu den deutschen Grundrechten als verbindliche Werteordnung Tipke, Steuerrechtsordnung I, S. 140. Als Abwehrrechte gegenüber dem Staat gehören die Grundrechte zur westlichen, liberal-demokratischen Tradition; sie gehen auf die englische Verfassungsentwicklung, die amerikanische und französische Revolution zurück. Vgl. Rudzio, Das politische System, S. 43.

87 Vgl. Heintschel von Heinegg, Europäisches Unionsrecht, Art. 2 EUV Rz. 6; Art. 3 Rz. 5 ff., 8.

88 Vgl. Heintschel von Heinegg, Europäisches Unionsrecht, Art. 3 EUV Rz. 6.

89 Vgl. explizit Art. 3 Abs. 1 EUV.

wirtschaftspolitische, sozialpolitische – usw. – Standards und Entwicklungen bedeutsam,[90] die den staatlichen und unionsrechtlichen Zielkatalog konkretisieren und ergänzen.[91] Neben den abstrakteren Grundwerten müssen auch diese Ziele für Fragen einer „sachgerechten“ – im Sinne von zielkonformen – Ausgestaltung der Gewinnermittlung eine Rolle spielen.

Die deutsche Verfassung selbst legt dabei keine konkrete Wirtschaftsordnung fest. Nach der älteren Rechtsprechung des BVerfG[92] sollte die „soziale Marktwirtschaft“ auch nur *eine* mögliche nationale Wirtschaftsordnung sein, keineswegs jedoch die einzig mögliche.[93] Mit Staatsvertrag über die Schaffung einer Währungs-, Wirtschafts- und Sozialunion zwischen der Bundesrepublik Deutschland und der Deutschen Demokratischen Republik vom 18.5.1990[94] erfolgte allerdings eine ausdrückliche Festlegung auf die soziale Marktwirtschaft als Wirtschaftsordnung, die „insbesondere bestimmt [wird] durch Privateigentum, Leistungswettbewerb, freie Preisbildung und grundsätzlich volle Freizügigkeit von Arbeit, Kapital, Gütern und Dienstleistungen“, die „den Erfordernissen des Umweltschutzes“ Rechnung trägt und sich auch auszeichnet durch „eine der Sozialen Marktwirtschaft entsprechende Arbeitsrechtsordnung und ein auf den Prinzipien der Leistungsgerechtigkeit und des sozialen Ausgleichs beruhendes umfassendes System der sozialen Sicherung.“[95] Auch unionsrechtlich wird eine wettbewerbsfähige soziale Marktwirtschaft explizit als wirtschafts- und sozialpolitisches Ziel vorgegeben: „Die Union errichtet einen Binnenmarkt. Sie wirkt auf die nachhaltige Entwicklung Europas auf der Grundlage eines ausgewogenen Wirtschaftswachstums und von Preisstabilität, eine in hohem Maße wettbewerbsfähige soziale Marktwirtschaft, die auf Vollbeschäftigung und sozialen Fortschritt abzielt, sowie ein hohes Maß an Umweltschutz und Verbesserung der Umweltqualität hin.

---

90 Vgl. Heintschel von Heinegg, Europäisches Unionsrecht, Art. 3 Rz. 7.

91 Vgl. Art. 3 Abs. 1-6. EUV.

92 Urteil vom 20.7.1954 – I BvR 459/52, BVerfGE 4 S. 7.

93 Vgl. Rudzio, Das politische System, S. 45.

94 Vertrag über die Schaffung einer Währungs-, Wirtschafts- und Sozialunion zwischen der Bundesrepublik Deutschland und der DDR vom 18. Mai 1990, BGBl. 1990 II S. 537.

95 Art. 1 Abs. 3 und 4 des Staatsvertrags über die Schaffung einer Währungs-, Wirtschafts- und Sozialunion zwischen BRD und DDR vom 18. Mai 1990 (BGBl. 1990 II S. 537).

Sie fördert den wissenschaftlichen und technischen Fortschritt" (Art. 3 Abs. 3 EUV).

Ein konkretes wirtschaftstheoretisches Konzept wird dadurch allerdings nicht vorgegeben.[96] Da dies einen weitergehenden Konsens in der Europäischen Union erfordern würde, wird in dieser Arbeit allgemein von dem gemeinsamen Nenner einer Sozialen Marktwirtschaft als Wirtschaftsordnung ausgegangen, die Ziele einer *freiheitlich*-wirtschaftlichen Leistungskonkurrenz und des Allgemeinwohls vereint und sich insoweit in den – weiten – staatlichen wie auch unionsrechtlichen Grundwerte- und Zielkatalog einpassen lässt. Sie wird insoweit nicht gesondert untersucht und herausgestellt.

Konkrete staatliche Lenkungs- und Förderziele in dieser Wirtschafts- und Sozialunion sollen damit nicht aus dem steuerpolitischen Zielkatalog ausgeschlossen werden, dem auch die steuerliche Gewinnermittlung von Unternehmen dienen kann. Da hierdurch jedoch nicht die Grundlagen der Gewinnermittlung, sondern einzelne ihrer Elemente angesprochen sind, werden sie in der vorliegenden Untersuchung grundsätzlich ausgeklammert.

II. Grundwerte als Zielvorgaben für Besteuerungsmodalitäten

Der Grundwert individueller Freiheit bedingt bereits den „Steuerstaat".[97] Ein Staat, der die Erwerbs- und Eigentumsfreiheit von Bürgern wie Unternehmen gewährleistet, kann seinen Finanzbedarf nicht über einen willkürlichen, solitär hoheitlich begründeten Zugriff auf private Vermögen und private Erwerbsquelle sichern.[98] Ein freiheitsverpflichteter Staat finanziert seine Tätigkeit maßgeblich über Steuern.[99] Anders als ungeregelte und willkürliche hoheitli-

---

[96] Vgl. Ruffert, in Callies/Ruffert, Art. 3 Rz.38; Heintschel von Heinegg, Europäisches Unionsrecht, Art. 3 EUV Rz. 9 ff.

[97] Friauf, Steuerstaat, S. 43.

[98] Statt aller Kirchhof, Bundesteuergesetzbuch, S. 2 ff.

[99] Vgl. Friauf, Steuerstaat, S. 43; Tipke, Steuerrechtsordnung I, S. 135. Auch die kreditfinanzierte Staatstätigkeit ist bei Tilgung durch Steuern zu finanzieren. Zum Verhältnis von Steuereinnahmen und Schulden Kirchhof, Deutschland im Schuldensog, S. 20 f.

che Eingriffe[100] sind Steuern idealerweise sachgebunden, indem sie „Antworten auf ganz bestimmte Sachfragen der staatlichen und gesellschaftlichen (eingeschlossen: wirtschaftlichen) Ordnung“[101] – einschließlich ihrer Grundwerte sind.

Dass Steuern grundsätzlich keine Gegenleistung für besondere, individuelle staatliche Leistungen darstellen,[102] bewirkt bereits eine signifikante Freiheitsschonung.[103] Durch Steuern berechnet der Staat dem Bürger nicht individuell die hoheitlichen Tätigkeiten, von denen der Bürger profitiert. Der Staat nimmt vielmehr nur am wirtschaftlichen Erfolg der in seiner Jurisdiktion freiheitlich handelnden Personen teil. Durch Steuern „kassiert“ er dann allerdings zumindest einen Teil dieser Freiheit wieder zurück,[104] da Steuerlasten wirtschaftliche Betätigungen beeinflussen.[105] Die Gewährleistung von Freiheit im Steuerstaat bedingt insoweit eine nur weitest möglich freiheitsschonende Besteuerung.

Passt sich die Regelung von Steuern sachgerecht in die allgemeine gesellschaftliche Ordnung ein, beachtet sie auch den Grundwert der Gleichheit, der für die steuerliche Gewinnermittlung eine Gleichheit vor dem allgemein geltenden Gesetz bedeutet. Das impliziert eine effektiv möglichst gleichmäßige Einschränkung von Freiheit durch die Steuer. Im Unionsrecht wie auch im deutschen Verfassungsrecht gilt dabei das Formelpostulat, Gleiches gleich und wesentlich Ungleiches ungleich zu behandeln.[106] Freiheit und Gleichheit

---

[100] Tipke (Steuerrechtsordnung I, S. 141) spricht allgemein von „wertungsfreiem Gesetzespositivismus“.

[101] Tipke, Steuerrechtsordnung I S. 470 f.

[102] Vgl. § 3 Abs. 1 AO.

[103] Vgl. Kirchhof, Bundesteuergesetzbuch, S. 3.

[104] Vgl. Neumark, Steuerpolitik, S. 252; Kirchhof, Bundessteuergesetzbuch, S. 2 ff.

[105] Vgl. Seer, Steuerrecht, § 1 Rz. 1.

[106] Vgl. Heintschel von Heinegg, Europäisches Unionsrecht, Art. 2 EUV Rz. 9; Tipke, Steuerrechtsordnung I, S. 323; Hey, Steuerrecht, § 3 Rz. 111. Im Entwurf des GG hieß es noch explizit: „Das Gesetz muss Gleiches gleich, es kann Verschiedenes nach seiner Eigenart behandeln.“ Vgl. Rüstow, Ortsbestimmung der Gegenwart III, S. 95.

sind insoweit Grundbedingungen auch für ein wettbewerbsfähiges System Sozialer Marktwirtschaft.[107]

Demokratie kann statisch als eine politische Organisationsform begriffen werden:[108] Gemeint ist, dass staatliche Hoheitsgewalt erst durch allgemeine und freie Wahlen als politisches Teilhabeverfahren unmittelbar oder mittelbar legitimiert wird; staatliche Hoheitsgewalt ist insoweit rechenschaftspflichtig gegenüber einem direkt gewählten Parlament[109] oder dem Bürger.[110] Die Bedeutung der Demokratie liegt damit in der Legitimation staatlicher Hoheitsgewalt – wie der Auferlegung von Steuerlasten – durch das Volk.[111] Diese Legitimation ist indes nicht bloß als Zustand zu verstehen, sondern vielmehr als ein Prozess zur Herstellung von Legitimität.[112] Ebenso wie die Ausübung staatlicher Hoheitsgewalt ein stetiger Prozess ist, muss jeder ihrer Hoheitsakte demokratisch legitimiert werden können.

Hoheitsgewalt kann in einer repräsentativen oder parlamentarischen Demokratie als legitimiert gelten, wenn sie den Volkswillen widerspiegelt (Input-Legitimation; „government by the people").[113] Politisch käme es für eine Legitimation ausgeübter Hoheitsgewalt dann darauf an, möglichst die Präferenzen der Bürger abzubilden.[114] Die Legitimation ist dabei unabhängig vom politischen Output. Bei der demokratischen Output-Legitimation politischen Handelns käme es jedoch genau darauf an, im Sinne eines „government for the people" das Wohl der Allgemeinheit zu fördern.[115] Das Optimum aller

---

107 Vgl. Heintschel von Heinegg, Europäisches Unionsrecht, Art. 2 EUV Rz. 6.

108 Schubert/Klein, Das Politlexikon, Demokratie.

109 Das Parlament hat insoweit das Legitimationsmonopol, vgl. Rudzio, Das politische System, S. 40.

110 Art. 10 Abs. 2 UA 2 EUV; Entschließung des Europäischen Parlaments vom 12. April 1989 zur Erklärung der Grundrechte und Grundfreiheiten, Abl. 1989 C 120/51.

111 Heintschel von Heinegg, Europäisches Unionsrecht, Art. 2 EUV Rz. 8.

112 Peuker, Bürokratie und Demokratie, S. 3; Kese/Zimmermann, Legitimationsgaranten, S. 298.

113 Vgl. Kese/Zimmermann, Legitimationsgaranten, S. 298; Scharpf, Regieren in Europa, S. 16.

114 Kese/Zimmermann, Legitimationsgaranten, S. 298.

115 Kese/Zimmermann, Legitimationsgaranten, S. 298; ein „optimales Steuersystem" würde insoweit das Allgemeinwohl maximieren. Vgl. Stiglitz/Schönfelder, Finanzwissenschaft, S. 470 ff.

rückt in den Vordergrund und legitimiert damit auch Entscheidungen, die ggf. auch nicht mehrheitsfähig wären.[116] Diese Form demokratischer Legitimation käme theoretisch zwar auch ohne gleichzeitige Input-Legitimation und Volksteilhabe am politischen Prozess aus; ihre Bedeutung liegt in einer parlamentarischen Demokratie jedoch genau darin, mögliche gemeinwohlmindernde Mängel einer zu hohen Input-Orientierung (Präferenzabbildung im Sinne eines „Populismus") auszugleichen.[117]

Eine solch „wehrhafte" bzw. stabile Demokratie bedingt daher in einer Gesamtschau mit den zugehörigen Grundwerten „Checks-and-Balances" zur jeweiligen Beschränkung hoheitlicher Machtfülle, die feste Garantie der politischen Organisation als solcher und die unabdingbare Gewährleistung der Grundrechte – auch gegenüber möglichen anderslautenden Mehrheitsentscheiden.[118] Die freiheitlich-demokratischen Rechte und Regelungen müssen einklagbar sein und insbesondere auch gegenüber den staatlichen Hoheitsgewalten gelten. Aus einem „stabilen Demokratieverständnis" folgt daher aus deutscher wie auch aus europäischer Perspektive auch das Rechtsstaatsprinzip.[119]

Rechtsstaatlichkeit ist insoweit ebenfalls ein Fundamentalwert politischer Ordnungen.[120] Als formaler Garant einer stabilen freiheitlich demokratischen Ordnung[121] kommt ihr allerdings auch eine dienende Funktion zu. Rechtswissenschaftlich kann sie gespalten werden in ein Prinzip formaler und ein Prinzip materieller Rechtsstaatlichkeit.[122] Die materielle Rechtsstaatlichkeit zielt auf die sichere Durchsetzung freiheitlich demokratischer Grundwerte,

---

116 Rudzio, Das politische System, S. 38.

117 Kese/Zimmermann, Legitimationsgaranten, S. 298. Die Bedeutung und verfassungsrechtliche Implementierung von Elementen einer Output-Legitimation ist aus deutscher Sicht auch historisch aus den negativen Erfahrungen der Weimarer Republik zu erklären. Vgl. Rudzio, Das politische System, S. 36 ff.

118 Vgl. Rudzio, Das politische System, S. 36 ff ; Tipke, Steuerrechtsordnung I, S. 140 f.

119 Vgl. Heintschel von Heinegg, Europäisches Unionsrecht, Art. 2 EUV Rz. 10; Schubert/Klein, Das Politlexikon, Demokratie.

120 Vgl. Tipke, Steuerrechtsordnung I, S. 136, m. w. N.

121 Bei Tipke (Steuerrechtsordnung I, S. 146) finden sich das Demokratieprinzip und das Rechtsstaatsprinzip wohl auf gleichem Range.

122 Tipke, Steuerrechtsordnung I, S. 133 ff.

deren Gewährleistung Aufgabe und Verpflichtung des Rechtsstaates ist.[123] Ohne Garantie auch formaler Rechtsstaatlichkeit – der insoweit eine materiell dienende Funktion zukommt – kann dies allerdings nicht gelingen. Wenngleich das deutsche und das europäische formale Rechtsstaatsprinzip sich unterscheiden mögen, beinhalten beide die Gewährleistung von Rechtssicherheit und -klarheit sowie Rechtsschutz durch Überprüfbarkeit staatlicher Entscheidungen vor unabhängigen Gerichten im Sinne einer Gewaltenteilung.[124] Rechtssicherheit und -klarheit verlangen dabei für Zwecke der Besteuerung in einer freiheitlich demokratischen Grundordnung nach Gesetzmäßigkeit der Besteuerung (oft verkürzt als Tatbestandsmäßigkeit bezeichnet).[125] Da durch Steuerlasten individuelle Freiheiten eingeschränkt werden, bedarf ihre Durchsetzung durch Hoheitsakt der Form eines im Sinne der Verfassung demokratisch legitimierten und damit ordnungsgemäß zustande gekommenen Gesetzes.[126]

Die Achtung der Menschenwürde spielt für Zwecke der Ausgestaltung einer sachgerechten steuerlichen Gewinnermittlung von Unternehmen grundsätzlich keine Rolle. Zumindest nach deutschem Verständnis umfasst die Achtung der Menschenwürde allerdings auch Existenzsicherungsbedingungen.[127] Hier ergibt sich – mit kleinem Anwendungsfeld – zumindest ein möglicher Bezugspunkt auch zur steuerlichen Gewinnermittlung.

B. Leitlinien der steuerlichen Gewinnermittlung

I. Prinzipienbasierung

Im demokratisch legitimierten Rechtsstaat kann sich der Einzelne nur dann frei bewegen und handeln, wenn er sich auf die Verfassung und auf das

---

[123] Tipke, Steuerrechtsordnung I, S. 142.

[124] Vgl. Heintschel von Heinegg, Europäisches Unionsrecht, Art. 2 EUV Rz. 10.

[125] Zur Rechtssicherheit als formales Rechtsstaatsprinzip Tipke, Steuerrechtsordnung I, S. 143 ff.; Hey, Steuerrecht, § 3 Rz. 90 ff., 230 ff. Aus der Rechtsprechung BFH, Urteil vom 20.1.1999 – I R 32/98, BStBl. II 1999 S. 269 unter 2.b).

[126] Vgl. Kirchhof, Bundessteuergesetzbuch, S. 6; Tipke, Steuerrechtsordnung I, S. 158.

[127] Vgl. BVerfG, Beschluss vom 7.7.2010 – 1 BvR 2556/09, Rz. 7 ff., juris, und Heintschel von Heinegg, Europäisches Unionsrecht, Art. 2 EUV Rz. 5.

innerhalb dieses Rahmens zustande gekommene (Steuer-)Recht im Zeitablauf verlassen darf.[128] Der Einzelne kann nur dann frei Entscheidungen treffen und sicher planen, wenn er nicht in permanenter Unsicherheit über künftige und womöglich willkürliche Rechtsänderungen agieren muss.

Speziell unternehmerische Entscheidungen werden dabei unter Unsicherheit getroffen.[129] *Rose* differenziert aus unternehmerischer Perspektive zwei Dimensionen auch steuerlicher Ungewissheit: Zum einen eingrenzbare Ungewissheiten, die sich durch „Interpretationsprobleme" eines Steuergesetzes ergeben; zum anderen nicht eingrenzbare Ungewissheiten, die sich durch „ruckartige Norm- bzw. Norminterpretationsänderungen" ergeben, „die die Natur von Rechtssprüngen haben".[130]

Sind Rechtssprünge statt Rechtssystematik und gesetzesleitender Prinzipien die Konstante steuerlicher Gesetzgebung, erschwert dies erheblich unternehmerische Entscheidungssituationen. Es entsteht eine „Drohkulisse" unvorhersehbarer Rechtsfolgen.[131] Unternehmerische Entscheidungen unterliegen dann einem „Steuerrisiko", das zu unternehmerischen Fehlentscheidungen aufgrund ungeplanter Steuerwirkungen führen kann.[132] Aus betriebswirtschaftlicher Perspektive folgt daraus das Postulat, das Steuerrecht systematisch an tragenden Leitlinien und Prinzipien zu orientieren. Legislativ „dysfunktionale Ausnahmeregelungen"[133] und ein systematisch nicht konsistentes, klar geordnetes Steuerrecht führen ansonsten zu einer erhöhten Fehleranfälligkeit, einem erhöhten Administrations- und Befolgungsaufwand sowie Rechtsunsicherheit.

---

[128] Zum Vertrauensschutzprinzip Hey, Steuerplanungssicherheit, S. 103 ff. Vgl. außerdem Kirchhof, Bundessteuergesetzbuch, S. 242.

[129] Vgl. Schumpeter, Theorie der wirtschaftlichen Entwicklung, S. 100 ff.; Rose, Steuerlehre, S. 11 ff. Unternehmerische Unsicherheit bezieht sich auf zukünftige Entwicklungen unter Bedingungen einer „sich dynamisch entwickelnde(n) Umwelt". Vgl. Förster, Umstrukturierung, S. 47.

[130] Rose, Steuerlehre, S. 13. Zu Folgen fehlender Steuerplanungssicherheit aus rechtswissenschaftlicher Perspektive Hey, Steuerplanungssicherheit, S. 94 ff.

[131] Zu Wohlfahrtsverlusten durch Unsicherheit über Rechtsfolgen wirtschaftlicher Entscheidungen vgl. auch Lang, Steuergesetzbuch, Rz. 388.

[132] Zu unternehmerischen Entscheidungen unter Risiko Kruschwitz, Investitionsrechnung, S. 292 ff.

[133] Schön, Steuervereinfachung, StuW 2002 S. 25.

Da das inhaltliche oder innere System[134] des Steuerrechts als Einheit zu begreifen ist, welche die rechtsethische Wertordnung umsetzen soll, wird eine Systemhaftigkeit bzw. Prinzipienbasierung auch von Rechtswissenschaftlern gefordert und eine Prinzipienlosigkeit bzw. -brüchigkeit kritisiert.[135]

Aus finanzwissenschaftlicher Sicht sind wiederum angesprochen:[136]

- Der Grundsatz der Widerspruchslosigkeit und Systemhaftigkeit von Steuermaßnahmen, der eine Hierarchisierung der für die Steuergesetzgebung relevanten Leitlinien und eine hierzu passende, widerspruchsfreie Implementierung erfordert;
- Der Grundsatz der Steuertransparenz, der die Umsetzung eines Höchstmaßes an Gesetzesverständlichkeit, Eindeutigkeit und Bestimmtheit erfordert;
- Der Grundsatz der Praktikabilität und Wirtschaftlichkeit, der eine effektive und effiziente Anwendbarkeit und Durchsetzung von Steuernormen erfordert;
- Der Grundsatz der Stetigkeit steuerrechtlicher Normen, der außerhalb ökonomischer Flexibilitätsanforderungen „systemunnötige" Gesetzessprünge und Rechtsänderungen ablehnt – was im ersten Schritt die Umsetzung eines systematischen und prinzipienbasierten Steuerrechts erfordert.

Aus rechtswissenschaftlicher Perspektive erfordern dabei insbesondere das Gerechtigkeitspostulat bzw. der Gleichheitssatz eine folgerichtige Anwendung grundlegender Werte und Prinzipien.[137] Auch aus dem Rechtsstaatsprinzip wird ein „Kontinuitätsgebot" abgeleitet. Es wird allerdings keineswegs als Perpetuierung einer einmal implementierten Rechtslage verstanden, was auch finanzwissenschaftlich abgelehnt wird und nicht zur demokratischen –

---

134 Tipke, Steuerrechtsordnung I S. 110 ff.

135 Vgl. Hey, Steuerrecht, § 3 Rz. 98 ff.; Kirchhof, Steuerreform, S. 410; Lang, Steuergesetzbuch, Rz. 388.

136 Vgl. Neumark, Steuerpolitik, S. 335 ff.

137 Vgl. Tipke, Steuerrechtsordnung I, S. 259 ff.; Hey, Steuerrecht, § 3 Rz. 27.

sich stetig fortentwickelnden – Rechtsordnung passen würde.[138] Das „Kontinuitätsgebot" wird vielmehr ebenfalls konkretisiert als verfassungskonforme und systemgerechte, in sich *folgerichtige* Steuerausgestaltung.[139]

> Das verfassungsrechtliche „Folgerichtigkeitsgebot" hat in Deutschland rechtswissenschaftlich allerdings auch keinen festen Stand.[140] Offen bleibt insbesondere, welche einfachgesetzlichen Entscheidungen als Systementscheidungen gesetzgeberische Folgerichtigkeit verlangen und welche nicht.[141] Unklar bleibt auch, ob mittels einer Folgerichtigkeitsprüfung bloß wesentliche und rechtfertigungsbedürftige Ungleichbehandlungen im Steuerrecht aufgedeckt werden oder ob es sich hier doch um einen eigenständigen verfassungsrechtlichen Maßstab handelt.[142]

Folgerichtigkeit durch Systemgerechtigkeit kann auch unmittelbar dem *Demokratieprinzip* entnommen werden. Für freiheitlich-demokratische Wahlentscheidungen ist Transparenz auch zu steuerpolitischen Systemgrundsätzen erforderlich. Anders könnte zwischen Volkspräferenzen und demokratisch gewähltem Parlament, das diese Präferenzen vermittels Hoheitsgewalt politisch-gestaltend umsetzen soll, bereits im Grundsatz kein Konnex geknüpft werden. Auch die demokratische Output-Legitimation der Steuergesetzgebung erfordert ein sachgerechtes und damit insbesondere auch an ökonomischen Kriterien orientiertes steuerpolitisches Handeln, das insoweit eine gewisse Kontinuität garantiert.[143]

Ziele formaler Rechtsstaatlichkeit verlangen außerdem nach der Gewährleistung von Rechtsschutz durch Überprüfbarkeit hoheitlicher Entscheidungen

---

[138] Vgl. Neumark, Steuerpolitik, S. 18; Kirchhof, Bundessteuergesetzbuch, S. V.

[139] Hey, Steuerplanungssicherheit, S. 190; Lang, Steuergesetzbuch, Rz. 37.

[140] Zu einem Überblick über die Rechtsprechung des Bundesverfassungsgerichts siehe Birk, Leistungsfähigkeitsprinzip, S. 1597 f.

[141] Vgl. aktuell nur Hey, Folgerichtigkeit, DStR 2009 S. 2566 ff.; Drüen, Verfassungsrechtliche Anforderungen, JZ 2010 S. 92 ff.

[142] Vgl. dazu Hey, Folgerichtigkeit, DStR 2009 S. 2566; Weber-Grellet, Prüfung von Steuergesetzen, FR 2011 S. 1033 f.

[143] Mit gleichem Ergebnis Hey, Steuerplanungssicherheit, S. 193.

vor unabhängigen Gerichten. Ungelöste Zielkonflikte der steuerlichen Gewinnermittlung können hier eine uneinheitliche kasuistische Finanzrechtsprechung zur Folge haben und auch dem Rechtsschutzgedanken damit entgegenstehen.[144]

Die Vermeidung einer mangels Systematik und Prinzipienbasierung fehlgeleiteten Steuerpolitik von Steuerrisiko und Ineffizienz aus gesetzlichen „Fehlinterpretationen" und unabsehbaren Rechtsprüngen muss im Ergebnis ein steuerpolitisches Kernanliegen sein. [145] Legislativ müssen im freiheitlich-demokratischen Rechtsstaat beide von *Rose* adressierten Ungewissheitsdimensionen der Besteuerung[146] vermindert werden. Das verlangt nach einem folgerichtig aufgebauten Steuersystem mit eindeutiger Hierarchie steuerlicher Leitlinien und Prinzipien.[147]

II. Periodizität

Damit der Rechtsstaat die ihm demokratisch übertragenen, periodenübergreifend ausgerichteten Aufgaben sicher und laufend finanzieren kann, müssen ihm zur Ausgabendeckung fortlaufend Steuermittel zufließen.[148]

Der finanzwissenschaftliche Grundsatz der „Ausreichendheit der Steuererträge" bezieht sich dementsprechend auch nicht nur auf eine Periode, er ist periodenübergreifend angelegt.[149]

Die Bedeutung einer solchen periodenübergreifenden Perspektive wird durch einen Blick auf die Folgen einer verkürzten fiskalisch-budgetären Sichtweise auf vor allem eine – die gegenwärtige – Periode deutlich. Sie kann durch offene und implizite Staatsverschuldung – einschließlich einer nicht nachhal-

---

[144] Vgl. Jacobs, Bilanzierungsproblem, S. 70 ff.

[145] Vgl. Rose, Steuerlehre, S. 13; Neumark, Steuerpolitik, S. 335 ff.; Tipke, Steuerrechtsordnung I, S. 281 ff.; Hey, Steuerplanungssicherheit, S. 285 ff.;

[146] Rose, Steuerlehre, S. 13.

[147] Vgl. Schneider, Rechtsformneutralität, DB 2004 S. 1518.; Tipke, Steuerrechtsordnung I, S. 281 ff.; Hey, Steuerplanungssicherheit, S. 295 ff.

[148] Zur entsprechenden Grundannahme über Wesen und Funktion der Besteuerung vgl. bereits oben Abschnitt A.I. Vgl. auch Steger, Öffentliche Haushalte, S. 483 ff.

[149] Mit Recht so Neumark, Steuerpolitik, S. 50 ff.

tigen Steuerpolitik,[150] die aus staatlicher Sicht künftiges Steuerminderaufkommen impliziert[151] – eine Aushöhlung erst künftiger Einnahmequellen bewirken. Schlimmstenfalls führt sie dazu, dass staatliche Einnahmen in den kommenden Perioden c. p. nicht mehr ausreichen, um wesentliche staatliche Aufgaben finanzieren und erfüllen zu können. Eine solche fiskalisch-budgetäre und gesamtstaatliche Schieflage würde offenkundig weder Volkspräferenzen widerspiegeln noch dem Wohl der Allgemeinheit dienen; ihr fehlt die demokratische Legitimation.[152] Gerade innerhalb der Eurozone als „Schicksalsgemeinschaft" führt sie außerdem zu gravierenden negativen externen Effekten auch auf andere Staaten.[153] Bezieht man die Grundwerte der Freiheit und Gleichheit[154] nicht nur auf gegenwärtige, sondern auch auf künftige Generationen, verstößt eine nicht nachhaltige Finanz- und Steuerpolitik durch einseitige Belastung künftiger Perioden und Generationen gegen Grundwerte der Gesellschaftsordnung.

Aus fiskalisch-budgetärer Sicht werden daher fortlaufende und *effektiv*, also nachhaltig zugehende steuerliche Einnahmenflüsse benötigt.[155] Das erfordert aus steuerpolitischer Perspektive auch einen Rechtsfrieden im Zeitablauf[156] und die Möglichkeit einer laufenden Steuerdurchsetzung.[157] Um dies sicherzustellen, dürfen Einkommens- und Gewinnsteuern als staatliche Teilhabe am Erfolg privaten Wirtschaftens[158] dann nicht erst in einem Gesamtbetrag

---

150 Sie wird hier als „fiskalistische" Steuerpolitik bezeichnet.

151 Zum Problem der „Verlustvortragsberge" vgl. etwa die Analyse von Dorenkamp, Verlustverrechnung, 2010. Vgl. auch den Bericht der Facharbeitsgruppe Verlustverrechnung und Gruppenbesteuerung vom 10.11.2011, S. 9.

152 Vgl. oben Teil 2 Abschnitt A.II.

153 So schon 2001 Smeets/Vogel, Stabilitäts- und Wachstumspakt, S. 422 ff.; vgl. auch v. Wolfersdorff, Zukunftsfragen, S. 11 ff.

154 Dazu jeweils näher Teil 2 Abschnitte IV und V.

155 Vgl. Kirchhof, Bundesteuergesetzbuch, S. 5, 115 ff.; ders., Steuern, S. 37 f.; vgl. auch BVerfG, Urteil vom 6.11.1984 – 2 BvL 19/83, BVerfGE 67 S. 256.

156 Zum Rechtsfrieden bei der Besteuerung BVerfG, Beschluss v. 22.7.1991 – 1 BvR 313/88, DStR 1991 S. 1278.

157 Dazu weiter unten Abschnitt VIII.

158 Kirchhof, Bundessteuergesetzbuch, S. 2 ff.

nach Ende eines Lebensabschnitts bzw. bei Unternehmensbeendigung festgesetzt werden; sie müssen periodenweise erhoben werden.[159]

Steuerrechtlich spricht man von der Anwendung eines Periodizitäts-, Abschnitts- oder Jahressteuerprinzips der Besteuerung,[160] das dem Staat laufende Handlungsfähigkeit durch eine gesicherte und zeitnahe Steuervereinnahmung ermöglicht.[161] Dieses Periodizitätsprinzip impliziert, dass Steuerpflichtige in jeder Periode mit ihrem Einkommen bzw. Gewinn zur Besteuerung herangezogen werden, die Bemessungsgrundlagen der Besteuerung neu ermittelt werden, die Rechtslage neu geprüft und ein Jahressteuertarif angewandt wird.

Das Periodizitätsprinzip setzt auch Anforderungen der freiheitlich-demokratischen Rechtsordnung um. Je weiter sich die Steuerzahlung zeitlich von ihrem Belastungsgrund entfernt, desto loser würde dieser Zusammenhang und damit auch die Rechtfertigung von Steuern als staatlicher Teilhabe am freiheitlichen Wirtschaften, die alle effektiv gleichermaßen treffen muss.[162] Das Periodizitätsprinzip dient einer rechtssicheren, klaren und jeweils rechtsbeständigen Besteuerung im Zeitablauf. Es bewirkt insoweit Rechtsfrieden und kann auch aus den Anforderungen formaler Rechtsstaatlichkeit abgeleitet werden.[163]

Rechtsfrieden und die sichere Finanzierung der laufenden Staatstätigkeit im Zeitablauf (nachhaltige „Ausreichendheit der Steuererträge") setzen nun gleichermaßen voraus, dass der Staat nur auf eine Bemessungsgrundlage zugreift, die sich nicht im Zeitablauf laufend „dreht", gegenwärtige Steuerer-

---

[159] Vgl. Kirchhof, Bundessteuergesetzbuch, S. 10; Moxter, Gewinnermittlung, S. 7, mit Hinweis darauf, dass Gewinnsteuern ansonsten effektiv auf die Hinterlassenschaft beschränkt wären.

[160] Vgl. Ismer, Periodizitätsprinzip, S. 91 ff.

[161] Beschluss v. 22.7.1991 – 1 BvR 313/88, DStR 1991 S. 1278. Insoweit könnte von haushalterischer Einnahmen-Sicherheit gesprochen werden.

[162] Vgl. nur Kirchhof, Bundessteuergesetzbuch, S. 10.

[163] BVerfG, Urteil vom 1.7.1953 – 1 BvL 23/51, BVerfGE 2 S. 380; BVerfG, Beschluss v. 3.6.1987 – 1 BvL 5/81, BVerfGE 75 S. 361; vgl. auch Beschluss v. 22.7.1991 – 1 BvR 313/88, DStR 1991 S. 1281. Durch eine faktisch erst sehr viel spätere abschließende Veranlagung – etwa aufgrund zeitferner Betriebsprüfungen – werden Rechtssicherheit und Klarheit allerdings wieder konterkariert. Vgl. dazu Drüen, Betriebsprüfung, 2011.

träge also nicht mit hohem Risiko künftiger Steuerrückzahlungen und Steuerminderzahlungen verbunden sind. Steuern müssen „endgültig“ zufließen. Ansonsten entstünde das „Kuriosum“, dass die Auferlegung von Steuern verdeckt die Staatsverschuldung erhöhte.[164] Damit könnte die „Ausreichendheit“ des Steueraufkommens aus einer Quelle faktisch ausgehöhlt werden; die deckungspolitische Anpassungsfähigkeit bzw. Steigerungsfähigkeit des Steueraufkommens könnte trotz eines entsprechenden Bedarfs blockiert werden.

Das Periodizitätsprinzip impliziert insoweit materiell auch die Forderung nach einer „Nachhaltigkeit“ für die Messung des jeweiligen Periodenerfolgs.[165] Steuer- und Finanzpolitik müssen hier bei ganzheitlicher und langfristiger Betrachtung gleiche Grundsätze der Nachhaltigkeit verfolgen.[166] Ein so verstandenes Periodizitätsprinzip entspricht inhaltlich Zielen einer nachhaltigen Staatsfinanzierung wie auch freiheitlichen und gleichheitsrechtlichen Zielen.

Dass es dagegen regelmäßig aus betriebswirtschaftlicher und aus rechtswissenschaftlicher Perspektive als nur rein technisches Prinzip ohne Wertungen begriffen wird,[167] liegt an einer – aus meiner Sicht: fälschlichen – Orientierung am Ideal einer Lebenseinkommensbesteuerung.[168]

III. Flexibilität

Innerhalb des freiheitlich-demokratischen Verfassungsrahmens können Legitimierungsanforderungen der staatlichen Hoheitsgewalt einer Rechtskontinuität im Zeitablauf gegenüberstehen: Ändern sich grundlegende Präferenzen im Volk oder führen neue Erkenntnisse und Lebensumstände dazu, dass das Allgemeinwohl eine legislative Korrektur erfordert, wäre ein „Nichtreagieren“

---

[164] Vgl. BVerfG, Urteil vom 6.11.1984 – 2 BvL 19/83, BVerfGE 67 S. 256 ff.; Neumark, Steuerpolitik, S. 54 ff

[165] Vgl. auch Marx, Teilhaberthese, BB 2011 S. 1003 ff.

[166] Vgl. Neumark, Steuerpolitik, S. 5.

[167] Exemplarisch Hey, Steuerrecht, § 8 Rz. 44; Mitschke, Lebenseinkommensbesteuerung, StuW 1980 S. 122 ff.

[168] Dazu weiter unten Abschnitt IV.4.

demokratisch nicht legitimiert. Der Staat muss – sachgerecht begründet[169] – Rechtskontinuitäten also auch durchbrechen, er muss gesetzgeberisch aktiv flexibel bleiben können.

Aus finanzwissenschaftlicher Sicht entspricht dies dem Grundsatz einer deckungspolitischen Anpassungsfähigkeit und „aktiven Flexibilität", was rasche und schnell wirkende Änderungsmöglichkeiten aus gesamtwirtschaftlichen Gründen betrifft.[170] Letztere sollen für Zwecke dieser Arbeit nicht näher untersucht werden, sondern vielmehr nur das Erfordernis einer aktiven und zeitnahen Umgestaltbarkeit der steuerlichen Bemessungsgrundlage unterstreichen.

Finanzwissenschaftlich wird außerdem – ebenfalls im Sinne einer demokratischen Output-Legitimierung – eine passive, der Besteuerung inhärente Flexibilität gefordert, die sich grundsätzlich auf das gesamte Steuersystem bezieht.[171] Das Steuersystem ist demnach so auszugestalten, dass kurzfristige Schwankungen der gesamtwirtschaftlichen Tätigkeit wie etwa von Geldwert und Beschäftigung gedämpft werden können, ohne das politisch gewollte Wachstum und Allgemeinwohl zu gefährden.[172]

IV. Gerechtigkeit

1. Gerechtigkeit als zentrales steuerpolitisches Postulat

Gerechtigkeitspostulate gehören zu den ältesten und insbesondere unter Finanzwissenschaftlern[173] wie Rechtswissenschaftlern[174] diskutierten Leit-

---

[169] Insoweit ergibt sich kein unauflösbarer Widerspruch zur Forderung nach Systemgerechtigkeit und Prinzipienbasierung, die auch nicht als Dogmatisierung missverstanden werden sollte, wenn gute Sachgründe für Anpassungen sprechen. Vgl. auch Hey, Steuerplanungssicherheit, S. 191 f.

[170] Vgl. Neumark, Steuerpolitik, S. 283 ff.; 311 ff.

[171] Vgl. Neumark, Steuerpolitik, S. 295 ff.; Stiglitz/Schönfelder, Finanzwissenschaft, S. 413 ff.

[172] Vgl. Neumark, Steuerpolitik, S. 298.

[173] Vgl. Neumark, Steuerpolitik, S. 67; Bodenhöfer, Rationales Steuersystem, S. 787; Stiglitz/Schönfelder, Finanzwissenschaft, S. 417 ff.

[174] Vgl. Tipke, Steuerrechtsordnung I, S. 259 ff.; Crezelius, Rechtsanwendung, S. 335 ff. und Hey, Steuerrecht, § 3 Rz. 98 ff. unter Hinweis auf die sowohl ökonomisch als auch juristische Gewinnung von Prinzipien eines gerechten Steuersystems.

linien sachgerechter Besteuerung. Weit gefasst, geht es sowohl aus finanz- als auch aus rechtswissenschaftlicher Perspektive um ethische Fragen einer befriedigenden Steuerlastverteilung, mithin um

- eine zur individuellen wirtschaftlichen Leistungsfähigkeit jeweils angemessene Belastung (individuelles Steuermaß),
- eine im Verhältnis zu anderen Steuerpflichtigen jeweils angemessene Belastung (Steuerverteilung)[175] sowie
- die subjektive Empfindung dazu (psychologische Komponente).[176]

Wird eine Steuer individuell als gerecht empfunden, werden auch Steuerwiderstände minimiert und damit der tatsächliche Steuervollzug erleichtert. Gerechtigkeitspostulate für die Besteuerung haben damit nicht nur einen ethischen Hintergrund, sondern auch einen technisch-praktikablen Nebenzweck.[177] Aus betriebswirtschaftlicher Sicht ist die Forderung nach Gerechtigkeit mit einer geringeren Verzerrung unternehmerischer Entscheidungen verbunden, soweit eine ungleichmäßige Besteuerung zu Steuerhinterziehung motiviert, um eigenmächtig für mehr „Gleichheit“ zu sorgen.[178]

Inhaltlich wird Steuergerechtigkeit bislang insbesondere vonseiten der Finanz- und Rechtswissenschaft mit Inhalt gefüllt. Es geht um das „Postulats-Trio“ der Allgemeinheit, Gleichmäßigkeit und Verhältnismäßigkeit (Leistungsfähigkeitsgerechtigkeit) der Besteuerung, womit Freiheits- und Gleichheitswerte im Rechtsstaat angesprochen sind.[179] Allgemeinheit der Besteuerung bedeutet, dass Steuerpflichten gleichermaßen und ausnahmslos all diejenigen treffen, auf die der jeweilige Verpflichtungsgrund zutrifft;[180] Ausnahmen müssen jeweils durch sachgerechte Kriterien begrenzt und gerecht-

---

175 Dabei geht es um eine relativ gleiche Lastenverteilung, nicht aber um die – separat adressierte – Umverteilung. Vgl. Neumark, Steuerpolitik, S. 45 und aus rechtswissenschaftlicher Perspektive Hey, Steuerrecht, § 8 Rz. 802.

176 Vgl. Neumark, Steuerpolitik, S. 68 f.; Tipke, Steuerrechtsordnung I, S. 314, m. w. N.

177 Vgl. Neumark, Steuerpolitik, S. 69 und weiter unten Teil 2 Abschnitt VIII.

178 Vgl. Schneider, Steuerlast, S. 95.

179 Vgl. Neumark, Steuerpolitik, S. 69 ff.; Tipke, Steuerrechtsordnung I, S. 259 ff.

180 Zugehörige rechtswissenschaftliche Forderung ist die Prinzipienbasierung im deutschen Steuerrecht (vgl. oben Abschnitt I), denn das Prinzip schafft mit den Worten Tipkes (Steuerrechtsordnung I, S. 282) „ein allgemeines, einheitliches Maß.“

fertigt sein.[181] Gleichmäßigkeit der Besteuerung verlangt weitergehend nach einer Gleichbehandlung bzw. -belastung von Steuerpflichtigen mit gleichartiger Leistungsfähigkeit und – negativ – einer Ungleichbehandlung ungleich Leistungsfähiger.[182]

Das Leistungsfähigkeitsprinzip ist schließlich das umfassendste Gerechtigkeitsprinzip, indem es die Allgemeinheit und Gleichmäßigkeit der Besteuerung impliziert.[183] Es fordert, dass Steuerlasten bzw. deren Bemessungsgrundlage jeweils die individuelle wirtschaftliche Leistungsfähigkeit widerspiegeln, sodass gleichzeitig für jeden das gleiche Belastungsmaß gilt.[184] Ergebnis einer leistungsfähigkeitsgerechten Besteuerung ist also einmal die individuell leistungsfähigkeitsgerechte Besteuerung und ferner die relativ gleiche steuerliche Belastungswirkung durch relativ gleiche Einbuße ökonomisch-finanzieller Dispositionskraft.[185]

Allgemeinheit und Gleichheit der Besteuerung sowie das Leistungsfähigkeitsprinzip lassen sich auch unmittelbar aus der Zielvorgabe einer Gleichheit vor dem Recht[186] ableiten bzw. verifizieren. Unter Berücksichtigung gerade auch der psychologischen Komponente steuerlicher Gerechtigkeit[187] lassen sich Allgemeinheit und Gleichheit der Besteuerung sowie das Leistungsfähigkeitsprinzip auch aus dem Demokratieprinzip ableiten: Eine Besteuerung

---

181 Vgl. Neumark, Steuerpolitik, S. 74 ff.; Bodenhöfer, Rationales Steuersystem, S. 788.

182 Vgl. Neumark, Steuerpolitik, S. 90.

183 Vgl. Neumark, Steuerpolitik, S. 70. Es wird dabei bezogen auf Einzelsteuern und auch auf das Gesamtsteuersystem; vgl. Neumark, Steuerpolitik, S. 129 f.

184 Vgl. Neumark, Steuerpolitik, S. 135.

185 Vgl. Neumark, Steuerpolitik, S. 126 f.; 135; Kirchhof, Steuerreform, S. 411; Tipke, Steuergerechtigkeit, StuW 2007 S. 203 ff.; ders., Steuerrechtsordnung II, S. 559 f.; Weber-Grellet, Prüfung von Steuergesetzen, FR 2011 S. 1033; Moxter, Gewinnermittlung, S. 6. Das Leistungsfähigkeitsprinzip wird auch als „Opfergleichheit" verstanden. Vgl. Birk, Einkommen, S. 11, 13. Dabei müssten allerdings letztlich auch die Inzidenzwirkungen der Besteuerung berücksichtigt werden. Da die steuerliche Gleichbehandlung nach dem Leistungsfähigkeitsprinzip auch Sachverhalte gleicher wirtschaftlicher Leistungsfähigkeit bei bloß formal-rechtlich unterschiedlicher Ausgestaltung umfasst, sind außerdem steuerliche Missbrauchsvermeidungsnormen dem Leistungsfähigkeitsprinzip zuzuordnen. Vgl. Hey, StuW 2008 S. 167, 171.

186 Vgl. oben, Teil 2 Abschnitt A.II.

187 Menschen werten demzufolge nicht bloß ihre absolute Situation, sondern insbesondere ihre relative Situation im Vergleich zu anderen Menschen, weswegen eine wahrgenommene steuerliche Ungleichbehandlung gegenüber anderen Menschen besonders bedrücke. Vgl. Tipke, Steuerrechtsordnung I, S. 314, m. w. N.

mit zahlreichen Ausnahmeregelungen und Einzelvergünstigungen mag womöglich politischen Machterhaltungszielen dienen, kann inhaltlich jedoch nicht demokratisch legitimiert sein (Output-Legitimation nach Maßgabe des Allgemeinwohls).[188]

Da Steuern als gegenleistungslose Zwangsabgaben die individuelle Dispositionsfreiheit einzelner Steuerpflichtiger einschränken, ist auch *freiheitliches* Wirtschaften nur bei einer im Zeitablauf leistungsfähigkeitsgerechten – insbesondere: nicht überbordenden – Besteuerung möglich. Das Leistungsfähigkeitsprinzip ist damit nicht nur im Gleichheitssatz, sondern auch im Freiheitsgedanken[189] verwurzelt und statuiert relative wie auch absolute Grenzen der Besteuerung. Die Besteuerung muss im Verhältnis zu anderen Steuerpflichtigen „angemessen“ sein, sie darf aber auch bestimmte *absolute* Grenzen nicht überschreiten (Eigentumsschutz).[190]

Trotz der hervorgehobenen Bedeutung als zentrale Leitlinie steuerlicher Gerechtigkeit wird das steuerpolitische Gewicht des Leistungsfähigkeitsprinzips jedoch aufgrund seiner „inhaltlichen Unbestimmtheit“ und Vieldeutigkeit immer wieder in Frage gestellt. Konkrete inhaltliche Vorgaben für den steuerrechtlichen Einkommens- bzw. Gewinnbegriff können dem Leistungsfähigkeitsprinzip nicht entnommen werden.[191] Eine isolierte Suche nach dem „relativ exaktesten Maßstab für die individuelle steuerliche Leistungsfähigkeit“[192] ist folglich schon im Ansatz nicht erfolgversprechend. Damit verbleibt für eine Ableitung konkreter Vorgaben für die steuerliche Gewinnermittlung

---

188 Zum Demokratieprinzip vgl. oben Teil 2 Abschnitt A.II.; Bodenhöfer, Rationales Steuersystem, S. 788.

189 Vgl. dazu eingehend nachfolgend unter Abschnitt V.

190 Vgl. dazu nur Birk, Leitungsfähigkeitsprinzip, S. 1592 ff.; Hey, Steuerrecht, § 3 Rz. 40 ff.; Kirchhof, Bundessteuergesetzbuch, S. 8.

191 Vgl. Neumark, Steuerpolitik, S. 125 ff.; Crezelius, Rechtsanwendung, S. 354 ff.; Birk, Leistungsfähigkeitsprinzip, S. 1592 und S. 1596 unter Einordnung des Leistungsfähigkeitsprinzips im Vielsteuersystem; Hey, Steuerrecht, § 3 Rn. 41; Hennrichs, Maßgeblichkeitsgrundsatz, S. 308; pointiert-kritisch zum Leistungsfähigkeitsprinzip als „zur Negation des Äquivalenzprinzips abgemagerte Steuererhebungsrichtlinie“ schließlich Mitschke, Lebenseinkommensbesteuerung, StuW 1980 S. 122 ff., mit zahlreichen weiteren Nachweisen. Zur Kritik mangelnder Operationalisierung des Leistungsfähigkeitsprinzips für normative Steuerzwecke vgl. Lang, Prinzipien, S. 56, der vor einem „Rechtsnihilismus“ warnt.

192 Vgl. Neumark, Steuerpolitik, S. 135.

allerdings immer noch die Funktion des Leistungsfähigkeitsprinzips als Verhältnismäßigkeitsgrundsatz.[193]

2. Subjektiv-persönliche Zurechnung von Leistungsfähigkeit

Für die steuerliche Gewinnermittlung aus unternehmerischer Tätigkeit stellt sich zunächst die Frage, ob Unternehmen überhaupt Einkommen erzielen oder ob sie nur als „Zwischeninstanz" der Einkommenserzielung natürlicher Personen, also bloß als „Mittel zum privaten Zweck" zu begreifen sind.[194] Da das Leistungsfähigkeitsprinzip im Sinne einer „horizontalen Gerechtigkeit"[195] gerade auch als Verhältnismäßigkeitsprinzip in Relation zu anderen Steuerpflichtigen zu begreifen ist,[196] kann eine leistungsfähigkeitsgerechte Besteuerung bzw. Gewinnermittlung nur dann gelingen, wenn zuvor eine Antwort darauf gefunden wird, wem der erwirtschaftete Erfolg im Ergebnis überhaupt jeweils zuzuordnen ist.

Unter Gleichheitsaspekten könnte die Austeilung der Steuerlasten – und damit auch die Zuordnung eines besteuerungswürdigen wirtschaftlichen Erfolgs – auf alle „Wirtschaftssubjekte" gefordert werden.

So können in Deutschland nach Maßgabe des Art. 19 Abs. 3 GG auch Unternehmen unter den Gleichheitsschutz des Gleichheitssatzes (Art 3 GG) gestellt werden; neben natürlichen Personen sind aus rechtswissenschaftlicher Perspektive folglich auch juristische Personen Zuordnungssubjekte steuerlicher Leistungsfähigkeit. [197] Einem Unternehmen wird indes keine

---

[193] Die Bedeutung des Verhältnismäßigkeitsprinzips liegt dabei gerade auch darin, dass das subjektive Gerechtigkeitsempfinden wesentlich durch den Vergleich mit anderen Steuerpflichtigen genährt wird. Vgl. Neumark, Steuerpolitik, S. 68; Tipke, Steuerrechtsordnung I, S. 314, m. w. N.

[194] Vgl. hierzu Jachmann, Gleichheitsproblem, S. 9 ff.

[195] Insoweit wird oft auch zwischen einer entsprechenden „horizontalen Gerechtigkeit" und einer „vertikalen Gerechtigkeit" unterschieden. Letztere kann jedoch nicht aus einem Gleichbehandlungspostulat abgeleitet werden, sondern beruht auf sozialstaatlichen Umverteilungszielen. Vgl. Neumark, Steuerpolitik, S. 92 und auch Hey, Steuerrecht, § 8 Rz. 802.

[196] Vgl. Hey, Steuerrecht, § 3 Rz. 121. Finanzwissenschaftlich wird das Leistungsfähigkeitsprinzip daher auch als Verhältnismäßigkeitsprinzip bezeichnet. Vgl. Neumark, Steuerpolitik, S. 45.

[197] Vgl. Hey, Steuerrecht, § 4 Rz. 90.

subjektive, sondern eine „objektive Leistungsfähigkeit" zugebilligt, die von persönlich-individuellen Merkmalen abstrahiert.[198] Dennoch wird nicht ausgeschlossen, dass Art. 19 Abs. 3 GG letztlich auf die durch Rechtsformen handelnden Menschen zielt. Die gleichmäßig zu erfolgende Besteuerung nicht nur der Anteilseigner, sondern auch der Unternehmen wäre demnach auf eine „ursprünglich menschenbezogene Bedeutung des Leistungsfähigkeitsprinzips zurückzuführen".[199]

Selbst eine direkte Unternehmensbesteuerung kann also mit einer impliziten Zuordnung von Leistungsfähigkeit auch an die Anteilseigner verbunden sein.[200] Das entspricht der wirtschaftlichen Wertung, dass Institutionen letztlich im Interesse der sie tragenden natürlichen Personen handeln.[201]

Insbesondere Wirtschaftswissenschaftler sehen Unternehmen regelmäßig nur als Mittel zum Zweck eines privaten Investors an.[202] Institutionen können nach dieser Auffassung kein eigenes „Einkommen" haben. Die Grundidee hierzu stammt aus der mikroökonomischen Haushaltstheorie, die mit der Nutzentheorie auch das erwerbswirtschaftliche Handeln privater Haushalte zu erklären versucht.[203] Für das unternehmerische Optimierungskalkül müssen die Ziele des jeweiligen Entscheidungsträgers vorab klar sein bzw. definiert werden. Die hier im Zentrum stehenden Ziele einer Entnahme- oder aber Endwertmaximierung werden in der Investitionsrechnung letztlich auf

---

198 Vgl. Jachmann, Gleichheitsproblem, S. 17 ff.; Friauf, Nichtabzugsfähigkeit von Aufsichtsratsvergütungen, StuW 1973 S. 107; Hey, Steuerrecht, § 3 Rz. 50 ff.; Vgl. auch Neumark, Steuerpolitik, S. 132. Zu den verschiedenen historischen Rechtfertigungsgründen der Körperschaftsteuer – u. a. auch der besonderen, zusätzlichen Leistungsfähigkeit einer Körperschaft – vgl. nur Tipke, Steuerrechtsordnung II, S. 726 ff.

199 Vgl. Hey, Steuerrecht, § 3 Rz. 51, m. w. N.

200 Vgl. auch Neumark (Steuerpolitik, S. 132) mit Hinweis darauf, dass die separate Körperschaftsteuer Gewinnverschiebungen und -verlagerungen vorbeugen soll.

201 Vgl. Schneider, Steuerlast S. 56. Zum alten Meinungsstreit bezüglich einer Unterscheidung zwischen der Körperschaftsteuer als „Einkommensteuer der juristischen Person" oder als Unternehmenssteuer Friauf, Nichtabzugsfähigkeit von Aufsichtsratsvergütungen, StuW 1973 S. 104; Rose, Betrieb und Steuer, S. 127.

202 Vgl. nur M. Rose, Plädoyer, S. 14 (Steuern als Konsumopfer). Auch Schneider weist wiederholt darauf hin, dass der Begriff des „Einkommens" nur natürlichen Personen (bzw. dem Haushalt) zugeordnet werden kann. Vgl. Schneider, Steuerlast, S. 56.

203 Vgl. dazu Kruschwitz, Investitionsrechnung, S. 11, m. w. N.

die Konsumziele eines privaten Investors zurückgeführt.[204] Auch Modellen der Berechnung effektiver Steuerbelastungen, die Entscheidungswirkungen der Besteuerung messen und absolute Steuerlasten in Bezug zu finanziellen Zielgrößen eines Unternehmers bzw. Investors setzen, liegt aufbauend auf diesen investitionstheoretischen Modellen das Verständnis eines Unternehmens als „Mittel zum Zweck der privaten Einkommenserzielung" zugrunde.[205]

Für die „richtige" Perspektive der subjektiven Gewinnzuordnung könnte schließlich auch danach differenziert werden, wem zumindest typisiert das Handeln[206] bzw. das erwirtschaftete Ergebnis[207] einer Unternehmung insgesamt zuzurechnen wäre.[208]

In die heutigen Wirtschaftsrealitäten zumindest börsennotierter Unternehmen will die Vorstellungswelt des Unternehmens als Mittel zum Konsumzwecke privater Investoren dabei nicht mehr so recht passen. Von wirtschaftswissenschaftlicher Seite formierten sich daher bereits vor Jahrzehnten Gegner einer „utilitaristisch-individualistischen" Einkommenskonzeption im Unternehmenssteuerrecht.[209] Das Unternehmen als Institution soll nach dieser Ansicht getrennt von den Einzelinteressen der anteilshaltenden natürlichen Personen betrachtet werden; insbesondere großen Aktiengesellschaften wird eine spezifische Leistungsfähigkeit durch Größe, Kapitalmarktzugang usw. zugebilligt.[210] (Nur) aus rechtlicher Perspektive wäre die Eigentumsstellung der Gesellschafter dann zwar anzuerkennen. Sie bezieht sich unmittelbar allerdings auch nur auf die Unternehmensanteile, nicht auf den Gewinn, soweit gesellschaftsrechtlich kein Ausschüttungsanspruch entstanden ist. Als „von Eigentümerinteressen losgelöste Wirtschaftseinheit" und „oberhalb der

---

[204] Vgl. nur Schneider, Investition, S. 65 ff.; Kruschwitz, Investitionsrechnung, S. 11 ff.

[205] Vgl. Spengel, Europäische Steuerbelastungsvergleiche, S. 12 ff.

[206] Vgl. Schredelseker, Unternehmensbesteuerung, StuW 1975 S. 725.

[207] Vgl. Schipporeit, Unternehmenssteuer, StuW 1980 S. 196.

[208] So spiegelt sich bei Personengesellschaften die Perspektive vom Unternehmen als Mittel zum Zweck besonders stark in der grundsätzlich transparenten Besteuerung in Deutschland wider. Vgl. dazu differenziert Prinz, Besteuerung der Personengesellschaften, FR 2010 S. 736 ff.; vgl. auch Kahle, Gewinnermittlung bei Personengesellschaften, S. 272 ff.

[209] Vgl. Schredelseker, Unternehmensbesteuerung, StuW 1975 S. 725.

[210] Vgl. Neumark, Steuerpolitik, S. 131

Summe ihrer Mitglieder existierende Organisation"[211] müsste einem Unternehmen nach dieser Auffassung dann eine eigene wirtschaftliche Leistungsfähigkeit zugestanden werden können, die nicht nur vorgeschaltet zur Leistungsfähigkeit der Eigentümer dieses Unternehmen wäre.[212]

Zur Bestimmung eines spezifischen Unternehmenseinkommens müsste sowohl für die Ebene der Gewinnentstehung als auch der Gewinnverwendung strikt zwischen Unternehmensebene und Investorenebene getrennt werden. Auch die Gewinnverwendung für Ausschüttungen müsste dann leistungsfähigkeitsmindernd berücksichtigt werden. Das zeigt, dass die subjektive Zurechnung von Leistungsfähigkeit allein zum Unternehmen auch die Ausgestaltung des Gewinnermittlungs- bzw. Körperschaftsteuersystems betrifft.

Dividendenausschüttungen werden in den Mitgliedstaaten der Europäischen Union dabei nach geltendem Recht nicht von der körperschaftsteuerlichen Bemessungsgrundlage abgezogen.[213] Würde man den Einkommensbegriff solcher Unternehmen vollständig gegenüber der Konsumsphäre der (letztlich stets privaten) Anteilseigner abgrenzen wollen, müssten auch grenzüberschreitende Fälle mit Blick auf die zwischenstaatliche Aufteilung von „Steuersubstrat" neu durchdacht und verhandelt werden. Das widerspricht Praktikabilitäts- und Wirtschaftlichkeitsanforderungen der Besteuerung[214] und lenkt auch den Blick darauf, dass die hier herausgestellten Leitlinien der steuerlichen Gewinnermittlung als Ausgangspunkt für entsprechend zielgerichtete Reformen stets *auch* aus Perspektive eines bereits entwickelten Steuersystems betrachtet werden müssen.

---

[211] Vgl. Schredelseker, Unternehmensbesteuerung, StuW 1975 S. 725, m. w. N.

[212] Vgl. Schredelseker, Unternehmensbesteuerung, StuW 1975 S. 725. Für unterschiedliche Anknüpfungspunkte einer Unternehmenssteuer siehe Schipporeit, Unternehmenssteuer, StuW 1980 S. 192, mit einem Überblick zu Vorschlägen aus der Literatur, etwa: Betriebsüberschuss, Produktivgewinn, Bruttowertschöpfung, Kapital. Letzteres bewegt sich dabei außerhalb des Rahmens einer Einkommensbesteuerung. Eine zur Erfassung der Wertschöpfung modifizierte zusätzliche Einkommensteuer im Finanzmarktsektor wurde bereits als Surrogat zur Umsatzsteuerbefreiung von Finanzdienstleistungen diskutiert („Finanzmarktaktivitätssteuer"), vgl. Hemmelgarn, Finanzmarktsteuern, 2011.

[213] Jacobs, Internationale Unternehmensbesteuerung, S. 125 ff.

[214] Dazu weiter unten, Abschnitt VIII.

Insbesondere müssen Werte und Ziele der Gewinnbesteuerung im freiheitlich-demokratischen Rechtsstaat letztlich jedoch auf das Allgemeinwohl natürlicher Personen und nicht auf ein – wie auch immer definierbares – Wohl juristischer Gebilde bezogen sein. Das entspricht auch der steuerrechtlichen Deutung eines im Ursprung und Kern „menschenbezogenen Leistungsfähigkeitsprinzips“,[215] von dem im Nachfolgenden ausgegangen wird. Der Unternehmensgewinn ist also zumindest mittelbar auch als Leistungsfähigkeit natürlicher Personen zu verstehen.[216] Für börsennotierte Unternehmen kann diese Zuordnungsentscheidung aus betriebswirtschaftlicher Sicht auch durch Managementansätze gestützt werden, die auf eine Steigerung des „Shareholder Value“ bezogen sind.[217]

3. Inhaltlich-sachliche Bestimmung von Leistungsfähigkeit

a) Gewinn als freie Verwendungsgröße

Ist Leistungsfähigkeit aus unternehmerischem Erfolg letztlich implizit auch natürlichen Personen zuzurechnen, muss dies Auswirkungen auch auf die inhaltliche Ausfüllung des Gewinnbegriffs als Maßgröße der Leistungsfähigkeit haben.

Maßgröße wirtschaftlichen Erfolgs ist aus mikroökonomischer Perspektive der erreichte Grad an Bedürfnisbefriedigung.[218] Er drückt sich aus in der Nutzung und im Verbrauch knapper Güter, also in der Konsumkraft. Wirtschaftlicher Erfolg wird demnach nicht isoliert als „Wert an sich“ gemessen, sondern als erwerbswirtschaftliche Spiegelung der Konsumseite. Wirtschaftlicher Erfolg dient im freiheitlich-demokratischen Verfassungsstaat nicht in erster Linie aufgrund seines bloßen Entstehens als Anknüpfungspunkt für

---

215 Vgl. Hey, Steuerrecht, § 3 Rz. 51, m. w. N.

216 Pointiert dazu Neumarkt, Steuerpolitik, S. 131 f.

217 Wertbasierte Management-Konzepte scheinen Principal-Agent-Probleme dabei durch formalen Interessengleichlauf von Unternehmensmanagern und Anteilseignern zu vermindern. Zu einem Überblick über wertorientierte Managementkonzepte vgl. Mandl/ Rabel, Unternehmensbewertung, S. 378 ff.

218 Vgl. Pindyck/Rubinfeld, Mikroökonomie, S. 123 ff.; Mitschke, Einkommen, S. 40 f., 93 ff.; Moxter, Gewinnermittlung, S. 5; ders., Bilanztheorie, S. 108

Gewinnsteuern, sondern aufgrund seiner anschließenden möglichen Verwendung.[219] Das Steueropfer ist damit ein Konsumopfer;[220] eine wirtschaftlich leistungsfähige Besteuerung impliziert insoweit auch eine zumindest abstrakte Leistungsfähigkeit zur Steuerzahlung,[221] womit das Leistungsfähigkeitsprinzip in seiner Ausprägung als individuelles Steuermaß angesprochen ist.[222]

Auch wenn insoweit Konsumkraft die zentrale Rechtfertigung für die Besteuerung wirtschaftlichen Erfolgs ist, kann die Besteuerung allerdings mehr oder weniger konsumnah ausgestaltet werden. Privater Konsum kann steuerlich indirekt durch Besteuerung wirtschaftlichen Erfolgs als der Quelle von Konsum und Bedürfnisbefriedigung erfasst werden. Er kann aber auch direkt durch Verbrauchssteuern erfasst werden. Letztere blenden nicht nur jegliche persönlichen Verhältnisse des Konsumenten aus. [223] Der entscheidende Unterschied zwischen einer direkten oder nur indirekten Besteuerung von Konsumkraft besteht vielmehr darin, dass allein bei einer Lösung von einem allzu konsumnahen Verständnis wirtschaftlichen Erfolgs überhaupt erst eine Unternehmens- bzw. Gewinnbesteuerung und steuerpolitisch weitergehend auch ein Vielsteuersystem[224] gerechtfertigt werden können.

---

[219] Vgl. Kirchhof, Bundessteuergesetzbuch, S. 2 ff. und 10; insoweit wäre es auch genauer, Steuern nicht als „Preis der Freiheit“ zu bezeichnen, sondern als „Preis des Erfolgs im freiheitlichen Staat.“ Zu den zwei Seiten von Einkommen – der Entstehungsseite und der Verwendungsseite – vgl. auch Schneider, Betriebswirtschaftslehre, S. 35. Zur Unterscheidung von Erwerbsplanung und Verwendungsplanung siehe auch Hey, Steuerplanungssicherheit, S. 12 f.

[220] Zur entsprechenden „Konsumtionsfondstheorie“ Schmollers vgl. Lang, Bemessungsgrundlage, S. 36.

[221] Vgl. Wendt, Bilanzrecht, Rz. 19. Die Liquiditätswirkungen gewinnabhängiger Steuern sind zu beachten, weil es in der Realität keinen Kapitalmarkt im Konkurrenzgleichgewicht gibt; vgl. Schneider, Steuerlast, S. 285. Zur Konkretisierung des Leistungsfähigkeitsprinzips als „ability-to-pay-principle“ mit Bezug auf eine allerdings nur abstrakte Zahlungsfähigkeit vgl. Hey, Steuerplanungssicherheit, S. 177. Zur Leistungsfähigkeit als Zahlungsfähigkeit vgl. auch Tipke, Karlsruher Entwurf, StuW 2002 S. 164; Kußmaul/Klein, Maßgeblichkeitsprinzip, DStR 2001 S. 550; Lauth, Einheitsbilanz, DStR 2000, S. 1371.

[222] Vgl. oben Abschnitt IV.1. und auch M. Rose, Plädoyer, S. 14.

[223] Vgl. Hey, Steuerrecht, § 3 Rz. 70.

[224] Die Zuspitzung auf einen einzelnen Indikator wirtschaftlicher Leistungsfähigkeit für die Heranziehung zur steuerlichen Lastentragung wird heute aus unterschiedlichen, auch

Die „Entleihung“ des mikroökonomischen und auch freiheitlich-demokratisch basierten Begriffs wirtschaftlichen Erfolgs für steuerliche Zwecke muss daher für Zwecke der Besteuerung von Einkommen und Vermögen zu einer Modifizierung führen: Wieviel ein Steuerpflichtiger in Abhängigkeit von seinem erwirtschafteten Erfolg tatsächlich konsumiert und wie hoch seine Bedürfnisbefriedigung ist, kann für die Unternehmensbesteuerung steuerlich höchstens mittelbar relevant sein. Hier muss umgekehrt eine Hinwendung zur Quelle des Konsums erfolgen, die sich in der Konsumseite dann nur spiegeln wird.[225] „Einkommen“ misst die Entstehungsseite wirtschaftlichen Erfolgs, meint aber eigentlich die Verwendungsseite, von der dann ein steuerliches „Opfer“ zu erbringen ist.

Dem mikroökonomischen Gedanken, dass Einkommen frei verfügbar für Konsumzwecke ist, würde es dann entsprechen, den unternehmerischen „Gewinn“ als frei verfügbare Verwendungsgröße zu verstehen. Wird hinsichtlich der Einkommensverwendung im Ergebnis nicht zwischen Unternehmens- und Anteilseigner-Perspektive getrennt, bleibt zur Abgrenzung der auf Unternehmensebene gemessenen Leistungsfähigkeit von derjenigen der Anteilseignerebene allerdings nur die Leistungsebene der Einkommensentstehung. Beide Seiten des Gewinns – Entstehung wie Verwendung – müssten folglich auch im Rahmen der steuerlichen Gewinnermittlung Beachtung finden.

b) Gewinn als reale Zugangsgröße

Aus Perspektive natürlicher Personen kommen als Konsumquelle Vermögen und Einkommen in Frage.[226] Vermögen ist eine Bestandsgröße, der ein Konsum- bzw. Bedürfnisbefriedigungspotenzial beigemessen werden kann. Einkommen ist dagegen eine Zugangs- oder Stromgröße, die den erwerbswirtschaftlich bedingten Zugang an Konsum- bzw. Bedürfnisbefriedigungspoten-

---

fiskal-budgetären und besteuerungspraktischen Gründen abgelehnt. Vgl. dazu Hey, Steuerrecht, § 3 Rz. 52 ff.

[225] Zur Abgrenzung vgl. Hey, Steuerrecht, § 3 Rz. 70 ff.

[226] Vgl. Moxter, Gewinnermittlung, S. 9.

zial innerhalb einer bestimmten Periode misst.[227] Sie allein interessiert im Folgenden als Untersuchungsgegenstand.

Gewinn kann als Zugangsgröße[228] nur dann gemessen werden, wenn rechnerisch das Anfangsvermögen und das Endvermögen zum Zeitpunkt der Einkommensmessung bekannt sind. Beide Bestandsgrößen müssen nach gleichen Maßstäben gemessen werden.[229] Die Messung von Gewinn setzt insoweit rechnerisch stets „die Erhaltung des Anfangsvermögens zum Ende der betrachteten Abrechnungsperiode voraus. Das rechnerisch über gedachte Zahlungen ... bewertete Anfangsvermögen liefert den Eichstrich, an dem gemessen wird, ob das Einkommen am Ende einer Abrechnungsperiode positiv oder negativ und wie hoch es ist."[230]

Da Gewinn als Zugangsgröße zwischen einem Anfangs- und einem Endvermögen nur einen „Scheinertrag" darstellt, soweit sich das Endvermögen gegenüber dem Anfangsvermögen real gar nicht verändert hat,[231] ist außerdem ein Konzept zur Bereinigung um bestimmte Preissteigerungen erforderlich.[232]

c) Gewinn als Nettogröße

Wirtschaftliche Leistungsfähigkeit im Sinne neuer Konsumkraft kann nur eine Saldogröße vermitteln, die von den Leistungszugängen auch die – nach gleichem Maßstab gemessenen – Leistungsabgänge abzieht.[233] Konsumiert werden kann nur das, was für einen möglichen Konsum übrig bleibt, also

---

227 M. Rose fordert zur Abgrenzung, dass Einkommen „aus neuen Quellen stammt, d. h. einen externen Mittelzufluss und nicht eine Mobilisierung bereits vorhandenen Vermögens darstellt." Vgl. M. Rose, Besteuerung des Sparens, BB Beilage Nr. 5/1992 S. 2.

228 Im Verlustfall: Abgangsgröße.

229 Vgl. Schön, Maßgeblichkeit, S. 12; Hennrichs, Maßgeblichkeitsgrundsatz, S. 310.

230 Schneider, Betriebswirtschaftslehre, S. 35.

231 Vgl. Moxter, Gewinnermittlung, S. 64 ff., 184 ff.

232 Vgl. dazu näher Teil 2 Abschnitt B.IV.4.b)bb) und Teil 3 Abschnitt A.I.1. Vgl. auch Hey, Steuerrecht, § 8 Rz. 56; Rützel, Steuerbilanz in Zeiten schleichender Inflation, S. 136 ff.; Weber, Inflationsberücksichtigung, 2012.

233 Vgl. Schön, Maßgeblichkeit, S. 12; Hennrichs, Maßgeblichkeitsgrundsatz, S. 310.

eine Nettogröße. Der wirtschaftliche Begriff des Einkommens als „Verwendungsgröße" ist damit gleichbedeutend mit dem des „Nettoeinkommens".

Als „identitätskonstituierendes Merkmal der Einkommensteuer" oder auch schlicht „auf der Hand liegend" leiten Rechts- wie Wirtschaftswissenschaftler daher aus dem Leistungsfähigkeitsprinzip ein „objektives Nettoprinzip" ab, nach dem allein das Netto- oder Reineinkommen steuerliche Leistungsfähigkeit vermitteln kann.[234] Gefordert wird also der Abzug der Erwerbsaufwendungen von den Erwerbseinnahmen; Ausgaben für private Zwecke bzw. Konsum mindern bei natürlichen Personen dagegen nicht das Einkommen, sondern sind als Einkommensverwendung Teil der steuerlich gerade zu erfassenden Leistungsfähigkeit.[235]

> Nicht „disponibel" für Steuerleistungen an den Staat ist auch derjenige Teil des Einkommens, den der Steuerpflichtige für seine Existenz und ähnlich zwangsläufige Aufwendungen verwenden muss. Nach einem „subjektiven Nettoprinzip" müssen auch bestimmte private Existenzsicherungsaufwendungen von der einkommensteuerlichen Bemessungsgrundlage abgezogen werden. Während das objektive Nettoprinzip Unterprinzip des Leistungsfähigkeitsprinzips und damit der materiellen Gerechtigkeit ist, entspringt das subjektive Nettoprinzip der Achtung der Menschenwürde und dem Sozialstaatsprinzip.[236]

Die Unterscheidung zwischen disponiblem und nicht-disponiblem – weil pflichtbestimmtem – Einkommen konturiert das Nettoprinzip insgesamt: Das, was erwerbswirtschaftlich veranlasst oder zur Existenzsicherung ausgegeben wird, darf für die Steuerzahlung nicht disponibel sein.[237].

---

[234] Umfassend Hey, Steuerrecht, § 8 Rz. 54 ff.; Neumark, Steuerpolitik, S. 159 und Isensee, Sitzungsbericht, S. 214.

[235] Vgl. Tipke, Steuerrechtsordnung II, S. 570 ff.

[236] Vgl. Schön, Maßgeblichkeitsprinzip, S. 12; Hey, Steuerrecht, § 8 Rz. 70 ff.; Isensee, Sitzungsbericht, S. 46; Kirchhof, Besteuerung im Verfassungsstaat, S. 80 ff.; Weber-Grellet, Prüfung von Steuergesetzen, FR 2011 S. 1028, 1030.

[237] Vgl. Tipke, Steuerrechtsordnung II, S. 591; Kempermann, Anmerkung, FR 2003 S. 575; Weber-Grellet, Prüfung von Steuergesetzen, FR 2011 S. 1030; Neumark, Steuerpolitik, S. 159 f. Da eine Abzugsfähigkeit allein von als „üblich", „notwendig" und „zweckmäßig"

In Deutschland erkennt das Bundesverfassungsgericht das objektive Nettoprinzip entsprechend als gesetzgeberische Grundentscheidung an. Es lässt allerdings offen, ob es verfassungsrechtlich unmittelbar geboten ist. Ihre rechtlichen Grenzen soll die gesetzgeberische Freiheit in dem Postulat finden, die mit dem objektiven Nettoprinzip getroffene grundlegende Belastungsentscheidung folgerichtig umzusetzen[238] und gegensätzliche Regelungen nur bei hinreichendem Sachgrund zu implementieren.[239]

Das objektive Nettoprinzip setzt als rechtspolitische „Klugheitsregel" auch Grenzen für eine „Steuerpolitik mit Augenmaß" im freiheitlich-demokratischen Verfassungsstaat.[240] Wenn Erwerbseinnahmen die Tätigung von Erwerbsaufwendungen voraussetzen und diese nicht zum Abzug zugelassen würden, würden unternehmerische Investitionen verzerrt und die Gefahr von Schwarzarbeit erhöht – mit jeweils nachteiligen Auswirkungen auch auf das laufende Steueraufkommen.[241] Aus betriebswirtschaftlicher, gesamtwirtschaftlicher und rechtlicher Perspektive sind damit bei einer Verletzung des objektiven Nettoprinzips gravierende Freiheits- und Gleichheitseinschränkungen adressiert.[242] Das objektive Nettoprinzip lässt sich im Ergebnis nicht bloß als irgendein Unterprinzip des Leistungsfähigkeitsprinzips verorten; es

---

anzusehenden Aufwendungen freiheitseinschränkend (vgl. Abschnitt V) und im steuerlichen Massenverfahren auch nicht praktikabel durchführbar wäre (vgl. Abschnitt VIII), kann es hierauf im Rahmen des objektiven Nettoprinzips grundsätzlich nicht ankommen. Vgl. Prinz, Werbungskosten, S. 190 f.; Tipke, Steuerrechtsordnung II, S. 620.

238 Vgl. dazu auch bereits oben Abschnitt I.

239 Vgl. Hey, Steuerrecht, § 8 Rz. 55, m. w. N.; dies., Nettoprinzip, DStR Beihefter 34/2009 S. 109; Kirchhof, Steuerreform, S. 411. Zum Folgerichtigkeitsgebot als „Denkgesetz" außerdem Tipke, Steuergerechtigkeit, StuW 2007 S. 205. Das Folgerichtigkeitsgebot soll für steuerliche Systemdurchbrechungen bestimmte Legitimationsanforderungen stellen. Dazu näher Drüen, Verfassungsrechtliche Anforderungen, JZ 2010 S. 93.

240 Tipke, Steuerrechtsordnung II, S. 592.

241 Vgl. Schön, Steuervereinfachung, StuW 2002 S. 33; Tipke, Steuerrechtsordnung II, S. 592; Wagner, Objektives Nettoprinzip, StuW 2010 S. 32. Vgl. auch Hey, Nettoprinzip, DStR Beihefter 34/2009 S. 110: „Knüpft die Besteuerung an den wirtschaftlichen Erfolg des Steuerpflichtigen an, ist die Ausgestaltung anhand des Nettoprinzips nicht nur eine Frage formaler Richtigkeit, sondern materieller Sachgerechtigkeit und damit unmittelbar in Art. 3 Abs. 1 GG verankert."

242 Vgl. nachfolgend unter Abschnitt V.

dient gleichheitsgerechten, freiheitlichen, fiskalisch-budgetären und praktikabilitäts- sowie wirtschaftlichkeitsbezogenen Zielen der Besteuerung.[243]

4. Zeitliche Erfassung von Leistungsfähigkeit

a) Die Lebenseinkommensdogmatik

aa) Die Gerechtigkeitsidee

Die Frage nach der richtigen zeitlichen Dimension des wirtschaftlichen Einkommensbegriffs ist hochgradig umstritten. Nach einer sowohl unter Rechts- als auch unter Wirtschaftswissenschaftlern verbreiteten Auffassung[244] ist sie zugunsten einer weitreichenden Lebenseinkommensdogmatik zu beantworten.[245] Nach diesem Ansatz wird davon ausgegangen, dass allein eine lebenszeitlich erwirtschaftete „Gesamtleistungsfähigkeit" Vergleichsmaßstab gerechter steuerlicher Belastungsverteilung sein kann.[246] Die für Zwecke einer Abschnittsbesteuerung[247] gezogenen Periodengrenzen werden als störend empfunden, da sie zusammenhängende wirtschaftsreale Vorgänge künstlich durchtrennen.[248] Das Periodizitätsprinzip scheint dieser Ansicht nach als ein rein technisches Prinzip zu fungieren.[249]

Allein anhand des innerhalb von Periodengrenzen zugegangenen Einkommens ist aus dieser Perspektive noch keinerlei „Hochschätzung" auf eine

---

243 Vgl. Neumark, Steuerpolitik, S. 45 und weiter unten Abschnitte V. und VIII.

244 Lang (Prinzipien, S. 65) und Dorenkamp (Verlustverrechnung, S. 11) sprechen von der „wohl herrschenden steuerwissenschaftlichen Meinung".

245 Vgl. insbesondere Tipke, Steuerrecht, StuW 1971 S. 16; ders, Steuerrechtsordnung. I, S. 699 ff., mit zahlreichen weiteren Nachweisen; Lang, Bemessungsgrundlage S. 186 ff.; Wendt, Verlustberücksichtigung, S. 47 f.; Hey, Steuerrecht, § 8 Rz 44; Arndt/Jenzen, Verlustverrechnung, DStR 1998 S. 1821; Seer, Einkommensteuerreform, BB 2004 S. 2274; Mitschke, Lebenseinkommensbesteuerung, StuW 1980 S. 122 ff. Aus der Rechtsprechung BVerfG, Beschluss vom 12.5.2009 – 2 BvL 1/00, BVerfGE 123 S. 111; BFH, Urteil vom 25.2.2010 – IV R 37/07, BStBl. II 2010 S. 784; Beschluss vom 26.8.2010 – I B 49/10, BStBl. II 2011 S. 826.

246 Unberührt hiervon bleibt jedoch der freiheitliche Aspekt der Zeitgebundenheit einer leistungsfähigkeitsgerechten Steuererhebung, die sich auf die Zeitnähe zwischen Einkommensentstehung und Steuerschuldbegleichung bezieht. Vgl. näher Hey, Steuerplanungssicherheit, S. 177.

247 Siehe oben, Abschnitt II.

248 Vgl. nur Tipke, Steuerrechtsordnung, II, S. 668 ff.

249 Vgl. Lang, Bemessungsgrundlage, S. 187; Ismer, Periodizitätsprinzip, S. 93.

überperiodische und lebenszeitliche Gesamtleistungsfähigkeit möglich, die erst ex post gemessen würde und unter deren Kenntnis die tatsächliche Leistungsfähigkeit einer einzelnen Periode womöglich höher oder niedriger einzuordnen wäre. Die isolierte Messung eines periodischen Vermögenszugangs ohne Berücksichtigung der Leistungsfähigkeit auch vor- und nachgelagerter Perioden kann nach dieser Ansicht die Leistungsfähigkeit einer einzelnen Periode nicht richtig widerspiegeln. Einkommen würde daher idealerweise als *periodischer Niveauindikator* gemessen werden,[250] der das maximal erreichbare durchschnittliche Einkommensniveau über die Lebenszeit hinweg spiegeln würde. Als Annuität auf das Lebenseinkommen gemessen, würde Einkommen einer Periode *zugeteilt* werden.

Eine so verstandene wirtschaftliche Leistungsfähigkeit kann bei mehrjähriger Erwerbstätigkeit[251] hinreichend rechtssicher allerdings weder durch eine vorausschauende Schätzung des Lebenseinkommens[252] noch nachträglich in einem Gesamtbetrag gemessen werden; darauf basierende Steuererhebungen würden durch permanente Unter- und Überschätzungen sämtliche hier aufgestellte Leitlinien einer sachgerechten steuerlichen Gewinnermittlung verletzten.[253] Eine periodische und gleichzeitig auf die Lebenszeit als Gesamtheit gerichtete Besteuerung würde auch gleich bleibende Gewinnermittlungsvorschriften und die Anwendung eines kontinuierlich gleichbleibenden Steuertarifs verlangen.[254] Das müsste – diametral zu den Anforderungen einer Anpassungsfähigkeit der steuerlichen Bemessungsgrundlage[255] – faktisch zur permanenten Fixierung eines einmal festgelegten Rechtszustands

---

250 Vgl. Moxter, Gewinnermittlung, 1982, S. 9 ff.

251 Zur Illustrierung der Erfolgsrechnung kurz- und langlebiger Unternehmen als Totalrechnung bzw. Periodenrechnung Schmalenbach, Dynamische Bilanz, S. 24 ff.

252 Das „Lebenseinkommen" eines Individuums wird hier weit verstanden, sodass für den Bereich der Unternehmensbesteuerung auch deren „Totalperiode" umfasst sein soll.

253 Kammann spricht von einer „anachronistischen Besteuerung" im Ergebnis, vgl. Kamann, Stichtagsprinzip, S. 363. Vgl. auch Moxter, Gewinnermittlung, S. 7 ff.

254 Vgl. BFH, Beschluss v. 17.2.2005 – XI B 138/03, BFH/NV 2005 S. 1264

255 Vgl. näher oben Abschnitt III.

oder aber einer jahrgangsabhängigen und damit weitergehend ungleichmäßigen Besteuerung führen.[256]

Die Befürworter einer am Lebenseinkommen bzw. an der Totalperiode ausgerichteten steuerlichen Bemessungsgrundlage erkennen dies. Eine dem Gleichbehandlungsgebot innewohnende „zeitliche Dimension“ wird folglich mit Blick auf das sich im Periodenlauf wandelnde Steuerrecht dahingehend anerkannt, als eine „Gleichbehandlung mit anderen Steuerpflichtigen am Maßstab des jeweils geltenden Rechts“ erforderlich ist.[257] Es wird insoweit tatsächlich nicht ein technisches Periodizitätsprinzip eingefordert, das allein Vorauszahlungszwecken auf eine „Lebenseinkommensteuer“ dient.[258] Indem dem Periodizitätsprinzip mehr als eine jährliche Einkommensteuervorauszahlungsfunktion beigemessen wird, wird im Ergebnis eingeschränkt anerkannt, dass das Periodizitätsprinzip auch materielle Bedeutung hat. Allerdings kommt es aus dieser Perspektive weiterhin nicht auf die Messung einer „tatsächlichen Periodenleistungsfähigkeit“ an. Als Kompromissformel zwischen Periodizität und Leistungsfähigkeitsprinzip wird vielmehr nur eine zumindest austarierende, also sowohl rückschauende wie auch weitest möglich vorausschauende Perspektive eingenommen.[259]

---

[256] Ungleichbehandlungen vergleichbarer Sachverhalte im Zeitablauf aufgrund sich ändernden Rechts stellen dabei auch keine Verletzung von Art. 3 Abs. 1 GG dar. Vgl. näher Hey, Steuerplanungssicherheit, S. 174 und 175: „Die demokratisch legitimierte Gestaltungsmacht des Gesetzgebers erlaubt die Abkehr von altem, die Hinwendung zu neuem Recht unter Inkaufnahme von Ungleichbehandlungen in zeitlicher Hinsicht.“

[257] Vgl. Lang/Englisch, Rechtsgutachten, S. 22.

[258] Deutlich Hey, Steuerrecht, § 8 Rz. 44. Insoweit käme eine gleichmäßig implementierte Lebenszeitbesteuerung zwar ebenfalls nicht ohne Periodisierung der Bemessungsgrundlage aus, vgl. Mitschke, Lebenseinkommensbesteuerung, StuW 1980 S. 125 f. Dennoch ginge es dabei inhaltlich nie um die wirtschaftliche Leistungsfähigkeit einer Periode, sondern eher um eine Justierung entsprechender Annuitäten über die gesamte Lebenszeit bzw. unternehmerische Totalperiode hinweg. Insoweit fordern die Befürworter einer lebenszeitlichen Leistungsfähigkeit als Maßstab gleichmäßiger Besteuerung auch nicht die nur einmalige Besteuerung eines kompletten Lebenszeiteinkommens bzw. Unternehmenseinkommens, wie etwa Schneider (Steuerbilanzen, S. 51 f.; ders., Vertikale Gerechtigkeit, S. 275, 285 f.) schreibt.

[259] Lang/Englisch (Gutachten, S. 22) sprechen insoweit von einem „überperiodischen Verständnis des disponiblen Einkommens“. Dieser Ansatz entspricht einer lebenszeitlich orientierten Besteuerung von Einkommen als Kompromissformel in Umsetzung des Ideals einer lebensendlichen Besteuerung.

Im Widerstreit zwischen einer lebenszeitlich ausgerichteten materiellen Gerechtigkeit und der Periodizität fasst die Periodizität nach dieser Ansicht im Ergebnis nur insoweit Raum, als sie tatsächlich „technisch, budgetär oder zur Sicherung von Rechtssicherheit“ notwendig ist.[260] Nicht die Utopie einer Lebenseinkommensbesteuerung wird gefordert, sondern eine „leistungsfähigkeitsgerechte interperiodische Einkommensverteilung“, der durch Rechtssicherheit und „budgetäre Sicherheit“ Grenzlinien gezogen werden. Im Ergebnis dominiert damit einerseits der „Verteilungsgedanke“ weiterhin die überperiodische Einkommensmessung. Das Periodizitätsprinzip und das Leistungsfähigkeitsprinzip stellen demnach widerstreitende Prinzipien dar, zwischen denen ein Kompromiss zu suchen ist.

> Aus deutscher Perspektive misst das Bundesverfassungsgericht dem durch das Periodizitätsprinzip geschaffenen Rechtsfrieden und der Rechtssicherheit – zu Recht – eine zentrale Bedeutung für die Rechtsstaatlichkeit bei; seiner Rechtsprechung nach soll dafür allerdings auch weitergehend die Möglichkeit einer im Einzelfall materiell unrichtigen Entscheidung in Kauf genommen werden können.[261] Der Gesetzgeber kann nach der Rechtsprechung des Bundesverfassungsgerichts „bald nach der Seite der Rechtssicherheit, bald nach der Seite der materiellen Gerechtigkeit“ hin entscheiden, er muss dies nur ohne Willkür tun.[262] Das Bundesverfassungsgericht scheint zwischen Leistungsfähigkeitsprinzip und Periodizitätsprinzip damit ebenfalls einen grundlegenden Widerstreit zu sehen und sich von einer Lebenseinkommensdogmatik leiten zu lassen. Ergebnis ist eine etwas nebulöse „wechselseitige Begrenzung von Periodizitäts- und Nettoprinzip“.[263]

Nach der Lebenseinkommensdogmatik bleibt aufgrund des immanenten Widerstreits zwischen dem in seiner Bedeutung für nachhaltige Staatsfinanzen, Rechtssicherheit und Rechtsfrieden anerkannten Periodizitätsprinzip

---

[260] Lang, Bemessungsgrundlage, S. 188 ff.

[261] Vgl. BVerfG, Beschluss v. 22.7.1991 – 1 BvR 313/88, DStR 1991 S. 1278.

[262] BVerfG, Beschluss v. 18.12.1953 – 1 BvL 106/53, BVerfGE 15 S. 313.

[263] Vgl. BFH, Urteil vom 22.8.2012 – I R 9/11, DB 2012 S. 2785.

und dem ebenfalls anerkannten Leistungsfähigkeitsprinzip im Ergebnis unklar, wie genau Gewinn intertemporal zu messen wäre.[264]

bb) Das Gerechtigkeitsempfinden

Neben dem intertemporalen Einkommensverteilungsgedanken ist die Lebenseinkommensdogmatik von einer stark konsumgeprägten Leistungsfähigkeitsauffassung und freiheitlich basierten Neutralitätszielen[265] dominiert. So entzündet sich die Kritik am Periodizitätsprinzip insb. an der steuerlichen Verzerrung von Konsum- und Sparpräferenzen, also einer steuerbedingten Störung „intertemporaler Neutralität“, die durch steuerliche Belastung auch nicht-konsumierter, sondern gesparter und investierter Einkommensbestandteile erfolgt.[266] Mit einer stark konsumorientierten Besteuerung können allerdings umgekehrt Insolvenzrisiken – im weitesten Sinne – den Staatsfinanzen ungleichmäßig angelastet, seinerseits Verzerrungen zulasten des Gegenwartskonsums und gesamtwirtschaftlich nachteilige Kapital-Lock-in-Effekte bewirkt werden, wobei eine endgelagerte Konsumbesteuerung im Extremfall schließlich auch gar keine Unternehmensbesteuerung mehr beinhaltet.[267] Letztlich scheint es auch so, dass sich die Kritik weniger am Periodizitätsprinzip selbst als vielmehr an der steuerlichen Spar-/Investitionshemmung insgesamt – gerade bei Preissteigerungen – entzündet.[268]

Für eine Lebenseinkommensbesteuerung werden neben der „Willkürlichkeit“ des realwirtschaftliche Vorgänge durchtrennenden Periodenschnitts auch bestimmte Fälle des Zusammenwirkens von Bemessungsgrundlage und progressivem Steuertarif sowie einer Alimentation des Lebensunterhalts mehrerer Perioden durch wenige hohe Periodeneinkommen genannt, deren steuerliche Folgen als ungerecht empfunden werden.

---

264 Zu einem Lösungsversuch siehe unten Abschnitt cc).

265 Dazu nachfolgend Abschnitt V.

266 Vgl. etwa Hey, Steuerrecht, § 3 Rz. 80 ff.

267 Vgl. bereits oben Abschnitt 3.a).

268 Vgl. Hey, Steuerrecht, § 3 Rz. 80 und zur Leitlinie der Freiheitsschonung weiter unten Abschnitt V.

So führt eine ungleichmäßige Verteilung von Einkommen über die Periodengrenzen hinweg bei einem progressiven Steuertarif dazu, dass aus den periodischen Progressionseffekten trotz überperiodisch gleichen Einkommens eine höhere Steuerlast zu tragen ist als bei gleichmäßigem Einkommensbezug.[269] Beispiele unterschiedlicher Steuerlast bei gleichem Mehrperiodeneinkommen widersprechen unmittelbar einem materiellen Gerechtigkeitsempfinden.[270] Das „Unbehagen", das eine unterschiedlich hohe Besteuerung gleicher Lebenseinkommen infolge eines progressiven Einkommensteuertarifs auslöst, ist allerdings vor allem auf dessen falscher Verortung als Instrument einer „vertikalen Gerechtigkeit"[271] zurückzuführen, womit Leistungsfähigkeitsfragen und Umverteilungsfragen der Besteuerung vermengt werden. Der progressive Einkommensteuertarif ist im Sozialstaatsgedanken verwurzelt und zielt nicht auf eine verhältnismäßig gleiche Belastung je nach Einkommenshöhe; er verfolgt Umverteilungsziele.[272] Dass ein volatiler Einkommenspfad progressionsbedingt zu Höherbelastungen gegenüber einem geglätteten Einkommenspfad führt, kann also nicht gegen eine strikt periodenbezogene Bemessung von Einkommen sprechen.[273] Die Kritik müsste sich vielmehr gegen die konkrete Art und Weise der sozialzweckbezogenen Umverteilung über einen progressiven Einkommensteuertarif richten. Dieser könnte sich nämlich ebenso auf Mehrjahreseinkommen statt auf Jahreseinkommen beziehen; zu regeln wäre dies dann innerhalb des Tarifs und nicht vorgelagert innerhalb der Bemessungsgrundlage. Vorschläge zu Maßnahmen einer Justierung des Jahressteuersatzes durch fingierte Mehrperiodenbetrachtung sind bereits gemacht worden.[274]

---

269 Vgl. nur Moxter, Gewinnermittlung, S. 16 f.; Tipke, Steuerrechtsordnung II, S. 669; Lang, Bemessungsgrundlage, S. 187 ff.

270 Zur Bedeutung des Gerechtigkeitsempfindens oben Abschnitt B.IV.1.

271 Vgl. bereits oben Abschnitt B.IV.2.

272 Vgl. Hey, Steuerrecht, § 8 Rz. 802.

273 Rigoros – aber mit Recht – Beispiele schwankender Einkommen im Zeitablauf als allgemeingültigen Nachweis ungerechter Progressionsnachteile ablehnend Schneider, Vertikale Gerechtigkeit, S. 275, 285. Das Ergebnis basiert allein auf einem unterschiedlichen Verständnis vertikaler Gerechtigkeit.

274 Vgl. nur Mitschke, Lebenseinkommensbesteuerung, StuW 1980 S. 126: „Vorschläge zur interperiodischen Durchschnittsbesteuerung erweisen sich demnach in erster Linie als Versuche, einen der jahresüberschreitenden Kumulation angemessenen Steuersatz zu

Wenn für das Lebenseinkommen als dem allein gerechten Vergleichsmaßstab steuerlicher Lastentragung plädiert wird, sind auch Beispiele einzelner Akademiker oder Künstler einprägsam, die ihre Lebensexistenz innerhalb weniger Jahre verdienen.[275] Das Gleiche könnte auch für Unternehmer gelten, die unter Risiko wirtschaften. Mit hohem Gewinn geraten sie als natürliche Personen ggf. in die höchsten einkommensteuerliche Tarifzonen, müssen jedoch auch den Unterhalt mehrerer Jahre davon bestreiten. Es stellt sich dann die Frage, ob die Leistungsfähigkeit nur weniger, wirtschaftlich sehr erfolgreicher Jahre allein den jeweiligen Zugangsperioden zugeordnet werden muss oder nicht eher eine zeitliche Verteilung zu erfolgen hat. Soweit ein Periodeneinkommen die Existenzsicherungsausgaben mehrerer Perioden trägt, ist hier allerdings ein richtiges Ineinandergreifen von Sozial- und Steuerrecht[276] einschließlich des subjektiven Nettoprinzips – ggf. in Form eines interperiodischen Übertrags persönlicher Abzüge von der steuerlichen Bemessungsgrundlage für das Existenzminimum – angesprochen.[277] Auch aus Fällen extremer Ungleichverteilung des lebenszeitlichen Gesamteinkommens auf die einzelnen Steuerperioden kann insoweit nicht die Forderung einer möglichst überperiodischen Verteilung statt einer genauen Periodenzuordnung von Einkommen abgeleitet werden.

---

bestimmen." Ein interperiodischer Progressionsausgleich, der für den jeweils anzuwendenden Jahressteuersatz eine Einkommensglättung simuliert, ist rudimentär im geltendem Recht umgesetzt, siehe etwa §§ 34, 34b EStG für außerordentliche Einkünfte.

275 Vgl. Lang, Diskussionsbeitrag zur Einkünfteermittlung, S. 122 f.

276 Zum Steuerrecht und der Einheit der Rechtsordnung siehe nur Tipke, Steuerrechtsordnung I, S. 101 ff.

277 So auch Hackmann, Lebenseinkommen, S. 109 ff.; für ein intertemporales subjektives Nettoprinzip und eine Vortragsfähigkeit des Existenzminimums auch Kirchhof, Einkommensteuergesetzbuch, S. 158; Kempny, Lebensbelastungsgleichheit, FR 2009 S. 470; dagegen wohl BFH, Beschluss vom 17.2.2005 – XI B 138/03, BFH/NV S. 1264 mit der kurzen Begründung, dass eine Besteuerung nach Lebenseinkommen besteuerungspraktisch sowieso unmöglich sei. Gegen ein interperiodisch wirkendes subjektives Nettoprinzip spricht sich auch Lang aus (Bemessungsgrundlage, S. 190), der wohl für eine interperiodische objektive, nicht jedoch interperiodische subjektive Leistungsfähigkeit eintritt.

cc) Die Quellentheorie als Lösungsansatz

Aufgrund des Widerstreits zwischen Periodizitäts- und Leistungsfähigkeitsprinzip[278] musste zunächst offenbleiben, wie die Periodenleistungsfähigkeit schließlich zu bemessen ist. Die finanzwissenschaftliche Quellentheorie versucht sich in einem Lösungsansatz.[279]

Ist die möglichst zutreffende Prognose des ganzzeitlich erreichbaren Einkommensniveaus nach der Lebenseinkommensdogmatik vorrangiger Zweck einer Einkommensermittlung, müssen hier Schätzungen künftiger Periodengewinne vorgenommen werden. Nur wenn das gesamte Lebenszeiteinkommen geschätzt werden kann, kann daraus das durchschnittliche Einkommensniveau jeder Periode ermittelt werden. Sollen solche hoch unsicherheitsbehafteten Schätzungen aufgrund der zwangsläufig damit verbundenen Leitlinienverstöße vermieden werden, der Lebenseinkommensdogmatik entsprechend ein Periodeneinkommen aber zumindest als prognosetaugliche Größe ermittelt werden, geraten die regelmäßigen Zuflüsse und Abflüsse einer Einkommensquelle in den Blick.[280]

Die Idee der Quellentheorie ist also, das Einkommen von Zufallseinflüssen und „unregelmäßigen Einkommenssplittern" zu bereinigen. Ausgehend von den sicheren Zu- und Abflüssen einer Periode, kann so vereinfacht ein möglichst objektiviert gemessenes, prognosetaugliches Periodeneinkommen berechnet werden.[281]

Die Perspektive der Quellentheorie ist entsprechend der mikroökonomischen Haushaltstheorie grundsätzlich diejenige einer natürlichen Person, für die Einkommen neu zugegangene Konsumkraft repräsentiert. Nach der Quellentheorie werden allerdings alleine Konsummöglichkeiten aus „dauernden

---

278 Als Annahme ist der Widerstreit zwischen Periodizitäts- und Leistungsfähigkeitsprinzip der Lebenseinkommensdogmatik inhärent. Vgl. oben Abschnitt aa).

279 Grundlegend dazu Fuisting, Einkommensbesteuerung, 1903; vgl. auch Moxter, Gewinnermittlung, S. 9 ff.; Lang, Bemessungsgrundlage, S. 36 ff.

280 Moxter, Gewinnermittlung, S. 11.

281 Vgl. Fuisting, Einkommensbesteuerung, S.15, 23.

Ertragsquellen"[282] als einkommensrelevant gewertet.[283] Dauernde Ertragsquelle kann die eigene Arbeitsleistung sein oder auch erwerbswirtschaftlich eingesetztes Sach- und Geldkapital. Ist letzteres der Fall, werden einmalige oder unregelmäßige Zuflüsse aus Veräußerungsgeschäften jedoch als nicht konsumierbar und damit als einkommensirrelevant angesehen, da das Einkunftsquellenkapital stetig zur laufenden Einkunftserzielung vorzuhalten ist.[284] Solche unregelmäßig anfallenden Veräußerungsgewinne werden folglich dem nicht steuerbaren Vermögensbereich zugeordnet.

Grundsätzlich unbeachtlich für die Einkommensbemessung sind nach der Quellentheorie auch hohe erwartete künftige Periodeneinkommen, selbst wenn diese das durchschnittliche Lebenseinkommensniveau heben könnten. Es wird daher nur lückenhaft erfasst. Gerechtfertigt wird dies mit dem Ziel, unter Beachtung von Objektivierungs- und Praktikabilitätserwägungen zumindest näherungsweise ein periodisches Konsumniveau zu messen.[285]

Im Ergebnis wird so ein Periodeneinkommen gemessen, das die Vermutung in sich trägt, in gleicher Höhe auch in den kommenden Perioden zuzufließen. Ein quellentheoretisch bestimmtes Periodeneinkommen ist daher zwar immer ein vergangenes und konkretisiertes, seine Rechtfertigung findet es aber nicht im Vergangenheitsbezug, sondern in der impliziten Annahme auch künftig gleich hohen Periodeneinkommens. Auch die Definition und Abgrenzung der zu erfassenden, regelmäßigen Einkommensbestandteile belässt allerdings hohes Schätzermessen. Um Einkommensbestandteile als dauerhafte periodische Zu- und Abflüsse bestimmen zu können, sind nämlich ebenfalls Annahmen über die künftigen Zu- und Abflüsse zu treffen. Setzt das Gesetz zur Objektivierung von Schätzergebnissen eigene Maßstäbe für

---

282 Fuisting, Einkommensbesteuerung, S. 22.

283 Vgl. Moxter, Gewinnermittlung, S. 10, m. w. N.

284 Vgl. das Beispiel von Strutz, Kommentar zum Einkommensteuergesetz vom 10. August 1925, Bd. 1, 1927, zitiert nach Moxter, Gewinnermittlung, S. 12.

285 Dazu auch Moxter, Gewinnermittlung, S. 12.

die Definition eines regelmäßigen Zu- und Abflusses, tritt an die Stelle subjektiver Willkürmöglichkeit diejenige des legislativen Ersatzmaßstabs.[286]

Die Quellentheorie wird in Umsetzung der Lebenseinkommensdogmatik insoweit ganz von Objektivierungs- und Praktikabilitätserwägungen geleitet. Die als Einkommenszufluss unbeachtlichen, betragsmäßig indes möglicherweise sehr hohen Kapitalveräußerungsgewinne verfälschen dabei nur dann nicht das Periodeneinkommen als näherungsweise periodische Zuteilung einer durchschnittlichen Lebenskonsumkraft, wenn stetige Reinvestition und erwerbswirtschaftliche Kapitalbindung unterstellt werden können.

Grundfall der Quellentheorie ist daher die Erzielung laufender Einkommen, die nicht durch risikobehaftete Vermögensumschichtung, sondern durch eine relativ sichere Vermögens- bzw. Quellennutzung erzielt werden. Solange periodisch wiederkehrende Einnahmen aus dauerhaften Ertragsquellen zugehen und hierfür periodisch wiederkehrende Erwerbsausgaben getätigt werden, kann ein lebensdogmatisch basiertes Periodeneinkommen dann näherungsweise über Erfassung dieser regelmäßigen Zahlungsströme gemessen werden.

Sobald jedoch unregelmäßige Einnahmen und Ausgaben anfallen, für die nicht mehr vereinfacht die Annahme getroffen werden kann, dass sie aufgrund permanenter Reinvestition die Höhe „verzehrbaren Einkommens“[287] nicht tangieren, gerät die Quellentheorie an ihre Grenzen. Das zeigt die Anwendung auf die unternehmerische Gewinnermittlung, für die Wirtschaftsgüter des Umlaufvermögens als Ertragspotenzial zu berücksichtigen sind, während Wirtschaftsgüter des Anlagevermögens zum unbeachtlichen Stamm-

---

286 Deutlich Moxter, Gewinnermittlung, S. 12: „Wird die wirtschaftliche Leistungsfähigkeit mittels objektivierter Kriterien ausgedrückt, so erschwert man die Willkür der beteiligten Personen; bis zu einem gewissen Grade ersetzt man damit freilich die Willkür von Personen durch die Willkür des gewählten Ersatzmaßstabes“.

287 Strutz, Kommentar zum Einkommensteuergesetz vom 10. August 1925, Bd. 1, 1927, zitiert nach Moxter, Gewinnermittlung, S. 12.

vermögen gerechnet werden. Werden hier dennoch Substanzgewinne erzielt, werden sie für die Einkommensbemessung ausgeblendet.[288]

Auch unregelmäßige Einnahmen von außerordentlicher Höhe können allerdings das gesamte lebenslange Konsumniveau heben. Zum anderen können die als „regelmäßig" unterstellten Zuflüsse sich tatsächlich als zeitlich begrenzt erweisen, sodass sie für die Berechnung eines ganzheitlich berechneten Konsumniveaus kaum oder gar nicht ins Gewicht fallen dürften. Als unregelmäßig unterstellte Einnahmen und Ausgaben können sich umgekehrt schließlich doch als Repetitum erweisen.[289] Zumindest dann, wenn höhere unregelmäßige Zu- und Abgänge wirtschaftlicher Leistungsfähigkeit erfolgen, wie es beim unternehmerischen Erfolgspfad der Fall ist, kann die Quellentheorie daher in „Reinform" kein Anwendungsfeld mehr finden. Die Lücke zwischen gemessenem Periodeneinkommen und tatsächlichem periodischen Konsumniveau würde zu groß.

Der Sinn und Zweck einer durch Ausblendung unregelmäßiger Erfolgsbestandteile quellentheoretisch verkürzten periodischen Einkommensermittlung für Besteuerungszwecke wurzelt dabei allein in der Messung einer periodenweise vergleichbaren Leistungsfähigkeit verschiedener Individuen unter Zugrundelegung der Lebenseinkommensdogmatik. Trotz unterschiedlicher Leistungsfähigkeitspfade im Zeitablauf sollte damit – so die ursprüngliche Idee – eine gerechte periodische Steuerbelastung mit Blick auf eine lebenszeitliche Leistungsfähigkeit erreicht werden. Eine solche Annuität kann jedoch auch nach der Quellentheorie nicht einmal näherungsweise bestimmt werden, weder ex ante noch ex post.

Das quellentheoretische Konzept scheitert damit am Anspruch, die individuell möglichen periodischen Lebenskonsumannuitäten zumindest näherungsweise bestimmen zu können. Es findet keine Rechtfertigung, da es das zugrunde liegende materielle Konzept einer „abschnittsweise übersetzten Lebens-

---

[288] Vgl. Lang, Bemessungsgrundlage S. 37, m. w. N.

[289] Vgl. Moxter, Gewinnermittlung, S. 197.

einkommensbesteuerung“ gar nicht erst umsetzen kann,[290] dennoch aber gegen fiskal-budgetäre Anforderungen sowie Freiheits- und Gleichheitsziele der Besteuerung verstoßen würde.[291]

b) Die Periodeneinkommensdogmatik

aa) Die Gerechtigkeitsidee

Nach der zweiten, ebenfalls sowohl von Rechts- als auch von Wirtschaftswissenschaftlern vertretenen Ansicht ist die Einkommens- bzw. Gewinnermittlung im Zeitablauf weniger von intertemporalen Verteilungsgedanken getragen als von dem Ziel, die Leistungsfähigkeit einer bestimmten Periode zu messen.[292] Dieser Ansicht wird hier gefolgt. Das Periodeneinkommen stellt demnach nicht bloß eine Art Abschlagsbetrag auf das Gesamteinkommen über die Lebenszeit hinweg dar. Dem Periodizitätsprinzip wird auch materielle Bedeutung beigemessen, indem „Einkommen“ einem bestimmten Zeitabschnitt zugeordnet wird.[293] Es entspricht „nicht nur erhebungstechnischen Notwendigkeiten, sondern drückt ein materielles Prinzip der Einkommensbesteuerung aus ... es verfolgt eine gleichmäßige Heranziehung des Steuerpflichtigen zur Sicherstellung der aktuellen staatlichen Finanzierungsbedürfnisse und gewährleistet insoweit Gleichbehandlung in der Zeit.“[294]

---

[290] Erforderlich wäre auch die ewige Fixierung eines einmal geltenden Rechtszustands, die mit Anforderungen der Anpassungsfähigkeit von Tarif und Bemessungsgrundlage kollidiert. Vgl. oben Abschnitt III.

[291] Pointiert kritisch auch Tipke, Steuerrechtsordnung II, S. 565. Zu Freiheitszielen der Besteuerung vgl. nachfolgend unter Abschnitt V.

[292] Implizit steuerhistorisch fundiert bereits in der Reinvermögenszugangstheorie von Schanz, siehe dazu unten Abschnitt cc); Befürworter ist insbesondere Kirchhof, Einkommensteuergesetz, § 2 Rz. 18, 120 („Gegenwartsgerechtigkeit“); vgl. außerdem Schneider, Vertikale Gerechtigkeit, S. 284 ff.; Müller-Franken, Einkommensteuerrechtliche Verluste, StuW 2004 S. 122; Trzaskalik, Einkommen, S. 321 ff.; Kammann, Stichtagsprinzip, S. 175 ff. Aus der Rechtsprechung des Bundesfinanzhofs BFH, Beschluss v. 17.2.2005 – XI B 138/03, BFH/NV 2005 S. 1264; BFH, Beschluss vom 28.7.2004 – XI R 54/99, BFH/NV 2004 S. 269.

[293] Vgl. Drüen, Periodengewinn, S. 128 ff.

[294] BFH, Beschluss v. 17.2.2005 – XI B 138/03, BFH/NV 2005 S. 1264. Zu den auch äquivalenztheoretischen Aspekten der Periodeneinkommensdogmatik vgl. Kirchhof, Steuern, S. 37 f.

Bereits die zweckadäquate Auslegung des Periodizitätsprinzips hat gezeigt, dass es hier um ein technisches Prinzip geht, das allerdings auch zeitbezogene materielle Aspekte der Leistungsfähigkeitsmessung beinhaltet.[295] Mit Blick speziell auf die steuerliche Gewinnermittlung ist bereits das Periodizitätsprinzip auf die Ermittlung einer nachhaltigen Periodenerfolgsgröße gerichtet; es kann insoweit als zeitliche Dimension des Leistungsfähigkeitsprinzips verstanden werden. Periodizitäts- und Leistungsfähigkeitsprinzip sind demnach als Zeitkomponente einerseits, inhaltliche Komponente andererseits zwei Seiten der einen materiellen Gerechtigkeit, die nicht gegeneinander wirken, sondern zusammen.[296]

Für eine „Periodeneinkommensdogmatik" spricht auch, dass Einkommen als Zugangsgröße kontinuierlich und gleichmäßig abgegrenzt werden muss von einer bloßen Mobilisierung des bisherigen Vermögensbestands.[297] Das setzt eine in zeitlicher Abfolge nahtlose Vermögensänderungsrechnung voraus.

Prägendes Merkmal der Periodeneinkommensdogmatik ist im Ergebnis das Verfahren einer laufenden Zuordnung von Einkommen zu Besteuerungsperioden statt einer bloßen periodischen Verteilung von Einkommen. Auch die Periodenzuordnung von Leistungsfähigkeit erfordert dabei zwar eine periodenübergreifende Perspektive.[298] Allerdings werden hierbei stets weniger Schätzungen erforderlich sein als wenn der Anspruch erhoben wird, Einkommen als lebenszeitlich durchschnittliche Niveaugröße zu messen.

bb) Die Periodenleistungsfähigkeit

Unternehmerisches Wirtschaften ist nicht durch isolierte Geschäftsvorfälle gekennzeichnet, die jeweils klar als Erfolg oder Misserfolg eingeordnet werden können, sondern durch deren kurz-, mittel- und auch langfristige Verket-

---

[295] Vgl. oben Abschnitt II.

[296] Vgl. nur Kirchhof, Einkommensteuergesetz, § 2 EStG Rz. 18.

[297] Vgl. M. Rose, Besteuerung des Sparens, BB Beilage Nr. 5/1992 S. 2.

[298] Dazu sogleich Abschnitt bb).

tung und Wirkzusammenhänge.[299] Durch das Periodizitätsprinzip wird das einheitliche Wirtschaftsgeschehen künstlich durchtrennt.[300]

Die Periodeninterdependenzen im Einkommenspfad werden auch als Argument gegen die Periodeneinkommensdogmatik bzw. das Periodizitätsprinzip angeführt.[301] Sie spiegeln für unternehmerische Einkommen das in Kauf genommene Kapitalverlustrisiko wider, das sich in den Vorlaufzeiten zur unsicherheitsbehafteten Umsatzrealisierung und den Nachlaufzeiten möglicher wirtschaftlicher Lasten äußert.

Konformität von Periodizitäts- und Leistungsfähigkeitsprinzip[302] bedeutet allerdings zunächst nur, dass der konkrete Zugang und Abgang von Vermögenswerten, die annahmegemäß die wirtschaftliche Leistungsfähigkeit beeinflussen, für jede einzelne Periode gemessen wird, ohne dass dabei der Blick stets „bis zum Horizont“ gerichtet sein müsste. Die Periodeneinkommensdogmatik impliziert damit zwar ein Stichtagsprinzip zur Trennung von Vorgängen zwischen verschiedenen Perioden, sie darf allerdings auch nicht verwechselt werden mit einer Art „Periodenautarkie“.

Die Definition der Vermögenswerte, die aus steuerlicher Perspektive die wirtschaftliche Leistungsfähigkeit verändern, bestimmt dabei auch die Weite des Gewinnbegriffs.[303] Er lässt sich von finanziellen Größen bis hin zu einem umfassenden Vermögensverständnis unterteilen. Je nachdem, welche Elemente wirtschaftlicher Leistungsfähigkeit für die Gewinnermittlung berücksichtigt werden, werden zeitlich auch die Grenzen einer Periode überschritten. Geschäftsvorfälle einer Periode beeinflussen dann auch die Gewinnermittlung in anderen Perioden.

---

299 Vgl. Jacobs, Bilanzierungsproblem, S. 8.

300 Vgl. Leffson, Grundsätze, S. 300; Prinz, Einkünfteermittlung, S. 140 und auch Drüen, Periodengewinn, S. 70 ff.

301 Vgl. Ismer, Periodizitätsprinzip, S. 106.

302 Vgl. oben Abschnitt aa).

303 Vgl. Schneider, Betriebswirtschaftslehre, S. 35.

Eine denkbar enge Definition des Gewinnbegriffs stellt die Berücksichtigung allein von Zahlungsmitteln dar.[304] Der Einbezug weiterer Vermögensarten in den Gewinnbegriff über Zahlungsflüsse hinaus führt unweigerlich zu einer periodenübergreifenden Perspektive von Einkommen.

Werden – weitergehend – Änderungen des gesamten Geldvermögens[305] einbezogen, ist die Messung wirtschaftlicher Leistungsfähigkeit einer Periode bereits nicht mehr „periodenautark".[306] Auch Veränderungen von Forderungen und Verbindlichkeiten werden jetzt berücksichtigt. Das führt zur Erfolgsneutralität etwa von Darlehensgeschäften, da sich durch die reine Darlehensaufnahme, -tilgung und -gewährung als Geschäftsvorfall das Geldvermögen nicht ändert. Der isolierte Zugang einer Forderung oder Verbindlichkeit muss dagegen bereits erfolgswirksam erfasst werden.

Abb. 1: Die Einnahmen/Ausgaben-Rechnung[307]

Zunahme des Geldvermögens	**Abnahme des Geldvermögens**
+ Zahlungsmittelzufluss	- Zahlungsmittelabfluss
+ Erhöhung von Forderungen	- Verminderung von Forderungen
+ Verminderung von Verbindlichkeiten	- Erhöhung von Verbindlichkeiten

Bei einer bilanziellen Vermögensänderungsrechnung werden mit konkret definierten Wirtschaftsgütern und Rückstellungen positive und negative Vermögenswerte über das Geldvermögen hinaus berücksichtigt.

---

304 Zur Definition Wöhe, Betriebswirtschaftslehre, S. 692. Vgl. auch Grosjean, Bank-Lexikon, Zahlungsmittel: Alle Geldzeichen und geldgleichen Forderungsrechte, derer sich der Zahlungsverkehr bedient.

305 Geldvermögen = Zahlungsmittelbestand + Forderungen – Verbindlichkeiten; vgl. Wöhe, Betriebswirtschaftslehre, S. 692.

306 Bei Auftreten von Periodenverlusten und einer interperiodischen Verlustverrechnung ist sie das auch im Fall einer Zahlungsmittelrechnung nicht. Zur Verlustverrechnung siehe weiter unten Teil 3 Abschnitte A.I. und A.V.

307 Wöhe, Betriebswirtschaftslehre, S. 692.

Abb. 2: Die bilanzielle Vermögensänderungsrechnung

Zunahme des Bilanzvermögens	Abnahme des Bilanzvermögens
+ Zahlungsmittelzufluss	- Zahlungsmittelabfluss
+ Erhöhung von Forderungen	- Verminderung von Forderungen
+ Erhöhung von sonstigen Wirtschaftsgütern	- Verminderung von sonstigen Wirtschaftsgütern
+ Verminderung von Rückstellungen	- Erhöhung von Rückstellungen
+ Verminderung von Verbindlichkeiten	- Erhöhung von Verbindlichkeiten

Bei der Ertragswertrechnung würde schließlich die umfassendste Vermögensberücksichtigung erfolgen, indem nur noch Geschäftsvorfälle, die insgesamt den Ertragswert steigern, erfolgswirksam sind.

Abb. 3: Die Vermögensänderungsrechnung

Zunahme des Gesamtvermögens	Abnahme des Gesamtvermögens
+ Positive Ertragswertänderungen	- Negative Ertragswertänderungen

Bei der inhaltlich-sachlichen Definition wirtschaftlicher Leistungsfähigkeit wurde auch bereits deutlich, dass hierunter nur eine Zugangs- und Nettogröße verstanden werden kann, bei der Zugangs- wie Abgangsgrößen jeweils nach gleichem Maßstab zu berücksichtigen sind.[308] Hinsichtlich der Berücksichtigung positiver und negativer Vermögenswerte muss insoweit jeweils Symmetrie gelten. Das gilt auch im Hinblick auf Kaufkraftparitäten. Soll als Periodeneinkommen das am Periodenende vorhandene mit einem zu Periodenbeginn vorhandenen Erwerbsvermögen verglichen werden, muss dies durch Gegenüberstellung in Geldeinheiten jeweils gleicher Kaufkraft erfolgen, um

---

308 Vgl. oben Abschnitt IV.3.c).

eine sinnvolle Gewinngröße ergeben zu können.[309] Das Leistungsfähigkeitsprinzip wird dementsprechend als Realwertprinzip begriffen.[310]

Inflations- oder gütermäßig bedingte Preissteigerungen[311] werden allerdings im deutschen Steuersystem grundsätzlich [312] – und verfassungsrechtlich durch das BVerfG goutiert – nicht bereinigt; es gilt das „Nominalwertprinzip".[313] Der Gesetzgeber könnte demnach zwar durchaus Preissteigerungsfolgen bei der Besteuerung bereinigen oder mildern – er muss dies allerdings nicht. [314] Gegen eine Inflationsindexierung der steuerlichen Bemessungsgrundlage wurde[315] und wird dabei teilweise immer noch[316] angeführt, dass dies gesamtwirtschaftlich schwere und unabsehbare Folgen für die Gesamtwirtschaft haben könne. Dies muss heute allerdings als überholt gelten.[317] Nur scheinbar steht eine Preissteigerungsbereinigung bzw. Schaffung gleicher Kaufkraftparitäten bei Ermittlung des steuerlichen Gewinns also Zielen einer passiven Flexibilität und Preiswertstabilität[318] entgegen.[319]

Als praktikable Kompromisslösung[320] könnte es sich anbieten, zumindest bei einer – zu definierenden – minder spürbaren, nur „schleichenden Geldentwertung" von einer Preisbereinigung gemäß dem Realwertprinzip abzuse-

---

309 Vgl. Moxter, Gewinnermittlung, S. 184.

310 Vgl. oben Abschnitt IV.3.b) und Hey, Steuerrecht, § 8 Rz. 56.

311 Zu den Unterschieden näher Neumark, Inflationsprobleme, S. 7.

312 Schneider (Gewinnbesteuerung, S. 199 ff.) merkt an, dass Staaten vor 1920 nur dann vom Nominalwertprinzip abwichen, wenn dies nötig war, um selbst die Kaufkraft ihrer Steuereinnahmen zu erhalten.

313 Vgl. BVerfG vom 21.1.1969 – 1 BvR 346, 598/68, HFR 1969 S. 347; vom 19.12.1978 – 1 BvR 335, 427, 811/76, BVerfGE 50 S. 57; vom 27.6.1991 – 2 BvL 3/89, BVerfGE 84 S. 239 und BVerfG vom 7.7.2010 – 2 BvL 14/02, 2 BvL 2/04, 2 BvL 13/05, DStR 2010 S. 1727. Vgl. dazu Hey, Steuerrecht, § 8 Rz. 57, Weber, Inflationsberücksichtigung, S. 28 f.

314 Vgl. BVerfG vom 27.6.1991 – 2 BvL 3/89, BVerfGE 84 S. 239, 282 und vom 15.12.1989 – 2 BvR 436/88, WM 1990 S. 287 ff.; vgl. auch Weber, Inflationsberücksichtigung, S. 29 und Esser, Scheingewinn, S. 16 f.

315 BVerfG vom 19.12.1978 – 1 BvR 335, 427, 811/76, BVerfGE 50 S. 57, 97 ff.

316 Weber, Inflationsberücksichtigung, S. 116, m. w. N. aus der älteren Literatur.

317 Vgl. Esser, Scheingewinn, S. 14 ff.

318 Vgl. oben, Abschnitt III.

319 Wenn die Unternehmen die Steuerbelastung auf Scheingewinne preislich an ihre Kunden überwälzen können, kann das Nominalwertprinzip umgekehrt sogar preissteigernd wirken. Vgl. Esser, Scheingewinn, S. 17.

320 Zur Praktikabilität und Wirtschaftlichkeit vgl. näher Abschnitt VIII.

hen. Das wäre als Vereinfachungsregelung jedoch nicht sachgerecht, da auch die *Inflationsdauer* berücksichtigt werden muss und eine schleichende Inflation „auf Dauer“ eben doch wieder „stark spürbar“ wirken kann.[321]

Als Ergebnis bleibt festzuhalten, dass die steuerliche Gewinnermittlung möglichst als Realwertrechnung zu konzipieren ist. Ein steuerliches Nominalwertprinzip bewirkt dagegen gleichheitswidrige und verschleierte steuerliche Belastungs- und Umverteilungseffekte, bei denen allein die Staatskasse netto regelmäßig gewinnt.[322]

cc) Die Reinvermögenszugangstheorie als Lösungsansatz

Die finanzwissenschaftliche Reinvermögenszugangstheorie von *Georg Schanz*[323] fokussiert ebenso wie die Quellentheorie grundsätzlich das Einkommen natürlicher Personen im Sinne neu zugegangener Konsumkraft.[324] In Abgrenzung zur Quellentheorie werden als Einkommen allerdings die in einer Periode insgesamt zugegangenen Entnahme- bzw. Konsummöglichkeiten erfasst. Einkommen ist der in einer Periode insgesamt neu verfügbare Betrag, über den eine Person „disponieren kann, ohne bisheriges Vermögen zu mindern.“[325]

Da Einkommen als *Perioden*zugang an neuem (Rein-)Vermögen definiert wird, wird auch das Periodizitätsprinzip dogmengeschichtlich der Reinvermögenszugangstheorie zugeordnet.[326] Über das „Periodizitätsproblem“ – die konkrete Art der Periodenzuordnung von Einkommenselementen – findet man bei den Vermögenszugangstheoretikern dann aber nicht mehr als die

---

321 Vgl. – auch zum Zitat – Neumark, Inflationsprobleme, S. 27.

322 Vgl. im Einzelnen Neumark, Inflationsprobleme, S. 9 ff. und S. 19 f.

323 Vgl. Schanz, Einkommensbegriff, S. 1 ff.

324 Grundlegend dazu Moxter, Gewinnermittlung, S. 13 ff.; Lang, Bemessungsgrundlage, S. 36 ff.

325 Vgl. Schanz, Einkommensbegriff, S. 23.

326 Vgl. Hey, Steuerrecht, § 8 Rz. 44, m. w. N.

vage Vorgabe, dass Einkommen eben der Nettovermögenszugang eines bestimmten Zeitabschnitts ist.[327]

Kern der Reinvermögenszugangstheorie war allerdings auch nicht die Bewältigung der Schwierigkeiten einer Periodenbesteuerung, sondern – vorgelagert – überhaupt erst die Hinwendung zu einer umfassenden, den tatsächlichen Leistungsfähigkeitszugang in einer Periode messenden Einkommenskonzeption anstelle der quellentheoretischen Partialerfassung gemäß der Lebenseinkommensdogmatik.[328] Es galt, die Quellentheorie zu überwinden.

V. Freiheitsschonung

1. Freiheitsschonung als steuerpolitisches Postulat

Freiheit heißt, „sich – im Erwerben und Konsumieren – von anderen unterscheiden zu dürfen, bei Erwerbs-, Investitions- und Konsumentscheidungen nicht durch staatliche Anreize oder Sonderlasten gelenkt, im individuellen Finanzerfolg nur maßvoll besteuert zu werden."[329] Jede Steuer beschneidet dabei die Freiheit des steuerlich Belasteten und greift so unmittelbar in einen Grundwert freiheitlich-demokratischer Rechtsordnungen ein. Ausgehend von Wesen und Funktion der Besteuerung, kann daher nur eine weitestmögliche Freiheitsschonung als steuerliche Leitlinie gefordert werden.[330] Bereits dem Leistungsfähigkeitsprinzip wurde daher aus rechtswissenschaftlicher Perspektive eine auch freiheitlich basierte Funktion beigemessen, die sich gegen eine absolut überbordende und damit freiheitseinschränkende Besteuerung richtet.[331] Freiheitsschonung ist dabei – wie das Zitat Kirchhofs prägnant zeigt – gleichbedeutend mit einer weitestmöglich verzerrungsarm wirkenden Besteuerung.

Finanzwissenschaftlich wird dementsprechend gefordert, freiheitsbeschränkende steuerliche Eingriffe in die wirtschaftliche Dispositionsfreiheit von Indi-

---

327 Dazu Tipke, Steuerrechtsordnung II, S. 669, m. w. N.

328 Vgl. Schanz, Einkommensbegriff, S. 11, 23 f.

329 Kirchhof, Bundessteuergesetzbuch, S. V.

330 Vgl. schon Teil 2 Abschnitt A.II.

331 Vgl. oben Abschnitt B.IV.1.

viduen und fiskaldirigistische steuerliche Maßnahmen möglichst zu minimieren.[332]

Betriebswirtschaftlich wird regelmäßig eine allgemeine Leitlinie der Entscheidungsneutralität angeführt, die den hypothetischen Zustand eines Steuersystems bezeichnet, das einkommensrelevante Entscheidungen von Steuerpflichtigen nicht beeinflusst.[333] Aus unternehmerischer Sicht interessiert zwar zunächst nur die beste Entscheidungsalternative *nach* Berücksichtigung von Steuerwirkungen, sodass auch eine erst nach Steuern bestmögliche Entscheidungsalternative optimal erscheint. Da unternehmerische Dispositionen unter Unsicherheit getroffen werden, birgt ein entscheidungsverzerrendes Steuersystem aus betriebswirtschaftlicher Sicht aber auch die Gefahr mittel- oder langfristig suboptimaler Entscheidungen. Das ist dann der Fall, wenn die kurzfristige Nach-Steuer-Optimierung den Blick verstellt auf das mittel- und langfristige absatz-, finanz- und produktionswirtschaftliche Optimum. Eine Verzerrung unternehmerischer Entscheidungen könnte sich außerdem negativ auf den Wettbewerb zwischen Unternehmen auswirken, weswegen Entscheidungsneutralität aus betriebswirtschaftlicher Sicht teilweise auch mit intersektoraler Neutralität umschrieben wird.[334]

Ein entscheidungsverzerrendes Steuersystem führt durch einzelne steuerbedingte Verteuerungen oder Vergünstigungen schließlich auch zu Abweichungen von den Marktpreisen für Investitions- und Finanzierungsalternativen. Damit wird gleichzeitig die Frage nach einer ungleichmäßigen Besteuerung aufgeworfen. Da alternativ erwogene betriebliche Entscheidungen indes nicht immer vergleichbar im Sinne von Art. 3 GG sind, stellt eine entscheidungsverzerrende Unternehmensbesteuerung nicht stets eine Verletzung des Gebots einer gleichmäßigen Besteuerung dar; ein entscheidungsneutrales

---

[332] Vgl. näher Neumark, Steuerpolitik, S. 223 ff., 249 ff. und auch Stiglitz/Schönfelder, Finanzwissenschaft, S. 408 ff.

[333] Vgl. Elschen, Entscheidungsneutralität, StuW 1991 S. 99 ff.; Schneider, Betriebswirtschaftslehre, S. 97 ff.; Kruschwitz/Husmann/Schneider, Investitionsneutrale Steuersysteme, S. 1; Spengel, Unternehmensbesteuerung, S. 223 ff.; Jacobs/Schreiber/Spengel/Gutekunst/Lammersen, Steuervergünstigungsabbaugesetz, DB 2003 S. 519, 523; Spengel, Unternehmensbesteuerung, S. 223 ff.

[334] Vgl. nur Schneider, Investition, S. 201; Spengel, Unternehmensbesteuerung, S. 224.

Steuersystem führt umgekehrt nicht automatisch zu einer gleichmäßigen Besteuerung.[335]

2. Im Fokus: Die betriebswirtschaftliche Entscheidungsneutralität

a) Facetten einer hypothetischen Entscheidungsneutralität

Je nach Entscheidungssituation können aus betriebswirtschaftlicher Perspektive unterschiedliche Facetten steuerlicher Entscheidungsverzerrungen[336] bzw. Bereiche steuerlicher Neutralität unterschieden werden.[337]

Unter Investitionsneutralität wird die steuerliche Nichtbeeinflussung von Art und Zeitpunkt der ohne Steuern getroffenen Investitionsentscheidungen verstanden. Im unternehmerischen Investitionskalkül würde sich dann der jeweilige Entscheidungsträger auch nach Berücksichtigung von Steuerwirkungen für dasselbe Investitionsprogramm wie ohne Berücksichtigung von Steuern entscheiden.[338]

---

335 Vgl. Musil/Leibohm, Entscheidungsneutralität, FR 2008 S. 807. Schneider schreibt von einer „ersten Stufe von Gerechtigkeit", die erreicht werden würde (StuW 1989 S. 328, 329); Elschen setzt für ein rein fiskalisch ausgerichtetes Steuersystem Entscheidungsneutralität und leistungsfähigkeitsgerechte Besteuerung gleich (Entscheidungsneutralität, StuW 1991 S. 99); beides kann indes nur eine Schnittmenge haben.

336 Auch der Steuertarif kann dabei je nach seiner Höhe und seinem Verlauf betriebliche Entscheidungen beeinflussen. Er verstärkt mit zunehmender Höhe Entscheidungswirkungen einer nicht neutralen Steuerbemessungsgrundlage. Für die Fragestellung nach einer möglichen steuerneutralen Bemessungsgrundlage als Basis werden im Folgenden nur Entscheidungswirkungen der unternehmenssteuerlichen Bemessungsgrundlage betrachtet, d. h. es wird – realitätsgerecht – von einem Unternehmenssteuersatz ausgegangen, der ausreichend hoch ist, um Entscheidungsverzerrungen der Bemessungsgrundlage auslösen zu können. Zum Zusammenwirken von Steuersatz und Bemessungsgrundlage Spengel, Europäische Steuerbelastungsvergleiche, S. 35 ff.

337 Differenzierend nach Investitions-, Finanzierungs- und Rechtsformneutralität Spengel, Unternehmensbesteuerung, S. 224 f. Differenzierend nach Investitionsneutralität, Finanzierungsneutralität, Verwendungsneutralität und intertemporaler Neutralität Musil/Leibohm, Entscheidungsneutralität, FR 2008 S. 807 ff. Zur Rechtsformneutralität aus verfassungsrechtlicher Perspektive Kirchhof, Steuerreform, S. 399 ff.

338 Vgl. Kruschwitz/Husmann/Schneider, Investitionsneutrale Steuersysteme, S. 2; Spengel, Unternehmensbesteuerung, S. 224. Ist der relevante Markt effizient und können damit externe Effekte ausgeschlossen werden, wird eine nicht entscheidungsneutrale Besteuerung auch aus volkswirtschaftlicher Sicht als ineffiziente Allokation knapper Ressourcen eingeordnet. Vgl. Homburg, Steuerlehre, S. 329.

Eine Finanzierungsneutralität kann auf zivilrechtliche Folgen bezogen werden und ist dann gegeben, wenn kein Finanzierungsvertrag allein wegen differenzierter Steuerfolgen abgeschlossen oder inhaltlich abgewandelt würde („Finanzierungsvertragsneutralität“).[339] Sie kann auch inhaltlich auf verschiedene Finanzierungsformen bezogen werden und umfasst dann begrifflich verschiedene Formen der Außenfinanzierung – Fremd-, Eigen-, Mischfinanzierung –, wobei die Berücksichtigung des gesamten Steuersystems, also sowohl der Investoren- als auch der Unternehmensebene, erforderlich ist.[340] Bezieht sich der Neutralitätsbegriff weitergehend auf alle Formen der Außen- und Innenfinanzierung, spricht man betriebswirtschaftlich von einer „Kapitalkostenneutralität“, da die steuerbedingten Kapitalkosten aller denkbaren Außen- und Innenfinanzierungsformen unternehmerischer Tätigkeit gleich sein müssten.[341] Sie umfasst dann nicht nur zusätzlich Gewinnverwendungsentscheidungen (Selbstfinanzierung versus Ausschüttung und ggf. anschließende Außenfinanzierung), sondern auch Innenfinanzierungswirkungen aus der Ertrags- und Aufwandsberücksichtigung[342] und damit als Untersuchungsgegenstand die gesamte steuerliche Bemessungsgrundlage. Sie würde Fragen investitionsneutraler Besteuerung damit gleichzeitig überlagern.

Entscheidungsneutralität kann schließlich auch zeitlich als Neutralität hinsichtlich Konsum oder Investition verstanden werden.[343] Diese „intertemporale Neutralität“ wird hier für Zwecke der steuerlichen Gewinnermittlung von Unternehmen als Forderung nach einer Nichtdiskriminierung unternehmerischer Investitionen begriffen.[344] Steuerlich nicht berücksichtigte Preissteige-

---

339 Vgl. Schneider, Investition, S. 204; ders., Steuerlast, S. 173.

340 Vgl. Prinz, Finanzierungsfreiheit, S. 148, m. w. N. Insoweit ist Finanzierungsneutralität auch ein Element der Rechtsformneutralität, deren Analyse einen weiten Blickwinkel auf Entscheidungswirkungen nicht nur auf Unternehmensebene, sondern im gesamten Unternehmenssteuersystem erfordert. Vgl. auch Schneider, Steuerlast, S. 173.

341 Vgl. Schneider, Rechtsformneutralität, DB 2004 S. 1520.

342 Schneider (ebenda) nennt als „Standardfälle“ Kundenanzahlungen, Abschreibungen und Rückstellungen, die bei steuerbilanzieller Berücksichtigung zunächst zu steuerbedingten Kapitalkosten von Null führten.

343 Vgl. bereits oben, Abschnitt B.IV.4.a)bb).

344 Dazu sogleich näher unten Abschnitt b).

rungseffekte missachten zusätzlich eine „Inflationsneutralität", indem sie Gegenwartskonsum bzw. Ausschüttungen bevorteilen und Kapitalinvestitionen benachteiligen.

b) Aussagegrenzen unter realen Rahmenbedingungen

Für die Untersuchung eines entscheidungsneutralen Steuersystems wird von den hypothetischen Modellbedingungen eines vollkommenen und vollständigen Kapitalmarktes im Gleichgewicht ausgegangen.[345] Als entscheidungsneutral werden in dieser Modellwelt Cash Flow-Steuern – unter Ausklammerung von Zinsen sowohl auf Ausgaben- als auch auf Einnahmenseite[346] – und das Modell des kapitaltheoretischen (bzw. ökonomischen) Gewinns ausgezeichnet.[347] Die wirklichkeitsfremden Prämissen der Bezugsmodelle entscheidungsneutraler Besteuerung „ruinieren" allerdings durchweg die Aussagefähigkeit der Modellergebnisse.[348] Ob etwa auch Finanzierungsneutralität unter realen Bedingungen ökonomisch wünschenswert ist, wird bereits bezweifelt.[349]

Unter Abrücken von den gesetzten Modellbedingungen wird für unternehmerische Entscheidungssituationen daher ein steuerliches Neutralitätspostulat zumindest im Hinblick auf die Risikoneigung des Investors bzw. Unternehmens formuliert.[350] Risikobehaftete unternehmerische Entscheidungen dürfen nicht gegenüber risikoärmeren diskriminiert werden, womit auch Gleichheitsziele der Besteuerung adressiert sind.[351] Mit Blick auf die steuerliche Gewinnermittlung erfordert dies insb., dass der unternehmerische Leistungs-

---

345 Vgl. Schneider, Steuerlast, S. 102 ff.; Spengel, Unternehmensbesteuerung, S. 224.

346 Vgl. Schneider, Investition, S. 216.

347 Als „Zinsen auf den Ertragswert am Ende der Vorperiode" stellt der sog. „kapitaltheoretische Gewinn" einen „ökonomischen Gewinn" unter den engen Modellannahmen eines vollkommenen Kapitalmarkts im Konkurrenzgleichgewicht dar. Der „ökonomische Gewinnbegriff" ist begrifflich insgesamt weiter als der kapitaltheoretische Gewinn, indem er auch für andere Modellwelten ohne vollkommenen Kapitalmarkt und unter Planungsunsicherheit gelten kann. Vgl. Schneider, Investition, S. 219 f.

348 Vgl. Schneider, Steuerlast, S. 100 ff.

349 Vgl. Schneider, Steuerlast, S. 100; Prinz, Finanzierungsfreiheit, S. 149.

350 Vgl. Jacobs/Schreiber/Spengel/Gutekunst/Lammersen, Steuervergünstigungsabbaugesetz, DB 2003 S. 523; dazu auch Schneider, Steuerlast, S. 141 ff.

351 Schneider, Steuerlast, S. 103; 141 ff.

wille zur Risiko- bzw. Unsicherheitsübernahme[352] nicht durch eine überbordende oder sonst verzerrend wirkende Besteuerung gebremst würde.[353]

Da die Unternehmerfunktion in der Gesellschaft in einer zeitweisen Übernahme von Einkommensunsicherheiten anderer Menschen liegt,[354] besteht an der Nicht-Diskriminierung risikobehafteter Investitionen auch ein gesamtwirtschaftliches Interesse.[355] Finanzwissenschaftlich entspricht dies dem zur freiheitlichen Marktordnung kompatiblen Grundsatz, steuerlich wachstumshemmende Wirkungen möglichst zu vermeiden.[356]

Betriebswirtschaftlich verbleibt – ohne genauere Festlegung – außerdem die Forderung, Einzelverzerrungen der Besteuerung – soweit als solche erkannt – möglichst zu vermeiden.[357] Das ist kompatibel zu den finanzwissenschaftlichen Leitlinien einer Vermeidung fiskaldirigistischer Eingriffe und einer relativen Wettbewerbsneutralität.[358] Durch Schutz einer „inneren Entscheidungsfreiheit", durch staatliche Anreize, steuerliche Sonderlasten und Überbelastungen[359] möglichst nicht in seinen wirtschaftlichen Entscheidungen geführt, gelenkt oder gebremst zu werden,[360] entspricht die Leitlinie einer so verstandenen Steuerneutralität auch dem Freiheitsideal im Rechtsstaat.

---

352 Zu Typen der Unsicherheit i. e. S. – Ungewissheit (Eintrittswahrscheinlichkeiten möglicher Umweltzustände können nicht angegeben werden) und Risiko (Eintrittswahrscheinlichkeiten möglicher Umweltzustände können angegeben werden) vgl. Kruschwitz, Investitionsrechnung, S. 293 f. Zur Definition von Risiko und Unsicherheit vgl. auch Pindyck/Rubinfeld, Mikroökonomie, S. 219. Im Folgenden wird von diesen Differenzierungen abstrahiert; Risiko und Unsicherheit werden synonym gebraucht.

353 Vgl. Schneider, Steuerlast, S. 137; außerdem nachfolgend unter 3.

354 Vgl. Schneider, Betriebswirtschaftslehre, S. 2.

355 Zu entsprechend begründeten schweizerischen Reformüberlegungen vgl. auch Blumer/Graf, Steuerbilanz, S. 334.

356 Daneben werden – soweit notwendig – auch wachstumsfördernde steuerliche Maßnahmen gefordert. Vgl. Neumark, Steuerpolitik, S. 311 ff.

357 Vgl. dazu Schneider, Steuerlast, S. 103.

358 Vgl. Neumark, Steuerpolitik, S. 232; 62 ff.

359 Insoweit ist nicht nur das Zusammenspiel von steuerlicher Bemessungsgrundlage und tariflichem Steuersatz relevant, sondern auch eine mögliche Belastungskumulation durch unterschiedliche Steuerarten. Vgl. Kirchhof, Bundessteuergesetzbuch, S. 111.

360 Vgl. Kirchhof, Bundessteuergesetzbuch, S. V.

Sie stützt die steuerpolitische Forderung nach einer legislativen Prinzipienbasierung.[361] Da wesentliche Einzelabweichungen und Brüche in einem Gewinnermittlungssystem einen Signaleffekt für die Steuerpflichtigen haben, würden sie nämlich zu steuermotivierten Gestaltungen anregen.[362]

3. Freiheitsschonung als Unternehmensschonung

Bei der inhaltlich-sachlichen Definition wirtschaftlicher Leistungsfähigkeit wurde – ohne dass dies zunächst näher konkretisiert wurde – bereits deutlich, dass hierunter nur eine freie Verwendungsgröße verstanden werden kann.[363] Soweit ein Vermögenszugang mit einem Außenanspruch behaftet ist, der erst in späteren Perioden zu einem realen Vermögensabgang bzw. Zahlungsmittelabfluss führt, ist die freie Verfüg- und Verwendbarkeit des Gewinns eingeschränkt.[364]

Je weiter der Einkommens- und damit Vermögensbegriff gewählt wird und je umfassender damit Vermögenszugänge und -abgänge berücksichtigt werden, desto eher kann also auch eine sicher frei investier- oder konsumierbare Gewinngröße ermittelt werden. Das entspricht auch der Forderung, risikobehaftete unternehmerische Entscheidungen bzw. Tätigkeiten insgesamt nicht gegenüber risikoärmeren nicht-unternehmerischen Tätigkeiten zu diskriminieren.[365] Steuern, die strukturell vor allem bei risikobehafteten Einkommen nicht nur einen Reinvermögenszugang, sondern – ohne Leistungsfähigkeitszugang – auch das bisher aufgebaute Vermögen treffen, verletzen diese Vorgabe. Einkunftsarten, bei denen ein solches Kapitalverlustrisiko nicht bzw. nicht im gleichen Maße besteht und bei denen zwischen Vermögensbestand und Leistungsfähigkeitszugang sicher(er) getrennt werden kann, würden hierdurch bevorzugt.[366]

---

[361] Vgl. oben, Abschnitt I.

[362] Vgl. nur Hey, Steuerplanungssicherheit, S. 13 ff.

[363] Vgl. Abschnitt IV.3.a).

[364] Vgl. Vodrazka, Steuerbilanz, S. 689.

[365] Vgl. Abschnitt 2.b) und Willgerodt, Verlust, Gewinn und Gemeinwohl, S. 283 ff.

[366] Zum Zusammenhang zwischen Neutralität und Gleichheitsanforderungen vgl. auch bereits oben unter Abschnitt 1.

Um nicht eine ungleichmäßige, ungeordnete und übermäßig freiheitseinschränkende Besteuerung unternehmerisch eingesetzten Vermögens anstelle des Gewinns zu bewirken, sollte folglich nur der in einer Periode *mit einiger Sicherheit* als freie Verwendungsgröße entziehbare Gewinn steuerlich erfasst werden. Das geht konform mit den Anforderungen des Periodizitätsprinzips, nur auf eine nachhaltige Gewinngröße zuzugreifen und entspräche einem Prinzip der Unternehmensschonung,[367] nach dem neu zugegangenes, frei verwendbares Vermögen *weitestmöglich* vom bisherigen – zu schonenden – Vermögen zu trennen ist.[368] Es geht implizit von einer Unternehmensfortführung aus, die „unter Schutz" zu stellen ist.

Die Forderung nach einer kapital(ver)schonenden Besteuerung geht für kleine Unternehmen in Teilen auch konform mit der Achtung der Menschenwürde und sozialstaatlichen Anforderungen. So entspringt die aufwandswirksame steuerliche Berücksichtigung von Existenzsicherungsausgaben nach dem subjektiven Nettoprinzip dem Grundgedanken, jemandem aus gebender Hand keine Steuern zu entziehen, die ihm über sozialstaatliche Transfers in eine nunmehr nehmende Hand zurückgegeben werden müssten.[369] Wenngleich dies unmittelbar auf natürliche Personen bezogen ist, gelingt auch eine Übertragung auf unternehmerische Einkünfte: Ist die natürliche Person selbst Unternehmer – etwa ein Einzelkaufmann –, sollten ihr auch keine Gewinnsteuern entzogen werden, die die Existenz des Unternehmens als „Einkommensquelle" gefährden.

Da das Prinzip der Unternehmensschonung eine nahtlose Kontrolle der tatsächlichen Kapital- und Vermögensentwicklung erfordert, unterstreicht es auch die Bedeutung der Periodeneinkommensdogmatik. Die lebenseinkommensdogmatisch basierte Quellentheorie kann bei unternehmerischen Einkommen dagegen gar nicht erst vermögensbewahrend bzw. kapitalerhaltend wirken, da Wertminderungen am definierten „Stammvermögen" nicht berück-

---

[367] Jede Gewinnkonzeption setzt dabei eine bestimmte Erhaltungskonzeption voraus. Vgl. Sigloch, Gewinnermittlung, S. 555.

[368] Vgl. Hennrichs, Maßgeblichkeitsgrundsatz, S. 314

[369] Vgl. oben Abschnitt IV.3.c).

sichtigt würden.[370] Die Quellentheorie geht aufgrund der Reinvestitionsannahme zwar durchaus von einem Idealzustand unternehmerischen Kapitalerhalts aus – den sie dann allerdings nicht mehr „kontrolliert".

4. Exterritoriale Freiheitsschonung

Aus betriebswirtschaftlicher, gesamtwirtschaftlicher und speziell auch europapolitischer Perspektive kann die Forderung nach einer Freiheitsschonung räumlich auch auf national grenzüberschreitende Investitions- und Finanzierungsentscheidungen bezogen werden. So ist die Idee des Europäischen Binnenmarkts gerade die Überwindung nationaler Grenzhürden durch möglichst freie Mobilität von Personen und Finanz- wie Sachkapital im Binnenmarkt.[371] Entscheidungsverzerrungen sollen hier minimiert werden und eine optimale, grenzüberschreitende Ressourcenallokation durch Nutzung komparativer Kosten- und Leistungsvorteile sichergestellt werden.[372] Eine grenzüberschreitend effiziente Verteilung von Investitionskapital wird im Binnenmarkt jedoch dann gestört, wenn es nicht mehr dorthin gelenkt wird, wo es ohne Steuern die höchste Rentabilität hätte erwirtschaften können, sondern dorthin, wo es erst nach Steuern die höchste Rendite verspricht.[373]

Aus Perspektive eines einzelnen am Steuerstandortwettbewerb beteiligten Staates können Vorteile erzielt werden, wenn durch gezielte steuerliche Maßnahmen Investitionen ausländischer Investoren bzw. Unternehmen angelockt werden. Soll jedoch zugunsten *aller* einzelnen Mitgliedstaaten wirtschaftliches Wachstum im gesamten Europäischen Binnenmarkt befördert

---

[370] Vgl. oben Abschnitt IV.4.a)cc). Vgl. in dem Zusammenhang auch Moxter, Gewinnermittlung, S. 154 ff. zum Scheingewinn nach dynamischer Bilanzauffassung.

[371] Dazu v. Wolfersdorff, Zukunftsfragen, S. 11 ff.

[372] Aus einzelstaatlicher Perspektive geht es dabei um eine Wettbewerbsneutralität aus Perspektive des ursprünglichen Sitzstaates (Kapitalexportneutralität) bzw. des Quellenstaates (Kapitalimportneutralität). Zu Kapitalexportneutralität und Produktionseffizienz in dem Zusammenhang näher Spengel, Unternehmensbesteuerung, S. 223 ff.; zu einer Gegenüberstellung von Kapitalexport- und Kapitalimportneutralität Jacobs, Internationale Unternehmensbesteuerung, S. 18 ff. Zur Kapitalimportneutralität und einer Gegenüberstellung von Kapitalexport- und Kapitalimportneutralität vgl. auch Hey, Territorialitätsprinzip, S. 19 f.

[373] Hintergrund ist eine fehlende Steuerharmonisierung im Bereich der direkten Steuern; vgl. v. Wolfersdorff, Zukunftsfragen, S. 24 ff.; auch Jacobs, Internationale Unternehmensbesteuerung, S. 231; Spengel, Unternehmensbesteuerung, S. 2 ff.

werden, indem Kapital nicht von seiner effizientesten Verwendung umgelenkt wird, müssen steuerbedingte Verzerrungen und Hemmnisse innerhalb des Binnenmarktes möglichst vermieden oder abgebaut werden.[374]

Es obliegt einer politischen Abwägung, ob nationalen oder aber weitergehend europäischen Freiheitszielen der Vorrang zu gewähren ist. In dieser Arbeit wird grundsätzlich europäischen Freiheitszielen – soweit erreichbar, was politisch zu klären wäre – der Vorrang eingeräumt.

5. Freiheitsschonung durch Sachverhaltsanerkennung

Die Ausübung freiheitlich getroffener Entscheidungen spiegelt sich im verwirklichten Sachverhalt wider. Nur wenn dieser allerdings auch steuerlich anerkannt wird, wird der Einzelne nicht in seiner Freiheit durch „Überlagerung" des Sachverhalts durch einen fiktiv anderen für steuerliche Zwecke beschränkt. Von einer Entscheidungsneutralität im Sinne einer „inneren Freiheit", seine Entscheidungen unbeeinflusst treffen zu können, muss daher eine Sachverhalts- und Handlungsfreiheit als äußere Freiheit zur anerkannten Sachverhaltsgestaltung unterschieden werden (etwa: Finanzierungsneutralität).[375]

Es geht hier um eine systemkonforme steuerliche Anerkennung der von einer Person umgesetzten Wirtschaftsentscheidungen durch entsprechenden Niederschlag in der steuerlichen Bemessungsgrundlage, soweit sie nicht im Einzel- und Ausnahmefall missbräuchlich sind.[376] Insbesondere überborden-

---

374 Das Postulat steuerlicher Freiheitsschonung gilt dabei über die europäischen Binnenmarktgrenzen hinaus. Ebenso wie ein global-internationaler Freihandel (grenzüberschreitende „Direktgeschäfte") im Regelfall wohlfahrtsfördernd für alle hieran beteiligten Staaten ist (vgl. Smeets, Freihandel, S. 249), wird dies im Grundsatz – und ungeachtet strittiger Einzelfragen zur Aufteilung des „Steuersubstrats" – auch für grenzüberschreitende Direktinvestitionen gelten. Die vorliegende Untersuchung richtet ihr Augenmerk jedoch insbesondere auf die Europäische Union, innerhalb derer die Möglichkeiten zu einer „Barrierefreiheit" und auch ihr Nutzen besonders hoch sind. Gerade die Mitgliedstaaten der EWU stellen dabei wirtschaftlich und finanzpolitisch eine Schicksalsgemeinschaft dar. Vgl. bereits 2001 Smeets/Vogel, Stabilitäts- und Wachstumspakt, S. 422 ff. und v. Wolfersdorff, Zukunftsfragen, S. 11 ff.

375 Vgl. dazu Prinz, Finanzierungsfreiheit, S. 148 ff.

376 Vgl. ebenda, S. 148 ff.; zum Zusammenhang von Leistungsfähigkeit und Missbrauchsnormen oben Abschnitt IV.1. Zur Abgrenzung missbräuchlicher Gestaltungen Englisch, Steuerrecht, § 5 Rz. 116 ff.

de, nicht zielgerichtete Missbrauchsnormen können diese Freiheit beschränken.[377]

Wird eine frei gewählte Sachverhaltsgestaltung im Ergebnis steuerlich nicht anerkannt, ist dies durch Aufdrängen eines fiktiven anderen Sachverhalts für steuerliche Zwecke freiheitseinschränkend und – wenn im Vorfeld bekannt – entscheidungsverzerrend. Eine solche Besteuerung kann außerdem gleichheitswidrig wirken. Selbst bei Anerkennung wirtschaftlicher Handlungsfreiheit – etwa der freien Wahl einer passenden Finanzierungsform – durch entsprechenden Niederschlag in der Bemessungsgrundlage können sich die steuerlichen Rechtsfolgen alternativer Handlungsstrukturen allerdings so unterscheiden, dass sie verzerrend wirken.

Im Ergebnis muss sich eine Schonung individueller Dispositionsfreiheit auf ein möglichst realitätsgerechtes Abbild wirtschaftlicher Sachverhalte in der Bemessungsgrundlage und – vorgelagert – auf einen möglichst freiheitsschonend ausgestalteten gesetzlichen Tatbestand beziehen.

VI. Bestimmtheit und Verständlichkeit

Bestimmtheit und Verständlichkeit einer Steuernorm können rechtswissenschaftlich unmittelbar aus Zielen formaler Rechtsstaatlichkeit, die nach Rechtssicherheit und -klarheit verlangen, abgeleitet werden. Die Anordnung von Steuerpflichten und -lasten muss insoweit durch eine Norm erfolgen, die klar und bestimmt ist, sodass der Steuerpflichtige sich rechtssicher regelkonform verhalten kann[378] und er auch nicht einer Willkür der Finanzverwaltung ausgesetzt ist.[379] Auch eine sachgerechte, prinzipienbasierte Gewinnermittlung spielt hierfür eine Rolle.[380]

---

[377] Rechtswissenschaftlich werden gegen solche Normzwecke gerichtete Sachverhaltsgestaltungen grundsätzlich auch nicht als missbräuchlich betrachtet. Vgl. Englisch, Steuerrecht, § 5 Rz. 129 m. w. N.

[378] Vgl. Jacobs, Bilanzierungsproblem, S. 25.

[379] Vgl. Neumark – Steuerpolitik, S. 344 – mit Hinweis auf die Gefahr einer „missbräuchlichen“ Ausübung von Ermessensspielräumen seitens der Finanzverwaltung zulasten einer freiheitlichen und gleichmäßigen Rechtsanwendung.

[380] Vgl. Mayr, Steuervereinfachung, S. 475.

Aus Perspektive des Bürgers im Rechtsstaat muss der Raum der ihm gewährleisteten Freiheit klar sein, da er sich sonst nicht frei in diesem Raum entfalten kann. [381] Andere Freiheitsberechtigte, die ihren steuerlich beschränkten Freiheitsraum eindeutig erkennen können – sei es aufgrund einer anderen Steuernorm, sei es aufgrund unterschiedlicher Expertise oder Intelligenz[382] –, würden ansonsten auch gleichheitswidrig bevorteilt.[383] Die Verwirklichung freiheitlicher und gleichheitsrechtlicher Zielsetzungen verlangt daher, dass der steuerlich in seiner Freiheit beschränkte Steuerpflichtige die ihn betreffende Steuernorm erkennen, verstehen und rechtssicher anwenden kann. Allein dadurch wird ihm die Möglichkeit zum gesetzmäßigen Handeln oder auch Ausweichhandeln, also zum gesetzeskonformen Planen seiner wirtschaftlichen Angelegenheiten gegeben. Das Erfordernis, steuerliche Normen möglichst gleichermaßen verständlich für alle hierdurch adressierten Steuerpflichtigen zu gestalten, kann im Rahmen der steuerlichen Gewinnermittlung ggf. auch dafür sprechen, vereinfachende und klarer gefasste Regelungen etwa für kleinere und mittlere Unternehmen zu implementieren.[384]

Auch eine demokratische Input- wie auch Output-Legitimation steuerlicher Rechtssetzung verlangt nach einer eindeutigen politischen Willensbildung entweder im Sinne der Volkspräferenzen oder aber des gemeinsamen Wohls als Optimum aller. Ohne eine solche eindeutige Willensbildung kann es keine demokratische Legitimation politischen Handelns und damit auch steuerpolitischer Lastenverteilung geben.[385] Demokratische Legitimation von Steuer-

---

[381] Bezogen auf steuerliche Folgen muss er auch seine Liquidität passgenau planen können. Vgl. Hey, Planungssicherheit, S. 177.

[382] Vgl. Neumark, Steuerpolitik, S. 345.

[383] Vgl. Mayr, Steuervereinfachung, S. 475.

[384] Vgl. dazu Neumark, Steuerpolitik, S. 353 unter Hinweis darauf, dass komplexe Spezialregelungen – etwa mit Begünstigungscharakter – ansonsten vorwiegend von Beziehern höherer Einkommen in Anspruch genommen werden könnten, die sich eine entsprechende externe Beratung leisten können.

[385] Vgl. nur Kirchhof, Bundessteuergesetzbuch, S. 6.

normen verlangen daher nach Bestimmtheit[386] und Verständlichkeit bzw. Klarheit.[387]

Aus dem Demokratieprinzip folgt für die Steuergesetzgebung zum einen, dass den Parlamentsabgeordneten als Volksvertretern der (zu regelnde) steuerliche Tatbestand und seine Rechtsfolgen klar und verständlich sein müssen, sodass die Abgeordneten ihrer demokratischen Funktion entsprechend darüber beschließen können. Hierfür müssen Steuergesetze eindeutig und bestimmt sein. Erfüllt das Parlament seine Volks-Repräsentationsfunktion grundsätzlich in seiner Gesamtheit durch Mitwirkung sämtlicher und nicht bloß einzelner Abgeordneter,[388] darf Klarheit und Verständlichkeit schließlich auch nicht nur einem Expertenkreis und Ausschuss des Parlamentes vorbehalten sein. Finanzwissenschaftlich wird dies auch als „Steuertransparenz" bezeichnet, die eine Bestimmtheit von Steuernormen einschließt.[389]

Da der steuerpflichtige Bürger (bzw. Unternehmer) durch Wahlbeteiligung und politischen Diskurs außerdem zumindest mittelbar an der demokratischen Rechtsordnung mitwirkt, sollte er für eine entsprechend qualifizierte Mitwirkung auch den rechtfertigenden Grund für die steuerliche Belastung erkennen können. Auch daraus folgt die Forderung nach Bestimmtheit,[390] Klarheit und Verständlichkeit einer zu implementierenden Steuernorm.[391]

Die Forderung bzw. Leitlinie einer Gesetzesbestimmtheit und -klarheit wird durch Praktikabilitäts- und Wirtschaftlichkeitsanforderungen gestützt, da eine

---

386 Gemeint ist eine eindeutige Normierung von Tatbestand und Rechtsfolge(n); nicht unbedingt jedoch eine nur einwertige – wahlrechtsauschließende – Normierung. Vgl. dazu den folgenden Abschnitt VII.

387 Vgl. Kirchhof, Bundessteuergesetzbuch, S. 6.

388 BVerfG, Urteil vom 28.2.2012 – 2 BvE 8/11, BVerfGE 130 S. 318 ff.

389 Vgl. Neumark, Steuerpolitik, S. 344.

390 Vgl. Tipke, Steuerrechtsordnung I, S. 169 ff. Auch Gesetzesbestimmtheit bedeutet hier allerdings nicht, dass nur eine einzige Rechtsfolge statt eines Ermessens- oder Beurteilungsspielraums möglich sein muss.

391 Vgl. Kirchhof, Bundessteuergesetzbuch, S. 6; Finanzwissenschaftlich wird hier auch eine Besteuerungsmaxime der „Transparenz" zitiert, die weitergehend auch auf den politischen Prozess der Willensbildung und Gesetzesentstehung selbst gerichtet ist. Vgl. Stiglitz/Schönfelder, Finanzwissenschaft, S. 416 f.

unbestimmte, unverständliche Norm die effektive bzw. effiziente Rechtsanwendung verkompliziert oder vereitelt.[392] Die Forderung bzw. Leitlinie nach einer Gesetzesbestimmtheit und -klarheit entspricht damit auch betriebswirtschaftlichen Zielen.

VII. Objektivierung und Wahlrechtseingrenzung

Gesetzmäßigkeit und Gleichmäßigkeit der Besteuerung[393] können dahingehend konkretisiert werden, dass sowohl der Steuertatbestand als auch die steuerlichen Rechtsfolgen eindeutig normiert sein müssen.[394] Nicht der Steuerpflichtige selbst, sondern das demokratisch legitimierte Gesetz soll Steuerlasten bestimmen; gleichheitsgerecht wird diese Lastenausteilung dabei nur sein, wenn sie eine Gleichheit im Belastungserfolg erreichen kann. Das erfordert, dass einzelne Steuerpflichtige nicht effektiv der normgewollten Lastenausteilung ausweichen können.[395] Eine dem Demokratieprinzip entsprechende Gesetzmäßigkeit der Besteuerung soll insoweit verlangen, dass das demokratisch gewählte Parlament die Rechtsfolge bestimmt – und nicht der Steuerpflichtige selbst.[396] Damit rücken eine Objektivierung und auch Wahlrechtseingrenzung als Zielkriterien der steuerlichen Gewinnermittlung in den Blick.[397]

Mit einer Objektivierung der steuerlichen Gewinnermittlung ist ein Mindestmaß an Überprüfbarkeit steuerlich relevanter Sachverhalte anhand von äußeren Merkmalen gemeint. Im Rahmen der steuerlichen Bemessungsgrundlage kann unterschieden werden zwischen *objektiven* Größen und *objektivierten* Größen.[398] Objektiv sind Größen, die von der einzelnen steuerpflichti-

---

[392] Vgl. dazu weiter unten Abschnitt VIII.

[393] Vgl. oben Teil 2 Abschnitte A.II. und B.IV.1.

[394] Tipke, Steuerrechtsordnung I, S. 164.

[395] Vgl. Hey, Steuerrecht, § 3 Rz. 111.

[396] Tipke, Steuerrechtsordnung I, S. 164.

[397] Aus der zahlreichen Literatur Schön, Maßgeblichkeit, S. 24 f. m. w. N.; Hennrichs, Maßgeblichkeitsgrundsatz, 313; ders., Steuerrecht, § 9 Rz. 105 f.; Kirchhof, Steuerreform, 407 f.; ders., Bundessteuergesetzbuch, S. 4 ff.; Schneider, Steuerlast S. 279 ff.; Hey, Steuerrecht, § 3 Rz. 230 ff.; Scheffler, Maßgeblichkeit, S. 86 ff.; Weber-Grellet, Maßgeblichkeit, DB 2009 S. 2403; Tipke, Steuerrechtsordnung I, S. 161.

[398] Vgl. Moxter, Gewinnermittlung, S. 30 f.

gen Person abstrahieren und beobachtbar sind, wie etwa Marktwerte. Objektivierte Größen dagegen sind – allgemeiner gefasst – Werte, mit denen die subjektiven Beurteilungsspielräume eingeschränkt werden; insoweit umfassen sie auch objektive Größen.[399] Objektivierte Ermittlung wirtschaftlicher Leistungsfähigkeit bedeutet insoweit, dass außerhalb eines Wirtschaftssubjekts liegende bzw. nachweisbare Größen erfasst werden, der Spielraum subjektiven Ermessens also zumindest eingeschränkt wird.[400] Das dient einer gleichmäßigen, praktikablen und Wirtschaftlichkeitsgrundsätzen genügenden Besteuerung sowie legitimen fiskalisch-budgetären Zielen.[401] Auch dem Steuerpflichtigen selbst verschafft sie Rechtssicherheit durch Nachweisbarkeit des von ihm verwirklichten steuerlich relevanten Sachverhalts.

Für eine offene Wahlrechtseingrenzung scheinen ebenfalls nicht nur die Gesetzmäßigkeit und Gleichmäßigkeit der Besteuerung, sondern auch fiskalbudgetäre Ziele zu sprechen. Das gilt jedenfalls insoweit, als Rechtsfolgenwahlrechte[402] das Steueraufkommen in seiner Höhe und Stabilität beeinflussen würden. Offene Wahlrechte sind allerdings keineswegs eine ungerechtfertigte Lücke im „urdemokratischen Grundgedanken“ der über die Volkssouveränität begründeten Allgemeinheit von Steuerpflichten.[403]

Zunächst muss die Gesetzmäßigkeit der Besteuerung im freiheitlich-demokratischen Rechtsstaat inhaltlich auch weiter gezogen interpretiert werden als normative Eindeutigkeit und „Einspurigkeit“ von Rechtsfolgen. Wesentlich muss sein, dass sich die einfachgesetzliche Steuernorm in die freiheitlich-demokratische Grundordnung einpassen lässt. Gesetzmäßigkeit der Besteuerung in dem Sinne bedeutet dann demokratische Legitimation der Steuernormierung. Nicht durch irgendein Gesetz, nur durch ein innerhalb dieser Rechtsordnung ordentlich zustande gekommenes Gesetz unter Par-

---

399 Vgl. Moxter, Gewinnermittlung, S. 30.

400 Vgl. Moxter, Gewinnermittlung, S. 27.

401 Vgl. auch Schön, Steuervereinfachung, StuW 2002 S. 26.

402 Abzugrenzen davon sind Schätzungsspielräume, die auf Tatfragen bezogen sind. Vgl. näher Hennrichs, Steuerrecht, § 9 Rz. 107.

403 Begrifflich Kirchhof, Bundessteuergesetzbuch, S. 4.

lamentsvorbehalt können Steuerlasten auferlegt werden.[404] Und das Parlament kann durchaus Rechtsfolgenwahlrechte statuieren.

Eine demokratische Output-Legitimation der Steuergesetzgebung verlangt allerdings zunächst nach gleichheitsgerechtem Gesetzesdesign. Rechtsfolgenwahlrechte scheinen dagegen zu verstoßen, da sie zur individuellen Wahlmöglichkeit zwischen unterschiedlichen Steuerfolgen bei gleichem wirtschaftlichen Sachverhalt führen können. Dies kann jedoch durch gewichtige – etwa sozial-, umwelt- oder wirtschaftspolitisch motivierte – Sachgründe rechtfertigt werden,[405] die dann zu „Steuerbegünstigungswahlrechten" führen können.[406] Sie werden in dieser Arbeit nicht näher untersucht.

Auch Praktikabilitäts- und Wirtschaftlichkeitsgründe[407] können Wahlrechte „mit Augenmaß" im Rahmen der steuerlichen Gewinnermittlung rechtfertigen. Das gilt insbesondere für Wahlrechte zur Vermeidung eines überbordenden „Compliance-Aufwands" seitens der Steuerpflichtigen.

Solche praktikabilitäts- bzw. wirtschaftlichkeitsbegründeten Wahlrechte müssen noch nicht einmal zwingend einer gleichheitssatzgerechten Besteuerung widersprechen. Während sich das Leistungsfähigkeitsprinzip unmittelbar auf den wirtschaftlichen Erfolg als steuerliche Bemessungsgrundlage richtet, muss sich eine Gleichbehandlung bei der Besteuerung weitergehend auf die gesamten Steuerpflichtigen beziehen. Die Erfüllung steuerlicher Pflichten durch Ermittlung einzelner Bemessungsgrundlagenbestandteile kann dabei individuell, größen- oder branchenabhängig – je nach Häufigkeit und Art bestimmter Geschäftsvorfälle oder auch Ausgestaltung und Differenzierung des betrieblichen Rechnungswesens – unterschiedlich aufwendig und belastend wirken. Wahlrechte können hier ggf. große Belastungsunterschiede vermeiden helfen.[408]

---

[404] Tipke, Steuerrechtsordnung I, S. 161 f.
[405] Kritisch insgesamt Hennrichs, Steuerrecht, § 9 Rz. 114.
[406] Begrifflich Hennrichs, Steuerrecht, § 9 Rz. 106.
[407] Vgl. unten Abschnitt VIII.
[408] Vgl. auch Neumark, Steuerpolitik, S. 360.

VIII. Praktikabilität und Wirtschaftlichkeit

Eine steuerliche Norm muss zu ihrer demokratischen Legitimierung zweifelsfrei anwendbar, also durchsetzbar sein. Der parlamentarisch intendierte Gesetzeszweck einer Norm muss auch tatsächlich verwirklicht werden können, das, was geregelt werden soll, also tatsächlich geregelt werden. Ansonsten könnten die zur Normrechtfertigung im politischen Diskurs vorgebrachten Sachgründe fälschlich nicht verwirklicht werden (Output-Legitimierung); die Nachbildung eines bürgerlichen Mehrheitsentscheids (Input-Legitimierung) wäre fehlgeleitet. Sind Steuerlasten zuteilende Normen nicht oder nur teilweise anwendbar, können auch fiskal-budgetäre Ziele und eine gleichheitsgerechte Besteuerung nicht erreicht werden.

Anwendungspraktikabilität ist damit eine nicht zu unterschätzende Leitlinie einer sachgerechten steuerlichen Gewinnermittlung. Anwendbar ist eine Norm dabei auch nur dann, wenn sie bereits – für alle hiervon adressierten Steuerpflichtigen und die Finanzverwaltung – klar und verständlich ist.[409] Anwendungspraktikabilität bezieht sich als Durchsetzbarkeit steuerlicher Normen auch auf den steuerlichen Belastungserfolg. Sie impliziert insoweit ein steuerpsychologisches Moment, als die gleichmäßige Durchsetzbarkeit von Steuernormen auch eine grundsätzliche Akzeptanz des jeweils Verpflichteten voraussetzt. Praktikabel scheint insoweit gerade ein systematisches, konsistent prinzipienbasiertes Gewinnermittlungssystem zu sein.[410]

Eine steuerliche Norm wird schließlich nur dann auf Akzeptanz der jeweils Belasteten stoßen und tatsächlich gleichmäßig angewandt werden (können), wenn sie auch Effizienz- bzw. Wirtschaftlichkeitsanforderungen genügt. Praktikabilität und Wirtschaftlichkeit von Steuernormen hängen insoweit eng zusammen.[411] Eine Minimierung steuerlicher Administrations- und Befolgungs-

---

409 Vgl. Neumark, Steuerpolitik, S. 358 und oben Abschnitt VI.

410 Vgl. oben Abschnitt I und Mayr, Steuervereinfachung, S. 475.

411 Neumark – Steuerpolitik, S. 357 ff., 368 ff. – trennt zwischen Praktikabilität, die als Durchsetzbarkeit von Steuernormen allerdings auch Effizienzgeboten folgt, und „Wohlfeilheit“ der Besteuerung.

kosten entspricht betriebswirtschaftlichen sowie finanzwissenschaftlichen Zielen einer freiheitlichen Marktordnung.[412]

Für die steuerliche Gewinnermittlung bedeutet Wirtschaftlichkeit insbesondere, dass sie so auszugestalten ist, dass Gerechtigkeits- und Freiheitsziele unter Minimierung von Bürokratiekosten seitens der Steuerpflichtigen wie der Finanzverwaltung erreicht werden können.[413] Da Steuern und die mit ihnen verbundenen Lasten der Befolgung und Erhebung bzw. Prüfung stets unmittelbar oder mittelbar freiheitseinschränkend wirken, schmälert eine Wirtschaftlichkeitsanforderungen genügende steuerliche Gewinnermittlung Freiheitseinschränkungen.[414] Soweit steuerliche Befolgungskosten kleinere Unternehmen deutlich höher belasten als größere, können Wirtschaftlichkeits- und Gleichheitsaspekte auch dafür sprechen, vereinfachende Regelungen speziell für kleinere und mittlere Unternehmen zu implementieren.[415] Das Leistungsfähigkeitsprinzip gewinnt seine besondere Bedeutung im Rahmen der steuerlichen Bemessungsgrundlage nämlich nicht als freiheitlich geprägtes Individualprinzip, sondern als gleichheitssatzgeprägtes Verhältnismäßigkeitsprinzip.[416]

Wirtschaftlich sind steuerliche Gewinnermittlungsregeln auch nur dann, wenn sie bestimmt und verständlich sind,[417] sodass der Aufwand aus der Gewinnermittlung sowie vor- und nachgelagerten Steuerpflichten zu Buchführung, Aufbewahrung und Nachweis und einer Rechtsdurchsetzung minimiert werden kann.[418]

---

412 Vgl. Schön, Maßgeblichkeitsprinzip, S. 26; Kruschwitz/Husmann/Schneider, Investitionsneutrale Steuersysteme, S. 2.

413 Allgemeiner gefasst bei Neumark, Steuerpolitik, S. 372; Stiglitz/Schönfelder, Finanzwissenschaft, S. 412.

414 Vgl. auch Kirchhof, EStG, Einl. Rn. 1.

415 Vgl. dazu bereits oben Abschnitt VI.

416 Vgl. oben Abschnitt IV.1.

417 Vgl. Mayr, Steuervereinfachung S. 474 f.; Zu einer Inventur und Systematisierung von Faktoren steuerbedingter Unsicherheit vgl. Hey, Steuerplanungssicherheit, S. 63, m. w. N.

418 Vgl. dazu auch Lambrecht, Einkommensteuergesetz, § 5 EStG Rz. D 42.

In der steuerlichen Bemessungsgrundlage spiegelt sich die komplexe unternehmerische Geschäftstätigkeit mit dem wirtschaftlich Geschehenen, Vorhandenen und Beabsichtigten.[419] Sie ist damit Teil des Gesamtsystems des betrieblichen Rechnungswesens, das die gesamten Güter- und Finanzbewegungen eines Unternehmens erfasst[420] und über die interne Buchführung[421] insoweit die Basis auch für die steuerliche Gewinnermittlung darstellt. Die steuerliche Gewinnermittlung wird Wirtschaftlichkeitsgrundsätzen daher nur entsprechen können, soweit sie effizient in das betriebliche Rechnungswesen eingebunden werden kann. Finanzwissenschaftlich wird dies auch als steuerpolitischer Grundsatz der „Bequemlichkeit" konkretisiert.[422]

Erforderlich kann außerdem eine weitestmögliche Berücksichtigung beobachtbarer – objektiver – Kriterien und Erfahrungswerte statt einer komplexen Schätzung oder umfassenden Prüfung in jedem Einzelfall sein.[423] Praktikabilitäts- und Wirtschaftlichkeitserwägungen können – auch verknüpft mit einem Wahlrecht[424] – Vereinfachungszwecknormen erfordern, welche die Steuerrechtsanwendung für den Steuerpflichtigen praktikabler oder ökonomischer gestalten.[425] Aus Perspektive der Finanzverwaltung ist das Besteuerungsverfahren außerdem in einem Massenverfahren zu bewältigen, was mit Blick auf fiskal-budgetäre und auf Gleichheitsansprüchen genügende Besteuerungsziele ebenfalls Vereinfachungszwecknormen erfordert.[426]

Ebenso wie die Praktikabilität ist auch die Wirtschaftlichkeit als steuerpolitische Leitlinie damit nicht zu unterschätzen:

---

419 Mit Bezug auf das Rechnungswesen so die Einteilung von Schneider, Betriebswirtschaftslehre, S. 3. Vgl. auch Simon, Bilanzen, S. VI.

420 Anschaulich dargestellt von Wöhe/Kußmaul, Bilanztechnik, S. 2 f.

421 Aufgabe der Buchführung ist es, alle in Zahlenwerten ausgedrückten Geschäftsvorfälle des Unternehmens chronologisch, lückenlos und geordnet festzuhalten. Als Finanzbuchführung umfasst sie die gesamten Änderungen der Vermögens- und Kapitalstruktur einer Periode. Als Betriebsbuchführung oder -abrechnung umfasst sie die interne Verteilung und Zurechnung von Aufwendungen, die bei der internen Leistungserstellung entstehen. Vgl. Wöhe/Kußmaul, Bilanztechnik, S. 7.

422 Vgl. Neumark, Steuerpolitik, S. 378 ff.

423 Vgl. Euler, Grundsätze ordnungsmäßiger Bilanzierung, S. 124.

424 Vgl. oben Abschnitt VII.

425 Hey Steuerrecht, § 3 Rz. 147 ff.

426 Vgl. Mayr, Steuervereinfachung, S. 474 f.

C. Zielkonflikte und Gewichtung

Die im vorgehenden Abschnitt vorgestellten Leitlinien der steuerlichen Gewinnermittlung sind in großen Teilen kompatibel zueinander und überlappen einander. Zum Teil stehen sie allerdings auch konfliktär zueinander, was eine Gewichtung und Kompromissschließung erfordert.[427]

Durch Bezug der aufgeführten Leitlinien allein auf die steuerliche Gewinnermittlung als Bemessungsgrundlage fallen allerdings auch fundamentale Zielkollisionen weg. Das gilt bereits für mögliche fiskal-budgetäre Zielsetzungen eines hohen Steueraufkommens einerseits und einer Freiheitsschonung andererseits. Auch die hier nicht näher untersuchten Förder- oder Lenkungsziele der Besteuerung können Gleichheits- und Umverteilungszielen diametral entgegenstehen.[428] Ergeben sich solche Zielkollisionen, können sie nur im politischen Diskurs gelöst werden.[429]

Mit den unmittelbar wertbezogenen Leitlinien einer gleichheitsgerechten und freiheitsschonenden steuerlichen Gewinnermittlung kollidiert im Rahmen der steuerlichen Gewinnermittlung jedoch keine der anderen Leitlinien. Zwar werden insbesondere Konflikte zwischen Gerechtigkeitspostulaten einerseits sowie Objektivierungs- und Wirtschaftlichkeitsanforderungen andererseits diskutiert.[430] Dabei liegen indes keine unauflösbaren Zielkollisionen vor.[431]

Leitlinienkonflikte können letztlich darauf zurückgeführt werden, dass gleichzeitig unterschiedlichen Grundwerten der Gesellschaftsordnung genügt werden soll. Für eine sachgerechte Kompromissschließung im Rahmen einer

---

[427] Umfassend dazu Neumark, Steuerpolitik, S. 382 ff.

[428] Vgl. Neumark, Steuerpolitik, S. 388.

[429] Vgl. Neumark, Steuerpolitik, S. 383.

[430] Vgl. Schön, Steuervereinfachung, StuW 2002 S. 26; Schneider, Betriebswirtschaftslehre, S. 279 ff.; ders., DB 2004 S. 1517; Moxter, Grundsätze, S. 16; ders., BB 1997 S. 198; Weber-Grellet, Prüfung von Steuergesetzen, FR 2011 S. 1028, 1031; Lambrecht, Einkommensteuergesetz, § 5 EStG Rz. D 40; Lang, Konkretisierungen, S. 325 f.; Neumark, Steuerpolitik, S. 387.

[431] Anders Schön, Steuervereinfachung, StuW 2002 S. 26, der von einem dauerhaften und unauflösbaren Widerspruch zwischen Einfachheit und Gleichheit im Steuerrecht spricht. Zum Paradigma eines Zielkonflikts zwischen Effizienz und Gerechtigkeit siehe auch Schulemann, Horizontale Gerechtigkeit, S. 31 ff.

normativen Regelung ist es dann erforderlich, die mit den jeweils – politisch, öffentlich oder wissenschaftlich – geforderten Leitlinien tatsächlich im Einzelfall adressierten Grundwerte in den Blick zu nehmen und einander gegenüberzustellen.

So wurzelt das Wirtschaftlichkeitsprinzip im Freiheitsgedanken, indem Ineffizienzen bei der Durchführung der Besteuerung letztlich den steuerlichen Freiheitseingriff intensivieren und ggf. auch nicht mehr rechtfertigen können.[432] Gleichheits- und Wirtschaftlichkeitsanforderungen können dann unter einer Spannung stehen, die sich letztlich aus einer Gleichrangigkeit von Freiheit und Gleichheit ergibt. Verhältnismäßigkeitserwägungen einer Erforderlichkeit, Geeignetheit und in sich gleichheitsgerechten Ausgestaltung helfen bei der Güterabwägung im Einzelfall.[433]

Das Wirtschaftlichkeits- und Praktikabilitätsprinzip kann weiterhin durchaus konform mit Gleichheitszielen der Besteuerung gehen:[434] Ebenso kann auch eine Objektivierung der steuerlichen Gewinnermittlung einem möglichst gleichheitsgerechten Steuervollzug dienen.[435]

Zu einem unauflösbaren Widerspruch wird man wohl nur gelangen, wenn ohne Gesamtanalyse der grundwertbezogenen steuerlichen Leitlinien eine Vorfestlegung insbesondere zum Inhalt des Leistungsfähigkeitsprinzips erfolgt.[436] Muss zwischen der Erreichung einzelner Leitlinien abgewogen werden, sind jedoch die jeweils hinter ihnen stehenden übergeordneten Ziele und Werte aufzudecken, um tatsächliche Konflikte oder aber Schnittmengen (etwa: Objektivierung und Leistungsfähigkeitsprinzip) feststellen zu können.

---

432 Vgl. oben Abschnitt VIII und Schober, Verfassungsrechtliche Restriktionen, S. 34 f.

433 Vgl. dazu Hey, Steuerrecht, § 3 Rz. 147 ff.

434 Vgl. Abschnitt VIII.

435 Vgl. oben Teil 2 Abschnitt B.VII. Auch Rechtssicherheit steht nicht diametral zu Gleichheitsanforderungen, vgl. Teil 2 Abschnitt A.II.

436 Vgl. Jacobs, Bilanzierungsproblem, passim.

D. Ergebnis

Teil 2 dieser Arbeit befasste sich mit Basisvorgaben einer sachgerechten steuerlichen Gewinnermittlung. Innerhalb des durch elementare Grundwerte und Ziele im freiheitlich-demokratischen Verfassungsstaat gezogenen Rahmens werden anerkannte „Leitlinien" steuerlicher Gewinnermittlung als Sollqualitäten herausgestellt.

Die Untersuchung nimmt explizit eine europäische Perspektive ein, indem sie nicht allein deutschen, sondern auch europäischen Grundwerten und Zielen entsprechende Leitlinien steuerlicher Gewinnermittlung herausstellt. Sie basieren auf fest in einer freiheitlich-demokratischen Ordnung verankerten, finanz- und rechtswissenschaftlich anerkannten sowie betriebswirtschaftlich gestützten Maximen einer sachlich legitimierten Steuergesetzgebung. Zu ihrer Einordnung, Gewichtung und Verifizierung wird jeweils ein unmittelbarer Bezug zu den im freiheitlich-demokratischen Staat „universalen" Grundwerten und Zielen der Besteuerung hergestellt. Das schließt nicht aus, dass abhängig von deren Interpretation – etwa auch in anderen EU-Mitgliedstaaten – bereits hinsichtlich dieser Leitlinien in Nuancen andere Ergebnisse erzielt werden könnten; die hier dargestellten Leitlinien bleiben indes werturteilsbasiert. Wichtig erscheint, dass die inhaltlichen Grundlagen der Ausgestaltung der steuerlichen Gewinnermittlung im demokratischen Rechtsstaat überhaupt erst transparent offengelegt und diskutiert werden und sich in den Rahmen der Gesellschaftsordnung einpassen lassen. Als elementare Leitlinien einer sachgerechten steuerlichen Gewinnermittlung für Unternehmen werden insoweit herausgestellt:

1. Prinzipienbasierung
2. Periodizität
3. Anpassungsfähigkeit
4 Gerechtigkeit
5. Freiheitsschonung
6. Bestimmtheit und Verständlichkeit
7. Objektivierung und Wahlrechtseingrenzung

8. Praktikabilität und Wirtschaftlichkeit.

Unter diesen Leitlinien ergeben sich durchaus Konflikte. Mit den unmittelbar grundwertbezogenen Leitlinien einer materiell gleichheitsgerechten und freiheitsschonenden steuerlichen Gewinnermittlung kollidiert im Rahmen der steuerlichen Gewinnermittlung allerdings auch keine der anderen Leitlinien.

TEIL 3: AUSGESTALTUNG EINER LEITLINIENKONFORMEN STEUERLICHEN GEWINNERMITTLUNG

A. Leitlinienkonformität von Instrumenten und Konzeptionen der Gewinnermittlung

In diesem Abschnitt werden elementare Instrumente und Konzepte einer Erfolgsermittlung am Maßstab der Leitlinien einer sachgerechten steuerlichen Gewinnermittlung gemessen. Behandelt wird zunächst die Frage nach einer sachgerechten Kapital- bzw. Substanzerhaltungskonzeption.[437] Mit der Zahlungsstromrechnung, der Ertragswertrechnung und der dynamischen sowie statischen Bilanztheorie werden sodann Konzepte zur steuerlichen Einkommensbemessung vorgestellt, die die steuerliche Gewinnermittlung maßgeblich geprägt haben[438] oder für eine mögliche Reform de lege ferenda diskutiert werden. Die interperiodische Verlustverrechnung setzt jeweils in einem nachgelagerten, zweiten Schritt an, indem sie einen periodischen Aufwandsüberschuss, der sich nach der jeweiligen Gewinnermittlung ergeben hat, in andere Perioden überträgt, wo er mit Ertragsüberschüssen verrechnet werden kann. Als besonderes Vehikel der Einkommensbemessung wird sie hier ebenfalls kurz eingeordnet werden.

---

[437] Vgl. oben Teil 2 Abschnitt B.V.3.

[438] Im geltenden Recht haben die Bilanztheorien nur insoweit Bedeutung, wie sie im Gesetz durch Einzelregelungen Niederschlag gefunden haben. Vgl. Beisse, Bilanzrechtssystem, S. 12. Zur gegenwärtig insbesondere statischen, z. T. aber auch noch dynamischen Prägung im Handels- und Steuerbilanzrecht im Rahmen des steuerlichen Betriebsvermögensvergleichs Baetge, Bilanzen, 16 ff.; Prinz, Einkünfteermittlung, S. 140 f.; Heinicke, Einkommensteuergesetz, § 4 Rz. 3; Müller, Verbindlichkeitsrückstellungen, 2008, S. 29 f., 40 f. Vgl. auch Joisten, Mehrkomponentengeschäfte, S. 36 ff., zu einer stark dynamisch geprägten Bilanzauffassung.

I. Konzeption der Kapital- und Substanzerhaltung

1. Reale Kapitalerhaltung mit Elementen einer Substanzerhaltung

Je nach Weite und Definition des Gewinnbegriffs kann sich die Forderung nach einer Unternehmensschonung[439] auf eine bilanzielle oder ertragswertbezogene Kapitalerhaltung oder auch auf eine bilanzielle Substanzerhaltung beziehen. Sie kann nominal oder real konzipiert sein.[440]

Bei einer ertragswertbezogenen oder bilanziellen Kapitalerhaltung würde Gewinn aus Perspektive der Gesellschafter als Eigenkapitalgeber sowie auch des Unternehmern als von Drittansprüchen freie nominale oder reale Nettozugangs- bzw. -zuwachsgröße ermittelt werden.[441]

Nach dem Konzept der Substanzerhaltung würde Gewinn dagegen auch als von betriebswirtschaftlichen Innenansprüchen einer als zwingend unterstellten Wiederbeschaffung freie und reale Nettovermögenszugangsgröße begriffen.[442] Das Konzept der Substanzerhaltung adressiert damit gleichzeitig preissteigerungsbedingte Finanzierungslücken.[443] Solche Innenansprüche können sich in Einzelfällen ganz ähnlich „zwingend" darstellen wie Außenansprüche und dürfen dann sowohl unter Leistungsfähigkeitsgesichtspunkten als auch im Sinne einer Unternehmensschonung nicht einfach ausgeblendet werden.[444] Ein Unternehmen wird und sollte allerdings im Regelfall gerade nicht auf laufende „Reproduktion" und gegenständlichen Substanzerhalt ausgerichtet sein, sondern auf den Markt, an dem Absatzleistungen mit dem Ziel einer Gewinnmaximierung erbracht werden. Das schließt einen insge-

---

439 Vgl. Teil 2 Abschnitt B.V.3.

440 Vgl. Schneider, Investition, S. 27 f.

441 Vgl. Vodradzka, Steuerbilanz, S. 689.

442 Vertreten insbes. von Fritz Schmidt mit seiner „organischen Bilanz" als Wiederbeschaffungsbilanz. Vgl. dazu Blumer/Graf, Steuerbilanz, S. 50 ff.; Moxter, Bilanztheorie, S. 57 ff.

443 Vgl. Schneider, Steuerbilanzen, S. 83.

444 Vgl. Moxter, Gewinnermittlung, S. 184 f. und S. 185 ff. zur Diskussion einer auf Wiederbeschaffungswerte ausgerichteten „prospektiven Inflationskorrektur"; vgl. auch Rützel, Steuerbilanz in Zeiten schleichender Inflation, S. 133 zu Marktpreisschwankungen.

samt reproduktionsorientierten Gewinnbegriff aus, wenngleich der Gedanke der Substanzerhaltung in besonders gelagerten Einzelfällen den Kapitalerhaltungsgedanken durchaus sachgerecht ergänzen kann, soweit dadurch auch spezielle Preissteigerungen in besonderen Situationen adressiert werden.[445]

Die Frage nach einer realen oder nominalen Kapitalerhaltung hängt von den Zielen der Gewinnermittlung ab. So wird angemerkt, dass für eine handelsrechtliche Schuldendeckungskontrolle etwa bereits eine nominale Rechnung ausreichen würde, soweit Schulden ebenso wie die positiven Vermögenswerte Nominalwerte wären.[446] Sobald allerdings bereits ergänzend Sachleistungsverpflichtungen und ungewisse Verbindlichkeiten berücksichtigt werden müssten – dies ist der Fall, wenn entsprechend dem (auch) steuerlich maßgeblichen Prinzip der Unternehmensschonung nur eine freie Verwendungsgröße als entziehbarer Gewinn ermittelt werden soll – würde eine solche Nominalrechnung für steuerliche Zwecke real nicht mehr ausreichen. Bei der steuerlichen Gewinnermittlung geht es überdies schon nicht um eine bloße Schuldendeckungskontrolle. Das Leistungsfähigkeitsprinzip verlangt als Realwertprinzip vielmehr, Preissteigerungen im Rahmen der steuerlichen Gewinnermittlung sachgerecht zu berücksichtigen; positive wie negative Vermögensänderungen müssen in Geldeinheiten gleicher Kaufkraft ausgedrückt werden.[447]

2. Vorsichts- und Imparitätsprinzip

Das Prinzip der Unternehmensschonung durch Kapitalerhaltung verlangt nach einer tendenziell *weiten* Vermögensberücksichtigung.[448] Je weiter von sicheren Zahlungsströmen abgerückt wird und weitere Vermögenswerte bei der Gewinnermittlung berücksichtigt werden, desto eher wird allerdings auch

---

445 Vgl. Schneider, Betriebswirtschaftslehre, S. 315 ff.; Moxter, Bilanztheorie, S. 76 ff.

446 Vgl. Moxter, Bilanztheorie, S. 76; Rützel, Steuerbilanz in Zeiten schleichender Inflation, S. 116 ff; 136 m. w. N.

447 Vgl. oben Teil 2 Abschnitte B.IV.3.b) und B.IV.4.b)bb).

448 Vgl. Teil 2 Abschnitt B.V.3 und B.IV.4.b)bb), außerdem unmittelbar vorangehend Teil 3 Abschnitt A.I.1

die (Un-)Sicherheit der erfassten Vermögenszugänge und -abgänge eine Rolle spielen.[449] Wird sie bei der Gewinnermittlung insgesamt nicht adäquat berücksichtigt, führt auch dies zur Diskriminierung risikobehafteter Investitionen und Tätigkeiten.[450] Zu fordern wäre mithin die Berücksichtigung eines allgemeinen Vorsichtsprinzips im Rahmen der steuerlichen Gewinnermittlung.

Nach Maßgabe der Brutto-/Nettosymmetrie des objektiven Nettoprinzips[451] würden bei der Gewinnermittlung positive Vermögenswerte jeweils gleichermaßen wie negative Vermögenswerte berücksichtigt; an die Zugangselemente und Abgangselemente bei der Leistungsfähigkeitsmessung sind gleiche Anforderungen zu stellen.[452] Unter Anwendung des symmetrischen Nettoprinzips verbliebe in der Nettoergebnisgröße dann stets ein bestimmter Grad an Unsicherheit, wenn die Einkommenselemente selbst unsicherheitsbehaftet sind, wie es bei unternehmerischen Einkommen der Fall ist.[453] Unsicherheit der Gewinngröße bedeutet, dass entgegen dem Prinzip einer Unternehmens- und Kapitalschonung – etwa durch Nichtberücksichtigung entstandener, noch unsicherheitsbehafteter Vermögensminderungen – möglicherweise ein Gewinn gemessen und besteuert wird, der tatsächlich nur aus der Mobilisierung bisherigen Vermögens stammt.

Die aus der Anwendung des symmetrischen Nettoprinzips bei der Gewinnermittlung resultierende Unsicherheit der Ergebnisgröße könnte außerhalb einer reinen Zahlungsflussrechnung[454] nur durch Aufgabe dieser Symmetrie reduziert werden, indem also Vermögensminderungen zumindest tendenziell

---

449 Zur Periodenleistungsfähigkeit vgl. oben Teil 2 Abschnitt B.IV.4.b)bb). Zur Gegenüberstellung einer erhaltungsorientierten versus einer erwartungsorientierten Bilanz außerdem Vodradzka, Steuerbilanz, S. 689 ff.

450 Vgl. oben Teil 2 Abschnitt B.V.2 und 3. Vgl. auch Lambrecht, Einkommensteuergesetz, § 5 EStG Rz. D 32; a. A. Spengel, Zukunft der Steuerbilanz, Zukunft der Steuerbilanz, FR 2009 S. 106.

451 Vgl. oben Teil 2 Abschnitt B.IV.3.c) und Teil 2 Abschnitt B.IV.4.b)bb).

452 Vgl. auch Schulze-Osterloh, Verfassungsrechtliche Grenzen, S. 78.

453 Vgl. nur Schumpeter, Theorie der wirtschaftlichen Entwicklung, S. 207 ff.

454 Dazu nachfolgend Teil 3 Abschnitt A.II.

eher bzw. früher berücksichtigt würden als Vermögenserhöhungen (Imparitätsprinzip).

Man könnte hinsichtlich der steuerlich berücksichtigungsfähigen, indes noch unsicherheitsbehafteten Vermögenslasten bzw. -minderungen dann differenzieren:

- Vermögensminderungen, denen sicher keine künftigen Vermögensmehrungen gegenüberstehen, die also „unkompensierte Lasten" darstellen[455] und mit einiger Wahrscheinlichkeit zu Nettovermögensminderungen führen[456] und
- sonstige Vermögensminderungen, die sich jeweils hinreichend konkretisiert haben, denen aber möglicherweise auch künftige Erträge gegenüberstehen.

Eine erst spätere Berücksichtigung der wirtschaftlichen Lasten der ersten Kategorie verletzt nicht nur Anforderungen einer Unternehmensschonung.[457] Sie widerspricht auch fiskalisch-budgetären Vorgaben der Nachhaltigkeit,[458] da bereits entstandene wirtschaftliche Lasten zugunsten gegenwärtigen Steueraufkommens in die Zukunft verschoben würden und dies – da keine zugehörigen Erträge erwartet werden – womöglich zulasten künftigen Steueraufkommens ginge.

Eine steuerliche Nichtberücksichtigung von Vermögensminderungen der zweiten Kategorie scheint aus Perspektive des steuerpflichtigen Unternehmens und nach Maßstäben einer nachhaltigen Steuer- und Finanzpolitik[459] zunächst unkritischer zu sein. Tatsächlich entsteht ein „Unternehmergewinn"

---

455 Beispiele hierfür sind Verpflichtungen aus freiwilligen Pensionszusagen, öffentlich-rechtliche Umweltschutz- und Rekultivierungsverpflichtungen und sonstige Schadensrückstellungen.

456 Das entspricht Moxters Alimentationsthese; vgl. Moxter, Bilanzrechtsprechung, S. 119 und weiter unten Teil 4 Abschnitt C.II.1. und grundsätzlich dem dynamisch-bilanziellen Verursachungsprinzip, vgl. nachfolgend Teil 3 Abschnitt A.IV.2.d).

457 Vgl. Teil 2 Abschnitt B.V.3 und vorangehend Teil 3 Abschnitt A.I.1.

458 Zum nachhaltigen Periodizitätsprinzip oben Teil 2 Abschnitt B.II.

459 Zur entsprechenden Leitlinie Teil 2 Abschnitt B.II.

jedoch gerade erst durch risikobehaftete[460] Durchsetzung neuer Kombinationen und Entwicklungen, was einen Überschuss über die gesamten Produktionskosten ermöglicht. Ein Imparitätsprinzip bei der Erfolgsmessung spiegelt dann wider, dass die Realisierung eines solchen unternehmerischen Gewinns regelmäßig risikobehafteter ist als der Eintritt von Misserfolg oder die Realisierung einer bloß kostendeckenden unternehmerischen Leistungserstellung.[461]

Das Imparitätsprinzip kann verhindern, dass gegenwärtig eine Leistungsfähigkeit gemessen wird, die tatsächlich jedoch mit späteren substanziellen Vermögensabgängen verbunden ist. Ist die steuerliche Bemessungsgrundlage nicht nachhaltig, sodass steuerliche Lasten unsachgerecht in die Zukunft geschoben werden, ist auch die fiskal-budgetäre Planung nicht nachhaltig.[462] Mit guten Gründen können also erwartete Vermögensminderungen imparitätisch tendenziell eher berücksichtigt werden als erwartete Vermögensmehrungen.

Für die nicht als Zahlungsflussrechnung ausgestaltete Gewinnermittlung ist daher ein Vorsichts- und Imparitätsprinzip zentrale Voraussetzung, um risikobehaftete unternehmerische Tätigkeiten[463] im Interesse auch des Gemeinwohls nicht zu diskriminieren und zu hemmen.[464]

Gegen ein Vorsichts- und Imparitätsprinzip könnte allerdings das Argument einer Ungleichbehandlung angebracht werden, soweit es dadurch zu unre-

---

[460] Das Risiko bezieht sich auf das Vermögensverlustrisiko des Unternehmers, impliziert aber auch ein Risiko für alle Interessengruppen am Unternehmen, wie etwa Staat (künftige Einnahmequellen), Gläubiger (Begleichung der Forderungen) und Arbeitnehmer (Arbeitsplatz).

[461] Vgl. ebenda, S. 232 f.

[462] Vgl. oben Teil 2 Abschnitt B.II.

[463] Vgl. dazu auch Moxter, Maßgeblichkeitsprinzip, DStZ 2000 S. 161, Schön, StuW 1995, S. 377, Mellwig, BB 19833, 1613, 1618.

[464] Vgl. Schumpeter, Theorie der wirtschaftlichen Entwicklung, S. 225 ff., 335 ff. und oben Teil 2 Abschnitt B.V.3. Schumpeter (Theorie der wirtschaftlichen Entwicklung S. 235 f.) grenzt den Unternehmergewinn insoweit auch scharf von einer bloßen Rente ab, was die Untauglichkeit eines bilanziell-dynamischen Gewinns, der eine „Kapitalrente" oder einen „Rentenveränderungsgewinn" messen will (Walb, Erfolgsrechnung, S. 350 ff.) für Zwecke der steuerlichen Erfolgsmessung von Unternehmen verdeutlicht. Vgl. näher unten Teil 3 Abschnitt A.IV.2.

gelmäßigen, tendenziellen Unterschätzungen der Gewinnerhöhe im Zeitablauf kommen würde.[465] Das Vorsichts- und Imparitätsprinzip darf allerdings nicht derart überspannt werden, dass es regelmäßig wiederum „Sprünge" im Pfad der Erfolgsrechnung bewirken würde, indem eine gewollt zu niedrige Gewinnermittlung in späteren Perioden zwangsläufig wieder umgekehrt werden müsste.[466] Gemeint ist also nicht eine – abzulehnende – Freiheit und Beliebigkeit des Steuerpflichtigen zu einer niedrigeren Gewinnermittlung zulasten des Steueraufkommens einer gegenwärtigen Periode. Gemeint ist die Anwendung eines Vorsichts- und Imparitätsprinzips *mit Augenmaß* innerhalb der maßgebenden Normen für die steuerliche Gewinnermittlung, soweit dies mit anderen Anforderungen an die steuerliche Gewinnermittlung – insbesondere auch: Objektivierung[467] – vereinbar ist.[468]

Sowohl ein überbordendes Vorsichts- und Imparitätsprinzip als auch dessen ganze oder partielle Ablehnung würden in einer periodischen Vermögensrechnung dagegen laufende Unter- wie auch Überschätzungen der unternehmerischen Gewinnhöhe im Zeitablauf bewirken.[469] Beides ist abzulehnen. Kann ein maßvoll verstandenes Vorsichts- und Imparitätsprinzip mit Objektivierungszielen verbunden werden, könnten dagegen ungleichmäßige Unter- und Überschätzungen des Gewinns in Grenzen gehalten werden, mögliche überbordende Freiheitseinschränkungen durch Diskriminierung risikobehafteter unternehmerischer Tätigkeit vermieden werden und dem Prinzip einer Unternehmensschonung weitestmöglich genügt werden.[470]

---

465 Vgl. dazu auch weiter unten, Teil 5 Abschnitt B.

466 Vgl. nur Moxter, Gewinnermittlung, S. 197, zur Überbetonung des Vorsichtsprinzips bei der dynamischen Bilanztheorie jedoch weiter unten Teil 3.A.III.2.

467 Vgl. hierzu auch Teil 2 Abschnitt C.

468 Gemeint ist damit insbesondere nicht die Etablierung eines Vorsichts- und Imparitätsprinzips als „overriding principle". Die weiteren Anforderungen einer leitlinienkonformen und sachgerechten steuerlichen Gewinnermittlung sind ebenso zu beachten und damit ggf. Kompromisse zu schließen. Vgl. dazu Teil 3, Abschnitte B und C.

469 Vgl. dazu oben Teil 2 Abschnitt V.3.

470 Vgl. auch Hennrichs, Steuerrecht, § 9 Rz. 48; Jachmann, Gleichheitsproblem, S. 56.

II. Die Zahlungsflussrechnung

Kaum eine Gewinnermittlungskonzeption scheint derart idealisiert und immer wieder als Reformoption für die steuerliche Gewinnermittlung vorgebracht zu werden wie die Zahlungsflussrechnung. Der Zahlungsüberschuss einer Periode verkörpert das unternehmerische Innenfinanzierungsvolumen, das in einer Periode zugegangen ist. Zahlungsmittelbestandsänderungen scheinen insoweit ein einfaches, „unmissverständliches" Maß für die Leistungsfähigkeit einer Periode zu sein. Vermögensänderungen, die über das Zahlungsmittelvermögen hinausgehen, wären zwangsläufig irrelevant für die Einkommensmessung.[471]

Auch das Problem unterschiedlicher Kaufkraftdisparitäten in der steuerlichen Bemessungsgrundlage scheint sich mit abnehmender Weite des in den Einkommensbegriff einbezogenen Vermögens, insbesondere also bei einer Berücksichtigung allein von Zahlungsmittelzugängen einer Periode, aufzulösen oder zumindest zu mildern.[472]

Die Zahlungsflussrechnung – nicht ganz richtig oft auch als Einnahmen-/Ausgabenrechnung bezeichnet[473] – scheint damit das Paradebeispiel für eine einfach umsetzbare Konformität von Periodizitätsprinzip und Leistungsfähigkeitsprinzip zu sein. Sie scheint dabei eine spezielle „finanzielle Leistungsfähigkeit" unter Betonung der Liquidität zur Steuerzahlung zu erfassen.[474] Kontrastierend gerade zu einer bilanziellen Gewinnermittlung, wird sie zugleich wegen ihrer unvergleichbaren *Einfachheit* gepriesen.[475] Da das betriebliche Rechnungswesen die Finanzbewegungen einer Periode ohnehin lückenlos aufzeichnet, scheint sie insoweit auch keine besonderen „Wis-

---

471 Vgl. bereits oben, Teil 2 Abschnitt B.IV.4.b)bb).

472 Zu einer modellmäßigen Inflationsneutralität einer Cashflow-Steuer vgl. – m. w. N. – Lang, Steuergesetzbuch, Rz. 511; Weber, Inflationsberücksichtigung, S. 59. Gänzlich beseitigt wird das Problem der Kaufkraftdisparitäten indes nicht. Auch hier stehen sich Ein- und Auszahlungen gegenüber, die bei einer jahresbezogenen Periodenrechnung bis zu 12 Monate auseinanderliegen und unterschiedliche Kaufkraft repräsentieren können.

473 Vgl. Eisgruber, Einkünfteermittlung, S. 190 f.

474 Vgl. oben Teil 2 Abschnitt B.IV.3.a).

475 Vgl. Dziadkowski, Überschussrechnung, BB 2000 S. 399, 400; Tipke, Karlsruher Entwurf, StuW 2002 S. 164

senswünsche“ an das Rechnungswesen zu richten, die nicht ohnehin zu erfüllen wären.[476] Geldbewegungen werden dabei auch als der einzig objektive Maßstab zur Messung von Leistungsfähigkeit angesehen.[477] Während die Bilanz mit mehr oder weniger wahrscheinlichen Erwartungen operiere und nur eine hypothetische Leistungsfähigkeit zum Ausdruck bringe, sei der zahlungsstrombasierte Überschuss eine beobachtbare, reale Größe, die von Bewertungen und Einschätzungen weitgehend unabhängig sei.[478]

Tatsächlich beinhaltet das Periodizitätsprinzip jedoch auch eine materielle Komponente, indem es auf Ermittlung einer nachhaltigen Bemessungsgrundlage gerichtet ist, die für den Staat nicht mit hohen fiskalisch-budgetären Risiken kommender Perioden verbunden wäre.[479] Die Höhe eines Periodengewinns und hierauf basierender Steuerzahlungen würden bei Anwendung einer reinen Zahlungsflussrechnung allerdings vom „Zufall des Zahlungsanfalls“ abhängen, was gerade bei volatilen unternehmerischen Zahlungsströmen hohes Gewicht hat.[480] Eine hohe Volatilität der steuerlichen Einkommensbemessung kann zu vermehrten Unsicherheiten hinsichtlich der Höhe des Steueraufkommens führen, damit die Haushaltsplanung erschweren und auch unvorhergesehene zwischenzeitliche Steuerausfälle verursachen.[481]

Erhebliche, auch kurzfristige Verbindlichkeiten blieben zum Jahresende ebenso unberücksichtigt wie hohe zahlungswirksame Wareneinkäufe für das Vorratsvermögen zu Beginn eines Folgejahres.[482] Außerhalb von Dauervertragsverhältnissen würde sich dem Steuerpflichtigen die Möglichkeit bieten, *subjektiv* den Ein- oder Auszahlungspunkt zu lenken, um die Periodenergeb-

---

476 Zur entsprechenden Leitlinie der Wirtschaftlichkeit oder speziell auch Bequemlichkeit siehe oben Teil 2 Abschnitt VIII.

477 Vgl. Tipke, Karlsruher Entwurf, StuW 2002 S. 164.

478 Vgl. Weber-Grellet, Reform des Bilanzsteuerrechts, DStR 1998 S. 1348.

479 Vgl. oben Teil 2 Abschnitt B.II.

480 Vgl. Herzig/Hausen, Steuerliche Gewinnermittlung, DB 2004 S. 4; Birk, Einkommensteuergesetz, § 11 Rz. 75; Dziadkowski, Überschussrechnung, BB 2000 S. 400; Birett, Maßgeblichkeitsprinzip, StWa 2002 S. 157; Kußmaul/Klein, Maßgeblichkeitsprinzip, DStR 2001 S. 550.

481 Vgl. auch Herzig/Hausen, Steuerliche Gewinnermittlung, DB 2004 S. 5.

482 Vgl. Herzig/Hausen, Steuerliche Gewinnermittlung, DB 2004 S. 4; Dziadkowski, Überschussrechnung, BB 2000 S. 400.

nisse steuerminimierend zu beeinflussen. Nach dem Zuflussprinzip zu erfassende Betriebseinnahmen könnten in die nächste Periode „geschoben“; Betriebsausgaben dagegen in die noch laufende Periode vorverlagert werden.

Grund für die erhöhte Manipulationsanfälligkeit einer Zahlungsflussrechnung gegenüber einem Betriebsvermögensvergleich ist die leichte Beweglichkeit von Kapital und Geldströmen.[483] Ein Aufschub bzw. Vorziehen von zahlungsgleichen Ausgaben bzw. Einnahmen ist weniger aufwendig als eine zeitliche Verlagerung der hinter den Zahlungen stehenden Leistungsströme, die etwa im Rahmen eines Betriebsvermögensvergleichs relevant für eine Periodisierung sind. Durch steuermotivierte Verlagerungen von Zahlungen können zwar auch Opportunitätskosten anfallen, die die Anreize zu solchen steuermindernden Gestaltungen wieder mindern; dennoch wäre im Rahmen einer Zahlungsflussrechnung eine beträchtliche „Selbsteinsteuerung“ durch Lenkung von Ein- und Auszahlungen möglich.[484] Solche subjektiven Gestaltungsspielräume der Selbsteinsteuerung über ein „Cash-Management“ verstoßen gegen die Leitlinie einer gleichheitsgerechten Besteuerung.[485]

Der Zahlungsüberschuss einer Periode kann außerdem mit – ggf. hohen – wirtschaftlichen Lasten künftiger Perioden verbunden sein, deren (erst) spätere Berücksichtigung ebenfalls mit fiskalisch-budgetären Risiken verbunden wäre.[486] Indem eine Zahlungsmittelrechnung als steuerliche Bemessungsgrundlage unternehmerisches Risiko „ignoriert“, überträgt sie dieses Risiko in die Staatsfinanzen.[487] Der reine Zahlungsmittelüberschuss kann damit wider Erwarten insbesondere die Anforderungen des Leistungsfähigkeits- und Periodizitätsprinzips nicht erfüllen.

---

[483] Hierzu und im Folgenden Herzig/Hausen, Steuerliche Gewinnermittlung, DB 2004 S. 5.

[484] Vgl. Herzig/Hausen, Steuerliche Gewinnermittlung, DB 2004 S. 5. Zustimmend, dass eine ausschließlich auf Zahlungsströmen basierende steuerliche Gewinnermittlung vor dem Hintergrund der Manipulationsanfälligkeit der Zahlungsüberschüsse daher nicht überzeugt Freidank/Velte, Maßgeblichkeit, StuW 2010 S. 193.

[485] Zur Problematik Herzig/Hausen, Steuerliche Gewinnermittlung, DB 2004 S. 5 f.

[486] Vgl. oben Teil 2 Abschnitt B.V.3.

[487] Vgl. auch vorangehend unter Teil 3 Abschnitt I.2.

Zahlungsunfähigkeit ist allerdings – zumindest nach deutschem Insolvenzrecht – ein unwiderlegbarer Insolvenzeröffnungsgrund (§ 16 InsO).[488] Wird die Zahlungsfähigkeit steuerlich berücksichtigt, indem Steuern nur bei Liquidität – also aus dem Cash Flow einer Periode – zu zahlen wären, könnte dies möglicherweise auch eine Form der Unternehmensschonung[489] darstellen. Das blendet jedoch nicht nur die Cash Flow-Entwicklung zwischen relevantem Periodenstichtag und Zeitpunkt der Steuererhebung,[490] sondern auch insgesamt diejenige der kommenden Perioden aus. Würden auch Zahlungsmittelzugänge, die mit künftigen Zahlungsmittelabflüssen belastet sind, umfänglich besteuert, könnten diese späteren Zahlungsmittelabflüsse nicht mehr allein aus den vorangegangenen Zahlungsmittelzugängen finanziert werden, soweit später nicht ausreichend künftige Cash-Zugänge zur Ausgabendeckung zur Verfügung stünden.[491] Ein Beispiel sind sichere Darlehenszugänge und -tilgungen, aber auch wirtschaftliche Lasten aus noch unsicherheitsbehafteten Nachleistungsverpflichtungen, wie etwa aus Pensionszusagen oder Umweltschutzgründen.

Der Fiskus würde dann effektiv auf die Substanz von Unternehmen zugreifen. Durch Messung nicht einer *wirtschaftlichen*, sondern allein *finanziellen* Leistungsfähigkeit könnte es damit auch zu einer strukturellen Benachteiligung risikobehafteter unternehmerischer Investitionen kommen. Das verletzt durch Nichtberücksichtigung des unternehmerischen Kapitalerhalts die Leitlinie der Freiheitsschonung.[492] Wenn unternehmerisches Einkommen zudem auch als „Konsumtionsfonds“[493] der dahinterstehenden privaten Anteilseigner

---

[488] Auch die drohende Zahlungsunfähigkeit im Hinblick auf fällige Zahlungsverpflichtungen ist bereits ein Insolvenzeröffnungsgrund, wenn der Schuldner den Antrag stellt (§ 19 InsO).

[489] Vgl. Teil 2 Abschnitt B.V.3.

[490] Zwischen steuerlichem Festsetzungsverfahren und liquiditätsmäßig entscheidendem steuerlichen Erhebungsverfahren ist zu differenzieren. Vgl. zu den Liquiditätswirkungen des Erhebungsverfahrens und der – nach geltendem deutschem Steuerrecht verneinten – Frage nach dem Erfordernis von deren Berücksichtigung bereits im Festsetzungsverfahren FG Baden-Württemberg, Urteil vom 24.7.2008 – 5 K 1521/08, juris, Rz. 21. Vgl. auch oben Fn. 222 und Kirchhof, Bundessteuergesetzbuch, S. 10 f.

[491] Zur Verlustverrechnung in dem Zusammenhang siehe weiter unten, Abschnitt V.

[492] Vgl. oben Teil 2 Abschnitt B.V.3.

[493] Unter Berufung auf Schmoller dazu Lang, Prinzipien, 76 ff.

gedeutet wird,[494] macht es auch insoweit einen Unterschied, ob Vermögenszugänge einer Periode als dauerhaft einzuordnen sind: Zwar kann die Liquidität eines Unternehmens durch Zahlungsmittelzugänge verändert werden, nicht aber zwangsläufig die Konsumfähigkeit der dahinterstehenden Personen.[495]

Soll gleiche Leistungsfähigkeit steuerlich gleichmäßig erfasst werden können, müsste insbesondere auch jeweils unterschieden werden, ob Zahlungsbewegungen – also Zuflüsse und Abflüsse – unternehmerisch oder privat und durch Konsuminteressen eines Steuerpflichtigen veranlasst sind.[496] Die Nutzung betrieblicher Güter für private Zwecke (und umgekehrt) kann dabei etwa durch Vermögensübertragungen, Nutzungen oder Leistungen zwischen Unternehmen und Gesellschafter erfolgen. Es kommt dann zu einer nachträglichen „Einfärbung“ durch die jeweils andere Sphäre, die für eine gleichheitsgerechte Besteuerung steuerlich nachvollzogen und in der steuerlichen Bemessungsgrundlage korrigiert werden müsste. Die Trennung der unternehmerischen von der privaten Sphäre kann dabei nur im Rahmen der Gewinnentstehung erfolgen,[497] ist also auch nicht mehr „beobachtbar“. Um Vermögensverschiebungen adäquat bewerten zu können, müsste vielmehr eine „Schatten-Bilanzierung“ mit allen damit verbundenen Abgrenzungsschwierigkeiten und Beurteilungsspielräumen vorgenommen werden, wenn nicht eine strukturell ungleichmäßige Besteuerung in Kauf genommen werden soll. Damit müssten wiederum auch schattenbilanzielle Preissteigerungskorrekturen vorgenommen werden.

Idee und Ziele der Zahlungsflussrechnung, gleichzeitig Ziele der Periodisierung, einer gleichmäßigen Besteuerung nach dem Leistungsfähigkeitsprinzip,

---

494 Vgl. oben Teil 2 Abschnitt B.IV.2.

495 Auch das „mittelbare“ Einkommen der Anteilseigner hat sich insoweit ggf. gar nicht verändert. Vgl. M. Rose (Besteuerung des Sparens, BB Beilage Nr. 5/1992, S. 2), der aus einer Konsumperspektive den wirtschaftlichen Einkommensbegriff u. a. so definiert, dass „der Kaufkraftzuwachs … endgültig, also nicht – wie bei Einnahmen aus Konsumentenkrediten – mit einer Rückzahlungsverpflichtung belastet ist.“ Deutlich auch Schön, Maßgeblichkeit, S. 30 f.

496 Dazu und im Folgenden Schön, Maßgeblichkeit, S. 30 f.

497 Vgl. auch oben Teil 2 Abschnitt B.IV.2.

einer Liquiditätsberücksichtigung und damit auch Unternehmensschonung, einer Objektivierung, Praktikabilität und Wirtschaftlichkeit zu erreichen, lassen sich für unternehmerische Einkommen damit nicht erfüllen.

III. Die Ertragswertrechnung

Wird Einkommen entsprechend der Periodeneinkommensdogmatik gleichmäßig als Totalzugang wirtschaftlicher Leistungsfähigkeit – und damit mittelbar als „Konsumfähigkeit" – einer Periode definiert, scheint für Unternehmen der gesamte Ertragswertzuwachs einer Periode als diskontierter Nettozuwachs künftiger Cash Flows die passende Gewinngröße zu sein.[498]

Eine derart weite Vermögensänderungsrechnung scheint im Ausgangspunkt auch eine weitestmögliche Trennung zwischen (zu erfassendem) Leistungsfähigkeitszugang und der bloßen Mobilisierung bisherigen Vermögens zu erlauben.[499] Auch unter Berücksichtigung der Zurechnung subjektiver Leistungsfähigkeit scheint eine Ertragswertrechnung konzeptionell zunächst adäquat zu sein. Wird auch bei der Gewinnbesteuerung eines Unternehmens implizit die Perspektive eines privaten Investors eingenommen, bedeutet dies, dass keine klare Trennung und Erfassung der unternehmerischen Investitionssphäre gegenüber der Konsumsphäre erfolgt. Unternehmerischer Gewinn kann insoweit typisiert auch als vorgelagertes Einkommen der Anteilseigner des Unternehmens verstanden werden.[500] Soll auch ein auf Unternehmensebene thesaurierter Gewinn besteuert werden und keine alleinige Ausschüttungsbesteuerung umgesetzt werden,[501] ist der maßgebende Gewinnbegriff losgelöst von der konkreten Überführung in die Konsumsphäre des privaten Investors. Das spricht für einen vermögensorientierten Gewinnbegriff, wie ihn etwa die Ertragswertrechnung beinhaltet.

---

498 Vgl. Moxter, Gewinnermittlung, S. 15; Jacobs, Bilanzierungsproblem, S. 16 ff.; Wagner, Regel, DStR 1997 S. 520.

499 Vgl. oben Teil 2 Abschnitt B.V.3.

500 Vgl. bereits oben Teil 2 Abschnitt B.IV.2.

501 Dazu auch Moxter, Gewinnermittlung, S. 209 ff.

Die Ertragswertrechnung scheint über einen periodischen Reinvermögenszuwachs zunächst auch eine Konformität von Periodizitäts- und Leistungsfähigkeitsprinzip verwirklichen zu können.[502]

Unter den Modellbedingungen vollkommener Sicherheit und eines vollkommenen Kapitalmarktes würde sich allerdings bereits im Gründungszeitpunkt eines Unternehmens dessen gesamter Ertragswert berechnen lassen. Dann käme die Unternehmensbesteuerung insoweit einer „Gründungsbesteuerung" gleich, da am Ende der ersten unternehmerischen Periode bereits die gesamte – rechnerische! – Ertragswertentstehung steuerlich erfasst werden müsste. Soll eine Abschnittsbesteuerung nach dem Periodizitätsprinzip[503] umgesetzt werden, müsste dagegen eine ertragswertgleiche Umperiodisierung vorgenommen werden. Unter den Modellannahmen eines vollkommenen Kapitalmarktes kann eine beliebige Umverteilung, insbesondere auch eine Annuität des Ertragswerts als unendliche Durchschnittsausschüttung, berechnet werden, die der Verzinsung des Anfangsvermögens entspricht und ab dem Ende der ersten Periode zu fließen beginnt („Postnumerando-Ausschüttungsstrom").[504]

Das führt zum Modell des kapitaltheoretischen Gewinns.[505] Unter der Prämisse einer Entnahme des periodischen Zahlungssaldos wird hier im Ergebnis nur die periodische Ertragswertverzinsung erfasst, der Ertragswert selbst bliebe dagegen steuerfrei.[506] Der kapitaltheoretische Gewinn entspricht damit im Ergebnis jedoch dem Ideal der lebenszeitlich ausgerichteten *Quellentheo-*

---

502 Vgl. Jacobs, Bilanzierungsproblem, S. 23.

503 Teil 2 Abschnitt B.II.

504 Vgl. Moxter, Gewinnermittlung, S. 45 ff.

505 Vgl. Schneider, Investition, S. 218 ff. Zu den Neutralitätseigenschaften des kapitaltheoretischen Gewinns unter Modellbedingungen vgl. bereits oben, Teil 2 Abschnitt B.V.2.a).

506 Vgl. Jacobs, Bilanzierungsproblem, S. 23.

rie[507] und nicht der im Periodizitätsprinzip verankerten Reinvermögenszugangstheorie, die auch den gesamten Vermögenszuwachs erfassen will.[508]

Unter den realen Bedingungen unvollkommener Information und Unsicherheit sowie unvollkommener Kapitalmärkte kann ein Unternehmen allerdings nicht genau vorhersehen, welche Konsequenzen verschiedene eigene Handlungsalternativen haben und wie sich die relevanten Real- und Finanzmärkte in Zukunft entwickeln.[509] Zukunftsprognosen sind mehrwertig, zukünftige Zahlungsströme und Kalkulationszinsfüße nicht eindeutig bestimmbar.[510] Unter realen Bedingungen der Unsicherheit würde sich ein am Ertragswertzuwachs orientiertes Periodeneinkommen daher aus

- einem am Ende der Gründungsperiode erwarteten Ertragswertzuwachs,
- einem planmäßigem Wertänderungseffekt („Zeit-/Zins-Effekt“),
- außerplanmäßigen Zinsänderungen,
- außerplanmäßig eingetretenen Mehr/Minder-Zahlungsflüssen und
- außerplanmäßig neu erwarteten Mehr/Minder-Zahlungsflüssen

zusammensetzen.[511] Neu verfügbare Informationen und sich ändernde Marktbedingungen würden sich laufend in Ertragswertänderungen niederschlagen.[512] Die Differenzbeträge zwischen ursprünglich erwartetem und revidiertem bzw. tatsächlich erzieltem Vermögenszuwachs werden als „Windfalls“ bezeichnet; es handelt sich um unerwartete, zumindest rechnerisch aber auch „wirkliche“ Vermögenswertänderungen.[513]

---

507 Im Kern ist dies auch auf die Modellbedingungen vollkommener Sicherheit zurückzuführen, unter denen eine Totalprognose des Lebenseinkommens bzw. unternehmerischen Einkommens problemlos und rechtssicher möglich wäre. Vgl. Jacobs, Bilanzierungsproblem, S. 27.

508 Deutlich Schneider, Investition, S. 228, der den „ökonomischen Gewinn“ bzw. kapitaltheoretischen Gewinn ausdrücklich von der Reinvermögenszugangstheorie abgrenzt.

509 Vgl. Kruschwitz, Investitionsrechnung, S. 292 ff.

510 Vgl. Jacobs, Bilanzierungsproblem, S. 27 ff.

511 Vgl. Moxter, Gewinnermittlung, S. 45 ff.

512 Dazu Moxter, Gewinnermittlung, S. 57 ff.

513 Vgl. Moxter, Gewinnermittlung, S. 62.

Sowohl die rechnerische Ertragswertentstehung als auch die Windfalls sind bei einer Ertragswertänderung aufgrund der erforderlichen Zukunftsschätzungen allerdings mit enormer Unsicherheit sowie subjektivem Schätzraum behaftet.[514] Für den einzelnen Steuerpflichtigen ergäbe sich ein intertemporal hochgradig abhängiger, hoch volatiler und ermessensabhängiger Gewinnpfad; Periodengewinne würden laufend über- oder unterschätzt werden.

Ziel der Ermittlung eines Periodengewinns für steuerliche Zwecke ist es allerdings nicht, vertikal und intertemporal für einen Steuerpflichtigen das „Auf und Ab“ der relativen wirtschaftlichen Leistungsfähigkeit als Veränderung der Leistungsfähigkeit einer einzelnen Person zu messen. Das Leistungsfähigkeitsprinzip stellt als Verhältnismäßigkeitsgrundsatz unter horizontalem Blickwinkel vielmehr die Anforderung, dass verschiedene Steuerpflichtige in einer Periode gleichbehandelt werden.[515] Diese Voraussetzung erfüllt eine periodische Ertragswertrechnung nicht. Zwischen Periodizitätsprinzip und Leistungsfähigkeitsprinzip ergäbe sich eine unauflösbare Spannung, die darin begründet liegt, dass das Ermittlungsinteresse der Gewinnermittlung bei einer Ertragswertrechnung tatsächlich auf das Lebenseinkommen gerichtet wäre.

Zwar könnte einer Unternehmensschonung grundsätzlich gedient werden, indem der bereits einmal besteuerte Ertragswert als Vermögensbestand von neuen, späteren Vermögenszuwächsen getrennt wird.[516] Die enorm hohe Besteuerung in der unternehmerischen Gründungsphase zur einmaligen Erfassung des Ertragswertes widerspricht dann jedoch dem Kerngedanken des Leistungsfähigkeitsprinzips, das von einer grundsätzlichen Fähigkeit zur Steuerzahlung ausgeht.[517] Eine solche Gründungsbesteuerung widerspricht den marktwirtschaftlichen Anforderungen einer *freiheitlich*-wirtschaftlichen Leistungskonkurrenz, da sie junge Unternehmen stante pede wahlweise in die Überschuldung oder Zahlungsunfähigkeit führen würde. Sie konfligiert

---

[514] Vgl. dazu Jacobs, Bilanzierungsproblem, S. 28.

[515] Vgl. oben, Teil 2 Abschnitt B.IV.1.

[516] Vgl. Teil 3 Abschnitt A.I.1.

[517] Vgl. ebenda.

durch massive Übertonung einer Anfangsbesteuerung auch mit den freiheitlich-demokratischen Grundgedanken des Periodizitätsprinzips.[518]

Eine Ertragswertbesteuerung kollidiert im Ergebnis mit den Zielen des Periodizitäts- und Leistungsfähigkeitsprinzips, marktordnungskompatiblen Freiheitsanforderungen, Bestimmtheits- und Objektivierungszielen, Praktikabilitäts- und Wirtschaftlichkeitserfordernissen.[519] Da auch zukünftige Steuerwirkungen rechnerisch stets vorweggenommen werden müssten, könnte eine Ertragswertrechnung letztlich auch mit Anforderungen einer legislativen Anpassungsfähigkeit bzw. Flexibilität konfligieren.

Die Reinvermögenszuwachstheorie nach Art eines Ertragswertkalküls ist von der Reinvermögenszugangstheorie im Ergebnis deutlich abzugrenzen.[520] Als steuerliche Gewinnermittlungskonzeption ist sie nicht sachgerecht.

IV. Die bilanzielle Gewinnermittlung

1. Einführung

a) Bilanzielle Gewinnermittlung als objektivierte Vermögensänderungsrechnung

Periodizitäts- und Leistungsfähigkeitsprinzip sowie die Leitlinie der Unternehmensschonung durch Kapitalerhalt verlangen nach einer möglichst weitgehenden periodischen Vermögensmessung im Zeitablauf. Konnte eine Ertragswertrechnung als steuerliche Bemessungsgrundlage die Anforderungen einer leitlinienkonformen Besteuerung nicht erfüllen,[521] muss als Alternative eine objektivierte vermögensbilanzielle Gewinnermittlung nach Art der Reinvermögenszugangstheorie in den Blick genommen werden.

---

[518] Vgl. oben Teil 2 Abschnitt B.II. und Kirchhof, Bundessteuergesetzbuch, S. 10.

[519] Deutlich Jacobs, Bilanzierungsproblem, S. 27 ff.; Schneider, Steuerbilanzen, S. 75.

[520] Zur Gegenüberstellung von Reinvermögenszuwachs- und Reinvermögenszugangstheorie vgl. Schneider, Betriebswirtschaftslehre, S. 245 ff.

[521] Vgl. vorangehend unter Teil 3 Abschnitt A.III.

Eine Bilanz ist das für einen bestimmten Stichtag gültige Momentbild der Vermögens- und Kapitalstruktur eines Unternehmens.[522] Zentral ist die Anwendung des Einzelbewertungsprinzips, womit eine Einzelerfassung und -bewertung von Wirtschaftsgütern und Schulden[523] gemeint ist. Durch ein solches Einzelbewertungsprinzip können bei der bilanziellen Vermögensermittlung Fehler, Ungenauigkeiten und Willkür infolge einer Saldierung unsicherheitsbehafteter positiver und negativer Vermögenselemente vermieden bzw. gemildert werden.[524]

Die Gewinn- und Verlustrechnung ist als Erfolgsrechnung „Trabant" der Bilanz[525] und Hilfskonto des (Eigen-)Kapitalkontos.[526] Hintergrund ist das Prinzip der doppelten Buchführung, das sowohl die Erfolgsrechnung als auch die Bilanz umfasst.[527] Um wirtschaftlichen Erfolg gleichheitsgerecht lückenlos erfassen zu können, ist außerdem eine Bilanzverknüpfung bzw. Bilanzidentität von jeder Schlussbilanz zur Anfangsbilanz der nachfolgenden Periode erforderlich.[528]

Aufgrund der in einer Einzelposten-Bilanz stets – mehr oder minder – greifenden Vereinfachungs- und Objektivierungsrestriktionen führt eine solche Gewinnermittlung nur zu einer partiellen Erfassung positiver und negativer Vermögenskomponenten,[529] es wird also nicht die gesamte Ertragswertentwicklung des Unternehmens im Zeitablauf abgebildet.[530] Sowohl die statische

---

522 Vgl. Blumer/Graf, Steuerbilanz, S. 11 ff.; Jacobs, Bilanzierungsproblem, S. 18 ff.

523 Was genau als Wirtschaftsgut oder Schuld erfasst wird, hängt von den jeweiligen Zielvorgaben, Zielkonflikten und entsprechend geschlossenen Kompromissen ab. Statische und dynamische Bilanz unterscheiden sich hierbei.

524 Zum Einzelbewertungsprinzip als Vorsichtsprinzip Moxter, Grundsätze, S. 23.

525 Schmalenbach, Dynamische Bilanz, S. 9.

526 Vgl. Simon, Bilanzen, S. 64. Zu den beiden Seiten der doppelten Buchhaltung auch Blumer/Graf, Steuerbilanz, S. 12 f.

527 Vgl. Prinz, Einkünfteermittlung, S.138.

528 Anschaulich van der Velde, Herstellungskosten, S. 77. Wird der Bilanzzusammenhang insgesamt – einschließlich der Berücksichtigung nachträglicher Bilanzierungskorrekturen – durch die Gewinn- und Verlustrechnung nachvollzogen, dürfte er hinsichtlich des zu ermittelnden Erfolgs zu keinem anderen Ergebnis zu kommen als der bilanzielle Betriebsvermögensvergleich zweier Stichtage. Vgl. Kanzler, Bilanzenzusammenhang, S. 226 ff.

529 Vgl. Böcking, Bilanzrechtstheorie, S. 61.

530 Vgl. dazu auch Jacobs, Bilanzierungsproblem, S. 20.

als auch – in stark vermindertem Grad allerdings – die dynamische Bilanztheorie berücksichtigen nur Informationszahlen, die hinreichend sicher und objektiviert sind.[531] Sie sind beide von einem starken Vorsichtsprinzip geprägt. Zum Teil werden daher auch mögliche werthaltige Vermögenselemente bilanziell (noch) nicht erfasst, da sie die Kriterien der Einzelbewertung und damit zusammenhängende Objektivierungsanforderungen nicht erfüllen.

Für positive Vermögenswerte hält die bilanzielle Gewinnermittlung bei Geltung des Anschaffungskostenprinzips über den Grundsatz der Pagatorik eine wesentliche Objektivierungsmöglichkeit parat, indem eine Zugangsaktivierung an tatsächlich bereits verausgabte und nicht bloß kalkulatorische Anschaffungs- und Herstellungskosten[532] geknüpft werden kann.[533] Durch Periodisierung auch erst künftig erwarteter Einnahmen (etwa: Forderungen aus Lieferungen und Leistungen) und Ausgaben (etwa: Schulden) erfolgt über den Periodenlauf hinweg allerdings ebenfalls eine pagatorische Verbindung zwischen Bilanzierung und erst künftigen Zahlungsströmen, wodurch sich ggf. besondere Bewertungsfragen und -unsicherheiten ergeben können.

Bilanzielle Vermögenswertänderungen lassen sich grundsätzlich also auf vergangene oder künftig erwartete Zahlungsflüsse zurückführen.[534] Die bilanzielle Gewinnermittlung stellt demnach im Grundsatz eine pagatorische Rechnung dar.[535] Dass Zahlungsströmen zugunsten einer Vermögensrechnung mit entsprechenden Zeit- und Zinseffekten periodisiert werden, ist insoweit auch die Gemeinsamkeit zwischen Ertragswertrechnung und Bilanzierung.

---

[531] Vgl. Jacobs, Bilanzierungsproblem, S. 16 ff.

[532] Vgl. hierzu auch Grottel/Pastor, Bilanzkommentar, § 255 Rz. 335;

[533] Vgl. Moxter, Grundsätze, S. 178 f.

[534] Eine Ausnahme davon stellen jedoch mögliche kalkulatorische Bilanzkorrekturen zwecks einer Preis-/Inflationsbereinigung dar. Vgl. Walb, Erfolgsrechnung, S. 398 f., 410 ff.

[535] Einen deutlichen Bezug zwischen Erträgen/Aufwendungen sowie Einnahmen/Ausgaben stellt die dynamische Bilanz dar (vgl. nachfolgend unter 2.), und hier insbesondere die dynamisch-pagatorische Bilanz Kosiols (vgl. dazu Moxter, Gewinnermittlung, S. 192 ff.). Prägnant formuliert es Rieger, für den „Ausgangspunkt jedes Geschäftes ... eine „Aufwendung in Geld (ist), und entsprechend „der Schlussstein...eine Einnahme in Geld“ (Privatwirtschaftslehre, S. 203). Vgl. auch die Untersuchung von Küpper, Cash Flow, S. 101 ff.

Gerade die Nichtberücksichtigung eines originären, selbstgeschaffenen Geschäftswertes verdeutlicht in Gegenüberstellung mit einer Ertragswertrechnung allerdings die deutlich engere Vermögensdefinition der bilanziellen Gewinnermittlung.[536] Das bedeutet, dass noch als (zu) unsicher eingeschätzte positive wie auch negative Vermögensänderungen zunächst noch unberücksichtigt bleiben, was grundsätzlich den hergeleiteten Vorsichts- und Objektivierungsanforderungen[537] sowie Praktikabilitäts- und Wirtschaftlichkeitserfordernissen[538] der steuerlichen Gewinnermittlung entspricht. Die steuerliche Bemessungsgrundlage ist damit hinsichtlich ihrer Komponenten zwar enger als bei einer weiten Ertragswertrechnung,[539] was im Ergebnis jedoch auf Ziele einer sachgerechten steuerlichen Gewinnermittlung zurückgeführt werden kann.[540]

Anders als bei der Ertragswertrechnung muss der Fokus der objektiviert-vorsichtigen bilanziellen Gewinnermittlung außerdem auf die realwirtschaftliche *Entstehungsseite* der einzelnen Gewinnkomponenten und nicht mehr bloß auf die *Verwendungsseite* wirtschaftlichen Erfolgs bzw. die rechnerische Entstehungsseite der Gewinnkomponenten gerichtet sein. Die Berücksichtigung von Vermögenselementen entsprechend ihrer hinreichend konkretisierten tatsächlichen Entstehung bzw. Verursachung dient dem Leistungsfähigkeits- und Periodizitätsprinzip unter gleichzeitigen Objektivierungszielen.[541]

b) Bilanzieller Gewinn als Realgewinn

Auch die bilanzielle Vermögensrechnung muss schließlich eine reale und nicht bloß nominale Periodenleistungsfähigkeit erfassen können. Eine voll-

---

[536] Unter Bezug auf die historische handelsrechtliche Ausschüttungsbilanz dazu Jacobs, Bilanzierungsproblem, S. 54.

[537] Vgl. oben Teil 2 Abschnitt B.VII. und Teil 3 Abschnitt A.I.1.

[538] Vgl. oben Teil 2 Abschnitt B.VIII. Eine Berücksichtigung noch unsicherer Vermögensänderungen wird mit häufigen späteren Wertkorrekturen verbunden sein.

[539] Vgl. in dem Zusammenhang oben Teil 2 Abschnitt B.V.3 und Teil 3 Abschnitt A.I.1.

[540] Insoweit ist hier für den Gesetzgeber auch nicht eine Regel „breite Bemessungsgrundlage, niedrige Steuersätze" bzw. „schmalere Bemessungsgrundlage, höhere Steuersätze" sachgerecht (vgl. Wagner, Aufgabe der Maßgeblichkeit, DB 1998 S. 2073 ff.). Vgl. bereits oben Fn. 42.

[541] Vgl. oben Teil 2 Abschnitt B.IV.2. und hier in Teil 3 Abschnitt A.II.

ständige Bereinigung des Periodeneinkommens um Preisverzerrungen würde dann eine vollständige und stichtagsbezogene „Übersetzung“[542] sämtlicher bilanzieller Vermögensänderungen in Geldeinheiten gleicher Kaufkraft erfordern.[543] Bezieht sich das reale Leistungsfähigkeitsprinzip letztlich implizit auf natürliche Personen, muss dann insbesondere die Frage nach dem adäquaten Preisindex, der in der bilanziellen Gewinnermittlung zu berücksichtigen wäre, beantwortet werden.[544]

Nimmt man eine Vollausschüttung des ermittelten Periodengewinns an, scheint ein Konsumgüterindex dann passend zu sein; bei Thesaurierung und Reinvestition führt dies allerdings nicht zu einer „Übersetzung“ in adäquate Kaufkrafteinheiten.[545] Außerdem kann heute nicht mehr vom Typus eines Unternehmens mit allein nationalen Anteilseignern ausgegangen werden. Selbst innerhalb der Eurozone, also eines einheitlichen Währungsgebietes, könnten dann unterschiedliche Preisindices zur Anwendung kommen, wenn allgemeine und nicht nur monetaristische Preissteigerungsraten als Kaufkraftänderungen berücksichtigt würden. Ganz abgesehen von den aufgeworfenen und gravierenden Praktikabilitäts-, Wirtschaftlichkeits- und Objektivierungsfragen[546] einer Bilanzrechnung mit Geldeinheiten gleicher Kaufkraftparitäten,[547] kann eine vollständig gleichheitsgerechte Erfassung *realer* Leistungsfähigkeit in der steuerlichen Gewinnermittlung daher nicht erreicht werden: Weder bei einer Zahlungsflussrechnung[548] noch bei einer objektivierten Vermögensrechnung nach Art einer bilanziellen Gewinnermittlung.

---

542 Schneider (Gewinnbesteuerung, S. 235) weist allerdings zu Recht auf die Relevanz auch der Steuerzahlungszeitpunkte hin, was außerhalb der steuerlichen Bemessungsgrundlage im Verfahrensrecht geregelt wird und hier daher nicht untersucht wird. Vgl. jedoch auch oben, Abschnitt II.

543 Zu Modellen einer retro- und prospektiven Inflationskorrektur bei bilanzieller Gewinnermittlung mit einem Literaturüberblick Moxter, Gewinnermittlung, S. 184 ff.

544 Zu den Schwierigkeiten und offenen Fragen bei der Wahl des adäquaten Index Schneider, Gewinnbesteuerung, S. 32, m. w. N. Vgl. auch Moxter, Gewinnermittlung, S. 185 f.

545 Ebenso Rützel, Steuerbilanz in Zeiten schleichender Inflation, S. 136.

546 Zu entspr. Anforderungen für die steuerliche Gewinnermittlung vgl. Abschn. VII. und VIII.

547 Vgl. nur Moxter, Gewinnermittlung, S. 184 ff.

548 Vgl. oben, Abschnitt I.

Das Problem der Kaufkraftdisparitäten kann allerdings gemildert werden, indem bei der steuerbilanziellen Gewinnermittlung[549] ein Inflations-/Zinsfreibetrag als Produkt aus Eigenkapital (zu Periodenbeginn) und pauschalierter[550] Preissteigerungsrate bzw. nominalem Zinssatz abgezogen wird,[551] welcher die erwartete Preissteigerung widerspiegelt.[552] Eine solche Zins-/Inflationsbereinigung bzw. -abmilderung kann aus betriebswirtschaftlicher Sicht außerdem zu einer Minderung von Anreizen zur Ausnutzung möglicher steuerbilanzieller Gestaltungsfreiräume beitragen und entsprechendes Konflikt- und Streitpotenzial im Besteuerungsverfahren vermindern.[553] Adäquat ausgestaltet, kann eine Zins-/Inflationsbereinigung damit Leitlinienzielen einer gleichheitsgerechten und Wirtschaftlichkeitsanforderungen genügenden steuerlichen Gewinnermittlung dienen.

Die einzelnen steuerbilanziellen Vermögenswerte können dabei „einfach“ nominal erfasst werden, eine Abmilderung von Preissteigerungsfolgen zwecks realem bilanziellem Kapitalerhalt (partiell: auch Substanzerhalt) erfolgt dann über eigene Bilanzposten (partiell: Bewertungsmethoden).

Auf die Ausgestaltungsfragen einer solchen Zinsbereinigung – abgemildert ggf. als „Duale Einkommensteuer“ mit nur niedrigem Steuersatz auf die nominale Eigenkapitalverzinsung[554] – wird in dieser Untersuchung allerdings nicht weiter eingegangen.[555]

---

549 Zusätzlich müssten außerbilanzielle Ergänzungen der steuerlichen Bemessungsgrundlage wie insbesondere die Verlustverrechnung und auch die Ebene des Anteilseigners im Hinblick auf abzumildernde Preissteigerungseffekte untersucht werden. Vgl. Teil 2 Abschnitt B.IV.3.b).

550 Vgl. oben Teil 2 Abschnitt B.VIII.

551 Esser, Scheingewinn, S. 35 ff.

552 Zum im Grundsatz angesprochenen „Fisher-Effekt“ Schneider, Gewinnbesteuerung, S. 202 ff.; vgl. auch Fritz-Schmied, Die steuerbilanzielle Gewinnermittlung, S. 305, m. w. N.

553 Vgl. Scheffler, Maßgeblichkeitsprinzip, S. 80 f.; Esser, Scheingewinn, S. 73 ff. und zu Neutralitätseigenschaften einer Zinsbereinigung unter Modellbedingungen Fritz-Schmied, Steuerbilanzielle Gewinnermittlung, S. 300 ff.

554 Vgl. SVR/MPI/ZEW, Reform der Einkommens- und Unternehmensbesteuerung durch die Duale Einkommensteuer, S. 1 ff.; dazu auch Scheffler, Maßgeblichkeitsprinzip, S. 80 f.

555 Vgl. hierzu Fritz-Schmied, Die steuerbilanzielle Gewinnermittlung, S. 300 ff., Esser, Scheingewinn, S. 35 ff.; SVR/MPI/ZEW, Duale Einkommensteuer, S. 1 ff.; Scheffler, Maßgeblichkeit, S. 79 ff.

cc) Einheitsbilanz aus materieller Sicht

Wenn der unternehmerisch erzielte und entstandene Gewinn wirtschaftlich letztlich dem privaten Investor zugerechnet wird (subjektive Leistungsfähigkeit),[556] erscheint es naheliegend, den steuerlichen Gewinn einfach[557] auch der maximalen handelsrechtlichen Ausschüttungsgröße gleichzusetzen. Zwar stellt der Handelsbilanzgewinn nur bei Aktiengesellschaften eine echte Ausschüttungsobergrenze dar[558] und die steuerliche Gewinnermittlung muss aus Neutralitäts- und Gleichbehandlungsgründen für Unternehmen verschiedener Rechtsformen gelten.[559] Unabhängig von einer konkreten Ausschüttungssperre stellt der Handelsbilanzgewinn hinsichtlich des neu in einer Periode zugegangenen Vermögens jedoch zumindest eine handelsrechtliche Richtgröße für eine kapitalschonende Entnahmepolitik aus Perspektive der Anteilseigner dar.[560] Das führt zum Ansatz der sog. „Teilhaberthese", nach welcher der Staat als „stiller Teilhaber" am Unternehmen begriffen wird, für den der „Gewinn" also nicht anders definiert werden darf als für die Gesellschafter des Unternehmens.[561]

Bei einer entsprechenden steuerlichen Maßgeblichkeit der handelsrechtlichen Gewinn- und Ausschüttungsgröße wäre dann im Gewinn- und Vollausschüttungsfall der Steuersatz entscheidend für die „Gewinnverteilung" zwischen den Anteilseignern des Unternehmens und dem Fiskus. Wird ein handelsrechtlich dem Unternehmen entziehbarer Überschuss thesauriert, würde der Staat allerdings auch nur an einen bloß ausschüttungsfähigen Betrag anknüpfen, der aufgrund seines Verbleibs in der unternehmerischen Risiko-

---

556 Vgl. Teil 2 Abschnitt B.IV.2.

557 Zur Maßgeblichkeit als Vereinfachungsstrategie weiter unten unter 4.

558 Vgl. Hennrichs, Steuerrecht, § 9 Rz. 44.

559 Zum geltenden Recht vgl. unten Teil 4 Abschnitt B.I.

560 W. Müller verneint mit Blick auf den gesellschaftsrechtlich nur für haftungsbeschränkte Gesellschaften erforderlichen Kapitalschutz das Erfordernis einer allgemeinen Berücksichtigung im Rahmen der steuerlichen Gewinnermittlung (Maßgeblichkeitsprinzip, DStR 2001 S. 1858, 1861).

561 Vgl. nur Döllerer, Maßgeblichkeit, BB 1971 S. 1334 („die große Klammer, die das Handelsrecht und das Steuerrecht verbindet"). Zur Rechtsprechungshistorie des Teilhabergedankens Mayer, Maßgeblichkeit, S. 154 f.

sphäre wirtschaftlich jedenfalls nicht als konsumbefähigendes Einkommen der privaten Anteilseigner aufgefasst werden kann.

Erfolgte damit ohnehin eine Loslösung von der konkreten Überführung in die Konsumsphäre des privaten Investors, bräuchte das unternehmerische Einkommen als steuerliche Größe – jenseits von Vereinfachungsgründen[562] – auch nicht mehr zwingend der handelsrechtlichen Überschussgröße gleichgesetzt werden, sondern könnte als vermögensbezogene und nachhaltige Größe[563] eigens definiert werden.

Mit der dynamischen und der statischen Bilanztheorie liegen zwei grundlegende, auch heute noch vertretene und diskutierte Bilanzkonzepte[564] vor, die jeweils andere Zielrichtungen verfolgen und bei der Gewinnermittlung eine jeweils andere Perspektive einnehmen. Sie stehen sich konzeptionell indes auch nicht gänzlich diametral gegenüber.[565]

2. Dynamische Bilanztheorie

a) Überblick

Die Dynamische Bilanztheorie wurde 1908 vom Betriebswirt *Eugen Schmalenbach* begründet.[566] Sie zielt auf die „richtige" Ermittlung des Geschäftserfolgs einer Periode und ordnet dem die Regelungen zur bilanziellen Vermögensermittlung ganz unter.[567] Sie geht davon aus, dass das wahre Kaufmannsvermögen im Sinne eines Ertragswertvermögens bilanziell sowieso nicht näherungsweise ermittelt werden kann.[568]

---

562 Dazu weiter unten Abschnitt 4. Größenabhängige Erleichterungen sind nicht Bestandteil dieser Untersuchung.

563 Vgl. Teil 2 Abschnitt B.II. und Teil 3 Abschnitt A.I.

564 Vgl. Baetge, Bilanzen, S. 16, 104 ff.

565 Vgl. dazu Herzig/Hötzel, Rückstellungen, BB 1991 S. 99; Müller, Verbindlichkeitsrückstellungen, S. 40.

566 Grundlegend bereits Schmalenbach, Abschreibung, ZfhF 1908/1909 S. 81 ff.

567 Vgl. Schmalenbach, Dynamische Bilanz, S. 3 ff.

568 Vgl. Schmalenbach, Dynamische Bilanz, S. 10 ff.

Nach *Schmalenbach* gehört in die Bilanz nicht das, was einen positiven oder negativen Vermögenswert darstellt, sondern all das, was „in der Schwebe“ ist.[569] Sie basiert auf einer Einzelbewertung, räumt einer objektivierenden „Gegenständlichkeit“ der bilanziellen Einzelposten jedoch keine größere Bedeutung bei.[570] Die dynamische Bilanz ist insoweit geprägt von dem Bestreben einer „periodengerechten“ Zuordnung betrieblicher Ausgaben und Einnahmen als Aufwendungen und Erträge. Als periodengerecht sieht sie dabei – ähnlich wie die Quellentheorie – ein von einzelnen und zufälligen Erfolgsbestandteilen möglichst unbeeinflusstes, *prognosetaugliches* Periodeneinkommen an.[571]

b) Grundsätze der Aktivierung

Die dynamisch-bilanziellen Aktivposten verkörpern „schwebende betriebliche Vorleistungen“ an künftige Perioden.[572] Über eine Aktivierung werden Ausgaben periodisiert, soweit sie sich annahmegemäß in späteren Perioden als (Wieder-)Einnahmen bzw. Ertrag umsetzen lassen.[573] Folge dieses Ansatzes ist, dass das Vorliegen eines „greifbaren“ Vermögenswertes in den Hintergrund rückt, also nicht nur nach objektivierten Kriterien bestimmbare Vermögenswerte aktiviert werden. Auch „Ausgaben für Versuchsarbeiten, Forschungsarbeiten, Vorbereitungskosten“ können in der dynamischen Bilanz aktiviert werden, wenn erwartet wird, dass sie in späteren Perioden zu Einnahmen bzw. Ertrag führen.[574] Zugunsten einer „richtigen“ Erfolgsmessung verzichtet *Schmalenbach* dabei zunächst auf mögliche Objektivierungs- und Vereinfachungsrestriktionen durch strenge Aktivierungsregelungen.

Auf „transitorischen Konten“ werden Vorauszahlungen für Nutzungen künftiger Perioden erfasst, die sich jedoch in ihrem Charakter nicht von den übri-

---

569 Schmalenbach, Dynamische Bilanz, S. 23.
570 Vgl. Müller, Verbindlichkeitsrückstellungen, S. 40.
571 Vgl. Moxter, Gewinnermittlung, S. 197.
572 Vgl. Schmalenbach, Dynamische Bilanz, S. 32.
573 Vgl. Schmalenbach, Dynamische Bilanz, S. 28 ff.
574 Vgl. Schmalenbach, Dynamische Bilanz, S. 29.

gen Vorleistungen unterscheiden.[575] Insgesamt sollen drei Kriterien für eine Aktivierung betrieblicher Ausgaben erfüllt sein:

- Aus den Ausgaben ist ein künftiger Nutzwert zu erwarten,
- es muss ein Verteilungsbedürfnis gegeben sein und
- Kosten und Nutzen müssen feststellbar sein.

Mit dem dritten Kriterium der Feststellbarkeit von Kosten und Nutzen adressiert *Schmalenbach* Vereinfachungs- und Objektivierungsziele.[576] Er klärt allerdings nur beispielhaft, was er unter dem Kriterium des Verteilungsbedürfnisses versteht und führt das Beispiel einer seit Jahren mäßig erfolgreichen Entwicklungsabteilung an.[577] Aus Nachlässigkeit sei hier eines Tages die Reinigung eines Reagenzglases vergessen worden, was zu einer chemischen Zufallsreaktion führte, die voraussichtlich ertragsbringend genutzt werden könne. *Schmalenbach* verneint hier ein Verteilungsbedürfnis für die Entwicklungskosten der Zufallserfindung, da ansonsten die Entwicklungskosten der Periode allein wegen dieses Zufalls geringer ausgewiesen würden als in anderen Jahren. Für *Schmalenbach* stimmt dies nicht überein mit dem Ziel, die „Konstitutionsentwicklung" eines Betriebes mittels des dynamischen Gewinns zu messen.

Dieser Beispielfall der nicht aktivierbaren Entwicklungskosten einer Zufallserfindung wurde dahingehend gedeutet, dass *Schmalenbach* mit seiner dynamischen Bilanz nicht allein einen Periodenerfolg ermitteln, sondern auch Kostenentwicklungen kontrollieren und damit Ziele einer internen Kostenrechnung verwirklichen wollte.[578] Die „Verteilungsbedürftigkeit" könnte jedoch gerade auch mit Blick auf das bilanziell-dynamische Ziel, einen prognosetauglichen (Normal-)Periodenerfolg zu ermitteln, aufgelöst werden. Leistungen und zugehörige (Normal-)Kosten hängen hier untrennbar zusammen.[579]

---

575 Vgl. Schmalenbach, Dynamische Bilanz, S. 57.

576 Moxter, Bilanztheorie, S. 34.

577 Vgl. Moxter, Bilanztheorie, 34.

578 Vgl. Moxter, Bilanztheorie, S. 34.

579 Vgl. Schmalenbach/Bauer, Kostenrechnung, S. 6.

Mit der Aktivseite der dynamischen Bilanz wird grundsätzlich ein „Matching" von Aufwand zu künftigen Umsätzen[580] bezweckt, sodass Erwerbsvorgänge in einer gegenwärtigen Periode erfolgsneutral ausgewiesen werden. Der erwartete Vermögens*zuwachs* aus einer Investition wird nicht über eine Marktbewertung der so aktivierten Vorleistungen vorweggenommen. Erfolgswirksam ist vielmehr erst ein tatsächlicher Umsatz, der durch Eingang einer Zahlung (Barumsatz) oder Entstehen einer Forderung (Kreditumsatz) als realisiert gelten kann.[581] Das „Realisationsprinzip" dient insoweit einer vorsichtigen Gewinnermittlung.

Grundsätzlich erfolgt in der dynamischen Bilanz daher auch keine Bewertung über den Anschaffungs- und Herstellungskosten. Ein wirtschaftlicher Erfolg wird erst der Absatzperiode zugewiesen und ist daher umsatzbezogen. Anschaffungs- und Herstellungskostenprinzip und das Realisationsprinzip hängen zusammen. Vorsichtsbedingt soll dies selbst bei langfristiger Fertigung gelten, auch wenn hierdurch im Zeitablauf das Periodeneinkommen zunächst zu niedrig, bei Abnahmeerfolg dann zu hoch ausgewiesen würde.[582]

Eine Ausnahme sieht *Schmalenbach* für spekulativ gehaltene Vorräte vor, die nur gehalten würden, um einen erwarteten Preis abzuwarten und die bei Erreichen eines solchen Spekulationserfolges dann auch unmittelbar „in den Markt überspringen" würden.[583] Der wirtschaftliche Erfolg ist für ihn dann bereits der Spekulationsperiode und nicht erst der Absatzperiode zuzuweisen.

Als Herstellungskosten dürfen in der dynamischen Bilanz herstellungsbezogene Einzel- und Gemeinkosten angesetzt werden, Kosten für allgemeine Verwaltung und Vertrieb sind generell ausgeschlossen. Hinsichtlich des Einbezugs herstellungsbezogener Gemeinkosten soll der bilanzierende Kaufmann ansonsten weitgehend frei sein. Welche herstellungsbezogenen

---

[580] Zu einem entsprechend grundlegenden Periodenverursachungsprinzip für Aufwand und Ertrag Walb, Finanzwirtschaftliche Bilanz, S. 79.

[581] Vgl. Schmalenbach, Dynamische Bilanz, S. 37 f.

[582] Vgl. Schmalenbach, Dynamische Bilanz, S. 37 f., 58 ff.

[583] Nachweis bei Moxter, Bilanztheorie, S. 42.

Gemeinkosten konkret angesetzt werden, ist für *Schmalenbach* von untergeordneter Bedeutung; allein dem Grundsatz der Stetigkeit müsse hier zwecks Objektivierung und Vergleichbarkeit der Periodenerfolge entsprochen werden.[584] Mehrkosten infolge einer Unterbeschäftigung sollten zudem möglichst nicht aktiviert werden. Das entspricht Vorsichtserwägungen; da damit nicht erst der Absatzperiode die Mehrkosten aus Risiken bzw. Fehlern der langfristigen Unternehmensplanung „angelastet" würden.[585]

Die Folgebewertung von Wirtschaftsgütern ist in der dynamischen Bilanz insgesamt von einem starken Vorsichtsprinzip geprägt, das einer Glättung bzw. Verhinderung aperiodischer Einflüsse auf das Periodeneinkommen dienen soll. Eine zentrale Rolle spielt der Grundsatz der Bewertungsstetigkeit,[586] der in der dynamischen Bilanz nicht nur Objektivierungszwecken, sondern auch einer subjektiv-interperiodischen Vergleichbarkeit dient.

Das Niederstwertprinzip, das eine aufwandswirksame Abwertung eines Wirtschaftsguts bei Wertminderung fordert, scheint als echte Vermögensbewertungsregel zunächst nicht recht zum dynamischen Gewinn zu passen, soweit ein prognosetauglicher periodischer Absatzerfolg durch ein „Matching" von Umsatz und zugehörigem Aufwand gemessen werden soll. *Schmalenbach* lehnte das Niederstwertprinzip daher ursprünglich auch ab, da es nicht den dynamisch erzielten, sondern nur den aktienrechtlich verteilbaren Gewinn betreffe.[587] Später übernahm er das Niederstwertprinzip jedoch unter genereller Überhöhung des Vorsichtsprinzips.[588]

Das Niederstwertprinzip der dynamischen Bilanz zielt allerdings in erster Linie nicht auf eine vorsichtige Vermögensbewertung, sondern auf eine „Bereinigung" und Vorsorge für künftige aperiodische – und mithin als störend angesehene – Verluste. Dementsprechend sieht *Schmalenbach* für eventuelle Forderungsabschreibungen etwa eine allmähliche „Ansammlung" eines

---

[584] Vgl. Schmalenbach, Dynamische Bilanz, S. 110 f.
[585] Vgl. van der Velde, Herstellungskosten, S. 92 f.
[586] Vgl. Moxter, Bilanztheorie, S. 53.
[587] Vgl. Moxter, Gewinnermittlung, S. 195.
[588] Vgl. Moxter, Gewinnermittlung, S. 199.

passiven Verrechnungspostens „Wertberichtigungen“ vor, der als Auffangbecken für spätere aperiodische Wertverluste dienen soll.[589] Für Vorräte soll ein erweitertes Niederstwertprinzip gelten, bei dem Anschaffungskosten, Marktpreise und Nettoverwertungswert vergleichend in den Blick zu nehmen sind.[590]

„Gebundene Vorräte“, die betriebsnotwendig stets in bestimmter Höhe vorgehalten werden müssen, sind mit einem unter den Anschaffungskosten und dem potenziellen Zeitwert liegenden Festwert anzusetzen, um Bewertungsschwankungen und bilanzpolitischen Spielraum auszuschalten.[591] *Schmalenbach* geht hier sogar so weit, jegliche Mehr- und Mindermengen mit Zeitwerten bewerten zu wollen.[592] Stille Reserven im Vorratsvermögen sollen nicht gehoben werden und einzelne Periodenerfolge beeinflussen können.[593] Das scheint Zielen der Objektivierung und Periodenerfolgsglättung bzw. einer „inneren betrieblichen Vergleichbarkeit“ der Periodenerfolge im Zeitablauf geschuldet zu sein.

Mit „eher zu reichlich als zu knapp“ bemessenen Abschreibungen und kurz angesetzten Nutzungsdauern sollen schließlich künftige Sonderabschreibungen im Sinne von Abschreibungsnachholungen vermieden werden.[594] Hinsichtlich der Abschreibungen selbst ist zu beachten, dass sie in der dynamischen Bilanz, in der Anschaffungs*ausgaben* aktiviert werden, zu einer zeitlichen Verteilung des Erwerbsaufwands eines Vermögensgegenstands über dessen Nutzungsdauer führen und damit – stark vereinfacht – scheinbar auch zu einem „Matching“ von Erwerbsaufwand zu den aus der Investition mindestens zu erzielenden Umsätzen.[595]

---

589 Vgl. Moxter, Gewinnermittlung, S. 196.

590 Moxter, Bilanztheorie, S. 41.

591 Wobei sich im ersten Jahr der Festwertbewertung wiederum ein aperiodischer Aufwand bzw. Verlust ergeben würde.

592 Das führt entsprechend zum Abweichen vom Grundsatz der Pagatorik.

593 Moxter, Bilanztheorie, S. 44.

594 Vgl. Schmalenbach, Dynamische Bilanz, S. 58 ff.; Moxter, Bilanztheorie, S. 40, 53.

595 Vgl. Schmalenbach, Dynamische Bilanz, S. 28. Betriebswirtschaftlich steht dahinter die Innenfinanzierungsfunktion der Abschreibung, die auf eine Kapitalerhaltung bei Investi-

Auf „transitorischen Konten“ werden schließlich Vorauszahlungen für Nutzungen künftiger Perioden erfasst, die sich jedoch in ihrem Charakter nicht von den übrigen Vorleistungen unterscheiden.[596]

c) Grundsätze der Passivierung

Passivposten der dynamischen Bilanz sind nach *Schmalenbach* „schwebende Nachleistungen“ für bis zum Bilanzstichtag bereits berücksichtigte Erträge bzw. allgemeine Nutzziehungen.[597] Das Vorliegen einer Schuld als Drittverpflichtung im Rechtssinne ist für eine Passivierung nicht erforderlich; auch Innenverpflichtungen für Reparaturen und Instandhaltung sind zu passivieren.[598]

Den Umsätzen einer Periode sollen die von ihnen verursachten Ausgaben gegenübergestellt werden.[599] Nach dem dynamischen „Matching“-Prinzip sind dabei nur für die „speziellen Wagnisse“, die gegenwärtigen Erträgen und Nutzungen zuordenbar sind, Rückstellungen zu passivieren. Die Zuordnung künftiger Ausgaben zu gegenwärtigen Erträgen bzw. Nutzungen stellt für *Schmalenbach* eine „verursachungsgerechte“ Aufwandszuordnung dar. Den Umsätzen einer Periode sollen die von ihnen verursachten Ausgaben gegenübergestellt werden. Paradebeispiel solcher umsatzbezogenen Rückstellungen sind Schadensrückstellungen.[600] Das „spezielle Wagnis“, für das Rückstellungen angesetzt werden können, ist nach *Schmalenbach* also streng umsatzbezogen zu beurteilen. Eine dynamische „wirtschaftliche Verursachung“ ist dabei dann gegeben, wenn die Zweck- oder Wirkursache einer künftigen Ausgabe in der gegenwärtigen Umsatzerzielung liegt.

---

tion in abnutzbare Vermögensgegenstände gerichtet ist. Vgl. auch Oestreicher/Spengel, Abschreibung S. 27 ff. Mit Blick auf die kapitalerhaltende Innenfinanzierungsfunktion von Abschreibungen stellen abnutzungsfähige Wirtschaftsgüter für Schmalenbach daher auch „ertragswirksame Posten“ dar; nicht abschreibungsfähige Wirtschaftsgüter dagegen nur „einnahmewirksame Vermögensgegenstände“. Vgl. Moxter, Bilanztheorie, S. 33.

596 Vgl. Schmalenbach, Dynamische Bilanz, S. 57.

597 Vgl. Schmalenbach, Dynamische Bilanz, S. 31.

598 Ebenda.

599 Vgl. Schmalenbach, Dynamische Bilanz, S. 55 f.

600 Vgl. Schmalenbach, Dynamische Bilanz, S. 55 f.

Gegenwärtig konkretisierte Vermögensverluste, die indes kein umsatzbezogenes „spezielles Wagnis" verkörpern, sind für *Schmalenbach* als bloß „allgemeines Wagnis" nicht passivierungsfähig. Angesprochen sind damit auch drohende Verluste aus schwebenden Geschäften, für die mangels gegenwärtigen Umsatzbezugs in der dynamischen Bilanz keine Rückstellung angesetzt werden kann.

Die dynamische Bilanz ordnet damit insgesamt künftige Ausgaben bisherigen Erträgen und Nutzungen zu („Matching"). Im Rahmen der Bewertung von Rückstellungen wird das Matching-Prinzip allerdings aufgeweicht durch das Ziel, aperiodische Einflüsse auf das Periodeneinkommen möglichst auszuschalten. Auch Rückstellungen sind insoweit eher zu hoch als zu niedrig zu bewerten, um Rückstellungsnachholungen zu vermeiden; über periodische Rückstellungszuführungen kann in der dynamischen Bilanz eine bilanzielle „Gefahrenvorsorge" betrieben werden.[601]

Zwischen passiver Rechnungsabgrenzung und Schulden wird schließlich ebenfalls nicht getrennt. Einnahmen, für die noch eigene Leistungen ausstehen, werden ebenfalls als schwebende Nachleistung passiviert.[602] Beispiel für solche „Rückstellungen für im Voraus vereinnahmte Erträge" oder „Einnahmerückstellungen" sind Vorauszahlungen bei Pachten, Lizenzen oder Zinsen.[603]

d) Fazit

Die dynamische Bilanz stellt keine wirkliche Vermögensbilanz dar, sondern ist Instrument zur dynamisch-periodengerechten Erfolgsermittlung.[604] In der Betonung der Erfolgsrechnung entspricht sie der Zielrichtung einer steuerlichen Periodengewinnermittlung, für die nicht der Vermögensbestand als

---

601 Vgl. Moxter, Bilanztheorie, S. 45; ders., Gewinnermittlung, S. 195 f. Die Bildung von Gefahrenrückstellungen zeigt dabei das Verschwimmen von aufwandswirksamer Rückstellung und – eigentlich – nur eigenbetrieblich veranlasster, erfolgsneutraler Rücklage.

602 Vgl. Schmalenbach, Dynamische Bilanz, S. 32.

603 Vgl. Moxter, Bilanztheorie, S. 37.

604 Vgl. Blumer/Graf, Steuerbilanz, S. 48 ff.

solcher interessiert, sondern die periodische Änderung des Vermögensbestands.

Über das dynamische Matching-Prinzip scheint zunächst auch einer Freiheitsschonung durch Berücksichtigung unternehmerischen Kapitalerhalts unter Fortführungsprämisse[605] genügt zu werden. Umsätze, denen spätere Aufwendungen als Lasten gegenüberstehen, würden insoweit steuerlich freigestellt und könnten risikoadäquat reinvestiert werden, um die späteren Lasten sicher begleichen zu können.[606]

Für ein „Nettorealisationsprinzip" bzw. Matching-Prinzip könnte auch sprechen, dass sich dahinter das so genannte Veranlassungsprinzip als „regelungsübergreifender Zuordnungsmaßstab für Aufwendungen, Bezüge und Vermögen"[607] verbirgt. Das Veranlassungsprinzip wird bereits zur getrennten Erfassung allein der unternehmerischen Sphäre benötigt; es kann sich sowohl auf Aufwendungen als auch auf Erträge beziehen.[608] Der Begriff der Veranlassung bezieht sich aufwandsseitig dabei auf den Beweggrund oder Anstoß von Aufwendungen.[609] Ausgangspunkt ist die Überlegung, „dass die Erwerbstätigkeit auf vorsatzgesteuertem, zweckgerichtetem, finalen Handeln beruht."[610] Hauptzweck unternehmerischen Handelns ist die Gewinnerzielung, weswegen das Veranlassungsprinzip als zeitliches Zuordnungsprinzip von Aufwand und Ertrag zum Matching Prinzip überleiten könnte.[611]

---

605 Vgl. oben Teil 2 Abschnitt B.V.3.

606 Vgl. oben teil 3 Abschnitt A.I.2.

607 Vgl. hierzu Prinz, Veranlassungsprinzip, StuW 1996 S. 268. Grundlegend zum Veranlassungszusammenhang als steuersystematischem Zuordnungsprinzip Bergkemper, Einkommensteuergesetz, § 9 EStG Rz. 130 ff.; Wassermeyer, Tatbestandsmerkmale, StuW 1982 S. 352; Kröner, Werbungskostenbegriff, StuW 1985 S. S. 121; Hey, Steuerrecht, § 8 Rz. 213 ff. („Kausalbeziehung zwischen einer finalen Handlung und dem Erfolg von Bezügen und Aufwendungen").

608 Vgl. Prinz, Veranlassungsprinzip, StuW 1996 S. 268.

609 Vgl. Prinz, Veranlassungsprinzip, StuW 1996 S. 270.

610 Hey, Steuerrecht, § 8 Rz. 122.

611 Bereits unter Hinweis auf den Zweck der unternehmerischen Faktorkombination kommt Leffson zum Ergebnis, dass die Messung wirtschaftlichen Erfolg grundsätzlich zum Matching-Prinzip überleiten würde (Grundsätze, S. 299 ff.). Die „urbetriebswirtschaftliche" Seite des Matching-Prinzips offenbart sich auch in der ursprünglichen Kostenlehre Schmalenbachs, der zufolge Kosten die für Leistungen verzehrten Güterwerte sind. Vgl.

Allerdings fordert das Prinzip der Unternehmensschonung[612] und auch das Periodizitätsprinzip[613] keine Unterscheidung zwischen Lasten, die gegenwärtigen Nutzungen und Umsätzen zuzuordnen sind und solchen, die ohne Konnex zu Nutzungen und Umsätzen in einer vergangenen Periode verursacht wurden. Die Nicht-Berücksichtigung solcher wirtschaftlichen Lasten trotz ihrer Konkretisierung stünde diametral zu Grundsätzen der Unternehmensschonung und Vorsicht. Die dynamische Bilanz ignoriert sie jedoch als Passivposten und berücksichtigt sie nur über ein insgesamt überhöhtes Vorsichtsprinzip, das wiederum gegen den Grundgedanken des Leistungsfähigkeitsprinzips und auch der Objektivierung verstößt.[614] Werden nicht „matchbare" Aufwendungen ergänzend zum Matching-Prinzip und entsprechend dem Vorsichtsprinzip über einzelne Bilanzposten und -bewertungen berücksichtigt, kommt es jedoch zu einem konzeptionellen Bruch.[615] Der Gewinn kann auch nicht näherungsweise mehr Umsatzgewinn sein.

Die Umsatzgerichtetheit des dynamischen Gewinns ist auch nicht praktikabel umsetzbar. Liegen die maßgeblichen erwarteten, geschätzten Umsätze in der Zukunft, ergibt sich das Problem, dass letztlich „bei allen Verbindlichkeiten, die ein Unternehmer in Fortführung seines Unternehmens eingeht, ein Bezug zu künftigen Einnahmen bejaht werden könnte."[616] Unsichere Zukunftserwartungen, die subjektive Komponente des Veranlassungsprinzips und Mehrfachveranlassungen führen zu gravierenden Umsetzungsschwierigkeiten und Leitlinienkonflikten bei der Ermittlung eines umsatzbezogenen dynamischen Gewinns.[617]

Schmalenbach/Bauer, Kostenrechnung, S. 6. Diese Informationen sollten damals eine Grundlage für die betriebliche Preispolitik bieten. Vgl. van der Velde, S. 76.

612 Vgl. oben Teil 3 Abschnitt A.II.2.

613 Vgl. oben Teil 3 Abschnitt A.I.2. und Teil 2 Abschnitt B.II.

614 Deutlich bei Moxter, Gewinnermittlung, S. 198. Zu „kosmetischen" Lösungsversuchen über die Gewinnaufgliederung Walb, Erfolgsrechnung, S. 169 f.

615 Vgl. auch Leffson, Grundsätze, S. 339 ff. Vgl. außerdem Walb selbst, Finanzwirtschaftliche Bilanz, S. 91.

616 BFH, Urteil vom 8. 9.2011 – IV R 5/09, Rz. 36, BStBl. II 2012 S. 122.

617 Vgl. auch Leffson, Grundsätze, S. 305 f.

Würde ein letztlich umsatzbezogenes Veranlassungs- oder Verursachungsprinzip[618] als Hauptmaßstab der bilanziellen Periodisierung verwendet, bedeutete das auch einen Mangel an Objektivierung und Vorsicht. Das erhellt die in puncto Bestimmtheit, Objektivierung und Vorsicht schwachen bilanziell-dynamischen Aktivierungskriterien von *Schmalenbach*. Der Mangel an Objektivierung und Bestimmtheit offenbart sich insbesondere in diesen Aktivierungsgrundsätzen.[619] Objektivierungserfordernissen soll in der dynamischen Bilanz dabei zwar auch über ein striktes Stetigkeitsprinzip genügt werden, das einen gewissen Schutz vor Willkür des Bilanzierenden im Zeitablauf bietet. Allerdings ist Stetigkeit auch nur auf eine vertikale Vergleichbarkeit der Periodenerfolge eines Steuerpflichtigen angelegt und nicht auf eine horizontale Vergleichbarkeit unterschiedlicher Steuerpflichtiger.

Werden Umsätzen durch Periodisierung die jeweils zur Umsatzgenerierung erforderlichen Ausgaben gegenübergestellt, gelangt man außerdem im Zeitablauf nicht nur zu einer Gewinnglättung, sondern auch zur Möglichkeit, zumindest überschlägig eine aktuell realisierbare Durchschnittsauschüttung abschätzen zu können.[620] Auch eine „Durchschnittsausschüttungsgröße“ scheint a priori dem Konsumgedanken im Leistungsfähigkeitsprinzip zu entsprechen.[621] Ein periodischer Umsatzgewinn – soweit näherungsweise überhaupt bestimmbar[622] – müsste wegen unerwarteter zugehöriger späterer Umsätze oder Aufwendungen jedoch auch fortlaufend revidiert werden.[623] Alternative wäre die bloß ungefähre Schätzung eines durchschnittlichen Umsatz- oder Ausschüttungsgewinns, bei der eine weitgehende Verteilung von aus Sicht des Matching-Prinzips „vagabundierenden“ Aufwendungen vorzunehmen wäre.

---

[618] Auf die Unklarheit hinsichtlich des maßgebenden Bindeglieds zwischen Umsatz und Aufwand (Veranlassungsprinzip versus Verursachungsprinzip) weist Leffson (Grundsätze, 305 f.) hin.

[619] Vgl. Moxter, Bilanztheorie, S. 50 f.

[620] Vgl. Moxter, Gewinnermittlung, S. 158 f.; deutlich Böcking, Bilanzrechtstheorie, S. 296. Vgl. auch Walb, Erfolgsrechnung, S. 396 f.

[621] Zum Leistungsfähigkeitsprinzip in dem Zusammenhang Teil 2 Abschnitt B IV.3.a).

[622] Kritisch Leffson, Grundsätze, 305 f.

[623] Das widerspricht offenkundig den Leitlinien der Periodizität, Bestimmtheit und Wahlrechtseingrenzung sowie Praktikabilität und Wirtschaftlichkeit.

Die dynamische Bilanz verfolgte mit dem Fokus auf eine (vertikale) Vergleichbarkeit des wirtschaftlichen Erfolgs[624] im Zeitablauf für *ein* Unternehmen damit nicht nur Ziele, welche die steuerliche Gewinnermittlung nicht teilt,[625] da sie auf eine horizontale Vergleichbarkeit verschiedener Steuerpflichtiger gerichtet sein muss.[626] Der dynamische Gewinn *Schmalenbachs* wird über das generell überhöhte Vorsichtsprinzip, mit dem möglichst eine Gleichverteilung von vagabundierendem Aufwand erreicht werden soll,[627] auch gar nicht dem eigenen Anspruch einer Vergleichbarkeit der Periodenerfolge gerecht.[628] Auch das Stetigkeitsprinzip hilft hier nicht weiter.

Das dynamische Ziel einer möglichst weitgehenden Glättung von Zufallseinflüssen bei der Einkommensermittlung unter Inkaufnahme auch grober und struktureller Berechnungs- oder Schätzfehler ähnelt insoweit im Ergebnis eher einem quellentheoretischen als einem reinvermögenszugangsbezogenen Ansatz.[629] Während die Quellentheorie allerdings – insoweit zielkompatibel zu steuerlichen Leitlinien – eigentlich eine periodenweise horizontale Vergleichbarkeit wirtschaftlicher Leistungsfähigkeit verschiedener Individuen erreichen will, zielt die dynamische Bilanztheorie vorrangig auf eine *interperiodische, vertikale* Vergleichbarkeit des wirtschaftlichen Erfolgs nur eines Unternehmens ab.[630]

Während die Quellentheorie sämtliche außerordentlichen Periodeneinflüsse ausblendet, geht die dynamische Bilanz auf Kosten der Bilanzwahrheit so weit nicht. Die dynamische Bilanz kann aperiodische Einflüsse auch durch

---

624 Vgl. Lehmann, Dynamische Bilanz, S. 47; Böcking, Bilanzrechtstheorie, S. 72. Zur dynamisch nur nachrangigen horizontalen Vergleichbarkeit des Periodenerfolgs verschiedener Unternehmen Walb, Erfolgsrechnung, S. 396 f., der außerdem– wie Schmalenbach auch – zwischen dem Unternehmergewinn zur Gewinnverteilung und dem Unternehmungsgewinn trennt (ebenda, S. 366 und Finanzwirtschaftliche Bilanz, S. 81).

625 Insoweit zu Recht auch Wagner, Neuordnung der steuerlichen Gewinnermittlung, BB 2002 S. 1888.

626 Vgl. oben Teil 2 Abschnitt B.IV.1.

627 Walb (Erfolgsbilanz, S. 396 f.) spricht insoweit entlarvend auch von einem bloß „abstrakten Rentenbegriff“ bzw. „Rentencharakter“ des dynamischen Gewinns.

628 Vgl. Walb, Erfolgsrechnung, S. 371.

629 Vgl. Moxter, Gewinnermittlung, S. 197, m. w. N.

630 Ihre Ziele verfehlen dabei sowohl Quellentheorie als auch dynamische Bilanz. Vgl. weiter oben in diesem Abschnitt und unter Teil 2 Abschnitt B.IV4.a)cc).

Überbetonung des Vorsichtsprinzips nicht vollständig eliminieren. Der Zeiteffekt vorgezogener Abschreibungen und überdotierter Rückstellungen bewirkt nur einen „Jo-Jo-Effekt" auf die Periodenergebnisse, da nachgelagert wiederum zu hohe Periodenergebnisse ausgewiesen würden.[631] Das verletzt Anforderungen des Leistungsfähigkeitsprinzips im Zusammenspiel mit dem Periodizitätsprinzip sowie Freiheitsanforderungen der Besteuerung.

Im Ergebnis erweisen sich die dynamisch-bilanziellen Gewinnermittlungsregeln für eine horizontal-gleichmäßige Besteuerung nach der wirtschaftlichen Leistungsfähigkeit als untauglich.[632]

3. Statische Bilanztheorie

a) Überblick

Ungefähr zeitgleich zur Entwicklung der Reinvermögenszugangstheorie begründete der Rechtsanwalt *Herman Veit Simon* die statische Bilanztheorie, der zufolge der unternehmerische Gewinn anhand eines jährlichen bilanziellen Reinvermögensvergleichs ermittelt wird. Ziel der statischen Bilanz ist es, über eine „richtige" periodische Vermögensbestandsmessung im Zeitablauf als „Nebeneffekt" auch zu einer richtigen Erfolgsermittlung zu kommen.[633] Sie geht damit umgekehrt vor wie die dynamische Bilanztheorie.

Als die „richtige" periodische Vermögensbestandsmessung zu einem bestimmten Periodenstichtag wird eigentlich der jeweilige Ertragswert angesehen, dessen Berechnung eine periodische Gesamtbewertung des jeweiligen Unternehmens erfordern würde.[634] Eine solche Gesamtbewertung erfordert eine Prognose aller künftigen Unternehmenserträge und Kalkulationszinsfü-

---

[631] Vgl. Moxter, Bilanztheorie, S. 54.

[632] Das gilt nur nicht für einzelne Facetten des dynamischen Matchings-Prinzips, die – wie das Anschaffungskostenprinzip oder der finale Anschaffungskostenbegriff – Objektivierungs- und auch Vorsichtserwägungen dienen.

[633] Vgl. Simon, Bilanzen, S. 2 ff. Die Erfolgsrechnung ergibt sich dabei als „Nebenprodukt" der Beständerechnung durch einen Vergleich der am Anfang und am Ende einer Periode vorhandenen Bestände. Vgl. Blumer/Graf, Steuerbilanz, S. 46; Moxter, Bilanztheorie, S. 5. Zu den divergierenden Bilanzzwecken der Vermögensermittlung und Erfolgsermittlung Hax, Gewinnbegriff, S. 4 f.

[634] Vgl. Simon, Bilanzen, S. 366.

ße und ist damit stark durch subjektive Zukunftsschätzungen geprägt.[635] *Simon´*s Statik will den Reinvermögensgewinn einer Periode dagegen möglichst objektiviert messen, indem in den periodischen Vermögensvergleich nur bestimmte, einzeln und objektiviert erfassbare Wirtschaftsgüter einbezogen werden.[636] Unter einer grundsätzlich gegenständlichen Betrachtungsweise werden einzeln konkretisierte Wirtschaftsgüter und Schulden einander bilanziell gegenübergestellt, soweit sie objektiviert einzelbewertbar sind.[637] Das Reinvermögen entspricht dem bilanziellen Eigenkapital, das periodisch demjenigen der Vorperiode gegenübergestellt wird, um einen bilanziellen Vermögenszugewinn und damit wirtschaftlichen Erfolg zu ermitteln.

Die statische Bilanztheorie fußt damit auf einem Vermögensermittlungsprinzip. Objektivierungs- und vorsichtsbedingt wird allerdings nicht die gesamte mögliche Vermögensänderung in einer gegenwärtigen Periode ermittelt. Zwar werden alle betrieblich veranlassten Vermögenszugänge und -abgänge irgendwann einmal im Rahmen der Gewinnermittlung berücksichtigt, allerdings unterbleibt eine gegenwartsbezogene Periodisierung hinsichtlich der positiven und negativen Vermögenselemente, die den strengen statischbilanziellen Vorsichts- und Objektivierungskriterien (noch) nicht genügen.

b) Grundsätze der Aktivierung

In der statischen Bilanz werden einzelne, eng typisierte Vermögenswerte aktiviert. Bevor sie bewertet werden können, stellt sich die Frage, ob sie überhaupt bilanziell angesetzt werden können. Fragen des Ansatzes und Fragen der Bewertung von Vermögenswerten werden in der Bilanzlehre daher grundsätzlich getrennt. Die Frage nach dem Grund einer bilanziellen Aktivierung lässt sich allerdings auch nicht vollständig von der jeweiligen

---

635 Vgl. oben Abschnitt II.

636 Historisch wurzelt dies auch in der kaufmännischen Buchhaltung, deren Abschluss die Bilanz darstellt. Dieser Ursprung prägt weiterhin die Bilanz im Grundsatz, solange nicht zum Bilanzstichtag eine vollkommen losgelöste Schätzung künftiger Zahlungsflüsse vorgenommen wird. Vgl. Simon, Bilanzen, S. 58.

637 Vgl. nur Moxter, Grundsätze, S. 23.

Bewertung des aktivierten Vermögenswertes trennen: Die jeweilige Höhe eines Aktivpostens erhellt das zugrunde liegende Aktivierungskonzept.

Wirtschaftsgüter sollten in einer Vermögensbilanz idealerweise jährlich zum „Individualwert“ im Sinne eines anteiligen – positiven oder negativen – Ertragswertanteils bewertet werden.[638] Auch in der statischen Bilanz sind daher zumindest Wirtschaftsgüter, die zur Veräußerung bestimmt sind, mit ihren individuellen Veräußerungswerten anzusetzen.[639] Für die handelsrechtliche Bilanz hatte das Aktiengesetz objektivierungsbedingt zwar bereits 1884 die Anschaffungskosten eines Vermögenswertes als Wertobergrenze festgesetzt. Ein bloßer Vermögenswertzuwachs ohne realisierenden Umsatzakt durfte also aktienrechtlich noch nicht als Gewinn ausgewiesen werden. Das hinter diesem Anschaffungswertprinzip stehende Realisationsprinzip sieht *Simon* aber nur als „vorsichtige Gewinnverteilungsregel“ an, die nachgelagert bei der Ausschüttungsbemessung zu berücksichtigen sei, nicht als vorgelagerte Gewinnerzielungsregel. Über mögliche Bewertungsgewinne werden insoweit erwartete Einnahmen bzw. Erträge vorweggenommen.[640] Hieran wird auch deutlich, dass die jährliche statische Bilanz *Simon*s eine Fortführungsbilanz ist.[641] Nicht der Einzelveräußerungswert der Wirtschaftsgüter, in deren Höhe Schulden gedeckt werden könnten, interessiert, sondern der Ertragswert im Rahmen der laufenden, fortgeführten unternehmerischen Tätigkeit.[642]

---

638 Vgl. Simon, Bilanzen, S. 294 ff.

639 Vgl. Simon, Bilanzen, S. 353.

640 Allerdings nur zur Berechnung des erzielten, nicht des verteilungsfähigen Gewinns. Vgl. Simon, Bilanzen, S. 353 ff.; 472 f. Auch Schmalenbach trennte für die dynamische Bilanz zunächst zwischen einem tatsächlich erzielten und einem verteilungsfähigen Gewinn. Durch Überbetonung einer vorsichtigen Bilanzierung scheinen beide Gewinnbegriffe später jedoch bei ihm zusammenzufallen. Vgl. Moxter, Gewinnermittlung, S. 194, 199.

641 Vgl. dazu Böcking, Bilanzrechtstheorie und Verzinslichkeit, S. 61 ff. Zu einer „Zerschlagungsbilanz“ siehe in Abgrenzung Moxter, Bilanztheorie, S. 90 ff.

642 Vgl. Moxter, Bilanztheorie, S. 15.

Objektivierungsbedingt soll allerdings nur der Marktwert als höchstmöglicher Wert angesetzt werden dürfen.[643] Bei unfertigen Erzeugnissen, bei denen kein Marktwert existiert, soll der „besondere Verkaufswert" angesetzt werden. Gemeint ist der Nettoverkaufswert, also der „Verkaufswert der fertigen Ware abzüglich der auf die Fertigstellung noch zu verwendenden Kosten."[644]

Auch für „Gebrauchsgüter" sollte in *Simon's* statischer Bilanz idealerweise der jeweilige richtige „Wert für den Betrieb" angesetzt werden.[645] Aus statischer Perspektive ist der „Betriebswert" der aus einer Investition erwartete Ertragswertbeitrag im Rahmen des gesamten Betriebs unter Berücksichtigung auch von Kombinationseffekten.[646] Objektivierungs- und vorsichtsbedingt gelten in der statischen Bilanz allerdings die Anschaffungs- oder Herstellungskosten als Wertobergrenze. Der Zielrichtung nach werden auch dann allerdings nicht die Ausgaben als solche aktiviert, sondern der hiermit erlangte Vermögenswert.[647] Typisierungsbedingt braucht der Ertragswertbeitrag, den solche Gebrauchsgüter verkörpern, bei Anschaffung oder Herstellung im Regelfall allerdings nicht mehr geprüft zu werden. Die statische Bilanz kann sich hier vielmehr *vereinfachend* auf die Vermutung stützen, dass in Höhe der geleisteten Aufwendungen zur Anschaffung oder Herstellung des Vermögenswertes im Regelfall auch mindestens gleich hohe Ertragswertbeiträge erwartet werden können. Die objektiviert anzunehmende (Mindest-)Ertragswirksamkeit eines Vermögenswertes ist damit die Rechtfertigung für dessen Aktivierung; im Regelfall wird eine entsprechende (Mindest-)Ertragswirksamkeit in Höhe der geleisteten Anschaffungs- oder Herstellungsausgaben anzunehmen sein.[648]

---

643 Simons statische Bilanz stellte keine kaufmännische, sondern eine Bilanz im Rechtssinne auf Basis des geltenden Handels- und Gesellschaftsrechts dar, wie sich auch hier deutlich zeigt. Vgl. Simon, Bilanzen, S. 353 ff.

644 Vgl. Simon, Bilanzen, S. 362.

645 Simon, Bilanzen, S. 408.

646 Vgl. oben Abschnitt III und Jacobs, Bilanzierungsproblem, S. 22.

647 Simon, Bilanzen, S. 118.

648 Im Ausnahmefall von Fehlmaßnahmen der Beschaffung kann ggf. direkt eine niedrigere Bewertung mit einem entsprechend niedrigen Mindestertragswertbeitrag in Frage kommen. Historisch wurzelt das Anschaffungskostenprinzip außerdem bereits in dem ursprünglichen Zweck der kaufmännischen Bilanz, die einfach den Abschluss der laufen-

Im Einzelnen werden in der statischen Bilanz nur eng typisierte Vermögenswerte aktiviert:

- Selbst hergestellte oder dritterworbene *materielle* Wirtschaftsgüter und Rechte[649] sowie
- sonstige „wirtschaftliche Güter" – das sind *immaterielle* Werte mit Ausnahme von Rechten –, wenn sie von Dritten erworben wurden und insoweit einen als sicher angenommenen Vermögenswert darstellen können.[650]

Typisierend geht *Simon*s Bilanzstatik also davon aus, dass materiellen Vermögenswerten und immateriellen Vermögenswerten in Form von Rechten (einschließlich Forderungen) stets ein hinreichend sicherer Mindestertragswertbeitrag in Höhe der jeweiligen Erwerbsaufwendungen beigemessen werden kann. Dieser Mindestertragswert entspricht einem vorsichtigen wirtschaftlichen Kalkül; ob diese Vermögenswerte selbst erstellt oder von Dritten erworben wurden, spielt keine Rolle. Einnahme- bzw. Ertragserwartungen in Höhe eigener Herstellungskosten sind *Simon* allerdings zu unsicher für eine Aktivierung selbsterstellter immaterieller Wirtschaftsgüter: Nur bei Anschaffung eines „greifbaren" immateriellen Wirtschaftsguts lässt er eine Aktivierung zu.[651] „Greifbarkeit" ist dabei im Grunde nichts anderes als die gegenständliche Perspektive des Einzelbewertungsprinzips.[652]

Aktive Rechnungsabgrenzungsposten – von *Simon* „Antizipationskonten" und „transitorische Rechnungen"[653] genannt – werden in der statischen Bilanz angesetzt für Ausgaben, denen später zu erwartende Gegenleistungen gegenüberstehen, und die daher als Ausgaben erst künftiger Perioden anzuse-

---

den Bücher darstellte, „sobald diese voll waren". Vgl. Simon, Bilanzen, S. 31 und S. 291. „Nur von hier aus kann sie [die Bilanz] und können ihre Posten richtig gewürdigt werden." Ebenda, S. 58.

649 Vgl. Simon, Bilanzen, S. 171.

650 Vgl. Simon, Bilanzen, S. 168 f.

651 Vgl. Moxter, Bilanztheorie, S. 9.

652 Zur Greifbarkeit als Aktivierungskriterium näher Moxter, Bilanzrechtsprechung, S. 6 ff.

653 Zur Begriffsabgrenzung aus heutiger Sicht Prinz, Rechnungslegungsrecht, § 250 HGB Rz. 1 f.

hen sind. *Simon* nennt als Beispiele „vorausgezahlte Prämien" und „vorausgezahlte Zinsen".[654] Das scheint sich mit dem dynamischen Rechnungsabgrenzungsposten zunächst zu decken. Unterschiede erhellt erst die Zusammenbetrachtung von statischem Wirtschaftsgut und statischem Rechnungsabgrenzungsposten.

Zunächst ist davon auszugehen, dass die statisch-bilanziellen Voraussetzungen zur Aktivierung eines Wirtschaftsguts bei aktiv abzugrenzenden Ausgaben nicht erfüllt sind, da diese bei einer periodischen Vermögensänderungsrechnung im Vordergrund stehen und daher vorgehen müssten. Allerdings dürfen in einer solchen Vermögensänderungsrechnung auch aktive Rechnungsabgrenzungsposten nur wirtschaftliche Vermögenswerte verkörpern.[655] In der statischen Bilanz haben Wirtschaftsgut und Rechnungsabgrenzungsposten einen gemeinsamen Vermögensermittlungszweck.

Die Trennung zwischen Wirtschaftsgut und aktivem Rechnungsabgrenzungsposten kann insoweit historisch über Buchführungstechniken alter Kaufmannstradition erklärt werden: Sind Aufwandsposten wie Löhne, Mieten, Zinsen oder Versicherungsprämien im Geschäftsjahr standardmäßig bereits als Aufwand verbucht worden, würde zum Bilanzstichtag ein tatsächlich noch nicht eingetretener Wertverzehr über eine Rechnungsabgrenzung korrigiert werden.[656]

Aktive Rechnungsabgrenzungsposten adressieren in der statischen Bilanz insoweit nur *bestimmte* Vermögenswerte. Die aktive Rechnungsabgrenzung darf aufgrund der Zweckgleichheit von aktivem Rechnungsabgrenzungsposten und Wirtschaftsgut nicht dazu führen, dass über weniger enge Aktivierungsvoraussetzungen die Objektivierungserfordernisse der Aktivierung von Wirtschaftsgütern umschifft werden könnten. Erforderlich sind insoweit weitere Objektivierungsanforderungen: Ausgaben müssen für eine aktive Rechnungsabgrenzung erwartete Gegenleistungen künftiger Perioden gegenüber-

---

654 Vgl. Simon, Bilanzen S. 286.

655 Vgl. Moxter, Grundsätze, S. 90.

656 Vgl. Moxter, Grundsätze, S. 90.

stehen. Adressiert werden konkrete Gegenleistungen zu einer getätigten Ausgabe im Rahmen eines gegenseitigen Vertragsverhältnisses. Als Rechnungsposten aktiviert werden damit Leistungsansprüche im Rahmen gegenseitiger Vertragsverhältnisse.[657] Anders als nach der dynamischen Bilanzauffassung spiegelt ein aktiver Rechnungsabgrenzungsposten nach der statischen Bilanzauffassung dann einen Vermögenswert wider und nicht die getätigte Ausgabe als solche.

Mit den Herstellungskosten werden selbst erstellte „Gebrauchsgüter" und – bei Aktiengesellschaften allerdings nur zwecks Berechnung der „Ausschüttungssperre" von Bewertungsgewinnen – selbst erstellte Verkaufsgüter bewertet. *Simon* definiert sie denkbar eng als diejenigen Kosten, die „auf die einzelnen Waren besonders verwandt sind."[658] Das beinhaltet einen finalen Herstellungskostenbegriff; differenziert wird zwischen variablen und fixen Kosten.[659]

Im Rahmen eines periodischen Vermögensvergleichs bewirken auch Wertänderungen an bereits bilanzierten Wirtschaftsgütern eine Vermögensänderung. Vorsichts- und objektivierungsbedingt gilt hier allerdings ein strenges Realisations- und Anschaffungskostenprinzip: Zumindest bei aktivierten „Betriebsgegenständen" sind nur Wertminderungen des jeweiligen „Betriebswertes" zu berücksichtigen.

Als Gründe nennt *Simon* hier eine „Abnutzung" durch „quantitative Substanzverringerung", eine „qualitative Verschlechterung und Brauchbarkeitsverminderung".[660] Für diese planmäßigen Wertminderungen sind jährliche Absetzungen für Abnutzung vom bilanziellen Buchwert vorzunehmen. Für Maschinen soll eine lineare Abschreibung vorgenommen werden.[661] Auch planmäßige Abschreibungen sind dabei nicht von der Erfolgsrechnung her gesteu-

---

[657] Vgl. Moxter, Bilanztheorie, S. 10.

[658] Vgl. Simon, Bilanzen, S. 347.

[659] Moxter (Bilanztheorie, S. 18) interpretiert dies als Einzel- versus Gemeinkosten.

[660] Vgl. Simon, Bilanzen, S. 380 ff.

[661] Vgl. Simon, Bilanzen, S. 382.

ert, sondern vonseiten der Vermögensrechnung:[662] Da in der statischen Fortführungsbilanz hinter jedem bilanziellen Aktivposten entsprechende Mindesteinnahmeerwartungen stehen, kann jede Wertminderung auch als Minderung von Einnahmepotenzial interpretiert werden. Typisiert kann so auch eine Doppelberücksichtigung von tatsächlichen Einnahmen und durch Aktivierung buchhalterisch bereits vorgenommenen Einnahmen vermieden werden.

Neben einer planmäßigen Absetzung für Abnutzung ist in der statischen Bilanz auch eine außerplanmäßige Abschreibung als Abschreibungsnachholung für früher zu niedrig angesetzte Absetzungen von Gebrauchsgütern vorzunehmen.[663] Außerdem wird eine irreguläre Abschreibung vom Betriebswert zugelassen, wenn dieser – etwa aufgrund neuer Marktentwicklungen – nicht mehr das ursprünglich angenommene Mindesteinnahmepotenzial verkörpert.[664] Irrelevant ist dabei der Verkaufspreis eines Betriebsgegenstands, nur dessen betriebsindividueller (Teil-)Wert unter Berücksichtigung der jeweiligen betrieblichen Nutzung interessiert.

Für Kosten der nachträglichen Verbesserung und Erweiterung von Betriebsgegenständen und auch für Reparaturkosten wird eine Zuschreibung zum Buchwert zugelassen.[665] Über eine Zu-Aktivierung zum Buchwert wird der Ausweis einer bilanziellen Vermögensminderung infolge der getätigten – als werthaltig unterstellten – Ausgaben vermieden.

c) Grundsätze der Passivierung

Für konkretisierte negative Ertragswertkomponenten mit Gegenwartsbezug sind in der statischen Bilanz Passivposten zu bilden.[666] Objektivierungs- und vereinfachungsbedingt werden in der statischen Bilanz nach *Simon* dann allerdings nur Schulden im Rechtssinne passiviert, also sichere und nur der

---

[662] Vgl. Simon, Bilanzen, S. 403.
[663] Vgl. Moxter, Bilanztheorie, S. 19.
[664] Vgl. Simon, Bilanzen, S. 399 ff.
[665] Vgl. Simon, Bilanzen, S. 394 f.
[666] Hierzu Moxter, Bilanztheorie, S. 11.

Höhe nach ggf. noch unsichere Verbindlichkeiten gegenüber Dritten, die rechtlich bereits entstanden sind. Rückstellungen für drohende Verluste aus schwebenden Geschäften sind damit etwa passivierbar, ebenso Verpflichtungen aus Pensionszusagen, zu denen eine Rechtsverpflichtung eingegangen wurde.[667] Als Beispiel führt *Simon* ein schwebendes Beschaffungsgeschäft an, bei dem nach Vertragsabschluss der Marktpreis der Ware sinkt. In Höhe der Differenz zwischen der eigenen Leistungsverpflichtung und der zu erhaltenden, bei Bewertung zu aktuellen Marktpreisen geringerwertigen Gegenleistung droht ein Verlust, der als solcher in der statischen Bilanz passiviert werden darf.[668] Bei bloß wirtschaftlichen Belastungen gegenüber Dritten oder sich selbst („Innenverpflichtung") geht *Simon* dagegen davon aus, dass sie keine unentziehbaren gegenwärtigen Belastungen repräsentieren.[669]

Als „Passivantizipation" definiert *Simon* Einnahmen, die künftigen Perioden zuzurechnen seien, weil hier noch eine Gegenleistung zu erfolgen habe. Passiviert wird auch insoweit eine rechtliche Leistungsverpflichtung des Unternehmens, das die Gegenleistung hierfür bereits erhalten hat.[670] Das entspricht der allgemeinen statischen Einordnung von Rechnungsabgrenzungsposten als positive bzw. negative Vermögenswerte besonderer Art.

Die Definition allein von Rechtsverpflichtungen als bilanziell-statische Passivposten erinnert an Kriterien eines Zerschlagungsvermögens im Insolvenzfall. Mit der statischen Bilanz *Simon*s wird allerdings kein Zerschlagungsvermögen, sondern ein Fortführungsvermögen ermittelt; das gilt für die Aktiv- wie für die Passivseite der Bilanz. Das Kriterium der Rechtsverpflichtung als Passivierungskriterium der statischen Bilanz ist insoweit insbesondere auf Objektivierungserwägungen zurückzuführen.

---

[667] Vgl. Moxter, Bilanztheorie, S. 12.
[668] Vgl. Moxter, Bilanztheorie, S. 12 f.
[669] Vgl. Simon, Bilanzen, S. 180 ff.
[670] Vgl. Simon, Bilanzen, S. 285 f.

Auch sichere Verbindlichkeiten sollen nach *Simon* jedoch regelmäßig nicht zu ihrem rechtlichen Verpflichtungsbetrag bzw. Rückzahlungsbetrag, sondern zu ihrem Nennwert passiviert werden.[671] Grundgedanke ist, dass in der Zugangsperiode des Darlehensbetrags unabhängig vom jeweiligen Ausgabe- und Rückzahlungsbetrag wirtschaftlich nur eine Verbindlichkeit in Höhe des eigentlichen Nennbetrags begründet wird, während Wertdifferenzen aus Vermögensperspektive wirtschaftlich entweder ein „Zinsguthaben" verkörpern (geringerer Ausgabebetrag) oder eine später erst zu begleichende „Zinsschuld" (höherer Rückzahlungsbetrag).[672] Eine Abgrenzung zwischen Verbindlichkeitsbetrag und verstecktem Zinsbetrag wird in der statischen Bilanz dann über eine Rechnungsabgrenzung durch ein aktives Disagio (geringerer Ausgabebetrag) oder ein anzusammelndes passives Agio (höherer Rückzahlungsbetrag) vorgenommen.[673] Hintergrund ist auch dabei indes keine dynamische Rechnungsabgrenzung, sondern das Ziel einer richtigen – und gleichzeitig vereinfachten – periodengerechten Vermögensermittlung durch mehrere miteinander als Einheit zu betrachtende Bilanzposten,[674] da ein höherer Rückzahlungsbetrag implizit einen Zinsanteil enthält[675] und ein geringerer Ausgabebetrag ein Wertguthaben verkörpert.[676]

d) Fazit

Die statische Bilanztheorie basiert auf dem Kerngedanken der Reinvermögenszugangstheorie, den Totalzugang an Konsummöglichkeiten genau einer Periode zu erfassen. Für die unternehmerische Vermögens- und Erfolgsermittlung wird dies zwar grundsätzlich als periodischer Ertragswertzuwachs interpretiert.[677] Durch das statische Bilanzgefüge wird allerdings kein umfassender Ertragswert ermittelt, sondern ein unter Objektivierungs- und Verein-

---

[671] Vgl. Simon, Bilanzen, S. 435 f.; Moxter, Bilanztheorie, S. 21.
[672] Vgl. Simon, Bilanzen, S. 429.
[673] Vgl. Simon, Bilanzen, S. 435.
[674] Vgl. Simon, Bilanzen, S. 436; Moxter, Bilanztheorie, S. 21.
[675] Vgl. dazu auch Böcking, Bilanzrechtstheorie, S. 67.
[676] Vgl. Simon, Bilanzen, S. 435 ff.; Moxter, Bilanztheorie, S. 21.
[677] Vgl. Abschnitt II.

fachungskriterien ermitteltes „typisiertes Buchvermögen“.[678] Hinter dem statischen „Buchvermögen“ verbergen sich vereinfachte Schätzungen und implizite Ertragswertkalküle, indem Aktivposten (Mindest-)Einnahmeerwartungen verkörpern und Passivposten Ausgabeerwartungen.[679] Im Ergebnis weicht der statische Vermögensgewinn so nicht nur partiell, sondern in beträchtlichem Maße vom Ertragswertzuwachs einer Periode ab.[680] Wenngleich dieser Feststellung meist ein Vorwurf anzuhaften scheint, ist dies allerdings nicht als negativ zu beurteilen, ist der Ertragswertzuwachs einer Periode jenseits der Modellbedingungen eines vollkommenen Kapitalmarktes und vollkommener Sicherheit doch als steuerliche Bemessungsgrundlage gänzlich ungeeignet.[681]

Die statische Bilanztheorie folgt zwar ebenfalls einem Vermögensermittlungsprinzip, kann jedoch gleichzeitig ein Mindestmaß an Objektivierung, Praktikabilität sowie Wirtschaftlichkeit sichern. Da durch eine statische Bilanzierung im Zeitablauf auch ein periodenbezogener Reinvermögenszugang ermittelt werden kann, scheint eine statisch geprägte steuerbilanzielle Gewinnermittlung auch die Gleichheitsanforderung der Gewinnermittlung entsprechen zu können.

Objektivierte Vermögensermittlungsprinzipien sind in der statischen Bilanz gleichzeitig Erfolgsermittlungsprinzipien; letztere konzentrieren sich auch nicht nur auf das Realisationsprinzip zur Berücksichtigung eines Absatzerfolgs.

Maßstab einer statisch-bilanziellen Gewinnermittlung ist für steuerliche Zwecke damit auch nicht, wie weit der ermittelte Erfolg von demjenigen einer Gesamtbewertung entfernt wäre. Einzelne Elemente einer Ertragswertrechnung, die losgelöst von einer konkreten Verursachung und Entstehung wirt-

---

678 Moxter, Bilanztheorie, S. 24 ff.

679 Deutlich bei Moxter, Gewinnermittlung, 90 f.

680 Begründet liegt dies bereits technisch darin, dass die statische Bilanz unter Geltung des Einzelbewertungsprinzips nicht bloß eine Bewertungsbilanz auf einen Stichtag darstellt, sondern gleichzeitig den Abschluss der Bücher des vergangenen Jahres bildet.

681 Vgl. oben Abschnitt II.

schaftlichen Periodenerfolgs Objektivierungs- und Vorsichtsrestriktionen verletzen, wären als konzeptioneller Bruch abzulehnen.[682] Als zentral für die bilanzielle Gewinnermittlung erweist sich insoweit das Vorsichtsprinzip in seinen Ausprägungen des Realisationsprinzips und Anschaffungs- und Herstellungskostenprinzips. Den Leitlinien einer vorsichtigen und kapitalerhaltenden steuerlichen Gewinnkonzeption sowie dem Periodizitätsprinzip kann damit Rechnung getragen werden.[683]

Simon ließ sich hingegen immer wieder auch vom Ideal der Gesamtbewertung leiten – so etwa beim bilanziellen Ausweis von „Verkaufsgütern" zu ihrem Marktwert. Allerdings konzipierte er seine statische Bilanztheorie auch nicht für steuerliche, sondern für handelsrechtliche Zwecke.[684]

Trotz des statischen Vermögensermittlungsprinzips müssen für Besteuerungszwecke jedoch Ziele der Periodenerfolgsermittlung die (Ertragswert-) Vermögensermittlung dominieren. Eine solche „periodengerechte" bzw. periodenspezifische Gewinnermittlung ist dabei auch nicht mit der dynamischen Bilanztheorie zu verwechseln,[685] die eher auf die Ermittlung eines aktuell „periodentypischen" Umsatzgewinns zielt. Als geschätzt „periodentypischer" Gewinn kann ein Gewinn bezeichnet werden, der entweder aperiodische Gewinnkomponenten gänzlich ausschaltet, obwohl sie die Leistungsfähigkeit beeinflussen, oder der bewusst auch periodenfremde Gewinnkomponenten enthält, um aperiodische Einflüsse auf den Gewinnverlauf insgesamt zu dämpfen. Als – idealerweise – periodentypisch wird daher der dynamische Gewinn bezeichnet, der über das Matching-Prinzip und unter einer Dämp-

---

682 Vgl. Schneider, Betriebswirtschaftslehre, S. 246 f.

683 Vgl. Teil 2 Abschnitt B.II und Teil 3 Abschnitt A.I.2.

684 Zur grundsätzlichen Zweckdivergenz von Handels- und Steuerbilanz nachfolgend unter 4.b).

685 Eine „Verwechslungsgefahr" besteht aufgrund der vordergründigen Einordnung der dynamischen Bilanz als „Erfolgsermittlungsbilanz" gegenüber der statischen „Vermögensermittlungsbilanz". Vgl. Blumer/Graf, Steuerbilanz, S. 45.

fung aperiodischer Gewinnkomponenten[686] auf eine „innere betriebliche Vergleichbarkeit" im Zeitablauf angelegt ist.[687]

Enthält die steuerliche Gewinnermittlung über ein Matching von Aufwendungen zu Umsatz auch Elemente eines umsatzbezogenen Gewinns,[688] sind diese allerdings nicht in jedem Fall als bilanziell-dynamischer Fremdkörper abzulehnen.[689] Soweit sie statischen Objektivierungs- und Vorsichtszielen dienen – wie das Anschaffungskostenprinzip –, erfüllen sie gleichermaßen eine statische wie auch dynamische Funktion.[690]

Während die Ertragswertrechnung schließlich allein auf die Verwendungsseite von Einkommen gerichtet ist,[691] ermöglicht die gegenständlich-objektivierte Bilanzierung nach statischer Art eine Hinwendung zu der Entstehungsseite wirtschaftlichen Erfolgs, die bereits für eine gleichheitsgerechte Trennung der Gesellschafter- und Unternehmenssphären *auf der Leistungsebene* unerlässlich ist.[692]

Im Ergebnis scheint insbesondere eine grundlegend statische Bilanzierung den Leitlinienanforderungen einer sachgerechten steuerlichen Gewinnermittlung für Unternehmen zu genügen.[693]

---

686 Vgl. oben Abschnitt 2.d)

687 Ein umsatzbezogener Gewinn könnte zumindest eine überschlägige Einschätzung auch kommender Umsatzüberschüsse ermöglichen, wenn – bei einem „gewachsenen" Unternehmen oder Geschäftsfeld – mit ähnlichen Umsätzen auch in Zukunft gerechnet werden kann. Das widerspricht allerdings der Definition vom Unternehmergewinn, der durch neue Kombinationen entsteht. Vgl. dazu näher oben Teil 3 Abschnitt A.I.2. Zum Zusammenhang zwischen bilanziell-dynamischer Vergleichbarkeit und Prognosetauglichkeit von Gewinnen außerdem Moxter, Gewinnermittlung, S. 197, m. w. N.

688 Vgl. Moxter, Gewinnermittlung, S. 158 f.

689 Vgl. oben Abschnitt 2 und Beisse, Zukunft des Maßgeblichkeitsgrundsatzes, S. 1 ff. und Strobl, Matching Principle, S. 409 ff.

690 Vgl. Moxter, Gewinnermittlung, S. 197.

691 Entscheidend ist der fiktive periodische Verwendungs-Gegenwartswert künftiger Cash Flows. Künftige Zahlungsströme würden damit auch ohne wirtschaftlichen Bezug zu ihrer Entstehung bzw. Verursachung vorweggenommen. Deutlich bei Moxter, Gewinnermittlung, S. 16.

692 Vgl. oben Abschnitt I.

693 Zu einer näheren Untersuchung nachfolgend Abschnitt B.

4. Vereinfachungsstrategien

a) Einführung und Überblick

Im betrieblichen Rechnungswesen werden zur Erfüllung interner und externer „Wissenswünsche" die für wirtschaftlichen Erfolg und Steuerung relevanten Zustände, Geschäftsvorfälle und Erwartungen eines Unternehmens periodenweise in Zahlen abgebildet.[694] Gerade das Handelsrecht gibt hier mit den Vorschriften zur externen Rechnungslegung[695] besondere „Wissenswünsche" vor.

Auch die steuerliche Gewinnermittlung stellt Anforderungen an die Erstellung von Abbildern des Geschehenen, Vorhandenen und Geplanten in einem Betrieb. Sind dies ganz andere Wissenswünsche als diejenigen des Handelsrechts, kann dies eine Aufblähung des Rechnungswesens bewirken. Mit Blick auf grenzüberschreitend tätige Unternehmen ist außerdem zu bedenken, dass ihr externes Rechnungswesen nicht nur „Wissenswünsche" des deutschen Handels- und Steuerrechts bedienen muss, sondern – selbst im europäischen Binnenmarkt – auch solche des Auslands. Wirtschaftlichkeitsziele fordern die Prüfung einer effizienten Einpassung der steuerlichen Gewinnermittlung in das System des betrieblichen Rechnungswesens, in der ein Hebel zur Minimierung steuerlicher Befolgungskosten von Unternehmen liegen kann.[696]

Eine Vereinfachung und Minderung steuerlicher Befolgungskosten durch effiziente Einpassung der steuerlichen Gewinnermittlung in das betriebliche Rechnungswesen könnte dabei grundsätzlich erreicht werden

---

694 Schneider, Betriebswirtschaftslehre, S. 4.

695 Als externes Rechnungswesen wird der Teil des Rechnungswesen verstanden, der auch für außerhalb der Unternehmensleitung Stehende betrieben wird. Zum Begriff Schneider, Betriebswirtschaftslehre, S. 29 f.

696 Vgl. dazu Schön, Maßgeblichkeit, S. 59 f.; W. Müller, Maßgeblichkeitsprinzip, DStR 2001 S. 186. Weber-Grellet (DStR 1998 S. 1343, 1349) und Hennrichs (StuW 1999 S. 138) merken zwar an, dass im Zeitalter der EDV eine doppelte Gewinnermittlung nach Handels- und Steuerrecht kein Problem mehr darstelle. Das ist allerdings nur der Fall, wenn jeder Geschäftsvorfall unmittelbar und zweifelsfrei von den EDV-Systemen verbucht und zum Periodenende in den Vermögensvergleich überführt werden könnte. Vgl. auch Herzig/Bär, Zukunft der steuerlichen Gewinnermittlung, DB 2003 S. 8.

- durch eine steuerliche Maßgeblichkeit der handelsrechtlichen Rechnungslegung (HGB),
- durch eine handelsrechtliche Maßgeblichkeit der steuerlichen Gewinnermittlung,
- durch eine steuerliche Maßgeblichkeit der IFRS,
- durch eine gemeinsame steuerliche Gewinnermittlung innerhalb der Europäischen Union,
- durch eine gemeinsame steuerliche Gewinnermittlung innerhalb der Europäischen Union, die auch für handelsrechtliche Zwecke verwendet werden könnte.

b) Steuerliche Maßgeblichkeit handelsrechtlicher Bilanzierungsnormen

Von einer steuerlichen Maßgeblichkeit handelsrechtlicher Bilanzierungsnormen können grundsätzlich nur handelsrechtlich buchführungspflichtige oder freiwillig Bücher führende Unternehmen profitieren, soweit sie auch steuerlich einen Betriebsvermögensvergleich zu erstellen haben und dieser dann auch tatsächlich steuerlich maßgeblich ist.[697]

Außer kleineren, nicht buchführungspflichtigen Unternehmen[698] fallen damit auch in der Europäischen Union in- und ausländische Betriebsstätten bzw. Niederlassungen und Tochtergesellschaften grundsätzlich durch das „Vereinfachungsraster" eines steuerlichen Maßgeblichkeitsprinzips.[699]

Auch für diejenigen Unternehmen(steile), die handelsrechtlich zur inländischen Rechnungslegung verpflichtet sind, bedeutet eine steuerliche Maßgeblichkeit allerdings noch nicht in jedem Fall eine tatsächliche Vereinfachung; sie könnte die Gesetzesanwendung vielmehr auch erschweren.

---

697 Zur geltenden deutschen Rechtslage vgl. weiter unten Teil 4 Abschnitt B.II.
698 Zur deutschen geltenden Rechtslage Teil 4 Abschnitt B.II.
699 Vgl. auch Wagner, Aufgabe der Maßgeblichkeit, DB 1998 S. 2076.

Bei jeder Rechtsanwendung werden Wertentscheidungen des parlamentarischen Gesetzgebers verwirklicht.[700] Daraus folgt ein grundlegend teleologisches Rechtsverständnis:[701] Ziel der Gesetzesauslegung ist es dann, den Sinn des Gesetzes zu ermitteln, um aus dem Gesetz die Rechtsfolge für einen realen Sachverhalt gewinnen zu können. Der Sinn des Gesetzes ergibt sich aus dem gesetzlich verfolgten Zweck, der wiederum auf einer Wertung des Gesetzgebers beruht, die im Rechtsleben durchgesetzt werden soll.[702]

Das offenbart die Schwierigkeiten eines steuerrechtlichen Verweises auf handelsrechtliche Grundsätze, die ihrerseits aus *handelsrechtlich* maßgebenden Wert- und Ordnungsvorstellungen jenseits des kodifizierten Gesetzes abgeleitet werden müssen.[703]

Steuerrecht und Handelsrecht müssen in einer Gesamtrechtsordnung zwar auf gleichen freiheitlich-demokratischen Grundwerten basieren, verfolgen allerdings dennoch andere Ziele.[704] Das liegt daran, dass diese Ziele oder Leitlinien[705] auch erst unter Berücksichtigung von Wesen und Funktion der jeweiligen Regelungsmaterie abgeleitet und verifiziert werden können.[706] Für die Besteuerung wurde davon ausgegangen, dass Deckungsmittel für öffentliche Aufgaben des Staates beschafft werden müssen und im Verhältnis zwischen Steuerpflichtigem und Staat die Werte und Ziele der Gesellschaftsordnung zu beachten sind.[707] Wesen und Funktion der handelsrechtlichen

---

[700] Vgl. oben, Teil 2 Abschnitt A; vgl. aus rechtswissenschaftlicher Perspektive auch Englisch, Steuerrecht, § 5 Rz. 46 ff.; Hey, Steuerrecht, § 3 Rz. 5 ff.

[701] Englisch, Steuerrecht, § 5 Rz. 50, m. w. N.

[702] Englisch, Steuerrecht, § 5 Rz. 48 ff.

[703] Vgl. nur Leffson, Grundsätze, S. 17 ff.

[704] Vgl. Seer, Steuerrecht, § 1 Rz. 44 ff. und auch Wendt, Bilanzrecht, S. 1968. Für eine extensive Auslegung der „Einheit der Rechtsordnung“ als generelle Gleichbehandlung gleicher wirtschaftlicher Sachverhalte dagegen Robisch/Treisch, Handels- und Steuerbilanz, WPg 1997 S. 156, 165. Auch Döllerer (Maßgeblichkeit, BB 1971 S. 1335) bemühte eine „Einheit der Rechtsordnung“ zur Verteidigung der steuerlichen Maßgeblichkeit handelsrechtlicher Rechnungslegung, er tat dies im Glauben, die steuerliche Gewinnermittlung damit vor fiskalischer Willkür schützen zu können.

[705] Zu den für die steuerliche Gewinnermittlung maßgebenden Zielen bzw. Leitlinien siehe oben Teil 2 Abschnitt B.

[706] Vgl. bereits oben Teil 1 Abschnitt B.I. und Neumark, Steuerpolitik, S. 17 f.

[707] Vgl. Teil 1 Abschnitt B.I.; Bodenhöfer, Rationales Steuersystem, S. 787 f.; Neumark, Steuerpolitik, S. 18 f.

Rechnungslegung liegen dagegen im Schutz und fairen Ausgleich der Interessen unterschiedlicher unternehmensbezogener Personengruppen.[708] Betont werden nach deutschem Handelsrecht der Gläubigerschutz und eine Informationsvermittlung.[709]

Jede Regelungsmaterie tangiert nach ihrem Wesen und ihrer Funktion zudem unterschiedlich stark die zu beachtenden Grundwerte der Gesellschaftsordnung. Sie erfordert jeweils eine eigene und ggf. unterschiedliche Konkretisierung, Interpretation und Gewichtung.

So bedürfen die Idee der Gerechtigkeit und der Freiheit für eine auf Interessenausgleich zwischen unterschiedlichen Personengruppen zielende Regelungsmaterie eine andere „Übersetzung" als für Besteuerungszwecke, bei der im Wesentlichen nur drei große Interessengruppen – der Staat, der Steuerpflichtige und die Gruppe anderer Steuerpflichtiger – auseinanderzuhalten sind.[710] Während die Besteuerung als hoheitliche Regelungsmaterie im freiheitlich-demokratischen Staat eine solitäre Funktion übernimmt,[711] sind handelsrechtliche Rechnungslegungsgrundsätze „Bestandteil eines weitgefassten ‚Rechnungslegungsrechts' mit all seinen unternehmensrechtlichen, gesellschaftsrechtlichen und kapitalmarktrechtlichen Bezügen."[712]

Eine einfache Übernahme des fertigen handelsrechtlichen Rechenwerkes für steuerliche Zwecke könnte folglich zu einem unsachgerechten Import handelsrechtlicher Wertungen und Ziele in das Steuerrecht führen; die steuerliche Bemessungsgrundlage wäre zudem nur noch sehr eingeschränkt flexibel bzw. anpassungsfähig.[713] Nur teil- und ggf. zeitweise würden sich die Ergebnisse zufällig mit denjenigen decken, die bei einer zielgerichtet leitlinienkonformen steuerlichen Gewinnermittlung erzielt worden wären; das gilt noch

---

708 Vgl. Hennrichs, Ausschüttungszwecke, S. 418.

709 Vgl. Leffson, Grundsätze, S. 38 ff.; Wöhe/Mock, Handels- und Steuerbilanz, S. 21 f.

710 Zur „Teilhaberthese" Döllerers aus heutiger Sicht vgl. in dem Zusammenhang Marx, Teilhaberthese, BB 2011 S. 1003 ff.

711 Vgl. oben Teil 2 Abschnitt A.II. und Kirchhof, Bundessteuergesetzbuch, S. 1 ff.

712 Prinz, Einkünfteermittlung, S. 150.

713 Vgl. Teil 2 Abschnitt B.III.

umso mehr, wenn die Handelsbilanzierung selbst nicht konsistent aus oberen Zielen abgeleitet wurde, sondern maßgeblich auch durch die kaufmännische Praxis beeinflusst wird und wurde. Entsprechen steuerliche Normen nicht steuerlichen, sondern sachfremden Zielsetzungen wie etwa des Handelsrechts, werden die Leitlinien einer sachgerechten steuerlichen Gewinnermittlung verletzt.

Als weitere Grundform steuerlicher Maßgeblichkeit ist auch ein steuerrechtlicher Verweis nur auf das handelsrechtliche Normen- und Prinzipiengefüge denkbar. Hier können allerdings aufgrund der unterschiedlichen Ziele von Handels- und Steuerrecht Schwierigkeiten bei der Rechtsauslegung entstehen. Um einen kritischen sachfremden Werteimport in das Steuerrecht zu verhindern und sicherzustellen, dass steuerpolitische Ziele insoweit nicht überlagert würden, müssten Normen eines Handelsrechtskreises dann im Zweifel auch im Lichte des Steuerrechts ausgelegt werden. Die handelsrechtlichen Normen, auf die das Steuerrecht verweist, müssten also grundsätzlich noch die „Schleuse" der steuerlichen Leitlinienkonformität passieren. Durch die steuerliche Maßgeblichkeit käme es so zu „Reibungsverlusten", einer Komplexitätszunahme und erhöhter Rechtsunsicherheit. Die handelsrechtlichen Normen bzw. Grundsätze müssten im Zweifel jeweils zweifach ausgelegt werden – einmal für handelsrechtliche, einmal für möglicherweise divergierende steuerliche Zwecke.

Auch Unklarheiten hinsichtlich des „Gefüges" von handelsrechtlicher und steuerlicher Rechnungslegung, also der Reichweite des Maßgeblichkeitsprinzips, können schließlich das ursprüngliche Vereinfachungsziel konterkarieren.

Das legislative „Aufsetzen" auf ein anderes Normensystem wie durch das Maßgeblichkeitsprinzip kann außerdem dazu führen, dass die relevanten Normen der steuerlichen Gewinnermittlung nicht zentral an einem Ort bzw. in einem Gesetz, sondern „verstreut" über zwei Rechtsbereiche zu finden sind. Die Unternehmen, die handelsrechtlich nicht buchführungspflichtig sind, müssen auch dadurch ggf. einen Mehraufwand in Kauf nehmen.

c) Handelsbilanzielle Maßgeblichkeit steuerrechtlicher Bilanzierungsnormen

Die handelsrechtliche Rechnungslegung könnte umgekehrt auch auf ein Normengefüge der steuerlichen Gewinnermittlung aufsetzen, soweit dies die Spielräume der Europäischen Rechnungslegungsrichtlinien nach jeweils geltendem Rechtsstand zulassen.[714] Grundsätzlich werden hiervon unter Vereinfachungsaspekten (nur) die gleichen Unternehmen profitieren können wie bei einer steuerlichen Maßgeblichkeit handelsrechtlicher Normen. Allein Unternehmen(steile), für die handelsrechtlich keine Buchführungspflicht besteht, sparen sich den Mehraufwand, den eine steuerliche Maßgeblichkeit durch die vorstehend skizzierten „Reibungsverluste" verursachen kann. Ansonsten kann eine handelsrechtliche Maßgeblichkeit grundsätzlich die gleichen Schwierigkeiten bewirken wie eine steuerliche Maßgeblichkeit.

d) Steuerliche Maßgeblichkeit der IFRS

Zumindest einen Anknüpfungspunkt der steuerlichen Gewinnermittlung könnte auch die internationale Rechnungslegung nach IFRS bieten.[715] Als richtige „Ebene" für einen steuerlichen Anknüpfungspunkt müsste mangels einer unmittelbaren Konzernbesteuerung dabei nicht der IFRS-Konzernabschluss, sondern der jeweilige IFRS-Einzelabschluss herangezogen werden.[716] Nach der EU-Verordnung zur Anwendung von IFRS in der Europäischen Union[717] sind IFRS allerdings nur für den Konzernabschluss kapitalmarktorientierter Konzerne verpflichtend; IFRS haben bislang also einen zu engen Anwender-

---

714 Soweit auch ein Vorschlag der Schmalenbach-Gesellschaft für kleine und mittelgroße Unternehmen, vgl. dazu W. Müller, Maßgeblichkeitsprinzip, DStR 2001 S. 1858 ff.

715 Zu den Schwierigkeiten einer steuerlichen Maßgeblichkeit von IFRS u. a. unter Leistungsfähigkeitsgesichts- und Objektivierungspunkten vgl. allerdings nur Prinz, Materielle Maßgeblichkeit handelsrechtlicher GoB, DB 2010 S. 2075 f.; ders., Der Bundesfinanzhof und die IFRS, DB0423595; ders., Maßgeblichkeit versus eigenständige Steuerbilanz, S. 287 ff.; vgl. auch Dietel, IAS und steuerliche Gewinnermittlung, 2004.

716 Vgl. Spengel, Zukunft der Steuerbilanz, FR 2009 S. 104. Zu einer Analyse von Konsequenzen aus einer möglichen Übernahme der internationalen Rechnungslegungsstandards in den handelsrechtlichen Einzelabschluss und in die steuerliche Rechnungslegung vgl. Oestreicher/Spengel, Maßgeblichkeit, 1999.

717 IAS-Verordnung, Amtsblatt Nr. L 243 vom 11.9.2002.

kreis, der unter Vereinfachungsaspekten von einer entsprechenden Maßgeblichkeit profitieren würde.

e) Gemeinsame steuerbilanzielle Gewinnermittlung in der EU

Unternehmen, die nicht nur national, sondern auch im weiteren europäischen Binnenmarkt über Direktinvestitionen tätig sein wollen, müssen bei Gründung einer Tochtergesellschaft oder Betriebsstätte in einem anderen Mitgliedstaat erhöhte steuerliche Befolgungskosten in Kauf nehmen.[718] Begründet ist dies auch in den unterschiedlichen steuerlichen Bemessungsgrundlagen, die der Ertragsbesteuerung diesseits und jenseits der Landesgrenzen jeweils zugrunde zu legen sind. Das externe Rechnungswesen muss dann mehrere in- und ausländische „Wissenswünsche“ bedienen – so insbesondere bei Betriebsstätten –, und es sind neue Wissens-Kapazitäten aufzubauen.

Nach der europäischen IAS-Verordnung[719] sind börsennotierte Konzerne außerdem verpflichtet, ihren konsolidierten Konzernabschluss nach Internationalen Rechnungslegungsstandards (IFRS) zu erstellen. Das betriebliche Rechnungswesen müsste zur Gewinnermittlung aus ausländischen Direktinvestitionen dann ggf. inländisches Handelsrecht und Steuerrecht, ausländisches Handels- und Steuerrecht und IFRS beachten; dazu käme das Normengeflecht des Internationalen Steuerrechts einschließlich Doppelbesteuerungsabkommen zur laufenden Erfolgsabgrenzung.

Im Ergebnis können die steuerlichen Befolgungskosten infolge unterschiedlicher steuerlicher Gewinnermittlungsvorschriften für mittelständische Unternehmen, die grenzüberschreitend tätig sein wollen, prohibitiv wirken. Größeren grenzüberschreitenden Konzernen entstehen – auch im europäischen Binnenmarkt – hohe „compliance costs“ bereits infolge der unterschiedlichen steuerlichen Gewinnermittlungsvorschriften.[720] Für binnenmarktorientierte

---

[718] Vgl. dazu den „Kontext“ des Richtlinienvorschlags zu einer (konsolidierten) gemeinsamen Körperschaftsteuerbemessungsgrundlage in der Europäischen Union, EU-Kommission, KOM (2011) 121/4 vom 16.3.2011, S. 4 ff.

[719] Vgl. die Fn. zuvor.

[720] Vgl. dazu Department of Finance, Ireland, CCCTB Update, S. 6.

Unternehmen jeglicher Größe liegt der Hebel für eine effiziente Einpassung der steuerlichen Gewinnermittlung in die Systeme des betrieblichen Rechnungswesens daher in der Schaffung einer gemeinsamen und – mit Blick auf die Erfolgsabgrenzung, die nicht Gegenstand dieser Untersuchung ist, – ggf. auch weitergehend konsolidierten steuerlichen Bemessungsgrundlage in der Europäischen Union.

Ist der „europäische Gesetzgeber“ damit adressiert, müssten damit allerdings gleichzeitig Abstriche von Zielen der Anpassungsfähigkeit der steuerlichen Bemessungsgrundlage gemacht werden, da am politischen Willensbildungs- und Einigungsprozess mehrere Staaten und Parlamente beteiligt sind.

V. Die interperiodische Verlustverrechnung

Der Gewinn einer Periode kann von der Gewinnhöhe auch anderer Perioden abhängig sein. Infolge der Abschnittsbesteuerung wird zunächst zwar nur der Zugang und Abgang wirtschaftlicher Leistungsfähigkeit einer Periode als Gewinn gemessen. Erwerbsaufwendungen können dabei allerdings zu Periodenverlusten führen, die nur noch durch Abzug in anderen Perioden berücksichtigt werden können. Als „Vehikel“ hierfür dient eine interperiodische Verlustverrechnung, die als Verlustvortrag oder Verlustrücktrag ausgestaltet sein kann.

Ein steuerlicher „Verlust“ entspricht dabei begrifflich nicht zwingend dessen allgemeinem Wortgebrauch im Sinne eines wirtschaftlichen Misserfolges. „Verlust“ bedeutet einkommensteuerlich zunächst einmal nur, dass ein negatives Einkommen gemessen wurde.[721] Eine Aussage über tatsächlichen Erfolg oder Misserfolg der hinter dem Verlust stehenden Erwerbsaufwendungen ist damit nicht verbunden.[722]

Ob und inwieweit es zu Periodenverlusten kommt, hängt auch von der Art der Gewinnermittlung im Zeitablauf ab. Bei einer zahlungsstromorientierten

---

[721] Vgl. Hey, Steuerrecht, § 8 Rz. 60.

[722] Ökonomischer und steuerlicher Verlust unterscheiden sich insofern. Vgl. Wacker, Verluststrategien, S. 393.

Gewinnermittlung kann ein „Verlust" auch Ausgaben einer bloßen Vermögensumschichtung umfassen, die mangels periodengleicher Einnahmen zunächst isoliert wurden. Statt von einem „Verlust" wäre es dann zutreffender, nur von einem „Ausgabenüberschuss" oder „Aufwandsüberschuss" zu sprechen. Durch bilanzielle Periodisierung von Zahlungsströmen können hohe Schwankungen von Ein- und Auszahlungen, wie sie gerade typisch für unternehmerische Tätigkeit sind, zumindest abgemildert werden. Der Ausweis einer Periodenverlustes kann dadurch vermieden, gemildert oder verzögert werden.[723] Die grundsätzliche Bedeutung der interperiodischen Verlustverrechnung liegt damit für volatile unternehmerische Einkommen ebenso wie eine vorsichtsgeprägte Bilanzierung darin, einen risikobehafteten erwerbswirtschaftlichen Kapitaleinsatz steuerlich nicht gegenüber sicheren Kapitalanlagen zu benachteiligen.[724] Über diese Funktion eines Verlustvortrags und eines Verlustrücktrags (weit) hinaus geht jedoch die Idee einer symmetrischen Beteiligung des Fiskus am Gewinn wie auch am Verlust.[725]

Die dogmatische Verankerung der Verlustverrechnung hängt auch von der zugrundeliegenden Lebens- bzw. Periodeneinkommensdogmatik ab. Nach der Lebenseinkommensdogmatik stellt bereits das Vermögen zu Beginn der Anfangsperiode den Startpunkt zur Messung des Leistungsfähigkeitszugangs dar.[726] Insoweit ist der interperiodische Verlustabzug als besondere Ausprägung eines interperiodischen Nettoprinzips[727] der Lebenseinkommensdogmatik immanent.[728] Liegt der Gewinnermittlung eine Lebenseinkommensdogmatik zugrunde, besteht die grundlegende Schwierigkeit jedoch im „Gegenzug" in einer nur sehr losen Periodenbindung von Einkommen.[729] Dieser

---

723 Vgl. auch Weber-Grellet, Mindestbesteuerung, Stbg 2004 S. 84.

724 Vgl. Schneider, Vertikale Gerechtigkeit, S. 289; Jacobs/Schreiber/Spengel/Gutekunst/Lammersen, Steuervergünstigungsabbaugesetz, DB 2003 S. 524; Dorenkamp, Verlustverrechnung, S. 33 ff.; Berg/Schmich, Verlustabzug, DStR 2002 S. 348.

725 Vgl. Schneider, Vertikale Gerechtigkeit, S. 275, 287 sowie Dorenkamp, Verlustverrechnung, S. 28 ff. Kritisch dagegen auch Wassermeyer, FR 2011 S. 753.

726 Vgl. dazu auch Richter/Welling, Einschränkungen der Verlustverrechnung, FR 2011 S. 756.

727 Vgl. Hey, Nettoprinzip, DStR Beihefter 34/2009, S. 113.

728 Vgl. Dorenkamp, Verlustverrechnung, S. 33.

729 Vgl. oben Teil 2 Abschnitt B.IV.4.a)

Sichtweise entspricht es daher, wenn eine Verlustverrechnung nur „irgendwann einmal“ zugelassen würde.

Die hier vertretene Periodeneinkommensdogmatik verlangt dagegen zwar – isoliert betrachtet – zunächst keine Periodenisolierung von Einkommenselementen.[730] Als „Anfangsvermögen“ eines Betriebsvermögensvergleichs müsste bei der Gewinnermittlung allerdings jeweils auf das Startvermögen einer Periode abgestellt werden, woraus sich ein Konflikt mit einer interperiodischen Verlustverrechnung ergäbe.[731]

Ohne einen ausreichenden Verlustvortrag würde es allerdings im Zeitablauf zu einer freiheitsbeschränkenden steuerlichen Überbelastung des Steuerpflichtigen kommen.[732] So fordert die freiheitlich basierte Leitlinie der Unternehmensschonung unabdingbar auch eine Berücksichtigung des jeweiligen Kapitalerhalts im Zeitablauf.[733] Zur stetigen Trennung von bisherigem Vermögen und Vermögensneuzugang müsste die interperiodische Verlustverrechnung als Verlustvortrag insoweit lückenlos ausgestaltet sein.[734] Ein Verlustvortrag ist im Ergebnis freiheitlich bedeutsam und widerspricht weder im Grundsatz noch als uneingeschränkter Verlustvortrag einem auf nachhaltige

---

730 Vgl. oben Teil 2 Abschnitt B.IV.4.b).

731 Vgl. Kirchhof/Geserich, Einkommensteuergesetz, § 2 Rz. D 252 zu einer möglichen Spannung zwischen interperiodischem Nettoprinzip und Periodeneinkommensdogmatik. Eine interperiodische Verlustverrechnung wird insoweit zwar gefordert. Vgl. Kirchhof, EStGB, Beihefter zu DStR 5/2003 S. 12. Sie wird aber nicht den jeweiligen Besteuerungsperioden zugeordnet, sondern einem umfassenderen „Periodenabschnitt des Wirtschaftens“. Vgl. Kirchhof, Einkommensteuer, S. 177, außerdem Richter/Welling, Einschränkungen der Verlustverrechnung, FR 2011 S. 756.

732 Zur freiheitlichen Basierung der interperiodischen Verlustverrechnung aus rechtlicher Sicht vgl. auch Reil, Leistungs- und Verlustfähigkeit, S. 188 ff.; Lehner, Verankerung des objektiven Nettoprinzips, DStR 2009 S. 189 ff.

733 Vgl. auch bereits Schanz, Einkommensbegriff, S. 124: „Wenn man beim Einkommensbegriff nicht den festen Boden verlieren will, muss man meines Erachtens daran festhalten, dass Erträgnisse nicht gegeben sind, sobald das Stammvermögen aufgezehrt wird. Es will mir scheinen, dass man doch mit dem Ausdruck „Reinvermögenszugang“ den Kern des Einkommens am richtigsten trifft.“

734 Fasst man das Periodizitätsprinzip als ein materielles Besteuerungsprinzip auf, reicht es nach Ansicht etwa von Wendt (Verlustberücksichtigung, S. 47) aus, Verschiebungen von Einnahmen und Ausgaben zwischen den Besteuerungsabschnitten durch das jeweilige System der Einkünfteermittlung auszugleichen, also über die originäre Bemessungsgrundlage. Das entspricht indes nur einer isolierten Berücksichtigung von Leistungsfähigkeits- und Periodizitätsprinzip. Unter Berücksichtigung einer Freiheits-/Unternehmensschonung muss die interperiodische Verlustverrechnung dagegen als gleichwertiger Teil der Bemessungsgrundlage aufgefasst werden.

Staatsfinanzen gerichteten Periodizitätsprinzip.[735] Dieses ist vielmehr selbst überperiodisch angelegt, indem künftige Perioden gerade „verlustfrei" gehalten werden sollten und auch ein Unternehmenserhalt erst ein nachhaltiges Steueraufkommen sichert.[736]

Unter Gesichtspunkten einer gleichheits- und periodengerechten Besteuerung dürfte ein Verlust*rücktrag* hingegen nur vormals der Höhe nach nicht richtig ermittelte Periodengewinne periodengerecht korrigieren.[737] Wird im Rahmen der steuerlichen Gewinnermittlung bereits strukturell keine periodengerechte Erfolgsermittlung erreicht – etwa aufgrund eines zu schwachen Vorsichtsprinzips – gewinnt der Verlustrücktrag als unternehmensschonendes Korrektiv zu einer periodengerechten Einkommensermittlung also an Bedeutung.[738] Allerdings stellte sich hier immer die Schwierigkeit einer nachträglichen periodengerechten Aufwandszuordnung. Ein solcher Verlustrücktrag wäre auch nicht erforderlich, soweit Korrekturmöglichkeiten des steuerlichen Verfahrensrechts greifen könnten.

Insbesondere bewirkte ein solcher Verlustrücktrag aus fiskalisch-budgetärer Sicht jedoch einen unmittelbaren Mittelabzug zur nachträglichen Korrektur vormalig fälschlich zu hoch besteuerter Gewinne. Das widerspricht grundlegenden Anforderungen des Periodizitätsprinzips und unterstreicht die Bedeutung der Leitlinie der Unternehmensschonung und des Vorsichtsprinzips.

Ein *verzinslich* ausgestalteter Verlustrücktrag kann schließlich auch nicht die Schwächen einer Zahlungsflussrechnung im Hinblick auf die Unternehmensschonung mildern. Würde etwa eine bloße Darlehensaufnahme oder ein mit späteren wirtschaftlichen Lasten behafteter Umsatz als Zahlungsmittelzugang besteuert, könnte diese kapitalschädigende Besteuerung zwar bei Darlehenstilgung bzw. Lastenbegleichung über einen verzinslichen Verlust-

---

735 Anders im Hinblick auf ein fiktiv „striktes Periodizitätsprinzip" Drüen, Mindestbesteuerung, FR 2013 S. 399, m. w. N.

736 Vgl. Teil 2 Abschnitt B.II. und Teil 1 B.I.

737 Er müsste insoweit auch verzinslich ausgestaltet werden, um entsprechende Zinsnachteile des Steuerpflichtigen auszugleichen.

738 Vgl. Schulze-Osterloh, Verfassungsrechtliche Grenzen, S. 75.

rücktrag wieder gemildert werden. Er müsste bewirken, dass die zu frühe Erfassung bloßer Liquidität als Leistungsfähigkeit korrigiert würde, sodass auch der jeweils entgangene Zinsgewinn – typisiert – ersetzt werden müsste. Das Beispiel der Darlehensaufnahme und -tilgung zeigt dabei bereits, dass dies zumindest in Höhe des Sollzinses für eine entsprechende Darlehensaufnahme erfolgen müsste. Kein Zinsausgleich erfolgt allerdings dann, wenn ausreichend andere Gewinne in der Periode der Darlehenstilgung erzielt werden können. Der als Verlust isolierte Auszahlungsüberschuss einer späteren Periode muss schließlich auch wirtschaftlich gar nicht mit dem Zahlungsmittelzugang einer früheren Periode zusammenhängen, sodass es gleichheitswidrig zu einer Überkompensierung von Liquiditätsnachteilen kommen könnte. Die Verlustverrechnung scheint demnach als Korrektiv der Zahlungsflussrechnung weder deren Schwächen im Hinblick auf fiskalisch-budgetäre Ziele noch auf Gleichheits- und freiheitlich basierte Ziele zu beseitigen.

Soweit ersichtlich, liegt allerdings auch noch kein konkreter Vorschlag zu einer Verlustverrechnung vor, der diese Schwächen ganzheitlich zu adressieren versuchte. Das Gleiche gilt mit Blick auf eine mögliche Einschränkung des Vorsichts- und Imparitätsprinzip bei bilanzieller Gewinnermittlung, zu deren Ausgleich eine unbeschränkt verzinsliche Verlustverrechnung vorgeschlagen wird.[739] Inwieweit dies konkret insbesondere zu einer gleichheits-, freiheits- und periodengerechten Besteuerung führen kann, wurde bislang noch nicht gezeigt.

B. Prinzipien einer leitlinienkonformen Gewinnermittlung

I. Grundlagen einer prinzipienbasierten Gewinnermittlung

Die vorstehenden Untersuchungen haben gezeigt, dass eine bilanzielle und statisch geprägte Gewinnermittlung für Unternehmen den Leitlinien einer sachgerechten steuerlichen Gewinnermittlung am ehesten Rechnung tragen

---

[739] Vgl. Schneider, Zahlungsströme, StuW 2004 S. 303; Kahle, Maßgeblichkeitsgrundsatz, WPg 2002 S. 186; Schreiber, Gewinnermittlung, StuW 2002 S. 109; Spengel, Zukunft der Steuerbilanz, FR 2009 S. 105.

kann. Den Leitlinien steuerlicher Gewinnermittlung wird dabei bereits aufgrund unvollkommener Information nie vollständig genügt werden können, allerdings sollte durch Umsetzung einer entsprechend prinzipienbasierten steuerbilanziellen Gewinnermittlung eine weitestmögliche Annäherung gelingen.[740]

Bei der Analyse des statischen Bilanzkonzepts blieb noch offen, wie eine periodische Vermögensbilanzierung dem Periodizitäts- und Leistungsfähigkeitsprinzips durch objektivierte wirtschaftliche Periodenzuordnung positiver wie negativer Vermögensbewegungen im Einzelnen Rechnung tragen kann. Wesentlich für die steuerlich leitlinienkonforme „Übersetzung" des statischen Bilanzkonzepts muss dabei sein, dass die objektivierte Vermögens- und Periodenerfolgsermittlung unter Hinwendung zur Entstehungsseite wirtschaftlichen Erfolgs das statische Ideal des Ertragswerts bei der bilanziellen Vermögensermittlung dominiert.[741] Auch einzelne Elemente, die einer Ertragswertrechnung zuzurechnen wären, wären abzulehnen.[742]

Das periodenbezogene „Objektivierungsextrem" zur Ertragswertrechnung stellt dabei eine Hinwendung zu den Zahlungsflüssen dar, die durch das Barwertkalkül der Ertragsrechnung als Schätzung zeitlich vorweggenommen werden. Auch eine Zahlungsflussrechnung musste konzeptionell als nicht leitlinienkonform allerdings bereits für die steuerliche Gewinnermittlung ausscheiden.[743] Die bilanziell-statische Gewinnermittlung stellt insoweit eine Kompromisslösung dar, als sie die in einer Periode jeweils einzeln konkretisierten und objektiviert nachweisbaren Vermögenswerte berücksichtigt.[744]

Eine gegenständlich-verrechtlichte Konkretisierung[745] würde hier bedeuten, dass unter Berücksichtigung konkreter Rechtsstrukturen bilanzielle Aktiva

[740] Vgl. auch Drüen, Objektiv richtige Bilanz, GmbHR 2013 S. 512 f.

[741] Vgl. oben Abschnitt A.IV.3.d). Vgl. auch Knobbe-Keuk, Bilanzsteuerrecht, S. 19; Weber-Grellet, Maßgeblichkeitsschutz, DB 1994 S. 288.

[742] Vgl. oben A.III. und IV.3.d).

[743] Vgl. oben Teil 3 Abschnitt A.II.

[744] Zur Pagatorik der bilanziellen Gewinnermittlung vgl. außerdem oben Abschnitt 1.a)

[745] So die statische Bilanzauffassung Simons, vgl. oben Abschnitt A.IV3.c).

und Passiva als einzeln erfassbare, jeweils entstandene oder erworbene Vermögenswerte und Schulden zu erfassen wären. Das könnte Objektivierungs-, Praktikabilitäts- und Wirtschaftlichkeitszielen dienen. Auch mit einer gegenständlich-verrechtlichen Bilanzierungsweise sind allerdings keineswegs die Unsicherheiten der Reinvermögenserfassung eliminiert, solange sich die einzelnen Vermögenselemente im Rahmen der laufenden unternehmerischen Tätigkeit nicht in konkreten Zahlungsflüssen niederschlagen haben. Insoweit weist die bilanzielle Gewinnermittlung trotz Vergangenheitsbezugs stets auch einen Zukunftsbezug auf, der – konsistent zur Leitlinie der Unternehmensschonung – unter der Prämisse einer Unternehmensfortführung stehen muss.

Kann selbst eine gegenständlich-verrechtlichte Bilanzierungsweise damit keineswegs für Sicherheit bei der Erfassung einer Periodenleistungsfähigkeit sorgen, verlangen Gleichheitsziele der Besteuerung außerdem nach einer periodenweise *vollständigen* und objektivierten Erfassung von Vermögenskomponenten. Eine objektivierte und hinreichend sichere Erfassung von Vermögenskomponenten ist dabei nicht nur durch Berücksichtigung der rechtlichen Strukturen einer Periode möglich. So kann sich eine eindeutige wirtschaftliche Belastung bereits konkretisiert haben, bevor eine einzelne Schuld auch nur näherungsweise rechtlich entstanden ist. Rekultivierungs- und Entsorgungsverpflichtungen als Nachleistungsverpflichtungen zu vorhergehender mehrjähriger unternehmerischer Tätigkeit sind ein Beispiel hierfür.[746]

Die Konkretisierung positiver und negativer Vermögenskomponenten darf daher *nicht nur* auf Rechtsstrukturen basieren, wenn für eine Periode anderweitig objektiviert Vermögenszugänge und -abgänge nachweisbar sind. Insoweit muss vielmehr ihre objektiviert nachweisbare wirtschaftliche Entstehung bzw. Verursachung maßgeblich sein. Das ist auch nicht mit dem Verursachungsprinzip der dynamischen Bilanz zu verwechseln,[747] die von einer

---

[746] Vgl. weiter unten II.2.b).

[747] So Adler/Düring/Schmaltz, Rechnungslegung § 249 HGB Rz. 21 f. Zum dynamischen Verursachungsprinzip vgl. oben Abschnitt A.IV.2.d).

umsatzbezogenen wirtschaftlichen Veranlassung oder Verursachung[748] ausgeht und gleichzeitig Objektivierungskriterien der periodenbezogenen Vermögensermittlung zurückdrängt.

Eine statisch geprägte wirtschaftliche Verursachung kann dagegen auch als *periodenbezogene Teilkonkretisierung* gegenständlich-verrechtlichter Vermögensstrukturen verstanden werden. Wirtschaftsgüter wie Verbindlichkeiten können dementsprechend mit Blick auf ein wirtschaftliches Vermögensermittlungsprinzip auch zeitanteilig entstehen bzw. sich aufbauen oder schmelzen. Eine so verstandene statisch geprägte wirtschaftliche Verursachung kann periodenbezogenen Gleichheitszielen der Besteuerung durch Erfassung der durch unternehmerische Tätigkeit in einer Periode mit einiger Sicherheit *entstandenen* Vermögensänderungen dienen.

Im Ergebnis ist eine statisch-bilanzielle und – mit „Augenmaß" – objektivierte Gewinnermittlung, die weder Elemente einer partiellen Ertragswertrechnung enthält, noch sich zur Objektivierung auf reine Rechtstrukturen versteift, sachgerecht für die steuerliche Gewinnermittlung. Als Prinzipien und Grundannahmen für eine sachgerechte steuerbilanzielle Gewinnermittlung können daher insbesondere bereits festgehalten werden:

(1) Das Prinzip der Objektivierung und Wahlrechtseingrenzung:

Objektivierung und Wahlrechtseingrenzung – einschließlich einer grundsätzlich stetigen Bilanzierung – haben einen direkten, gleichnamigen Leitlinienbezug und dienen auch dem Gerechtigkeitspostulat. Die Objektivierung prägt auch insgesamt die bilanziell-statische Gewinnermittlung.[749]

(2) Das Vollständigkeitsprinzip:

Nur über eine jeweils vollständige Erfassung wirtschaftlicher Leistungsfähigkeit kann dem Gerechtigkeitspostulat genügt werden.[750] Es bezieht sich auf die wahrheitsgemäße Erfassung der maßgebenden Gewinn-

---

[748] Vgl. oben Abschnitt A.IV.2.b) und d).

[749] Vgl. Teil 2 Abschnitt B.VII. und C., außerdem oben Abschnitt A.3.d).

[750] Vgl. Teil 2 Abschnitt B.IV.1.

komponenten und auf den Zeitpunkt ihrer Erfassung. Unbeabsichtigte Vollständigkeitsfehler können in der bilanziellen Gewinnermittlung auch durch die Technik der doppelten Buchführung und den Grundsatz der Bilanzidentität vermieden werden.[751]

(3) Die Unternehmensfortführung:

Die Unternehmensfortführung ist impliziter Bestandteil der Leitlinie der Freiheitsschonung in ihrer Ausprägung als Unternehmensschonung, außerdem auch dem Periodizitätsprinzip inhärent. Sie ist Grundannahme der auch hier in den Blick genommenen, leitlinienkonformen statischen Fortführungsbilanz.[752]

(4) Das objektive Nettoprinzip:

Das objektive Nettoprinzip bewirkt periodenweise kein dynamisches Matching von Aufwand und Ertrag, geht allerdings von einer grundsätzlichen Symmetrie zwischen Art und Zeitpunkt des zu berücksichtigenden Ertrags und Aufwands aus. Es entspringt unmittelbar dem Gerechtigkeitspostulat.[753]

(5) Das Prinzip der Praktikabilität und Wirtschaftlichkeit:

Das Prinzip der Praktikabilität und Wirtschaftlichkeit hat einen unmittelbaren, gleichnamigen Leitlinienbezug und prägt im Grundsatz auch die bilanziell-statische Gewinnermittlung als vereinfachte Reinvermögenszugangsrechnung im Zeitablauf.[754]

(6) Die reale Kapitalerhaltung:

Die reale Kapitalerhaltung ist auf das Gerechtigkeitspostulat wie auch eine Freiheitsschonung durch Berücksichtigung des realen Kapitalerhalts zurückzuführen. Grundsätzlich kann sie – vereinfacht – in einer statischen Bilanz berücksichtigt werden.[755]

---

[751] Vgl. Wöhe/Kußmaul, Bilanztechnik, S. 75 ff. und oben Abschnitt A.III.1.

[752] Vgl. Teil 2 Abschnitte B.II, V.3, und Teil 3 Abschnitt A.IV.3.b).

[753] Vgl. Teil 2 Abschnitt B.IV.3.c) und Teil 2 Abschnitt B.IV.4.b)bb).

[754] Vgl. Teil 2 Abschnitt B.VIII. und Teil 3 Abschnitt A.III.1. und 3.

[755] Vgl. Teil 2 Abschnitte B.IV.3.b), B.V.3. und Teil 3 Abschnitte A.I.1. und V.1.

(7) Das Vorsichts- und Imparitätsprinzip:

Ein Vorsichts- und Imparitätsprinzip mit Augenmaß entspricht der Leitlinie einer Freiheitsschonung und mittelbar auch dem Gerechtigkeitspostulat; es stellt ein grundlegendes Prinzip auch der statischen Bilanz dar.[756] Das Vorsichts- und Imparitätsprinzip führt zwingend zu einer Aufgabe der Symmetrie des objektiven Nettoprinzips hinsichtlich zeitlicher Aspekte.

(8) Das Realisationsprinzip als Bruttoprinzip einschließlich Anschaffungs-/ Herstellungskostenprinzip:

Das statisch-bilanzielle Realisationsprinzip als Bruttoprinzip einschließlich eines Anschaffungs-/Herstellungskostenprinzips entspricht dem allgemeinen Vorsichtsprinzip (vgl. zuvor). Seine Implementierung als Bruttoprinzip ist konform zu einem Vorsichts- und Imparitätsprinzip. Ein Realisationsprinzip als Nettoprinzip entspricht dagegen einem dynamischen Matching-Prinzip, das als nicht sachgerecht für steuerliche Zwecke abgelehnt werden musste.[757]

(9) Das nicht allein formalrechtlich zu begreifende Einzelbewertungsprinzip:

Das statisch-bilanzielle Einzelbewertungsprinzip dient sachgerechten Vorsichts- und Objektivierungszielen (vgl. bereits zuvor). Es sollte jedoch nicht einseitig formaljuristisch verstanden werden, da dies zu einer „Verrechtlichung" der wirtschaftlichen Erfolgsbilanz unter Verletzung des Vollständigkeitsprinzips und ggf. auch des Vorsichts- und Imparitätsgrundsatzes führen könnte.[758]

(10) Die wirtschaftliche Verursachung bzw. Entstehung als Maßstab periodengerechter Erfolgsermittlung und Kehrseite eines Vermögensermittlungsprinzips:

Die wirtschaftliche Verursachung bzw. Entstehung als Maßstab periodengerechter Erfolgsermittlung und Kehrseite eines Vermögensermitt-

---

756 Vgl. Teil 2 Abschnitt B.V.3. und Teil 3 Abschnitte A.I.2. sowie IV.1.

757 Vgl. oben Teil 3 Abschnitt A.III.2.d) und im gleichen Abschnitt 3.d).

758 Vgl. bereits zuvor in diesem Abschnitt.

lungsprinzips entspricht Anforderungen des Leistungsfähigkeits- und Periodizitätsprinzips.[759]

Wie hierdurch im Einzelnen eine periodengerechte Gewinnermittlung erreicht werden kann, durch die objektiviert und vorsichtsgeprägt die unternehmerische Vermögensentwicklung im Zeitablauf abgebildet werden kann und wie diese Prinzipien ggf. zu komplettieren sind, ist Untersuchungsgegenstand des folgenden Abschnitts.

II. Konkretisierung elementarer Einzelprinzipien

1. Prinzipien der Erfassung positiver Vermögenskomponenten

a) Vermögenswirkungen der Beschaffung und Produktion

aa) Zugangsbewertung von Wirtschaftsgütern und Schulden

(1) Anschaffung als erfolgsneutrale Vermögensumschichtung

Bei einer investiven Anschaffung werden dem unternehmerischen Kalkül nach gegenwärtige oder künftige Zahlungsmittel gegen einen Strom künftiger Zahlungsmittel getauscht. Aufgrund der hiermit verbundenen Zeiteffekte und des unternehmerischen Risikos eines Kapitalverlusts wird dies nur bei Erwartung einer zusätzlichen Gewinnmarge bzw. eines Gewinnbeitrags erfolgen.

Steuerbilanziell darf der bereits bei Erwerb eines Wirtschaftsguts erwartete gesamte Barwertbeitrag allerdings noch nicht berücksichtigt werden, da er noch zu unsicherheitsbehaftet ist.[760] Da davon auszugehen ist, dass der unternehmerische Erwerb von Wirtschaftsgütern nicht wertvernichtend getä-

---

759 Vgl. oben Teil 3 Abschnitt A.III.3.d), m. w. N.

760 Sigloch (Gewinnermittlung, S. 563 f.) weist zu Recht darauf hin, dass eine umfassende Cash Flow-Zurechnung zu einzelnen Vermögensgegenständen und Schulden nicht gelingen kann; die objektivierte Bilanzierung auf Basis des Einzelbewertungsprinzips würde dadurch ad absurdum geführt.

tigt wird, muss der Erwerb eines Wirtschaftsguts bilanziell jedoch zumindest als erfolgsneutrale Vermögensumschichtung abgebildet werden.[761]

Die „vergegenständlichte" Form der Bilanzierung unter Anwendung des Einzelbewertungsprinzips genügt hier bereits Vorsichts-, Objektivierungs- und Vereinfachungserwägungen, allerdings kann auch sie nicht die Werthaltigkeit – im Sinne künftiger Zahlungsrückflüsse – getätigter Investitionen absichern. Nicht alle durch Anschaffungsausgaben erworbenen Vermögenswerte sollten insoweit als bilanzierungsfähige Wirtschaftsgüter abgebildet werden können, sondern vor allem solche, für die typisiert und unter Vorsichtserwägungen von einer sicheren Vermögenserhaltung ausgegangen werden kann.[762] Die Definition einzelner aktivierungsfähiger Wirtschaftsgüter sollte nicht zuletzt daher auch auf Erfahrungswerten aufbauen.

Eine allgemeine Wertabsicherung könnte auch dadurch erreicht werden, dass Wirtschaftsgüter für eine Aktivierung greifbar im Sinne von theoretisch einzelveräußerbar oder einzeln verwertbar sein müssten. In einem solchen Aktivierungskriterium spiegelte sich eine um Objektivierung bemühte gegenständlich-verrechtlichte Sichtweise wider.[763] Das Kriterium einer Verwertbarkeit bzw. Veräußerbarkeit „im Rahmen des Unternehmens" hilft allerdings nicht weiter, da die Werthaltigkeit eines Wirtschaftsguts im Rahmen eines „asset deals" regelmäßig nur das interne Kalkül einer Werthaltigkeit im Rahmen des Unternehmens bestätigen würde. Umgekehrt könnte eine echte Einzelveräußerbarkeit oder sonstige Marktverwertung als Aktivierungskriterium aufgrund der Fortführungsprämisse regelmäßig ggf. nur eine Wertabsicherung in Höhe eines Bruchteils der ursprünglichen Anschaffungskosten eines Wirtschaftsguts bewirken. Geht es um eine Konkretisierung der Werthaltigkeit von Investitionsausgaben im Rahmen der Unternehmensfortführung, erscheint ein solches Kriterium zur „doppelten Wertabsicherung" also zunächst nicht sehr überzeugend.

---

[761] Vgl. bereits Schumpeter, Theorie der wirtschaftlichen Entwicklung, S. 80, 222 f.

[762] Vgl. Moxter, Bilanzrechtsprechung, S. 6 ff.; Adler/Düring/Schmaltz, Rechnungslegung, § 246 HGB Rz. 10 ff.

[763] Vgl. oben unter I.

Letztlich geht es hier vor allem um eine Abgrenzung unsicherer bloßer „Vorteile" von materiellen Wirtschaftsgütern.[764]

Dabei müssen „sichtbare" Wirtschaftsgüter keineswegs sicherer werthaltig sein als „unsichtbare". Immaterielle Werte, die etwa durch Dienstleistungen erworben werden, können allerdings unvergleichbar differenziert, individuell und vor allem weniger *standardisiert* als materielle Wirtschaftsgüter sein,[765] und damit grundsätzlich unsicherer hinsichtlich der objektiviert nachweisbaren Werthaltigkeit eines Investments. Insoweit kann die Greifbarkeit eines Wirtschaftsguts durch seine Einzelveräußerbarkeit bzw. -verwertbarkeit am Markt zumindest als ein Standardisierungskriterium verstanden werden, das typisiert für die Werthaltigkeit eines einzeln abtrennbaren Vermögenselements spricht.[766]

Aus Wirtschaftlichkeitserwägungen könnte schließlich die Aktivierung zwar werthaltiger, aber nur geringwertiger Wirtschaftsgüter unterbleiben.

(2) Reichweite der Anschaffungskosten

Hinter einem aktivierten Wirtschaftsgut des Anlagevermögens stehen *bei Zugangsaktivierung* aufgrund des Anschaffungskostenprinzips allein die zur Erwerbskostendeckung erwarteten (Netto-)Einnahmen, nicht jedoch die zur Verhinderung eines Vermögensverlustes aus der jeweiligen Investition insgesamt erforderlichen Einnahmeerwartungen. Die Zugangsbewertung von Wirtschaftsgütern mit den tatsächlichen, pagatorischen Anschaffungskosten[767] einer Periode impliziert daher zunächst nur eine „Vermögensumschichtung" unter verkürzter Sichtweise. Die Bewertung erfolgt aus Vermögensperspektive in Höhe der *(Netto-)Mindesteinnahmen*, die erwartet werden, um die

---

[764] Vgl. dazu auch Adrian, Immaterielle Wirtschaftsgüter, Rz. 3140 ff.

[765] Vgl. nur Hénaff, Nichtgreifbares und Unschätzbares, 2013.

[766] Das verdeutlicht auch die unsichere Werthaltigkeit eines derivativen Geschäfts- oder Firmenwerts, der aufgrund mangelnder Einzelverwertbarkeit nach deutschem Handelsrecht auch nur als „Vermögensgegenstand" fingiert wird (§ 246 Abs. 1 HGB).

[767] Moxter, Grundsätze, S. 178.

in der Anschaffungsperiode für den Erwerb eines Wirtschaftsguts getätigten Ausgaben zu decken.

Die Aktivierung von Wirtschaftsgütern zu ihren Anschaffungskosten verhindert damit vor allem den Ausweis eines dem unternehmerischen Kalkül nach nicht verursachten Vermögensverlustes in der Erwerbsperiode. Sie führt aus Perspektive der Erfolgsrechnung zunächst zu einer *Ausgabenperiodisierung*, wenngleich der bilanzielle Aktivposten aus der Vermögensperspektive künftige Einnahmen verkörpert.[768] Periodisiert werden damit die unternehmerischen Beschaffungsrisiken. Je weiter die Anschaffungskostendefinition ist, umso weniger unternehmerisches Risiko wird der betrieblichen Beschaffung beigemessen. Anschaffungskosten(-bestandteile) werden erst künftigen Perioden als Aufwand zugeordnet.

Bei der Zugangsbewertung eines Wirtschaftsguts können als Anschaffungskosten dabei in Frage kommen:

- der Anschaffungspreis,
- Anschaffungsnebenkosten wie etwa für Transport und Montage,
- nachträgliche Anschaffungskosten und
- Aufwendungen, die anfallen, um das Wirtschaftsgut in einen betriebsbereiten Zustand zu versetzen.[769]

Ausgangspunkt der Anschaffungskosten bildet der für den Erwerb eines Wirtschaftsguts geleistete Anschaffungspreis. Der zwischen zwei unabhängigen Vertragsparteien vereinbarte Anschaffungspreis eines Wirtschaftsguts kann aus bilanzieller Vermögensermittlungsperspektive als „objektivierter Indikator für die Werthaltigkeit des erworbenen Aktivums“ verstanden werden.[770]

---

[768] Konsistent dazu ist auch, Kosten, die in Perioden vor dem Erwerb angefallen sind, nicht nach zu aktivieren. Insoweit folgt die Bewertung dem Zugang eines Wirtschaftsguts. Vgl. – mit Bezug auf Herstellungskosten – van der Velde, Herstellungskosten, S. 94.

[769] Vgl. Adler/Düring/Schmaltz, Rechnungslegung, § 255 HGB, Rz. 17.

[770] Vgl. Adler/Düring/Schmaltz, Rechnungslegung, § 255 HGB, Rz. 5, außerdem den vorangehenden Unterabschnitt (1).

Die Zugangsbewertung eines Wirtschaftsguts in Höhe der unmittelbaren Anschaffungskosten könnte eine Wertabsicherung durch Möglichkeit einer entsprechenden Wiederveräußerung implizieren. Das spräche für eine entsprechend enge Definition der Anschaffungskosten ohne weitere Nebenkosten des Erwerbs und der Ingangsetzung. Allerdings werden Markt- bzw. Zerschlagungswerte für ein Wirtschaftsgut auf einem „Zweitmarkt“ erheblich von den eigenen Anschaffungskosten abweichen und es kann auch nicht bei allen Wirtschaftsgütern von einer Einzelverwertbarkeit durch *Veräußerung* ausgegangen werden. Konnte eine Einzelverwertbarkeit für die Abgrenzung eines typisiert werthaltigen Wirtschaftsguts noch überzeugen, scheint eine Berücksichtigung im Rahmen der Bewertung unter der Fortführungsprämisse daher nicht passend.

Unter dem Gesichtspunkt, dass der Erwerb eines aktivierungsfähigen Wirtschaftsguts zielgerichtet als Vermögensumschichtung erfolgt, kann für die Frage nach einer angemessenen objektivierten Zugangsbewertung jedoch auf das unternehmerische Entscheidungskalkül im Erwerbszeitpunkt abgestellt werden.[771] Die durch den Erwerb ausgelösten Anschaffungskosten sind die im Zeitpunkt einer konkreten Erwerbsentscheidung unmittelbar „entscheidungsrelevanten“ Kosten. Das sind die variablen (Zusatz-)Kosten, die ausgehend von der bereits vorhandenen unternehmerischen Kapazität durch den Erwerb neu ausgelöst werden.[772] Den Anschaffungskosten eines Wirtschaftsguts werden insoweit stets mindestens gleich hohe künftige Einnahmeerwartungen aus betrieblicher Nutzung und Verwertung gegenüberstehen, da ansonsten der jeweilige Erwerb unterblieben wäre. Das verdeutlicht den subjektiv-teleologischen Aspekt der Veranlassung eines Erwerbsvorgangs.

Die Finalität zielt hier jedoch nicht auf ein dynamisch-bilanzielles Matching von Erwerbsaufwand zu erwartetem Umsatz.[773] Sie schließt sich insbesondere auch erst an die objektivierte Prüfung der Zugangsaktivierung an, will den Ausweis einer gegenwärtig mit einiger Sicherheit nicht entstandenen Vermö-

---

771 Zur betrieblichen Planung vgl. Wöhe, Betriebswirtschaftslehre, S. 81 ff.

772 Vgl. Wöhe, Betriebswirtschaftslehre, S. 326 ff.

773 Vgl. oben Teil 3 Abschnitt A.IV.2.d).

gensminderung verhindern und kann durch sachgerechte Kostenzuordnung Objektivierungs- wie auch Praktikabilitäts- bzw. Wirtschaftlichkeitszielen dienen.[774]

Eine erfolgsneutrale „Vermögensumschichtung“ in der Erwerbsperiode kann damit typisiert entsprechend dem wirtschaftlichen Kalkül zumindest für alle variablen *Kosten* angenommen werden, die zielgerichtet geleistet werden, um ein Wirtschaftsgut zu erwerben und in Gebrauch nehmen zu können. Hinsichtlich nachträglicher Anschaffungskosten muss dann danach differenziert werden, ob sie in die Definition der finalen Anschaffungskosten passen.

Um zu verhindern, dass bloße Ausgaben periodisiert werden, ohne dass objektiviert bereits ein *greifbarer Vermögenswert zugerechnet* werden kann, spricht schließlich viel dafür, hinsichtlich der Finalität von Kosten als Abgrenzungskriterium für eine Zugangsbewertung eine konkrete Erwerbsentscheidung und auch einen engen zeitlichen Zusammenhang mit dem Zugang des jeweiligen Wirtschaftsguts vorauszusetzen.

Neben der Unterscheidung zwischen variablen und sodann fixen Kosten könnte auch noch zwischen Einzel- und Gemeinkosten unterschieden werden. Einzelkosten sind Kosten, die einem Bezugsobjekt direkt und mit quantitativem Bezug zugeordnet werden können, während Gemeinkosten erst über eine weitergehende Schlüsselung und Umlage zu einem Wirtschaftsgut in Beziehung gebracht werden können.[775] Ob Kosten einfach und direkt oder erst durch Kalkulation einem Bezugsobjekt zugeordnet werden können, kann nun zwar materiell kein Aktivierungskriterium sein. Es wird bereits von der jeweiligen Ausgestaltung des unternehmerischen Rechnungswesens abhängen und auch Abgrenzungsschwierigkeiten bewirken.[776] Eine Differenzierung zwischen Einzel-/Gemeinkosten könnte allerdings eine Vereinfachung bewir-

---

[774] Vgl. dazu auch Prinz, Veranlassungsprinzip, StuW 1996 S. 269.

[775] Vgl. van der Velde, Herstellungskosten, S. 124 ff.; Biergans, Steuerbilanz, S. 332; Adler/Düring/Schmaltz, Rechnungslegung, § 255 HGB, Rz. 138 f.

[776] So auch Adler/Düring/Schmaltz, Rechnungslegung, § 255 HGB, Rz. 137 und 147.

ken, indem nicht jegliche – auch geringe – variable Kosten eines Beschaffungsvorgangs eingerechnet werden müssten.[777]

Aufgrund der Prämisse der Unternehmensfortführung müssten außerdem auch nicht nur die variablen, finalen Anschaffungskosten der einzelnen Wirtschaftsgüter durch spätere Einnahmen gedeckt sein, sondern auch *alle anteiligen Fixkosten* einer Periode.[778] Dabei ist allerdings das Vorsichtsprinzip zu beachten, das eine Risikoreduktion erfordert.[779] Gehören Fixkosten der Beschaffung zum Risikobereich der langfristigen Unternehmensplanung, bewirkte eine Aktivierung, dass auch diese Beschaffungsrisiken periodisiert und erst künftigen Perioden angelastet werden. Die gesamten Fixkosten der unternehmerischen Beschaffung sind aus Perspektive des Erwerbszeitpunkts hinsichtlich einer Einnahmendeckung grundsätzlich höher risikobehaftet als die kurzfristig-variablen Kosten des einzelnen Erwerbs. In einem Industriebetrieb liegen zwischen den Fixkosten der betrieblichen Beschaffung und einem kostendeckenden Umsatzerlös durch Absatz von Produkten zudem die Risikobereiche der gesamten Beschaffung, der Produktion und des Absatzes.

Unternehmerische Beschaffungsrisiken werden in der Wirtschaftsrealität höchst unterschiedlich sein. So liegt die Beschaffung von Vorräten bei einem Handelsunternehmen grundsätzlich näher am Absatz als bei einem Industrieunternehmen. Die individuellen Beschaffungsrisiken werden in jedem Unternehmen und auch für jedes erworbene Wirtschaftsgut differieren.

Abhängen wird dies insbesondere auch vom jeweiligen Markttypus. Auf einem Verkäufermarkt[780] besteht etwa ein Nachfrageüberhang.[781] Wirtschaftli-

---

[777] Vgl. dazu auch Adler/Düring/Schmaltz, Rechnungslegung, § 255 HGB, Rz. 27, 137. Einzelkosten können dabei ggf. weiterreichen als allein variable Kosten, indem sie etwa auch Gehälter als beschaffungsbezogene Kosten implizieren.

[778] Zu Fixkosten siehe begrifflich Gabler Wirtschaftslexikon, Fixe Kosten.

[779] Vgl. oben Teil 3 Abschnitt A.I.2.

[780] Vgl. Wöhe, Betriebswirtschaftslehre, S. 383.

[781] Die nach § 38 des HGB-1897 für Nicht-Aktiengesellschaften zulässige Zeitwertbewertung des Vorratsvermögens (vgl. Schneider, Betriebswirtschaftslehre, S. 246) und die von Simon zumindest zum Ausweis unrealisierter, aber erzielter Gewinne favorisierte Zeitwertbewertung von „Verkaufsgütern" ist insoweit auch vor dem Hintergrund der historischen Marktverhältnisse zu verstehen. Ende des 19. Jahrhunderts war die Marktsituation noch nicht von solchen Angebotsüberhängen gekennzeichnet, wie es heute

cher Erfolg im Sinne eines hinreichend sicheren Reinvermögenszugangs wäre dann großenteils nicht erst einer Absatzperiode, sondern bereits den vorgelagerten Erwerbs- bzw. Produktionsphasen zuzuordnen, da hier der entscheidende Erfolgsfaktor und Engpass läge. Die Marktsituation eines Käufermarkts ist dagegen durch einen Angebotsüberhang gekennzeichnet. Der Absatz stellt den entscheidenden unternehmerischen Engpass dar. Wirtschaftlicher Erfolg bedeutet dann, dass auch das Risiko der Fixkostendeckung zumindest teilweise erst durch das Umsatzgeschäft ausgeschaltet wird.[782]

Verkäufer- und Käufermarkt können sich je nach Angebots- und Nachfragesituation auch wandeln. Ist die Risikosituation der steuerpflichtigen Unternehmen unterschiedlich und variabel, scheint eine einzige fixe Berechnungsmethode daher nicht den Zielen einer gleichheitsgerechten Besteuerung zu entsprechen. Umgekehrt sind aber auch weitreichende Wahlrechte zur „Selbstabbildung“ der jeweiligen unternehmerischen Risikosituation nicht gleichheitsgerecht.

Den differenzierten Wirtschaftsrealitäten kann eine steuerliche Gewinnermittlung zwecks Objektivierung, Praktikabilität und Wirtschaftlichkeit nur durch *typisierte* Ausrichtung gerecht werden. In entwickelten Industriestaaten wird sie vom Typus eines risikobehafteten Käufermarktes ausgehen können. Die individuelle Risikosituation eines Unternehmens wird sie dann nur durch Anwendung eines „pauschalen Vorsichtsprinzips“ berücksichtigen können. Werden anteilige Fixkosten nicht aktiviert, könnte dies also durchaus einem wohl verstandenen „pauschalen Vorsichtsprinzip“ wie auch Praktikabilitätszielen der Besteuerung dienen; auch ein Teilkostenansatz unter Aktivierung eng begrenzter beschaffungsnaher Gemeinkosten könnte dem allerdings gerecht werden.

---

nach Industrialisierung und Globalisierung der Fall ist. Die Zeitwertbewertung allein von „Verkaufsgütern“ – wie bei Simon – kann dementsprechend dann einen Verkäufermarkt widerspiegeln, in dem nicht der Absatz den betriebswirtschaftlichen Engpass und Risikofaktor darstellt, sondern die Produktion im Fokus steht.

782 Vgl. Wöhe, Betriebswirtschaftslehre, S. 381.

(3) Herstellung als erfolgsneutrale Vermögensumschichtung

Die betriebliche Produktion von Wirtschaftsgütern erfolgt ebenso wie der Erwerb von Dritten unter Annahme einer Vermögensumschichtung und – möglicherweise – eines künftigen Gewinns.[783] Bereits im Rahmen der Zugangsaktivierung aus Anschaffungsvorgängen wurde gezeigt, dass Vorsichts- und Objektivierungsziele dennoch eine Eingrenzung aktivierungsfähiger Wirtschaftsgüter erfordern. Bei der Herstellung von Wirtschaftsgütern gilt dies im Besonderen, da diese Güter ggf. noch nicht „markterprobt" sind. Angesprochen sind auch hier möglicherweise hoch individuelle, nicht-standardisierte und damit risikobehaftete immaterielle Werte. Die Werthaltigkeit gerade selbsterstellter immaterieller Faktoren kann mit hoher Unsicherheit behaftet sein.[784] Diese Unsicherheiten können im Ergebnis für ein Aktivierungsverbot bestimmter selbst hergestellter immaterieller Werte sprechen.

(4) Reichweite der Herstellungskosten

Inwieweit bei der Produktion von einer erfolgsneutralen Vermögensumschichtung ausgegangen wird oder aber Herstellungsrisiken bzw. der Verbrauch von Vermögenskomponenten bei der betrieblichen Leistungserstellung unmittelbar einer Periode angelastet werden, wird in einem Produktionsbetrieb über die Höhe der aktivierungsfähigen Herstellungskosten bestimmt.[785]

Zum einen könnten hier die variablen Material- und Fertigungskosten aktiviert werden; außerdem Kosten der mittel- und langfristigen Produktionsplanung als Kapazitätskosten der Produktion. Aus Perspektive der kurzfristigen Unternehmensplanung, der die vorhandene Kapazität den Rahmen vorgibt, sind diese Kosten „fix"; nur in der längerfristigen Planung stellen sie die variablen und damit „entscheidungsrelevanten" Kosten dar.[786] Nicht nur zwischen

---

[783] Vgl. Adler/Düring/Schmaltz, Rechnungslegung, § 255, Rz. 117.

[784] Vgl. Lagarden, Markenbewertung, S. 13 ff.

[785] Vgl. dazu auch BFH, Urteil vom 21.10.1993 – IV R 87/92, BStBl. II 1994 S. 176.

[786] Zur betrieblichen Planung Wöhe, Betriebswirtschaftslehre, S. 81 ff.

variablen und fixen Kosten, sondern auch zwischen Einzel- und Gemeinkosten kann schließlich unterschieden werden.[787]

Bereits bei Fragen der Zugangsaktivierung angeschaffter Wirtschaftsgüter wurde gezeigt, dass für ein aktivierungsfähiges Wirtschaftsguts hinsichtlich variabler und finaler Erwerbskosten unter Vorsichts- und Objektivierungserwägungen von einer hinreichend sicheren Vermögensumschichtung ausgegangen werden kann.[788] Wirtschaftlich stellen die im Herstellungskalkül entscheidungsvariablen Kosten den Mindestbetrag dar, der gemäß einem kurzfristigen Produktions- und Absatzkalkül erzielt werden muss, damit aus einer Produktion kein Verlust erzielt wird, also die kurzfristige Preisuntergrenze.[789] Damit kann typisiert zunächst für sämtliche (kurzfristig) variablen Kosten des Herstellungsvorgangs davon ausgegangen werden, dass sie durch künftige Einnahmen gedeckt sein werden. Sie bilden die Herstellungskostenuntergrenze. Auch nachträgliche Herstellungskosten wären zu aktivieren, wenn sie in die Definition der finalen Herstellungskosten passen und typisiert von einer Erweiterung des erwarteten Einnahmenpotenzials aus dem Wirtschaftsgut ausgegangen werden kann.

Werden Herstellungskosten über die Herstellungskostenuntergrenze hinaus inklusive aller weiteren zuordenbaren Kosten definiert, implizit dies die Annahme, dass diese Kostenanteile durch die erwarteten Umsatzerlöse der jeweiligen Güter auch sicher wieder „verdient“ werden, insoweit also kein Kapitalverlustrisiko besteht. Werden hergestellte Güter noch in der Periode der Herstellung veräußert, hätte der Einbezug solcher Gemeinkosten bzw. anteiligen Fixkosten allerdings auch keine Erfolgswirkungen und müsste unter Wirtschaftlichkeitsgesichtspunkten abgelehnt werden. Zu einer Periodisierung von Fix-/Gemeinkostenbestandteilen kommt es allerdings bei Produktion „auf Lager“. Eine maximale Herstellungskostendefinition inklusive aller einem Produktionsprozess zuordenbarer Fixkosten würde hier den Prinzipien einer vorsichtigen, kapitalerhaltenden Gewinnermittlung wider-

787 Vgl. oben unter (2).
788 Vgl. ebenda.
789 Vgl. Wöhe, Betriebswirtschaftslehre, S. 467.

sprechen und aufgrund von Willkürmängeln einer mehrstufigen betrieblichen Kostenverrechnung Praktikabilitäts-, Wirtschaftlichkeits- und Gleichheitszielen der Besteuerung entgegenstehen.[790]

Je weiter Gemeinkosten von der eigentlichen Herstellung „entfernt“ sind, desto weniger zuverlässig wäre das wertmäßige Ergebnis. Gerade für mittelständische Unternehmen kann nicht davon ausgegangen werden, dass das betriebliche Rechnungswesen solche Kosten den einzelnen Produktionsgütern willkürfrei zurechnen kann.[791]

Bei einer engen Herstellungskostendefinition käme es dagegen – isoliert betrachtet – bei Produktion auf Lager zu einem Kapitalverlust in Höhe der nicht aktivierten Fixkostenbestandteile, in der späteren Verkaufsphase dagegen zu einem Gewinn in Höhe dieser Kosten plus Marge. Eine enge Herstellungskostendefinition impliziert, dass von eher riskanten Geschäften ausgegangen wird und daher erst der tatsächlichen Erfolgsrealisierung durch Umsatzakt entscheidende Bedeutung beigemessen wird.[792] Eine enge Herstellungskostendefinition entspricht damit grundsätzlich der angenommenen Marktsituation eines Käufermarktes,[793] der durch Angebotsüberhänge und typisiert erhöhtes Risiko bei Produktion auf Vorrat gekennzeichnet ist, soweit ein Gut nicht ausnahmsweise durch Lagerung erst „marktreif“ wird.

Praktikabilitäts- und Wirtschaftlichkeitserfordernisse – und damit mittelbar wiederum Gleichheitserfordernisse – setzen einer *verpflichtenden* unbegrenzten Kostenverrechnung zumindest Grenzen. Einzelfallgerecht schiene es, jeglichen Einbezug anteiliger Fixkosten als Wahlrecht auszugestalten,[794] um die jeweilige Marktsituation bzw. das jeweilige Risiko bilanziell adäquat abbilden zu können, soweit das jeweilige betriebliche Rechnungswesen

---

790 Vgl. auch Schneider; Betriebswirtschaftslehre, S. 432 f.; Adler/Düring/Schmaltz, Rechnungslegung, § 255 HGB Rz. 217 ff.

791 Vgl. van der Velde, Herstellungskosten, S. 94 f.; zur Unterscheidung steuerlicher und kostenmäßiger Herstellungskosten außerdem S. 80 ff.

792 Vgl. van der Velde, Herstellungskosten, S. 75 ff.

793 Vgl. oben unter (2).

794 Vgl. oben Teil 2 Abschnitt VII.

diese Zahlen zuverlässig liefern kann.[795] Allerdings müssen die steuerlichen Gewinnermittlungsregeln ohnehin für unterschiedliche Klassen und Situationen unternehmerischen Risikos gelten, was insoweit stets pauschalvorsichtsgeprägte Typisierungen erfordert. Das spricht hier gegen ein Wahlrecht und auch für eine enge Herstellungskostendefinition, die höchstens eng begrenzte Gemeinkosten berücksichtigt.

Als *Kompromisslösung* könnte es sich anbieten, neben den finalen, variablen Kosten – vereinfacht auch: Einzelkosten[796] – nur einen Teil der Gemeinkosten wie etwa *herstellungsbereichsnahe* Material- und Fertigungsgemeinkosten zu aktivieren.[797] Vorsichtserwägungen sprächen dabei zumindest gegen eine Aktivierung auch von Leerkosten, also desjenigen Teils der Fixkosten, der bei Unterbeschäftigung auf die nicht genutzte Kapazität entfällt.[798] Über einen solchen vorsichtigen, produktionsbezogen-finalen Herstellungsbegriff[799] hinaus gingen allerdings weitere Gemeinkosten wie insbesondere der allgemeinen Verwaltung.

Stellt die Abbildung einer als sicher angenommenen Vermögensumschichtung schließlich ohnehin eine vorsichtsgeprägte Typisierung dar, könnten unter Praktikabilitäts-, Wirtschaftlichkeits- und Objektivierungserwägungen statt einer komplexen anteiligen Gemeinkostenzurechnung allerdings auch typisierte Zuschläge – mit Möglichkeit eines individuellen Kostennachweises – in Frage kommen.

(5) Tauschgeschäfte

Die Veräußerung eines Wirtschaftsguts unter gleichzeitigem Erwerb eines neuen Wirtschaftsgutes nimmt eine Zwischenstellung zwischen erfolgsneu-

---

[795] Vgl. dazu Prinz, Veranlassungsprinzip, StuW 1996 S. 269; Raupach, Handelsbilanz, S. 119. Anders van der Velde, Herstellungskosten, S. 94.

[796] Vgl. bereits oben unter (2).

[797] Vgl. Siegel, Gewinnermittlung, S. 313 ff.; Bareis, Karlsruher Entwurf, StuW 2002 S. 150.

[798] Vgl. Biergans, Steuerbilanz, S. 333, zum Problem außerdem van der Velde, Herstellungskosten, S. 92 f. und 106 f.

[799] Für einen „produktionsbezogenen Vollkostenansatz“ sprechen sich etwa Schreiber, Ge winnermittlung, StuW 2002 S. 108 und Spengel, Zukunft der Steuerbilanz, FR 2009 S. 105 f. aus.

traler Vermögensumschichtung und erfolgswirksamem Umsatzgeschäft ein.[800]

Tauschgeschäfte stellen unter dem Gesichtspunkt der objektivierten, konkretisierten Aufdeckung und Hebung stiller Reserven Erfolgsgeschäfte dar, wobei die einzige Besonderheit darin liegt, dass ein Verkaufsgeschäft und ein Beschaffungsgeschäft zusammenfallen. Die zu erhaltende Gegenleistung liegt dann nicht in einer Geldleistung, sondern ebenfalls einer Sachleistung. Entsprechend dem Realisationsprinzip, müssten Tauschgeschäfte dann zu einer Erfolgsrealisierung führen.[801]

Erfolgen Tauschgeschäfte allerdings nur zu dem Zweck, eine Ersatzbeschaffung für ein auszutauschendes Wirtschaftsgut vorzunehmen, können sie auch erfolgsneutrale Vermögensumschichtungen darstellen. Die Beantwortung der Frage hängt mit dem angewandten Konzept der Unternehmenserhaltung als (realer) Kapitalerhaltung und zumindest teilweise auch *Substanzerhaltung* zusammen.[802] Insoweit würde eine erfolgsneutrale Behandlung eines Tauschgeschäftes zur Ersatzbeschaffung zwar eine Durchbrechung des Realisationsprinzips darstellen, das zur „Modellwelt" einer vorsichtigen nominalen Kapitalerhaltung gehört. Die Erfolgsneutralität von bestimmten Tauschvorgängen könnte aber auch erst sichern, dass Gewinn entsprechend dem Leistungsfähigkeitsprinzip als *freie Verwendungsgröße* erfasst wird und eine *substanzbezogene* Unternehmensschonung bei bestimmten Reinvestitionen unter Preissteigerung gewährleistet würde.[803] Gute Gründe sprechen

---

[800] Anschaulich bei Adler/Düring/Schmaltz, Rechnungslegung, § 255 Rz. 89 ff.

[801] Vgl. das Tauschgutachten des BFH vom 16.12.1958 – I D 1/57 S, BStBl. III 1959 S. 30.

[802] Dazu oben, Teil 3 Abschnitt A.I.1.

[803] Durch einen besonders engen, substanzbezogenen Blickwinkel einen Tauschvorgang möglicherweise im Ausgangsfall bereits verneinend das Tauschgutachten des BFH vom 16.12.1958 – I D 1/57 S, BStBl III 1959, 30: „Die im Steuerrecht gebotene wirtschaftliche Betrachtung kann aber bei Würdigung aller Umstände des Einzelfalls abweichend von der bürgerlich-rechtlichen Beurteilung ausnahmsweise zu dem Ergebnis führen, dass beim Tausch von Anteilen an Kapitalgesellschaften steuerlich kein Anschaffungsgeschäft und kein Tauschvertrag vorliegt, weil die hingegebenen und eingetauschten Anteile wirtschaftlich identisch sind."

insoweit zumindest für eine eng gezogene,[804] Objektivierungserfordernissen genügende Erfolgsneutralität von Ersatzinvestitionen. Sachgerecht könnte insoweit die Adressierung einzelner Preissteigerungen in bestimmten Sondersituationen sein.

(6) Anschaffung von Verbindlichkeiten

Die Vorstellung, dass Verbindlichkeiten „erworben" werden, ist zunächst gewöhnungsbedürftig und widerspricht dem allgemeinen Wortgebrauch. Dennoch muss sich das Prinzip erfolgsneutraler Vermögensumschichtung auch auf Verbindlichkeiten beziehen. Der Erwerb etwa einer Darlehensschuld wird sich dabei im unternehmerischen Kalkül weniger auf die Verbindlichkeit als den spiegelbildlichen Liquiditätszugang beziehen; auch Geldvermögen stellt schließlich ein Wirtschaftsgut dar und kann insoweit – gegen Eingehen einer Verbindlichkeit – „erworben" werden.

Ein Unternehmen wird ein Erwerbsgeschäft im Regelfall nur eingehen, wenn es sich einen Gewinn hiervon verspricht, das Erworbene also einen Mehrwert für ihn erwarten lässt. Dessen Hebung erfolgt nach dem Realisationsprinzip jedoch erst durch ein folgendes, realisierendes Geschäft: Etwa wenn das erworbene Kapital gewinnbringend investiert werden kann oder die Begleichung der erworbenen Schuld unter Risikoübernahme des erwerbenden Unternehmens betragsmäßig geringer ausfallen kann, als es dem erhaltenen Entgelt entspricht.

Ob aktivisch oder passivisch betrachtet: In einem Erwerbszeitpunkt muss daher ebenfalls davon ausgegangen werden, dass eine bloße Vermögensumschichtung stattgefunden hat. Der Grundsatz einer erfolgsneutralen Behandlung von Anschaffungsvorgängen muss also auch gelten, wenn das Anschaffungsgeschäft in einem Erwerb von Wirtschaftsgütern gegen Ein-

---

[804] Eine dynamische wirtschaftliche Entwicklung durch Durchsetzung neuer Kombinationen sollte hierdurch nicht gehemmt werden. Vgl. Schumpeter, Theorie der wirtschaftlichen Entwicklung, S. 88 ff.

räumung einer Schuldposition liegt. Er findet insoweit auch auf übernommene Passivpositionen Anwendung.[805]

bb) Folgebewertung von Wirtschaftsgütern

(1) Planmäßige Wertminderung

Durch Aktivierung von abnutzbaren Wirtschaftsgütern des Anlagevermögens mit den jeweiligen Anschaffungskosten wird nicht der Zugangsperiode das komplette Investitions- bzw. Beschaffungsrisiko eines Vermögensverlustes zugewiesen. Typisiert wird dieses vielmehr – über planmäßige Abschreibungen – der mittel- bis langfristigen (Kapazitäts-)Planung angelastet, der eine solche Erwerbsentscheidung auch wirtschaftlich zuzuordnen ist.[806]

Nicht abnutzbare Wirtschaftsgüter des Anlagevermögens können dabei ein geringeres Beschaffungsrisiko darstellen: Sie können im Rahmen der betrieblichen Leistungserstellung eingesetzt werden, während ihr Wert bzw. Einnahmenpotenzial zumindest nicht durch Substanzverzehr aufgebraucht wird. Beschaffungs-/Vermögensrisiken aus dem Erwerb nicht abnutzbarer Wirtschaftsgüter des Anlagevermögens können daher planmäßig einer späteren Periode zugewiesen werden, in der das Wirtschaftsgut wieder veräußert wird bzw. abgeht.

Bei abnutzbaren Wirtschaftsgütern des Anlagevermögens wird infolge der sicheren Wertminderung im Zeitablauf regelmäßig ein höheres Beschaffungs-/Vermögensrisiko eingegangen, das nach Erwerb entsprechend sukzessive über planmäßige Abschreibungen zu berücksichtigen ist. Hier stellt sich wirtschaftlich die Frage nach einer periodengerechten Ausgestaltung

---

[805] Deutlich BFH, Urteil 12.12.2012 – I R 69/11, DB 2013 S. 611 ff.; Urteil vom 14.12.2011 – I R 72/10, DStR 2012 S. 452; vom 16.12.2009 – I R 102/08, BStBl. II 2011 S. 566.

[806] Vgl. Hennrichs, Steuerrecht, § 9 Rz. 300; van der Velde, Herstellungskosten, S. 133 f.

des Abschreibungsverfahrens. Durch planmäßige Abschreibungen zu berücksichtigende Wertminderungen können verschiedene Ursachen haben:[807]

- Abnutzung/mechanischer Verschleiß (Gebrauchsabnutzung),
- Substanzminderung (etwa durch Kiesabbau),
- natürlicher Verschleiß (bspw. witterungsbedingt),
- technisches Veralten (Fortentwicklung von Verfahren und Technologien, die relative Kosten- und Leistungsnachteile der alten Wirtschaftsgüter mit sich bringen),
- wirtschaftliches Veralten (Entwicklung von Mode, Geschmackspräferenzen usw.).

Zu ihrer Berücksichtigung werden verschiedene Abschreibungsmodalitäten vorgeschlagen,[808] hinter denen sich jeweils unterschiedliche Vorstellungen über den Sinn und Zweck planmäßiger Abschreibungen verbergen:

(1) Sollen die planmäßigen Abschreibungen den sinkenden Marktwertverlauf des Wirtschaftsguts widerspiegeln?
(2) Sollen die planmäßigen Abschreibungen den Verlauf der jeweiligen Umsatz-/Einnahmeerwartungen widerspiegeln?
(3) Sollen die planmäßigen Abschreibungen verursachungsgerecht den Verschleiß des Wirtschaftsguts widerspiegeln?

Die erste Perspektive basiert im Grundsatz nicht mehr auf der Idee einer Fortführungs-, sondern einer statischen Zerschlagungsbilanz unter Realisierung des Ertragswertideals. Die zweite Perspektive entspricht einer zeitlich-veranlassungsbezogenen und damit dynamisch-bilanziellen Gewinnermittlung.[809] Bewirkt würde hier immer ein Matching von Aufwendungen zu erwar-

---

[807] Vgl. Simon, Bilanzen, S. 380 ff.; Schmalenbach, Dynamische Bilanz, S. 67 ff; Biergans, Steuerbilanz, S. 407 f.

[808] Vgl. Scheider, Betriebswirtschaftslehre, S. 131 ff.; Oestreicher/Spengel, Abschreibung, S. 56 f.; Moxter, Bilanzrechtsprechung, S. 247 f.

[809] Vgl. hierzu dennoch auch Simon, Bilanzen, S. 386.

teten Erträgen, also eine Periodenzuordnung von Aufwendungen zu zugehörigen Erträgen nach dem Nettorealisationsprinzip.[810]

Wenngleich das Veranlassungsprinzip als genereller zeitlicher Zuordnungsmaßstab abgelehnt wurde, liegen einem Wirtschaftsgut bei Geltung des Anschaffungskostenprinzips allerdings stets auch beide bilanziellen Erfolgsseiten – risikobehaftete Erwerbsausgaben und entsprechende Mindest-Einnahmeerwartungen – zugrunde. Hinter dem Anschaffungskostenprinzip steht also bereits ein „Matching" von Aufwand und Einnahmeerwartungen, das durch einen entsprechenden Veranlassungszusammenhang verbunden ist.[811] Es stellt sich dann die Frage, ob ausnahmsweise auch eine *veranlassungsbezogene* planmäßige Abschreibung vorzunehmen ist.

Mit dem Veranlassungsprinzip wird auch eine degressive Abschreibung im Zeitablauf rechtfertigt – so etwa bei Erwartung fallender Geschäftsumsätze im Zeitablauf.[812] Allerdings verkörpert ein Wirtschaftsgut unter Geltung eines statisch begriffenen Anschaffungskostenprinzips plangemäß auch nur die zur Deckung der Erwerbsausgabe erforderlichen (Netto-)Mindesteinnahmeerwartungen.[813] Bei Implementierung einer veranlassungsbezogenen planmäßigen Abschreibung im statischen Grundgefüge müsste also für eine degressive Abschreibung dieser erwartete (Netto-)Mindestumsatz im Zeitablauf sinken, nicht jedoch schon der gesamte Umsatz. Gleiches gilt, wenn künftig steigende Reparaturaufwendungen ohne entsprechend erwartete Umsatzsteigerungen erwartet werden;[814] für eine degressive Abschreibung unter Veranlassungsgesichtspunkten müssten dann ebenfalls die erwarteten (Netto-)Mindesteinnahmen im Zeitablauf sinken.[815]

---

810 Vgl. Moxter, Bilanzrechtsprechung, S. 247 f.

811 Vgl. oben Teil 3 Abschnitte IV.2.d) und 3.d).

812 Deutlich Moxter, Bilanzrechtsprechung, S. 248.

813 Vgl. oben unter aa) (1) und (2).

814 Eine degressive Abschreibung schlägt dann Moxter (Bilanzrechtsprechung, S. 248) vor.

815 Kritisch bezüglich einer degressiven Abschreibung zur Zuordnung künftiger steigender Reparaturaufwendungen zu gegenwärtigen Umsätzen auch Scheider, Betriebswirtschaftslehre, S. 133 f.; Oestreicher/Spengel, Abschreibung, S. 57, m. w. N.

Durch das aus vorsichtig-statischer Vermögensperspektive im Anschaffungskostenprinzip implizit verborgene „Matching“ von Aufwand und (Netto-)Einnahmeerwartungen soll bei Erwerb eines Wirtschaftsguts außerdem auch nur der Ausweis eines mit einiger Sicherheit nicht entstandenen Vermögensverlusts verhindern werden. Keineswegs entspräche es einer sachgerechten steuerlichen Gewinnermittlung, dann im Folgenden – *dynamisch* geprägt – ein Matching von Aufwendungen zu erwarteten Umsatzerlösen zwecks bloß gleichmäßiger Verteilung von Aufwand und Ertrag vorzunehmen.[816]

Die dritte Perspektive – planmäßige Abschreibung nach dem Verursachungsprinzip – wird schließlich mit der Begründung abgelehnt, dass die Investitionsausgabe nicht durch die späteren Wertminderungen verursacht sei.[817] Damit wird zwischen Ausgabe und Aufwand ein kausaler Bezug herzustellen versucht, was nicht gelingen kann. Die Verursachung als zeitliche Zuordnungsregel einer Periodisierung muss sich in einer statischen Bilanz vielmehr auf die typisiert angenommene Wertminderung selbst richten, die durch die Aktivierung der Investitionsausgabe als Vermögensumschichtung zunächst neutralisiert wurde.

Typisiert werden die Wertminderungen eines abnutzbaren Wirtschaftsguts verursacht durch die jeweils periodenbezogene unternehmerische Nutzung. Ex ante können dabei allein planmäßige Wertminderungen berücksichtigt werden, nicht jedoch auch andere, sich erst später offenbarende Wertminderungsgründe.[818] Unter Objektivierungs- und Praktikabilitätsgesichtspunkten kann eine periodenbezogene verursachungsgerechte Wertminderung schließlich auch nur typisiert nachgebildet werden. Damit kann insbesondere eine lineare Abschreibung über die Nutzungsdauer als Abschreibungsmethode gerechtfertigt werden.[819] Über lineare planmäßige Abschreibungen

---

816 Näher dazu bereits oben Abschnitt A.III.2.d) und 3.d).

817 Vgl. Oestreicher/Spengel, Abschreibung, S. 56, m. w. N.

818 Vgl. Scheider, Betriebswirtschaftslehre, S. 132; Oestreicher/Spengel, Abschreibung, S. 56.

819 Vgl. Schmalenbach, Dynamische Bilanz, S. 78; Oestreicher/Spengel, Abschreibung S. 59; Scheider, Betriebswirtschaftslehre, S. 131.

werden die Beschaffungsrisiken aus einer Investition gleichmäßig über die Perioden der Nutzungsdauer verteilt.

Zugrunde gelegt werden könnte hier zum einen die wirtschaftliche Nutzungsdauer;[820] sie wird begrenzt durch den Zeitpunkt, ab dem eine Ersatzbeschaffung oder sonstige Reinvestition eines erwarteten Verkaufserlöses günstiger ist als eine weitere Nutzung im Betrieb.[821] Die Periodenabschreibungen würden sich dabei nicht auf die gesamten historischen Erwerbskosten beziehen, sondern nur auf den Differenzbetrag zwischen Erwerbskosten und dem bei Ende der wirtschaftlichen Nutzungsdauer erwarteten Marktwert bzw. Verkaufserlös. Die planmäßige Wertentwicklung des Wirtschaftsguts über laufende Abschreibungen würde dann – ganz grob vereinfacht – die Entwicklung des jeweiligen erwarteten Mindesteinnahmepotenzials widerspiegeln.

Außerdem könnten planmäßige Abschreibungen über die *technische* Nutzungsdauer hinweg vorgenommen werden. Die Abschreibungsbasis wird dabei nicht um einen Resterlöswert geschmälert. Die technische Nutzungsdauer ist die Zeitspanne, während der ein Wirtschaftsgut annahmegemäß objektiv wertlos würde.[822] Bei Anwendung dieses Verfahrens spiegelt der Buchwert des Wirtschaftsguts dann nicht mehr die Entwicklung des erwarteten Mindesteinnahmepotenzials wider, da die mögliche Planung einer späteren Vermögensumschichtung ausgeblendet wird. Wirtschaftlich scheint das erst genannte Abschreibungsverfahren, das auf eine wirtschaftliche Nutzungsdauer unter Berücksichtigung einer optimalen Vermögensumschichtung gerichtet ist, daher das richtigere zu sein.

Bei beiden Verfahren sind im Vorfeld indes unsicherheitsbehaftete Schätzungen vorzunehmen: Zur Marktwertentwicklung und wirtschaftlichen Nutzungsdauer einerseits, zur technischen Nutzungsdauer andererseits.[823] Objektivierungs-, Praktikabilitäts- und Wirtschaftlichkeitsanforderungen verlan-

---

[820] Insoweit nicht nur Simon (Bilanzen, S. 382), sondern auch Schmalenbach, Dynamische Bilanz, S. 66.

[821] Vgl. Oestreicher/Spengel, Abschreibung, S. 54 f.

[822] Vgl. Oestreicher/Spengel, Abschreibung, S. 54.

[823] Vgl. Schmalenbach, dynamische Bilanz, S. 100.

gen hier nach einer Eingrenzung subjektiven Ermessens und einer Typisierung.[824] Dass bei Abstellen auf die wirtschaftliche Nutzungsdauer mehr individuelle Schätzungen erforderlich wären als bei Abstellen auf die technische, spricht dabei dafür, dem planmäßigen Abschreibungsverfahren die technische Nutzungsdauer – und vereinfacht auch: vorgegebene Abschreibungsdauern – vorzugeben.

Werden legislativ unabhängig vom Einzelfall bestimmte Nutzungsdauern vorgegeben, die für die Bemessung der Periodenabschreibungen heranzuziehen sind, sollten sie dabei infolge der Typisierung tendenziell kurz bemessen sein, um dem Prinzip der Unternehmensschonung und der Vorsicht Rechnung tragen zu können.[825] Unter Berücksichtigung der Innenfinanzierungsfunktion von planmäßigen Abschreibungen ist damit speziell das „Kapitalwiedergewinnungsrisiko" adressiert, das während der Amortisationsdauer einer Investition besteht.[826]

(2) Außerplanmäßige Wertminderung

Bei abnutzbaren wie nicht abnutzbaren Vermögensgegenständen können sich außerplanmäßige Wertverluste gegenüber den (fortgeschriebenen) Anschaffungs- oder Herstellungskosten ergeben. Das erwartete (Netto-)Einnahmepotenzial, das ein Wirtschaftsgut vereinfacht jede Periode verkörpern muss, damit seine Anschaffung oder Herstellung nicht zu einem Vermögensverlust führt, ist dann unterschritten.

Fraglich ist, ob die bilanzielle Berücksichtigung eines Vermögensverlustes auch periodengerecht ist. Sie wäre es nicht, wenn nur eine Unterdeckung mit (Netto-)Einnahmen künftiger Perioden zeitlich vorweggenommen würde, weil

---

824 Vgl. oben, Teil 2 Abschnitt B.VII. und VIII.; vgl. auch Oestreicher/Spengel, Abschreibung S. 52 f.

825 Vgl. dazu auch van der Velde, Herstellungskosten, S. 134 f.

826 Vgl. Kling, Abschreibungen S. 129. Ergänzend sprechen auch Neutralitätsziele einer erkannte Einzelverzerrungen vermeidenden Besteuerung (vgl. Teil 2 Abschnitt B.V.2.b)) dafür, die Nutzungsdauern pauschal zumindest nicht zu lang zu bemessen. Hierdurch würde das Investitionsverhalten beeinflusst, indem Ersatzinvestitionen zeitlich an die Nutzungsdauer gekoppelt werden. Vgl. Kling, ebenda, S. 190.

dies bereits erwartet wird. Kann eine maschinelle Anlage etwa aufgrund unerwarteter Nachfrageentwicklungen nicht die erwarteten Mindesteinnahmen zur Deckung der getätigten Anschaffungskosten erzielen, liegt der *wirtschaftliche Grund* für die fehlenden Einnahmen und die entsprechende Wertminderung in der Nachfrageentwicklung der jeweiligen – auch: künftigen – Perioden. Erst wenn die jeweiligen Einnahmen zudem tatsächlich und endgültig nicht erzielt werden können, wäre ganz sicher von einem Vermögensverlust auszugehen.

Man müsste allerdings zum einen unterscheiden zwischen

- dem „initialen" Grund dafür, dass es zu einer Wertminderung kommen kann, der in der Tätigung einer risikobehafteten Investition unter sich ex post als irrig erweisenden Erwartungen liegt;
- dem späteren Grund dafür, dass es zu einer Wertminderung kommt, erwartete Einnahmen zur Ausgabendeckung also voraussichtlich ausbleiben.

Ein bilanzieller Aktivposten steht dabei über die Aktivierung mit einem „Fuß" in der Vergangenheit (Ausgabenseite), mit dem anderen in der Zukunft (Einnahmenerwartungen). Einer bilanziellen Wertminderung ist stets eine vormalige Aktivierung zur buchhalterischen Neutralisierung eines einzelnen Vermögensabgangs vorweggegangen, bei der zum damaligen Zeitpunkt von – nach gegenwärtigen Erkenntnissen – zu hohen (Mindest-)Einnahmeerwartungen ausgegangen wurde. So würden bei einer Wertminderung zwar stets gegenüber ursprünglichen Erwartungen zurückbleibende Mindereinnahmen vorweg genommen. Allerdings hätte sich dann auch nur ein bislang periodisiertes Beschaffungs-/Vermögensverlustrisiko effektuiert – was zwar wiederum von den Einnahmeerwartungen abhängt. Da die bei Zugangsaktivierung den jeweiligen Erwerbsausgaben gegenüberstehenden erwarteten (Netto-)Mindesteinnahmen allerdings auch nicht erst dann berücksichtigt werden, wenn sie sich tatsächlich realisieren, bräuchte auch ihr Ausbleiben – wider Erwarten – nicht erst dann berücksichtigt werden.

Nach dem Verursachungsprinzip wäre ein objektiviert erkenn- und nachweisbarer Vermögensverlust insoweit auf die in einer früheren Periode getätigten Erwerbsausgaben rückführbar, die wider Erwarten nicht „werthaltig“ waren, und hat damit Vergangenheitsbezug. Das ist im Ergebnis nicht imparitätisch gegenüber Wertzuwächsen, die unter Geltung des Anschaffungskosten- und Realisationsprinzips erst bei Umsatzrealisierung berücksichtigt würden, da es bei letzteren um die *erstmalige* Berücksichtigung positiver Vermögenskomponenten und nicht deren Korrektur geht. Insoweit sollte für eine außerplanmäßige Wertminderung auch der Nachweis einer nur *voraussichtlich endgültigen* Wertminderung genügen, da vorgelagert bereits kein sicherer Wertbeitrag bei Zugangsbewertung erfolgen konnte.[827]

Bislang wurde – bereits bei Fragen der Zugangsaktivierung – von erwarteten Netto-Mindesteinnahmen gesprochen, ohne dass dies näher erläutert wurde. Hinter einem aktivierten Wirtschaftsgut des Anlagevermögens standen bei der Zugangsaktivierung aufgrund des Anschaffungskostenprinzips nur die zur Erwerbskostendeckung erwarteten (Netto-)Einnahmen, nicht jedoch die zur Verhinderung eines Vermögensverlustes aus der jeweiligen Investition insgesamt erforderlichen Einnahmeerwartungen. Um ein „Return on Investment“ zu erzielen, werden neben den Erwerbsausgaben allerdings regelmäßig weitere Ausgaben in künftigen Perioden erforderlich sein. Sie werden in diesen künftigen Perioden verursacht und daher grundsätzlich ebenso wenig vorweggenommen wie die ihnen gegenüberstehenden weiteren Mindesteinnahmen, die erwartet werden, um aus einer Investition insgesamt keinen Verlust zu erzielen. Wenn diese Ausgeglichenheitserwartung allerdings gestört wird, indem die künftigen Einnahmen voraussichtlich unter den Erwartungen bleiben und/oder die noch zu tätigenden Ausgaben höher ausfallen werden als erwartet, ist ein Vermögensverlust infolge einer vergangenen Erwerbsentscheidung bewirkt worden und entstanden. Insoweit müsste eine außerplanmäßige Wertminderung auch künftig abfließende Ausgaben berücksichtigen. Auch das ist jedoch nicht als unsachgemäße Verlustantizipati-

---

[827] Vgl. dazu auch Hennrichs, Maßgeblichkeitsgrundsatz gem. § 5 EStG, StuW 1999 S. 142.

on zu verstehen, sondern als Berücksichtigung bereits entstandener, effektuierter Vermögensverluste.

Da eine außerplanmäßige Bewertung von den individuell-betrieblichen Nutzungsmöglichkeiten eines Wirtschaftsguts abhängt und Schätzungen zu künftigen Ausgaben wie Einnahmen erfordert, sind Vereinfachungs- und Objektivierungsziele besonders zu berücksichtigen. So könnten für den Nachweis einer voraussichtlich endgültigen Wertminderung einfache Typisierungen vorgesehen werden, die aus Vorsichtsgründen auch keine zu strengen Maßstäbe setzen sollten. Mit Blick auf eine im Einzelfall möglicherweise sehr aufwendige und unsicherheitsbehaftete Bewertung könnte ausnahmsweise [828] auch ein Wahlrecht zu einer außerplanmäßigen Abschreibung sachgerecht sein, solange ein endgültiger Verlust des Vermögenswertes nicht offenkundig ist.

b) Vermögenswirkung des betrieblichen Absatzes

aa) Konkretisierung des Bruttorealisationsprinzips

Die Höhe eines periodischen Absatzerfolges hängt bereits von dem im Vorfeld erwarteten unternehmerischen Risiko ab, das auch durch die Höhe der im Vorfeld aktivierten Anschaffungs- oder Herstellungskosten abgebildet wird.[829]

Selbst wenn einheitlich vorsichtsbedingt von einem Käufermarkt ausgegangen wird, wird sich das unternehmerische Absatzrisiko weiterhin je nach Branche, Unternehmen und abzusetzender Leistung unterscheiden. Bilanziell können nicht alle unterschiedlichen Risikosituationen jeweils risikoadäquat abgebildet werden. Die Erfordernisse der Objektivität, Praktikabilität und Wirtschaftlichkeit verlangen nach einer typisierenden und Vorsichtserwägungen genügenden Lösung. Ein Absatzerfolg darf insoweit nicht vorweggenommen werden, bevor er sich nicht jeweils hinreichend sicher konkretisiert hat.

---

[828] Vgl. oben Teil 2 Abschnitt B.VII.

[829] Vgl. vorangehend Abschnitt a).

Alle Wirtschaftsgüter – auch die zur Veräußerung bestimmten Waren – dürfen dann nicht vorgreiflich eines tatsächlichen Verkaufes zu dem jeweils geschätzten Marktwert bewertet werden. In Höhe der Differenz zu den Anschaffungs- oder Herstellungskosten würde es bei einer Bewertung zu Marktpreisen zum Ausweis eines unrealisierten und noch mit Unsicherheit behafteten Ertrags kommen. Das Bruttorealisationsprinzip,[830] das zur Erfassung eines Absatzerfolges ein *Umsatzgeschäft* erfordert, muss daher erst einen buchhalterischen Risikoabbau bewirken.[831] Je nach legislativ gefordertem Grad an Risikoabbau durch Konkretisierung des Realisationsprinzips werden Erträge bei der Einkommensbemessung dabei zeitlich früher oder später erfasst.[832]

Hinter dem „Absatzrisiko“ verbirgt sich dabei vor allem das Verkaufsrisiko,[833] also das Risiko einer tatsächlichen Realisierung eines Absatzgeschäftes durch Vertragsabschluss[834] und das Preisrisiko, also das Risiko eines zufälligen Untergangs oder der Verschlechterung einer Ware während der Lagerung und des Transports für den Absatz.[835]

Zur Bestimmung eines voraussichtlich sicheren Absatzerfolges und Ausschaltung des Preisrisikos ist die jeweilige Zivilrechtsstruktur zu beachten.[836] Grundsätzlich – und vorsichtsbedingt – wird man jedoch auch international davon ausgehen können, dass das Preisrisiko – unmittelbar oder mittelbar – erst mit der Übergabe der verkauften Sache auf den Käufer übergeht.

---

830 Bezogen insoweit allein auf die Bruttoerfassung eines sicheren Umsatzgeschäfts. Erst zusammen unter Berücksichtigung auch der vorherigen Aktivierung eines veräußerten Wirtschaftsguts ergibt sich bei Produktionsbetrieben ein Nettoumsatzerfolg. Dessen Ermittlung wird hier zur Verdeutlichung des Erfolgsausweises im Zeitablauf dargestellt; steuerlich darf er indes nicht als Zielgröße verstanden werden. Vgl. dazu näher Teil 3 Abschnitte A.IV.2.d) und 3.d) und Teil 3 Abschnitt B.I.

831 Anschaulich Schmalenbach, Dynamische Bilanz, S. 37; Moxter, Grundsätze, S. 41 ff.

832 Vgl. zu den möglichen Risikoreduktionsstufen des Absatzerfolgs auch Leffson, Grundsätze, S. 257 ff.

833 Vgl. Claussen, Rechnungslegungsrecht, § 252 HGB Rz. 45.

834 Vgl. Leffson, Grundsätze, S. 260 ff.

835 Vgl. Moxter, Grundsätze, S. 44 und Leffson, S. 262 ff.

836 Grundlegend Moxter, Grundsätze, S. 43 ff.; Claussen, Rechnungslegungsrecht, § 252 HGB Rz. 44 ff.

Das Absatzrisiko kann allerdings auch erst nachgelagert hierzu eliminiert werden, wie das Beispiel des Versendungskaufs auf Probe zeigt.[837] So steht die Billigung eines gekauften Gegenstandes beim Kauf auf Probe nach deutschem Zivilrecht, wie er im Versandhandel gegenwärtig üblich ist, im Belieben des Käufers. Der Kauf ist im Zweifel unter der aufschiebenden Bedingung der Billigung abgeschlossen, für die eine Frist vereinbart bzw. festgelegt wird.[838] Ein Abstellen allein auf die Lieferung einer Ware noch vor Ablauf der Widerrufsfrist würde dann dazu führen, dass entgegen dem Vorsichtsprinzip und entgegen Wirtschaftlichkeitserfordernissen noch unsichere Umsatzerlöse erfasst würden und nachlaufend storniert und berichtigt werden müssten. Das Entstehen eines Anspruchs auf Verkaufsentgelt als weitere Voraussetzung neben einer vertragsgemäßen Leistungsabgabe sichert daher erst, dass nur ein so gut wie sicherer Absatzerfolg erfasst wird.[839]

Ebenso kann es – unter Einnahme einer *wirtschaftlichen Betrachtungsweise* zur zweckadäquaten rechtlichen Würdigung wirtschaftlicher Sachverhalte[840] – nicht darauf ankommen, dass das rechtliche Eigentum noch nicht auf den Käufer übergegangen ist.[841] Geht grundsätzlich bereits mit vertragsgemäßer Übergabe der verkauften Sache und nicht erst mit Eigentumsübergang die Gefahr des zufälligen Untergangs und der zufälligen Verschlechterung auf den Käufer über, führen der Vertragsabschluss und die Erbringung der eigenen vertragsgemäßen Leistung zu einer hinreichenden Risikoreduktion für eine sowohl dem Vollständigkeitsprinzip als auch dem Vorsichtsprinzip genügende Ertragsberücksichtigung.

Wird unter Geltung des Realisationsprinzips im Ergebnis erst dann ein Umsatzerfolg ausgewiesen,

---

[837] Vgl. Claussen, Rechnungslegungsrecht, § 252 HGB Rz. 46.

[838] Vgl. §§ 454, 455 BGB.

[839] Zu komplexen Mehrkomponentengeschäften, bei denen für eine Umsatzleistung mehrere eigene Sach- oder Dienstleistungsverpflichtungen zu erfüllen sind, die Analyse von Joisten, Mehrkomponentengeschäfte, 2012.

[840] Vgl. nur BVerfG, Beschluss vom 27.12.1991 – 2 BvR 72/90, BStBl. II 1992 II S. 212; Potacs, Wirtschaftliche Betrachtungsweise, S. 145 ff.

[841] Vgl. im Überblick Adler/Düring/Schmaltz, Rechnungslegung, § 236, Rz. 168 ff; vgl. auch Urbas, Wirtschaftliche Betrachtungsweise, S. 224 ff.

- wenn die eigene Leistung vertragsgemäß erbracht wurde und
- der Anspruch auf Vereinnahmung des Verkaufsentgelts sicher entstanden ist,

scheint ein Absatzerfolg unabhängig von den jeweils geltenden vertraglichen Regelungen hinreichend sicher und objektiviert entstanden. Dem Risiko der eigenen vertragsgemäßen Leistungserstellung und ggf. Lagerhaltung sowie des Absatzes als Engpassfaktor wird Rechnung getragen. Forderungen aus Lieferungen und Leistungen müssen daher nach vertragsgemäßer Leistungserbringung erfolgswirksam erfasst werden und stellen damit besondere Aktivposten dar, da sie aus Erfolgsperspektive eine reine „Einnahmenperiodisierung" verkörpern.[842]

bb) Unmaßgeblichkeit eines Barrealisationsprinzips

Zwecks einer Annäherung der unternehmerischen und nicht-unternehmerischen Einkommensermittlung, welche die angenommenen Nachteile sowohl einer bilanziellen Gewinnermittlung als auch einer reinen Zahlungsflussrechnung mildern soll,[843] haben insbesondere Wirtschaftswissenschaftler vorgeschlagen, den steuerlichen Betriebsvermögensvergleich in eine vereinfachte Vermögensrechnung zu überführen, in der dem Zahlungsstrom stärker Rechnung getragen wird.[844] Die unternehmenssteuerliche Einkünfteermitt-

---

842 Zur Bewertung von Forderungen aus Lieferungen und Leistungen mit Einnahmen statt Ausgaben Döllerer, Anschaffungs- und Herstellungskosten, S. 198.

843 Vgl. dazu weiter unten Teil 5 Abschnitt B.

844 Vgl. nur Schneider, Betriebswirtschaftslehre, S. 279 f.; ders., Steuerlast, S. 284 ff.; ders., Zahlungsströme, StuW 2004 S. 303; Spengel, Zukunft der Steuerbilanz, FR 2009 S. 101, 105 ff.; Weber-Grellet, Reform des Bilanzsteuerrechts, DStR 1998 S. 1348 f.; Schreiber, Gewinnermittlung, StuW 2002 S. 109; Kahle, Internationale Rechnungslegung, S. 214; Kahle/Schulz, Richtlinienentwurf, StuB 2011 S. 302; wohl auch Freidank/Velte, Maßgeblichkeit, StuW 2010 S. 185, 193. Herzig/Hausen (Steuerliche Gewinnermittlung, DB 2004 S. 1) schlagen zwar ebenfalls eine modifizierte Einnahmen-Überschussrechnung als Reformmodell einer eigenständigen steuerlichen Gewinnermittlung für unternehmerische Einkünfte vor. Sie verfolgen hiermit aber eine andere Zielrichtung. Reformimpuls ist ihnen nicht eine Annäherung unternehmerischer und nichtunternehmerischer Einkünfte, sondern die perspektivische Sicht, dass internationale Rechnungslegungsnormen in den handelsrechtlichen Einzelabschluss eindringen und – unter Praktikabilitäts- und Wirtschaftlichkeitsaspekten – daher ein eigenständiges steuerliches Gewinnermittlungsrecht zu entwickeln sei.

lung soll dadurch insgesamt weiter objektiviert und willkürfreier gestaltet werden.

Das geltende Realisationsprinzip soll demnach ersetzt werden durch ein Prinzip der Barrealisation, das den Zahlungsfluss und das Realisationsprinzip zusammenführt. Eine Realisation von Gewinn würde demnach nicht nur voraussetzen, dass eine Marktleistungsabgabe erfolgt ist (Verkauf bzw. Dienstleistungserbringung), sondern auch, dass „Einnahmen bzw. die für die Marktleistungsabgabe statt Einnahmen ertauschten Dienste oder Sachen zugegangen sind.“[845] Gemeint ist damit ein unmittelbarer *Zugang* der Gegenleistung. Statt einer „Marktleistungsabgabe plus Einnahme“[846] verlangt das Prinzip der Barrealisation in betriebswirtschaftlicher Terminologie also im Regelfall eine „Marktleistungsabgabe plus Zahlungsmittelzugang.“

Eine solche Barrealisierung soll zum einen sichern, dass unmittelbare „steuerliche Leistungsfähigkeit“ – im Sinne einer Leistungsfähigkeit, Steuern zu zahlen[847] – erfasst wird: Sie knüpft an einen sicher erzielten Umsatz und den Zugang liquider Mittel an, anstatt eine Steuerzahlung aus dem Zugang eines Verfügungsrechts „Forderung“ zu erzwingen. Als weiterer Vorteil der Barrealisation wird angeführt, dass diese mit dem Problem der Gewinnermittlung bei Inflation zumindest „besser fertig werde“. Volatilität und Manipulationsanfälligkeit der Bemessungsgrundlage, die mit einer reinen Cash Flow-Rechnung verbunden wären, sollen bei gleichzeitiger Annäherung der Gewinnermittlung an die Überschussermittlung gemildert werden.

Das Barrealisationsprinzip könnte tatsächlich eine weitere Risikoreduktion bewirken, indem grundsätzlich auch das Delkredererisiko getilgt wird und nur noch ein späterer Mängeleinwand des Kunden den Erfolgsbeitrag eines Absatzgeschäfts schmälern kann.[848]

---

845 Schneider, Steuerlast S. 284 f.

846 Begrifflich zu Einnahmen und Einzahlungen Wöhe/Kußmaul, Bilanztechnik, S. 16.

847 Vgl. oben Teil 2 Abschnitt B.IV.3.a).

848 Vgl. Leffson, Grundsätze, S. 257 f. Schmalenbach (Dynamische Bilanz, S. 37 f.) weist darauf hin, dass das Risiko regelmäßig nur einen geringen Teil des Absatzerfolges betrifft.

Allerdings verbleibt bei jedem Wirtschaftsgut außerhalb des Geldvermögens das Risiko der späteren Überführung in Zahlungsmittel, was verdeutlicht, dass es den Befürwortern tatsächlich im Grunde um die Einführung einer Cash Flow-Rechnung statt einer Bilanzierung geht. Die Überführung in erst spätere Cash Flows ist eines der Hauptmerkmale einer periodisierten bilanziellen Gewinnermittlung. Dass es allerdings auf einen Cash-Zugang auch gar nicht ankommen soll und bereits im Rahmen eines Tauschgeschäfts erhaltene Gegenleistungen eine „Barrealisation" bewirken sollen, führte zu einer bilanziellen Diskriminierung von Forderungen aus Lieferungen und Leistungen gegenüber anderen Wirtschaftsgütern, ohne dass hierfür Objektivierungsgründe tragen könnten.

Im Gegenteil bewirkte eine Barrealisation sogar eine Verletzung erforderlicher Wahlrechtseingrenzungen,[849] da der Zahlungseingang leicht gesteuert werden könnte.[850] Im Ergebnis sollte das Delkredererisiko bei der Ertragsberücksichtigung erst im Rahmen der Folgebewertung des Forderungsbestands berücksichtigt werden.

cc) Realisationsprinzip als ausnahmsloses Grundprinzip

Möglich wäre es, typisiert Ausnahmen von dem definierten Realisationsprinzip zuzulassen, soweit etwa Marktpreise zuordenbar sind. Das Verkaufsrisiko könnte bspw. bei fungiblen, börsennotierten Wirtschaftsgütern wie etwa Wertpapieren minimiert sein. Ein vorzeitiger Absatzerfolg könnte jedoch nur dann ausgewiesen werden, wenn ein solcher Absatz unternehmerisch überhaupt *intendiert* ist. Die jeweiligen Wirtschaftsgüter müssten also zur jederzeitigen Veräußerung bestimmt sein. Selbst wenn eine Gruppe von Wertpapieren des Umlaufvermögens – objektiviert nachweisbar – grundsätzlich zum jederzeitigen kurzfristigen Verkauf bestimmt wäre, muss dies jedoch nicht für den jeweiligen Bewertungsstichtag und jedes Wertpapier gelten. Ohne konkret-subjektive Verkaufsabsicht kann aber bereits kein Verkaufserfolg abgebildet werden. Zum Absatzrisiko gehört außerdem auch das Risiko, zum

---

849 Vgl. teil 2 Abschnitt B.VII.

850 Ebenso Leffson, Grundsätze, S. 259.

jeweiligen unternehmerischen „Mindestpreis“ – unter Berücksichtigung etwa auch von Verkaufskosten – und je nach erforderlicher Liquidität verkaufen zu können.[851] Insoweit spiegelt ein hoher Marktwert auch fungibler Wirtschaftsgüter in Höhe der Differenz zum bisherigen bilanziellen Buchwert nicht notwendigerweise einen Verkaufserfolg wider. Letztlich besteht auch kein überzeugender Grund, einen Verkaufserlös gerade bei fungiblen Wirtschaftsgütern vorwegzunehmen, die trotzdem faktisch nicht veräußert wurden.[852]

Ausnahmen vom Realisationsprinzip scheinen aus Vorsichts- und Gleichheitserwägungen auch bei langfristiger Auftragsfertigung, die besonders risikobehaftet ist, nicht sachgerecht. Das – ggf. langjährige – Absatzrisiko müsste entsprechend durch bilanziellen Erfolgsausweis erst bei tatsächlicher Abnahme durch den Kunden bzw. Vertragspartner berücksichtigt werden.

2. Prinzipien der Erfassung negativer Vermögenskomponenten

Gegenwärtig bereits begründete Verpflichtungen verkörpern aus der *Vermögensperspektive* eine gegenwärtige wirtschaftliche Last, wenn mit künftigen Vermögensabgängen in Erfüllung der Verpflichtung zu rechnen ist. Das impliziert das Vorliegen eines Verpflichtungsgrundes und einer wirtschaftlichen Last.[853] Aus der *Erfolgsperspektive* ist zur zeitgerechten Lastenpassivierung entscheidend, dass der jeweilige Vermögensverlust einen Vergangenheitsbezug hat, sodass er durch bisherige unternehmerische Tätigkeit unentziehbar verursacht wurde.[854]

a) Konkretisierung wirtschaftlicher Lasten der Sache nach

Hinsichtlich Grund und Höhe einer betrieblichen Verpflichtung können Unsicherheiten bestehen. Werden solche ungewissen Verpflichtungen aus Vor-

---

851 Zur Problematik einer Zeitwertbewertung mit Blick auf eine mögliche Marktbeeinflussung bei Veräußerung Schruff, Zeitwertbilanzierung, S. 129.

852 Insoweit „irritiert“ auch nicht „der Nichtausweis dieser greifbaren Vermögensmehrungen“ (Hommel/Berndt, Realisationsprinzip, BB 2009 S. 2194).

853 Vgl. nachfolgend unter a).

854 Vgl. nachfolgend unter b).

sichtsgründen dennoch bereits als „Rückstellungen" passiviert, wird damit der gesamte Passivposten als Fremdkapital qualifiziert – mit der Besonderheit, dass zumindest eine Möglichkeit besteht, (teilweise) doch noch zu Eigenkapital zu werden.[855]

Da auch bei der Aktivierung von Wirtschaftsgütern Unsicherheiten hinsichtlich der jeweiligen Werthaltigkeit und Überführung in Zahlungsmittel verbleiben, stellen die mit Ansatz von Rückstellungen verbleibenden Unsicherheiten indes keine passivische Besonderheit dar,[856] verkörpern diese doch – mit Ausnahme der liquiden Mittel – umgekehrt Vermögenswerte, für die noch das Risiko eines Vermögensverlustes besteht. Je weiter die aktivischen Ansatz- und Bewertungskriterien dabei gefasst werden, ohne dass gleichzeitig von einer grundsätzlichen unternehmerischen Risikoreduktion ausgegangen werden kann, umso weiter müssten insoweit zur Wahrung der durch Zusammenwirken von Vorsichtsprinzip und objektivem Nettoprinzip beschriebenen bilanziellen Asymmetrie[857] auch die passivischen Ansatz- und Bewertungskriterien definiert werden. Auch Objektivierungserfordernisse dürfen dabei allerdings nicht vernachlässigt werden.

Hinsichtlich des *Verpflichtungsgrundes* und damit auch des Konkretisierungsgrades einer Verpflichtung ist zu unterscheiden zwischen

- rechtlich verursachten Außenverpflichtungen im Sinne voll entstandener und von Dritten geltend gemachter Verpflichtungen, ohne dass es dabei indes auf eine Fälligkeit ankäme.[858] Rechtlich voll entstandene Außenverpflichtungen liegen dann vor, wenn *sämtliche Tatbestandsmerkmale* erfüllt sind, die eine unabdingbare Leistungspflicht auslösen;[859]

[855] Lambrecht, Einkommensteuergesetz, § 5 EStG, D6.
[856] Vgl. dazu auch Sigloch, Gewinnermittlung, S. 564.
[857] Vgl. Oben Abschnitt B.I.
[858] Vgl. Adler/Düring/Schmaltz, Rechnungslegung, § 253 HGB Rz. 209.
[859] Vgl. BFH, Urteil vom 12.12.1991 – IV R 28/91, BStBl. II 1992 S. 600.

- rechtlich entstandenen Außenverpflichtungen, bei denen alle eine Leistungspflicht auslösenden Tatbestandsmerkmale einer rechtlichen Außenverpflichtung erfüllt sind, die von Dritten allerdings noch nicht geltend gemacht wurden,[860]

- Vorstufen rechtlicher Außenverpflichtungen,[861]

- faktischen Außenverpflichtungen ohne Rechtsverpflichtung; ein Beispiel sind Gewährleistungen ohne Rechtsverpflichtung sowie,[862]

- Innenverpflichtungen des Unternehmens gegen sich selbst, die ebenfalls eine bindende Belastung verkörpern können; Beispiele sind eine technische Generalüberholung oder Abraumbeseitigung.[863]

Faktischen Außenverpflichtungen und Innenverpflichtungen scheint das objektiv verpflichtende Element zu fehlen, das zur „Unumgänglichkeit" oder „Unentziehbarkeit" führt.[864] Es besteht die Gefahr einer Vermengung mit internen Rücklagenzuführungen. Die damit verbundene Möglichkeit, Gewinne beliebig zu steuern, widerspräche Gleichheits- und Objektivierungszielen der Besteuerung.[865] Betriebswirtschaftlich können solche Verpflichtungen allerdings ebenso unumgänglich sein wie Rechtsverpflichtungen. Als Ersatz für das Fehlen einer Rechtsverpflichtung wären allerdings alternative Objektivierungskriterien zu fordern und der Kreis der als Innenverpflichtung passivierbaren Rückstellungen entsprechend einzugrenzen.

Außerdem bedingt die „Wahrscheinlichkeit eines künftigen Mittelabflusses" das Vorliegen einer wirtschaftlichen Last. Es muss also mit tatsächlichen Vermögensabgängen durch Pflichtenerfüllung zu rechnen sein, eine formalrechtliche Verpflichtung, aus der gar keine tatsächliche Inanspruchnahme

---

860 Vgl. Adler/Düring/Schmaltz, Rechnungslegung, § 249 HGB Rz. 64.

861 Vgl. Adler/Düring/Schmaltz, Rechnungslegung, § 253 HGB Rz. 209.

862 Vgl. Moxter, Bilanzrechtsprechung, S.84 f.

863 Vgl. Adler/Düring/Schmaltz, Rechnungslegung, § 249 HGB Rz. 52 ff.

864 Vgl. dazu Schulze-Osterloh, Verbindlichkeitsrückstellung, S. 190.

865 Moxter, Bilanzrechtsprechung, S. 85; Adler/Düring/Schmaltz, Rechnungslegung, § 249 HGB Rz. 35.

erwartet wird, genügt nicht. Die wirtschaftliche Last wird dabei durch den *Pflichtenerfüllungsbetrag* bestimmt. Verpflichtungsgrund und wirtschaftliche Last gehören nun insoweit als Passivierungskriterien zusammen, als dass sie erst zusammen eine wirtschaftliche Last konkretisieren.[866]

Objektivierungserfordernisse sind auch hier zu beachten. Imparitätisch zur Zugangsaktivierung, bei der unmittelbar auf feststehende Ausgabenbeträge zurückgegriffen werden kann, sind bei der Rückstellungspassivierung bereits die geringeren Objektivierungsmöglichkeiten.[867] Aus einer Erfolgsperspektive werden zwar beide Male Ausgaben periodisiert, bei der Aktivierung sind es allerdings konkretisierte gegenwärtige Ausgaben, bei der Rückstellungspassivierung nur künftige.

b) Konkretisierung wirtschaftlicher Lasten der Zeit nach

Das Passivierungskriterium der konkretisierten wirtschaftlichen Last bestimmt nicht nur die Art der bilanziell berücksichtigungsfähigen negativen Vermögenskomponenten, sondern auch den Zeitpunkt der Passivierung. Soweit noch keine rechtliche Außenverpflichtung als wirtschaftliche Last besteht,[868] stellt sich die Frage, wann zeitlich – und mit wirtschaftlichem Periodenbezug – von einer hinreichenden Konkretisierung einer wirtschaftlichen Last ausgegangen werden kann. Erforderlich ist ein Bezug zwischen der unternehmerischen Tätigkeit einer gegenwärtigen oder vergangenen Periode und denn hierdurch bereits bewirkten bzw. entstandenen Vermögensminderungen.

Da unternehmerische Tätigkeit auf Einnahmenerzielung gerichtet ist, könnte sich dabei gleichzeitig „bei allen Verbindlichkeiten, die ein Unternehmer in Fortführung seines Unternehmens eingeht, ein Bezug zu (auch) künftigen

---

866 Vgl. BFH, Urteil vom 22.11.1988 – VIII R 62/85, BStBl. 1989 II S. 359; jüngst auch BFH, Urteil vom 26.4.2012 – IV R 43/09, DB 2012 S. 1359; Moxter, Grundsätze, S. 98.

867 Vgl. oben Teil 3 Abschnitt A.IV.1.a) und Lambrecht, Einkommensteuergesetz, § 5 EStG Rz. D6.

868 Aufgrund des Vollständigkeits- und Vorsichtsprinzips ist eine allein formalrechtliche Sichtweise zu eng gefasst für eine sachgerechte Passivierung wirtschaftlicher Lasten, vgl. oben Abschnitt B.I.

Einnahmen" [869] ergeben. Dies ist allerdings nicht als zweckgerichtetes Matching von Aufwendungen zu bisherigen Umsätzen und Nutzungen im dynamischen Sinne zu verstehen („Veranlassungsprinzip"), das hier bereits abgelehnt wurde.[870] Nur bei einer dynamischen Interpretation eines Periodenverursachungsprinzips könnte im Übrigen auch die wirtschaftliche Verursachung einer Verbindlichkeit zeitlich der rechtlichen folgen. Das Matching von Aufwand zu Ertrag würde sich dann über Rechtsstrukturen und das periodenbezogene *Entstehen* wirtschaftlicher Lasten hinwegsetzen. Die wirtschaftliche Verursachung kann in einer grundlegend statisch geprägten Bilanz jedoch nur als Vorstufe einer rechtlichen Pflichtentstehung begriffen werden.[871] Sie kann nur ein Merkmal sein, das bei der Passivierung künftig erst rechtlich entstehender Verbindlichkeiten trägt, nicht hingegen bei dem Grunde nach bereits bestehenden und lediglich dem Betrage nach ungewissen Verpflichtungen.[872]

Bislang nur wirtschaftlich verursachte Verpflichtungen sind etwa Nachleistungsverpflichtungen zu vorhergehender mehrjähriger unternehmerischer Tätigkeit wie Rekultivierungs- und Entsorgungsverpflichtungen,[873] soweit die laufende unternehmerische Tätigkeit hier sukzessive Leistungspflichten verursacht, die indes nicht periodisch, sondern erst später und ex post zu erfüllen sind.

Ein Beispiel stellt der Betrieb einer Kies- und Sandbaggerei oder eines Steinbruches dar, der mit einer Verpflichtung zur Wiederauffüllung, Planierung und Rekultivierung der jeweiligen Bodenflächen verbunden sein kann. Eine solche Verpflichtung kann sich als vertragliche Nebenabrede aus einem Ausbeutevertrag bzw. der Einrichtung einer beschränkten persönlichen

---

[869] BFH, Urteil vom 8. 9.2011 – IV R 5/09, Rz. 36, BStBl. II 2012 S. 122; vgl. bereits oben Abschnitt A:III.2.d).

[870] Vgl. Abschnitt A:III.2.d).

[871] Vgl. auch BFH, Urteil vom 27.6.2001 – I R 45/97, BStBl. II 2003 S. 121; vom 5.6.2002 – I R 96/00, BStBl. II 2005 S. 736.

[872] Ganz zu Recht insoweit BFH, Urteil vom 27.6.2001 – I R 45/97, BStBl. II 2003, 121 und vom 5.6.2002 – I R 96/00, BStBl. II 2005 S. 736.

[873] Vgl. Adler/Düring/Schmaltz, Rechnungslegung, § 249 HGB Rz. 118 ff.

Dienstbarkeit an einem Grundstück ergeben oder auch auf öffentlichem Recht beruhen.[874]

Unter Gesichtspunkten einer wirtschaftlichen Verursachung könnte als Rückstellung derjenige Erfüllungsbetrag eingeordnet werden, den das Unternehmen aufwenden müsste, um den jeweils im laufenden Wirtschaftsjahr ausgebeuteten Teil des Geländes zu rekultivieren, aufzufüllen oder einzuplanieren. Ein solches Verfahren würde idealerweise berücksichtigen, in welchem Maße die Verhältnisse des einzelnen Wirtschaftsjahres wirtschaftlich für die Entstehung der jeweiligen Verpflichtung ursächlich waren. Auf diese Weise würde der Rückstellungsbetrag nach Maßgabe der durch den Abbau im jeweiligen Wirtschaftsjahr angewachsenen Verpflichtung kontinuierlich anwachsen, bis sich schließlich Rückstellung und tatsächlich anfallende Kosten im Zeitpunkt der Fälligkeit – idealerweise – decken würden.[875] Das Beispiel der Nachleistungspflichten verdeutlicht damit, dass das Kriterium der wirtschaftlichen Verursachung nicht nur die Frage nach dem erstmaligen Passivierungszeitpunkt rechtlich noch nicht entstandener Verpflichtung betrifft, sondern durch dessen wirtschaftliche Stückelung auch deren Bewertung.

Je intensiver die jeweilige physische Ausbeutung im Gelände erfolgt, umso mehr würde der jeweiligen Periode damit eine anteilige Lastentragung zuteil. Das entspricht allerdings nur vordergründig dem wirtschaftlichen Entstehen der tatsächlich unteilbaren Verpflichtung zur Rekultivierung, Wiederauffüllung oder Einplanierung als wirtschaftlicher Last. Für eine solche Verpflichtung wird sich bereits keine lineare Kostenproportionalität entsprechend der jeweiligen physischen Geländeausbeutung ausmachen lassen. Die Schwierigkeiten einer eindeutigen objektivierten wirtschaftlichen Lasten- und Kostenzuordnung auf einzelne Perioden rechtfertigen damit eine Objektivierung und Vereinfachungen wie etwa eine zeitanteilige Lastenzuteilung.[876]

---

874 Vgl. BFH, Urteil vom 16.9.1970 – I R 184/67, BStBl. II 1971 S. 85; vom 19.2.1975 – I R 28/73, BStBl. II 1975 S. 480.

875 Vgl. nur BFH, Urteil vom 19.2.1975 – I R 28/73, BStBl. II 1975 S. 480.

876 Vgl. Prinz, Einkünfteermittlung, S. 173.

Bei Sach- oder Dienstleistungsverpflichtungen ergeben sich weitere Abgrenzungsfragen hinsichtlich der Verursachung einzelner Kostenkomponenten. So könnten Verpflichtungserhöhungen, die auf künftige Preis- und Kostensteigerungen zurückzuführen sind, als wirtschaftlich erst nach dem jeweils relevanten Periodenstichtag bewirkt anzusehen sein.[877] Allerdings kann eine einheitliche Verpflichtung bei Preissteigerungen auch nicht eindeutig verursachungsgerecht gespalten werden.[878] Es liegt vielmehr eine Mehrfachverursachung mit Haupt- und nachfolgender Wirkursache vor.

Ist das Periodizitätsprinzip nicht als bloß technisches Prinzip ohne materiellen Kern zu begreifen, muss dies ebenso für das Stichtagsprinzip der bilanziellen Gewinnermittlung gelten. Können künftige Preis-/Kostensteigerungen hinreichend konkretisiert und objektiviert werden,[879] sprechen Ziele einer vorsichtsgeprägten, vollständigen Schuldenerfassung für eine entsprechende Berücksichtigung nach dem Prinzip der Hauptverursachung. Im Rahmen einer entsprechenden gesetzlichen Implementierung müssten dann allerdings eine Abwägung und ein Ausgleich mit Praktikabilitäts-, Wirtschaftlichkeits- und Objektivierungserfordernissen erfolgen.[880]

Außerdem wird von einer Nominalwertrechnung unter zusätzlicher *en-bloc*-Zins-/Inflationsbereinigung über einen jährlichen entsprechend dotierten Freibetrag ausgegangen.[881] Zur Sicherstellung einer einheitlichen Kaufkraftparität zum Bilanzstichtag dürften dann zumindest diejenigen Preissteigerungen, die auf die zu bereinigende Preisentwicklung entfallen, nicht berücksichtigt werden.

Da eine Sach- oder Dienstleistungsverpflichtung den Verpflichteten grundsätzlich mit dem vollen erforderlichen Erfüllungsbetrag belastet, schließt dies bei Sachleistungsverpflichtungen außerdem nicht nur Einzelkosten der Pflichtenerfüllung zum jeweiligen Erfüllungszeitpunkt mit ein, sondern auch

---

877 Vgl. Adler/Düring/Schmaltz, Rechnungslegung, § 253 Rz.196, m. w. N.

878 Vgl. Prinz, Einkünfteermittlung, S. 173; Herzig/Köster, Jahresabschluss, Rz. 171.

879 Vgl. Wüstemann/Wüstemann, System der GoB, S. 766 ff.

880 Vgl. dazu auch Kozikowski/Schubert, Bilanzkommentar, § 253 HGB Rz. 158.

881 Vgl. oben Abschnitt A.III.1.b).

die zurechenbaren Gemeinkosten.[882] Diese Gemeinkostenbestandteile sind allerdings nicht zwingend durch die jeweilige Sach- oder Dienstleistungsverpflichtung wirtschaftlich verursacht.[883] Sie können auch allein auf vorgelagerte Kapazitätsentscheidungen zurückgehen. Sind Kapazitätsentscheidungen jedoch bereits unter Berücksichtigung der jeweiligen Sach- oder Dienstleistungsverpflichtung erfolgt – das wird regelmäßig bei wiederkehrenden Pflichten der Fall sein, wie etwa bei Aufbewahrungspflichten – kann jedoch zwischen Sach- oder Dienstleistungsverpflichtung und Fixkostenanteilen eine zumindest ausschlaggebende wirtschaftliche Verursachung hergeleitet werden. Werden Kapazitäten durch die interne Leistungserfüllung außerplanmäßig in Anspruch genommen, sind die jeweiligen anteiligen Kapazitätskosten ansonsten jedoch nicht auf die Sach- oder Dienstleistungsverpflichtungen zurückzuführen bzw. wirtschaftlich verursacht. Dennoch können sich bei Kapazitätsauslastung weitere wirtschaftlich auf die Sach- oder Dienstleistungsverpflichtungen zurückführende Lasten ergeben.

Objektivierungs- und Vereinfachungsziele der Besteuerung sprechen hier für eine pauschale Lösung, Vorsichtserwägungen zudem für den Einschluss auch anteiliger Gemeinkosten.

Das passende Äquivalent zu einer Passivierung zum Erfüllungsbetrag einschließlich der erwarteten und nicht zu bereinigenden Preis- und Kostensteigerungen liegt schließlich nicht in einer generellen Abzinsungspflicht für unverzinsliche Verbindlichkeiten und Verbindlichkeitsrückstellungen.[884] Das entspräche dem statischen Ertragswertideal, widerspräche jedoch dem Realisationsprinzip als Erfolgsermittlungsregel, da eine Abzinsung die Erwartung einer Mindestrendite bzw. eines Mindestwachstums widerspiegelt.[885] Werden die zu bereinigenden Preissteigerungen überdies bereits bei der zu berücksichtigenden Verpflichtungshöhe nicht berücksichtigt, würde eine Abzinsung

---

882 Zur Definition und Abgrenzung von Einzel- und Gemeinkosten siehe unter B.II.1 a) aa)(2).

883 Für eine solche wirtschaftliche Verursachung indes Herzig/Köster, Jahresabschluss, Rz. 168.

884 Vgl. auch Adler/Düring/Schmaltz, Rechnungslegung, § 253 HGB Rz. 81.

885 Vgl. Leffson, Grundsätze, S. 259 ff.

nach Art einer partiellen Vermögensertragswertrechnung die Kongruenz von Zähler/Nenner verletzen.[886]

c) Konkretisierung wirtschaftlicher Lasten aus schwebenden Geschäften

aa) Der Regelfall: Das ausgeglichene schwebende Geschäft

Aus bilanzieller Sicht sind schwebende Geschäfte im wirtschaftlichen Kalkül zusammenhängende Vertragsbeziehungen zwecks Beschaffung, Leistungserstellung oder Absatz, die zu gegenüberstehenden Leistungsansprüchen bzw. Einnahmeerwartungen und Leistungspflichten führen und vertraglich beiderseits noch nicht erfüllt sind.[887] Schwebende Geschäfte können aus einer schwebenden Vertragsbeziehung bestehen, aber auch ein Bündel an Vertragsbeziehungen einschließen, die im wirtschaftlichen Kalkül zwingend verbunden sind.[888] Beispiele sind bereits abgeschlossene, indes erst noch zu erfüllende Beschaffungsverträge oder Dauervertragsverhältnisse, die fortlaufend erfüllt werden und damit zu einer laufenden Gegenüberstellung von Anspruch und Leistungspflicht führen.[889]

Bei schwebenden Geschäften stehen erwarteten Einnahmen *bereits konkretisierte* eigene Leistungspflichten gegenüber. Das könnte für eine Passivierung dieser Leistungspflichten sprechen. Werden vertraglich gegenseitige Pflichten begründet, wird sich die eigene Verpflichtung regelmäßig allerdings auch erst bei vertragsgemäßer Leistungserfüllung der Gegenpartei endgültig zu einer *wirtschaftlichen Last* konkretisieren.[890] Verpflichtungen aus gegenseitigen Geschäften, denen künftige Einnahmeerwartungen gegenüberstehen, dürften dann mangels wirtschaftlicher Lastenkonkretisierung nicht pas-

---

886 Vgl. Prinz. Einkünfteermittlung, S. 173.

887 Aus der Rechtsprechung BFH, Beschluss vom 11.12.1985 – I B 49/58, BFH/NV 1986 S. 595; vom 23.6.1997 – GrS 2/93, BStBl. II 1997 S. 737. Begrifflich auch IDW, Drohverlustrückstellungen, WPg Supplement 3/2010 Tz. 2 ff.

888 Vgl. Adler/Düring/Schmatz, Rechnungslegung, § 249 HGB Rz. 139 f.

889 Vgl. Niemann, Drohende Verluste, S. 2.

890 Vgl. Babel, Schwebende Geschäfte, S. 12, m. w. N.; a. A. Joisten (Mehrkomponentengeschäfte, S. 46), der die Nichtbilanzierung schwebender Geschäfte mit dem dynamischen Nettorealisationsprinzip begründet.

siviert werden, soweit nicht ein eigener Erfüllungsrückstand vorliegt. Als bloß immaterieller Wert dürfte dann auch der Leistungsanspruch an die Gegenpartei nicht aktiviert werden; ihm fehlt für eine Aktivierung bereits der entgeltliche Erwerb durch Eingehen einer konkretisierten Verbindlichkeit.[891] Das verdeutlicht auch der Grundgedanke der doppelten Buchführung, dessen Idee diejenige der Äquivalente ist.[892] Sie ist daher nicht fähig, „eine von einer Gegenleistung noch abhängige Forderung in sich aufzunehmen."[893]

Versteht man den elementaren Grundsatz der Einzelbewertung richtig als Objektivierungs- und Vorsichtsgedanken und nicht formalen „Selbstzweck", bildet ein einzelnes schwebendes Geschäft zumindest bei marktgängiger Verkettung von negativem und positivem Vermögenswert schließlich auch eine Bewertungseinheit, sodass hinsichtlich der Verpflichtung eine Vermögenslast und hinsichtlich des immateriellen Werts ein Vermögenswert verneint werden müsste.[894]

Mit der mangelnden Konkretisierung zur wirtschaftlichen Last können auch Schwierigkeiten der Bewertung zusammenhängen. Objektivierungs-, Praktikabilitäts- und Wirtschaftlichkeitsgründe können insgesamt gegen eine Berücksichtigung schwebender Geschäfte sprechen.[895] So wird oftmals die zeitliche Reichweite von Anspruch und Gegenleistung nicht eindeutig bestimmt werden können; das gilt in besonderem Maße für Dauervertragsverhältnisse: Müsste bei Arbeitsverhältnissen etwa Anspruch und Verpflichtung bis „ultimo" – also dem Rentenalter – einbezogen werden oder nur ein „Mindestanspruch" und eine „Mindestleistungsverpflichtung" unter Berücksichtigung etwa von Kündigungsmöglichkeiten und Erfahrungswerten?

Den eigenen Leistungsverpflichtungen kann bei schwebenden Geschäften ein Bündel an Einnahmenerwartungen gegenüberstehen, das über das ver-

---

891 Vgl. oben unter B.II.1.a)aa)(1).

892 „...für jeden, der in dem Geschäfte ein- oder ausgeht, [wird] ein Äquivalent gegeben oder empfangen." Simon, Bilanzen, S. 61.

893 Simon, Bilanzen, S. 174.

894 Deutlich Moxter, Grundsätze, S. 27.

895 Vgl. dazu auch Moxter, Bilanztheorie, S. 12 f.; ders., Grundsätze, S. 27; Simon, Bilanzen, S. 183.

tragliche Synallagma hinausgeht. Zu aktivieren und zu bewerten wäre dann ein komplexer, selbst erstellter immaterieller Vermögensgegenstand, dem eine ebenso komplexe Sachleistungsverpflichtung gegenüberstehen kann. Das stünde im Widerspruch zu den Objektivierungs- und Vereinfachungszielen der Besteuerung und den darauf bereits basierenden Aktivierungskriterien.[896]

bb) Der Sonderfall: Das schwebende Verlustgeschäft

Da ein schwebendes Geschäft mindestens auf *einem* schwebenden Vertrag beruht, besteht es neben den synallagmatisch verbundenen Leistungspflichten und Leistungsansprüchen mindestens aus einer weiteren, dritten Komponente, die dem Vertrag betriebswirtschaftlich erst seinen „inneren Wert" verleiht.[897]

Bei einem *schwebenden Beschaffungsgeschäft*[898] stünde hinter dem schwebenden Leistungsanspruch die (Mindest-)Einnahmeerwartung aus der weiteren unternehmerischen Verwertung der zu erhaltenden Leistung. Zum schwebenden Geschäft gehören damit nicht nur formal Leistungsanspruch und -verpflichtung aus einem Vertrag, sondern auch das „Verwertungskalkül", das dem Leistungsanspruch erst seinen wirtschaftlichen Wert verleiht. Dieses Kalkül kann komplex und mehrdimensional sein, sich also auf mehrere Zukunftserwartungen stützen. Im Sinne einer Mindest-Einnahmenerwartung steht es hinter der erwarteten Beschaffung, die der synallagmatischen Leistungsverpflichtung insoweit mindestens gleichwertig gegenüber steht.

Auch bei einem *schwebenden Absatzgeschäft*[899] wie etwa aus einem Dauervertragsverhältnis und hier der Vermietung gehört immer mindestens ein weiteres, drittes Kalkül zur Bewertung des schwebenden Geschäfts. Es liegt

---

[896] Vgl. oben unter B.II.1.a)aa)(1).

[897] Zu einer Typisierung von Verlustsachverhalten vgl. Thomas, Rückstellungen für drohende Verluste, S. 143 ff.

[898] Adler/Düring/Schmaltz, Rechnungslegung, § 249 HGB Rz. 152.

[899] Vgl. GrS des BFH, Beschluss vom 23.6.1997 – GrS 2/93, BStBl. II 1997 S. 735; Adler/Düring/Schmaltz, Rechnungslegung, § 249 HGB Rz. 154.

dann allerdings nicht auf der Verwertungsseite, sondern auf der Leistungsseite: Laufenden Zahlungsansprüchen aus dem Dauervertragsverhältnis stehen eigene Sachleistungspflichten gegenüber, deren Kosten ihrerseits höchstens die Höhe der Zahlungsansprüche erreichen dürfen, damit das schwebende Geschäft zumindest ausgeglichen ist. Hinter der Leistungsverpflichtung steht dann eine Höchst-Ausgabenerwartung in Höhe der erwarteten Einnahmen.

Steht der eigenen Leistungsverpflichtung im Rahmen eines schwebenden Geschäftes nun außerplanmäßig ein geringwertiger Leistungsanspruch gegenüber,

- weil die erwartete Eingangsleistung voraussichtlich nicht mindestens gleichwertig verwertet werden kann (schwebendes Beschaffungsgeschäft) bzw.
- die erwarteten Umsatzerlöse die Kosten der Leistungserstellung voraussichtlich nicht decken werden (schwebendes Absatzgeschäft),

droht aus dem schwebenden Geschäft insgesamt ein Verlust.[900] Der Schwebezustand eines laufenden Geschäfts wird erst dann beendet sein, wenn das Verlustrisiko und die Gewinnchancen aus dem Geschäft beseitigt bzw. realisiert sind.[901]

Grundsätzlich ist davon auszugehen, dass ein Unternehmen bewusst kein Verlustgeschäft eingehen wird. Drohende Verluste aus schwebenden Geschäften implizieren daher Änderungen der dem wirtschaftlichen Kalkül zugrunde liegenden Daten. Es ist dann davon auszugehen, dass das Unternehmen das schwebende Geschäft mit den damit verbundenen Verpflichtungen nur insoweit weiterverfolgt, als es vertraglich entsprechend gebunden ist. Ist ein entsprechender Verpflichtungsüberschuss daher konkretisiert und objektiviert bewertbar, entfallen dem Vorsichts- und Vollständigkeitsprinzip entsprechend die Gründe für eine Nichtpassivierung des schwebenden aus-

---

[900] Vgl. umfassend dazu Adler/Düring/Schmaltz, Rechnungslegung, § 249 HGB Rz. 135 ff.; Niemann, Drohende Verluste, S. 2 ff.

[901] Vgl. auch Adler/Düring/Schmaltz, Rechnungslegung, § 249 HGB Rz. 150.

geglichenen Geschäfts. Vereinfachungsziele der Nichtbilanzierung schwebender Geschäfte müssten dann vorsichtsbedingt zugunsten einer Passivierung entstandener wirtschaftlicher Lasten aus schwebenden Geschäften zurücktreten, soweit diese objektiviert dargelegt werden können.

C. Ergebnis

In diesem Teil der Arbeit wurden eine Zahlungsflussrechnung, eine Ertragswertrechnung und eine bilanzielle Gewinnermittlung nach dynamischer und statischer Art im Hinblick auf ihre weitestmögliche Leitlinienkonformität untersucht. Dabei zeigte sich, dass eine statisch geprägte bilanzielle Gewinnermittlung im Ergebnis steuerlichen Leitlinien am ehesten Rechnung tragen kann. Die Leitlinienvorgabe einer Unternehmensschonung konnte als Berücksichtigung des realen – und dann: bilanziellen – Kapitalerhalts über einen periodischen Zins-/Inflationsfreibetrag plus einer ergänzenden partiellen Substanzerhaltung konkretisiert werden.

Die Vorgabe leitlinienkonformer abstrakter Bilanzierungsprinzipien der statischen Bilanzierung allein erweist sich allerdings auch noch nicht als hinreichend bestimmt und verständlich. Erforderlich und möglich ist vielmehr eine Konkretisierung durch Einzelprinzipien der periodengerechten Erfassung positiver und negativer Vermögenskomponenten. Das belässt gesetzgeberischen Spielraum. Als *elementare* Einzelprinzipien statisch-bilanzieller Gewinnermittlung[902] lassen sich dabei in den Rahmen steuerlicher Leitlinien einpassen:

- das Prinzip wirtschaftlicher Verursachung bzw. Entstehung als Maßstab periodengerechter Erfolgsermittlung und Kehrseite eines Vermögensermittlungsprinzip;
- das objektive Nettoprinzip;
- das Objektivierungsprinzip und eine Wahlrechtseingrenzung (einschließlich Stetigkeit);

---

[902] Eine vollständige Analyse aller möglichen und sachgerechten Einzelprinzipien bleibt späteren Untersuchungen vorbehalten.

- das Vollständigkeitsprinzip;
- das nicht einseitig formal-rechtlich zu begreifende Einzelbewertungsprinzip als Objektivierungs- und Vorsichtsprinzip,
- das Prinzip realer Kapitalerhaltung einschließlich einer Zins-/Inflationsbereinigung, ergänzt durch einzelne Elemente auch der Substanzerhaltung;
- die Unternehmensfortführungsprämisse ohne Ausschluss der Nichtfortfortführungsannahme bei entgegenstehenden tatsächlichen Gegebenheiten;
- das Vorsichts- und Imparitätsprinzip;
- das Realisationsprinzip als Bruttoprinzip zur Berücksichtigung eines Umsatzgeschäfts, wenn (1) die eigene Leistung vertragsgemäß erbracht wurde und (2) der Anspruch auf Vereinnahmung des Verkaufsentgelts hinreichend sicher entstanden ist;
- das Prinzip der Erfolgsneutralität bestimmter Ersatzinvestitionen als eng begrenzter Ausnahmefall vom Realisationsprinzip zur Substanzerhaltung;
- Prinzipien der Aktivierung typisiert als werthaltig unterstellbarer Wirtschaftsgüter durch Kriterien wie Greifbarkeit, Einzelveräußerbarkeit und -verwertbarkeit;
- das Prinzip der Nichtbilanzierung ausgeglichener schwebender Geschäfte mit Ausnahme bei drohenden Verlusten;
- Prinzipien der Passivierung hinreichend konkretisierter Verpflichtungen als unentziehbare wirtschaftliche Lasten mit Vergangenheitsbezug;
- das Prinzip der Passivierung objektiviert nachweisbarer drohender Verluste aus schwebenden Geschäften;
- das finale Anschaffungs-/Herstellungskostenprinzip für Wirtschaftsgüter und auch Sachleistungsverpflichtungen mit einer Aktivierung zu Einzelkosten plus anteiliger – ggf. vereinfacht ermittelter – Fixkosten;
- das Prinzip planmäßiger linearer Abschreibung langlebiger Wirtschaftsgüter über vorgegebene, vorsichtig bemessene Nutzungsdauern;

- das Prinzip außerplanmäßiger Abschreibungen für typisierend anzunehmende endgültige Wertminderungen einschließlich eines Abschreibungswahlrechts, soweit ein endgültiger Vermögensverlust nicht offenkundig ist;
- Prinzipien der Rückstellungsbewertung unter Berücksichtigung hinreichend objektivierter künftiger Preis-/Kostensteigerungen (außerhalb der Preisbereinigung des Realwertprinzips) ohne Abzinsung;
- das Wirtschaftlichkeitsprinzip in Ausprägung verschiedener Bilanzierungsnormen, speziell auch die Zulässigkeit begrenzter Wahlrechte.

TEIL 4: STEUERLICHE GEWINNERMITTLUNG NACH GELTENDEM RECHT

A. Einordnung und Grundlagen der steuerbilanziellen Gewinnermittlung

Nach der zentralen Gewinnermittlungsvorschrift des § 4 Abs. 1 Satz 1 EStG basiert der steuerliche Gewinn eines „Gewerbebetriebs“[903] auf einem bilanziellen Betriebsvermögensvergleich. Für Kaufleute und Handelsgesellschaften, die handels- oder steuerrechtlich zu Buchführung und Bilanzierung verpflichtet sind, wird für die Ermittlung des Betriebsvermögens eine steuerliche Maßgeblichkeit der handelsrechtlichen Grundsätze ordnungsmäßiger Buchführung etabliert.[904] Kleinere Gewerbebetriebe, die weder steuer- noch handelsrechtlich zu Buchführung und Abschlusserstellung verpflichtet sind, können dagegen eine vereinfachte Gewinnermittlung[905] durch eine zahlungsflussorientierte Einnahmenüberschussrechnung mit nur wenigen Periodisierungen erstellen (§ 4 Abs. 3 EStG).

Die persönliche Eingrenzung der verpflichtenden bilanziellen Gewinnermittlung auf Kaufleute und Handelsgesellschaften, die bestimmte Größen- und Substanzkriterien überschreiten, kann dabei auf Anforderungen der Praktikabilität, Wirtschaftlichkeit und Verständlichkeit zurückgeführt werden.[906] Auch inhaltlich ist die Reichweite der bilanziellen Gewinnermittlung begrenzt. Sie wird in einer ergänzenden außerbilanziellen Gewinnermittlungsstufe um bestimmte positive wie negative Komponenten ergänzt und korrigiert. Ziel dieser zweiten Gewinnermittlungsstufe ist es insbesondere, eine mögliche Vermengung der auf Unternehmensebene bilanziell erfassten Leistungsfähigkeit mit derjenigen anderer Personen wie insbesondere den Gesellschaf-

---

903 Es handelt sich dabei um einen speziell steuerlichen Begriff, der zwar eine Schnittmenge mit dem handelsrechtlichen Gewerbebetrieb aufweist, von diesem allerdings auch zu unterscheiden ist. Vgl. Weber-Grellet, Einkommensteuergesetz, § 5 EStG Rz. 6 ff.; Wacker, ebenda, § 15 EStG Rz. 7 ff.

904 Zur sachlich/persönlichen Abgrenzung von § 4 Abs. 1 EStG und § 5 Abs. 1 Satz 1 EStG Prinz, Einkünfteermittlung, S. 140 ff.

905 Vgl. allerdings auch Eisgruber, Einkünfteermittlung, S. 192 ff.

906 Vgl. oben Teil 2 Abschnitt B.VI. und VIII.

tern zu korrigieren, deutsche Besteuerungsansprüche gegenüber dem Ausland zu sichern und Doppelbelastungen bei inländischen und grenzüberschreitenden Tätigkeiten zu vermindern.[907] Durch einzelne Elemente dieser zweiten Gewinnermittlungsstufe kann es zu unsachgemäßen Durchbrechungen von Leitlinien und Prinzipien der steuerlichen Gewinnermittlung kommen, indem sie etwa das objektive Nettoprinzip verletzen und unternehmerische Handlungsfreiheit überbordend einschränken.[908] Nachfolgend ist allein der maßgeblichkeitsgeprägte bilanzielle Betriebsvermögensvergleich auf der ersten Gewinnermittlungsstufe Gegenstand der Untersuchung.

Nur ein Teil der steuerbilanziellen Gewinnermittlung[909] wird schließlich auch durch die handelsrechtlichen Grundsätze ordnungsmäßiger Buchführung bestimmt. Steuerlich wurden vielmehr auch zahlreiche gesonderte Vorschriften zur Gewinnermittlung statuiert, die bereits auf der ersten Gewinnermittlungsstufe im Rahmen des Betriebsvermögensvergleichs gelten (§§ 4 ff. EStG). Diese Regelungen haben Vorrang vor entsprechenden handelsrechtlichen Regelungen (§ 5 Abs. 6 EStG; sog. Steuer- und Bewertungsvorbehalt).[910] Steuerliche Wahlrechte können zudem gesondert von einer Wahlrechtsübung im Rahmen der Handelsbilanz ausgeübt werden (§ 5 Abs. 1 S. 2 EStG).[911]

B. Maßgeblichkeitsprinzip

I. Grundlagen und inhaltliche Bedeutung

Mit dem steuerlichen Maßgeblichkeitsprinzip basiert die steuerliche Gewinnermittlung für Unternehmen in Deutschland seit Ende des 19. Jahrhunderts[912] zu großen Teilen auf traditionellem, gewachsenem Handelsbilanz-

---

907 Zu einem Überblick siehe Prinz, Einkünfteermittlung, S. 144 f.

908 Zum Streitgegenstand der Zinsschranke vgl. etwa Heuermann, DStR 2013 S. 1 ff.; Prinz, Zinsschranke, FR 2013, 145 ff.

909 Zum Begriff der im Einkommensteuergesetz nicht als solcher definierten „Steuerbilanz" Prinz, Einkünfteermittlung, S. 143 f.

910 Vgl. Weber-Grellet, Einkommensteuergesetz, § 5 EStG Rz. 1.

911 Vgl. dazu auch weiter unten Abschnitt B.II.

912 Sachsen, Bremen und Preußen gingen dabei von einer steuerlichen Einnahmen-Ausgaben-Rechnung zu einem Betriebsvermögensvergleich unter Maßgeblichkeit der

recht.[913] Maßgeblich sind dabei indes nicht die konkreten handelsrechtlichen Bilanzansätze, sondern das Recht – die Grundsätze – selbst.[914] Sie werden dabei auch nicht „ungeprüft" übernommen, sondern nur insoweit, wie sie mit speziellen steuerlichen Zwecken der Gewinnermittlung vereinbar scheinen.[915] Maßgeblich sind insoweit nur die Grundsätze ordnungsmäßiger Buchführung, die den „Filter" „steuerspezifischer Wertungen" durchpassen.[916]

Die Grundsätze ordnungsmäßiger Buchführung (GoB) stellen einen unbestimmten Rechtsbegriff dar; sie sind handelsrechtlich nur teilweise kodifiziert.[917] Der Begriff „Grundsätze" suggeriert, dass es sich um abstrakte „Obersätze" der Bilanzierung handelt; tatsächlich zählt hierzu ein ganzes Gefüge „von sich wechselseitig ergänzenden und beschränkenden Fundamentalprinzipien, Folgeprinzipien und Einzelnormen".[918] GoB sind nach h. M. deduktiv aus den handelsrechtlichen Rechnungslegungszwecken zu ermitteln.[919] Bis heute hat sich allerdings noch keine allgemein akzeptierte Lehre zu ihrer Ermittlung bzw. Herleitung herausgebildet.[920] GoB stellen außerdem

---

handelsrechtlichen Rechnungslegung über. Eine erste reichseinheitliche Regelung wurde 1920 geschaffen. Vgl. Mayer, Maßgeblichkeit, S. 149 ff.

913 Grundlage ist ein System doppelter Buchführung, das die Geschäftsvorfälle einer Periode jeweils auf mindestens zwei Bestands- oder Erfolgskonten erfasst, sodass am Periodenende sowohl der Vermögensbestand als auch der Erfolg der Periode ermittelt werden können. Vgl. Wöhe/Kußmaul, Bilanztechnik, S. 75 ff. Zur Entwicklung und den historischen Wurzeln der doppelten Buchführung vgl. Pacioli, Buchhaltung, 1992 und Simon, Bilanzen, S. 29 ff., 58 ff., 183.

914 Vgl. Prinz, Einkünfteermittlung, S. 150; Sigloch, Maßgeblichkeitsprinzip, S. 179.

915 Vgl. Lambrecht, Einkommensteuergesetz, § 5 EStG Rz. D 39.

916 Vgl. Prinz, Materielle Maßgeblichkeit handelsrechtlicher GoB, DB 2010 S. 2069 und auch unten Abschnitt B.II.2.

917 Nach dem Großen-Senatsbeschluss vom 31.3.2013 (GrS 1/10) haben die nicht kodifizierten GoB mittelbar eine Ausprägung in konkreten Bilanzierungsnormen des Handelsrechts gefunden. Nicht kodifizierte GoB müssen sich dabei in den Handelsrechtsrahmen fraglos einpassen; sie können allerdings auch nicht lückenlos aus konkreten Bilanzierungsnormen „herausgelesen" werden. Das widerspräche auch der gewollten Offenheit der handelsrechtlichen GoB; dazu sogleich in diesem Abschnitt.

918 Moxter, Bilanzrechtsprechung, S. 2.

919 Vgl. Döllerer, Grundsätze, BB 1959 S. 1217 ff.; Beisse, Bilanzrecht und Betriebswirtschaftslehre, StuW 1984 S. 7 f.; Knobbe-Keuk, Bilanzsteuerrecht, S. 43; Adler/Düring/Schmaltz, Rechnungslegung, § 243 Rz. 10 ff.; Prinz, Materielle Maßgeblichkeit handelsrechtlicher GoB, DB 2010 S. 2069, Stapperfend, Fehlerbegriff, S. 13 ff.

920 Vgl. nur die Diskussion über GoB im Rahmen der Gesetzgebung des BilMoG und dazu Wüstemann/Wüstemann, System der GoB, S. 766 f. Vgl. außerdem Adler/Düring/Schmaltz, Rechnungslegung, § 243 HGB Rz.20; Förschle/Usinger, Bilanzkommentar,

ein offenes und „bewegliches“ System dar,[921] können sich also im Zeitablauf verändern.[922] Entsprechend den grundlegenden handelsrechtlichen Zwecken, können GoB zur Gewinnanspruchsermittlung und solche zur darüber hinausgehenden Informationsvermittlung unterschieden werden.[923] Allein die Gewinnanspruchs-GoB sind maßgeblich für den steuerlichen Betriebsvermögensvergleich.[924] Wenngleich sie nur teilweise kodifiziert sind, wird ihnen umfassend Rechtsnormcharakter zugebilligt.[925]

Inhalt und Entwicklung der Grundsätze ordnungsmäßiger Buchführung sind im Ergebnis – trotz der stetig konkretisierenden Bilanzrechtsprechung durch den Bundesfinanzhof – auch heute noch eine Art „Mysterium“. Das liegt zum einen bereits an der langzeitigen Entwicklung der handelsbilanziellen Rechnungslegung als gewachsene, von der Kaufmannspraxis praktisch beeinflusste Materie.[926] Außerdem an den wesentlichen, jedoch – je nach Definition – zum Teil konträren oder gar diametralen handelsbilanziellen Zielen einer vorsichtigen Ausschüttungsbemessung einerseits und Informationsvermittlung andererseits, die eine deduktive Fortentwicklung von GoB erschweren. Dabei sollte durch Verwendung unbestimmter Rechtsbegriffe bewusst die Flexibilität der handelsrechtlichen Grundsätze ordnungsmäßiger Buchführung bei Kodifizierung erhalten bleiben.[927]

---

§ 243 HGB Rz. 18. Bereits zur Gewichtung der handelsrechtlichen Zwecke bzw. deren Herleitung besteht kein Konsens. Vgl. Oestreicher/Spengel, Maßgeblichkeit, S. 67.

921 Vgl. Beisse, Bilanzrecht und Betriebswirtschaftslehre, StuW 1984 S. 2; Moxter, Bilanzrechtsprechung, S. 2; Prinz, Betriebsvermögensvergleich, S. 150 („prinzipienbasiertes ‚bewegliches‘ Normengefüge, was sich stets ‚automatisch‘ Neuerungen in der Rechnungslegung anpasst.“).

922 Eine „laufende Weiterentwicklung“ kann insbesondere auf veränderte Zielsetzungen der Rechnungslegung zurückzuführen sein, aber auch auf Veränderungen und Verfeinerungen der Methoden des betrieblichen Rechnungswesens, wie etwa durch Einsatz von EDV. Vgl. Wöhe/Kußmaul, Bilanztechnik, S. 39.

923 Vgl. Moxter, Grundsätze, S. 3 ff.

924 Vgl. Prinz, Einkünfteermittlung, S. 150, m. w. N. und Differenzierung im Hinblick auf Ausweisfragen.

925 Vgl. Prinz, Einkünfteermittlung, S. 150; Moxter, Bilanzrechtsprechung, S. 1 ff.

926 Vgl. Moxter, Bilanzrechtsprechung, S. 1 ff.

927 Vgl. Begründung zum Entwurf eines Gesetzes zur Durchführung der Vierten Richtlinie des Rates der Europäischen Gemeinschaften zur Koordinierung des Gesellschaftsrechts (Bilanzrichtlinien-Gesetz), BR-Drs. 257/83, S. 68.

Die oben als leitlinienkonform herausgestellten Prinzipien einer sachgerechten steuerbilanziellen Gewinnermittlung finden sich nun – vorbehaltlich vorrangiger steuerlicher Vorschriften[928] – grundsätzlich auch in den handelsrechtlichen GoB wieder:

(1) Wirtschaftliche Verursachung als Maßstab periodengerechter Erfolgsermittlung:

§ 252 Abs. 1 Nr. 5 HGB regelt dem Wortlaut nach, dass Aufwendungen und Erträge unabhängig von ihren Zahlungszeitpunkten zu berücksichtigen sind. Gewertet wird dies nach h. M. als umfassendes Verursachungsprinzip. Es geht also um eine periodengerechte Gewinnermittlung nach wirtschaftlichen Gesichtspunkten, die mit Realisationsprinzip, Vorsichtsprinzip und Imparitätsprinzip zusammenwirken muss.[929]

(2) Vermögensermittlungsprinzip:

Mit dem bilanziellen Betriebsvermögensvergleich ist bereits konzeptionell als „Rahmengrundsatz" das Prinzip der (Rein-)Vermögensermittlung verbunden.[930]

(3) Objektivierungsprinzip und Wahlrechtseingrenzung:

Das Objektivierungsprinzip äußert sich grundlegend nicht nur in materiellen Regelungen des Betriebsvermögensvergleichs, sondern auch in Nachweispflichten – etwa der Feststellungslast im Hinblick auf Ansatz und Höhe von Rückstellungen.[931] Eine Bewertungsstetigkeit wird ausdrücklich geregelt (§ 252 Abs. 1 Nr. 6 HGB).

---

928 Dazu auch nachfolgend unter B.II.2.

929 Anschaulich Claussen, Rechnungslegungsrecht, § 252 HGB Rz. 56 f. Vgl. auch Hennrichs, Maßgeblichkeitsgrundsatz, S. 313, der ein folgerichtig umgesetztes Prinzip der Periodenabgrenzung nach der wirtschaftlichen Verursachung fordert: „Wenn schon periodisieren ..., dann richtig." Vgl. außerdem Weber-Grellet, Reform des Bilanzsteuerrechts, DStR 1998 S. 1347 („elementares Strukturprinzip"), Adler/Düring/Schmaltz, Rechnungslegung, § 252 HGB Rz. 94 ff. („alter Grundsatz des deutschen Bilanzrechts").

930 Vgl. Moxter, Grundsätze, S. 19.

931 Vgl. Lambrecht, Einkommensteuergesetz, § 5 EStG Rz. D. 42, D 252; Moxter, Grundsätze, S. 16.

(4) Vollständigkeitsprinzip:

Kodifiziert ist das Vollständigkeitsprinzip handelsrechtlich ausdrücklich in § 246 Abs. 1 Satz 1 HGB.[932]

(5) Einzelbewertungsprinzip:

Das Einzelbewertungsprinzip ist ebenfalls kodifizierter GoB (§ 252 Abs. 1 Nr. 3 HGB) und wird als „Systemgrundsatz" anerkannt.[933] Der Einzelbewertungsgrundsatz dient einer objektivierten Vermögensgewinnermittlung und reflektiert den Grundsatz der Vorsicht und des Imparitätsprinzips.[934]

(6) (Nur) nominale Kapitalerhaltung:

Das Prinzip der bilanziellen, nominalen Kapitalerhaltung durch vorsichtige Reinvermögensermittlung und darauf bezogene Ausschüttungsbemessung bzw. -begrenzung[935] ist einer der zentralen *handelsrechtlichen Bilanzierungszwecke* und spiegelt sich maßgeblich in den handelsrechtlichen Grundsätzen ordnungsmäßiger Buchführung wider.[936] Handelsrechtlich wird dabei die Perspektive des Unternehmens und seiner Anteilseigner eingenommen, indem nur derjenige Betrag als Gewinn ausgewiesen wird, der hinreichend sicher über Außenansprüche von Gläubigern und das handelsrechtliche Mindestkapital hinausgeht.[937] Die Gewinnkonzeption ist insoweit auf eine mögliche freie „Außen-Verwendung" des Gewinns gerichtet. Umgesetzt wird nur eine nominale, *keine reale* Kapitalerhaltung.

---

932 Vgl. dazu Braun, Rechnungslegungsrecht, § 246 HGB Rz. 1 ff.

933 Vgl. Küting/Eichenlaub, Einzelbewertungsgrundsatz, BB 2011 S. 1195.

934 Vgl. Baetge/Kirsch/Thiele, Bilanzen, S. 116; Claussen, Rechnungslegungsrecht, § 252 HGB Rz. 25 ff.

935 Eine strikt auf den Handelsbilanzgewinn begrenzte Ausschüttungssperre gilt dabei nur für Aktiengesellschaften (§ 57 Abs. 3 AktG), nicht jedoch für GmbHs (§ 30 GmbHG) und Personengesellschaften. Vgl. Hennrichs, Steuerrecht, § 9 Rz. 44.

936 Der bilanzielle Kapitalerhalt stellt nicht den einzigen zentralen handelsrechtlichen Bilanzierungszweck dar. Daneben hat die handelsrechtliche Rechnungslegung insbesondere eine – auch gläubigerschützende – Informationsfunktion zu erfüllen. Vgl. nur Hennrichs, Bilanzgestützte Kapitalerhaltung, StuW 2005 S. 257 ff.; außerdem Moxter, Grundsätze, 2003, S. 21.

937 Vgl. Sigloch, Gewinnermittlung, S. 556; Moxter, Bilanztheorie, S. 76.

(7) Unternehmensfortführung:

Kodifiziert ist die Fortführungsprämisse als „Bewertungsgrundsatz" in § 252 Abs. 1 Nr. 2 HGB, wenngleich sie tatsächlich auch den Ansatz von Vermögensgegenständen und Schulden betrifft. Nach § 252 Abs. 1 Nr. 2 HGB ist bei der Bewertung von der Fortführung der Unternehmenstätigkeit auszugehen, sofern dem nicht tatsächliche oder rechtliche Gegebenheiten entgegenstehen.[938]

(8) Vorsichts- und Imparitätsprinzip:

Das Vorsichts- und Imparitätsprinzip ist kodifiziert in § 252 Abs. 1 Nr. 4 HGB. Nach dem allgemeinen Vorsichtsprinzip (auch: „allgemeines Imparitätsprinzip") sind Risiken grundsätzlich stärker zu gewichten als Chancen.[939]

Von einem „Imparitätsprinzip im engeren Sinne" wird auch insoweit gesprochen, als Aufwendungen nicht im Sinne eines Nettorealisationsprinzips erst bei zugehöriger Umsatzrealisierung berücksichtigt werden.[940] Das Imparitätsprinzip wird aus dieser Perspektive heraus als störend empfunden,[941] da Risiken und Verluste berücksichtigt werden, obwohl sie noch nicht „realisiert" im Sinne von realisierten Umsätzen zuordenbar sind.[942] Handelsrechtlich kann eine Interpretation des Realisationsprinzips als Nettoumsatzrealisation immerhin dem Gedanken zugeordnet werden, einen auch prognosetauglichen – also im Kern umsatzgebundenen – entziehbaren Gewinn zu ermit-

---

938 Vgl. Beisse, Bilanzrecht und Betriebswirtschaftslehre, StuW 1984 S. 8; Claussen, Rechnungslegungsrecht, § 252 HGB Rz. 20; vgl. auch BFH, Urteil vom 27.6.2001 – I R 45/97, BStBl. 2003 II S. 121. Das Handelsrecht geht dabei gleichzeitig im Rahmen der Regelungen zur Gewinnverwendung und -verteilung von einer 4%igen Rendite als typischer Richtgröße aus. Vgl. §§ 121 Abs. 1 und 3, 122 Abs. 2 HGB für die OHG, § 168 Abs. 1 und 2 HGB für die KG, §§ 60 Abs. 2, 113 Abs. 3, 233 Abs. 2, 254 Abs. 1 AktG für die AG, § 58d GmbHG für die GmbH.

939 Moxter, Grundsätze, S. 33.

940 Vgl. Biergans, Steuerbilanz, S. 166 f.; Moxter, Grundsätze, S. 57.

941 Vgl. Moxter, Bilanzrechtsprechung, S. 119. Bilanzzweck ist demnach auch „die vorsichtige und objektivierte Ermittlung des entziehbaren Umsatzgewinns." Vgl. Hommel/ Berndt, Realisationsprinzip, BB 2009 S. 2190, m. w. N.

942 So wurde das Imparitätsprinzip in der Begründung des Gesetzentwurfs zum Steuerentlastungsgesetz 1999/2000/2002 (BT-Drs. 14/23 S. 171 ff.) kurzerhand als mit dem Leistungsfähigkeitsprinzip unvereinbar erklärt, um die intendierte Versagung von Teilwertabschreibungen zu rechtfertigen. Deutlich diese Wertung zurückweisend Hennrichs, Maßgeblichkeitsgrundsatz gem. § 5 EStG, StuW 1999 S. 142.

teln.[943] Das entspricht allerdings nicht der heute h. M. und Rechtsprechung zum Realisationsprinzip als Bruttorealisationsprinzip, die – leitlinienkonform – auch hier vertreten wird.[944]

(9) Realisationsprinzip und Anschaffungs-/Herstellungskostenprinzip:

Das Realisationsprinzip ist ebenfalls kodifiziert in § 252 Abs. 1 Nr. 4 HGB. Es verlangt, dass nur realisierte Gewinne ausgewiesen werden dürfen, bei denen durch Vertrag und erbrachte Leistung ein „so gut wie sicherer" Gegenleistungsanspruch erworben wurde.[945] Es wird als „Fundamentalprinzip der Rechnungslegung" begriffen.[946] Eng begrenzte Ausnahmen bestehen bei der Bewertung von zu Handelszwecken erworbenen Finanzinstrumenten von Kreditinstituten (§ 340e Abs. 3 Satz 1 HGB; § 6 Abs. 1 Nr. 2b EStG)[947] und im Rahmen von Bewertungseinheiten (§ 254 HGB; § 5 Abs. 1a EStG).[948] Als Spezialanwendungsfälle einer möglichen, über die Anschaffungskosten hinausgehenden Zeitwertbewertung in eng begrenzter subjektiv-persönlicher und sachlicher Hinsicht werden diese beiden Ausnahmen nachfolgend nicht weiter behandelt. Die inzwischen wohl h. M. und auch die Rechtsprechung gehen von einem Bruttorealisationsprinzip aus, das sich nur auf Erträge bezieht; zum Teil wird das Realisationsprinzip allerdings immer noch als (dynamisches) Nettorealisationsprinzip gedeutet, das auch ein „Aufwandsrealisationsprinzip" beinhaltet.[949] Das Anschaffungskostenprinzip ist handels-

---

943 Vgl. im Detail Teil 3 Abschnitt A.I.2. Vgl. auch Moxter, Gewinnermittlung, S. 212. Insoweit wäre die Passivierung nicht umsatzgebundener wirtschaftlicher Lasten dann „imparitätisch", die Aussagefähigkeit für vergangenheitsorientiert ermittelte, künftige Ausschüttungsprognosen eingeschränkt.

944 Vgl. BFH, Urteil vom 27.6.2001 – I R 45/97, BStBl. II 2003 S. 121 und vom 8.9.2011 – IV R 5/09, BStBl. II 2012 S. 122. Vgl. oben Teil 3 Abschnitt A.IV.2.d) und 3.d) sowie Teil 3 Abschnitt B.II.2.b) und Prinz, Anpassungsrückstellungen, S. 1817

945 Vgl. Gelhausen, Realisationsprinzip, S. 25 ff.

946 Vgl. Hommel/Berndt, Realisationsprinzip, BB 2009 S. 2190; Hennrichs, Steuerrecht, § 9 Rz. 88 ff.; Böcking, Bilanzrechtstheorie, S. 291.

947 Dazu Kahle/Hiller, Bewertungsmaßstäbe, S. 200 ff.

948 Dazu Prinz, Rechnungslegungsrecht, § 254 HGB Rz. 8 ff.

949 Vgl. Hommel/Berndt, Realisationsprinzip, BB 2009 S. 2190; Moxter, Grundsätze, S. 46 f.; Weber-Grellet, Einkommensteuergesetz, § 5 EStG Rz. 78.

rechtlich in § 253 Abs. 1 HGB kodifiziert und wird als Äquivalent zum Realisationsprinzip begriffen.[950]

(10) Objektives Nettoprinzip:
Ein objektives Nettoprinzip wird handelsrechtlich implizit über das Vollständigkeitsprinzip nach § 246 Abs. 1 Satz 1 HGB in Verbindung mit dem Verursachungsprinzip nach § 252 Abs. 1 Nr. 5 HGB geregelt. Daraus ergibt sich das Prinzip einer vollständigen und periodengerechten Ertrags- wie auch Aufwandsberücksichtigung.

(11) Wirtschaftlichkeitsprinzip:
Ein Wirtschaftlichkeitsprinzip ist im Handelsrecht nicht kodifiziert, wird jedoch – insbesondere in Form des Wesentlichkeitsgrundsatzes – zu den Grundsätzen ordnungsmäßiger Buchführung gerechnet.[951]

Insbesondere über eigene steuerliche Gewinnermittlungsnormen werden diese Grundprinzipien allerdings auch wieder zurückgenommen, geschwächt und durchbrochen, wie unter Abschnitt C näher dargelegt wird.

II. Vereinfachungswirkungen

Grundlegende Motivation hinter der steuerlichen Anlehnung an das Handelsrecht waren steuerhistorisch weniger systematische Erwägungen, sondern eine Vereinfachung durch effiziente Nutzung des betrieblichen Rechnungswesens auch für steuerliche Zwecke.[952] Mit der Handelsbilanz konnte für die steuerliche Gewinnermittlung auf ein historisch weit entwickeltes Rechnungslegungssystem zurückgegriffen werden, das unmittelbar anwendbar war und über das alle Geschäftsvorfälle eines Unternehmens relativ verlässlich eingeordnet und bewertet werden konnten.[953]

---

950 Vgl. Böcking, Bilanzrechtstheorie, S. 135 ff.

951 Dazu Wendt, Wesentlichkeitsgrundsatz, S. 517 ff., Marx, Wesentlichkeitsgrundsatz, FR 2011 S. 267 ff.

952 Vgl. Clemm/Nonnenmacher, Rechtsprechung, S. 228; Icking, Deutsches Einkommensteuerrecht, S. 32.

953 Vgl. Schön, Maßgeblichkeit, S. 1, 27.

Auch heute noch, 100 Jahre später, wird die handels- und steuerrechtliche „Einheitsbilanz“, die einer Vereinfachung dienen sollte und der mit Blick auf *Döllerers* Teilhaberthese[954] auch ein Schutzzweck gegenüber dem Fiskus zugestanden wurde,[955] zum Teil als Ideal vertreten.[956] Inwieweit das Maßgeblichkeitsprinzip tatsächlich Vereinfachungen bewirkt, wird im Folgenden in den Blick genommen.

1. Möglichkeiten zur Vereinfachung durch gleichgelagerte Bilanzierungspflichten dem Grunde nach

Unternehmen können von der steuerlichen Maßgeblichkeit handelsrechtlicher GoB unter Vereinfachungsgesichtspunkten nur profitieren, soweit sie handelsrechtlich buchführungs- und abschlusspflichtig sind *und* unter Geltung des Maßgeblichkeitsprinzips gleichzeitig einen Betriebsvermögensvergleich zur steuerlichen Gewinnermittlung zu erstellen haben.

a) Grundsätzlich handels- und steuerrechtlich bilanzierungspflichtige Unternehmensstrukturen

Nach § 238 i. V. m. § 6 Abs. 1 HGB ist jeder Kaufmann und jede Handelsgesellschaft verpflichtet, Bücher zu führen. Diese Bücher sind nach den handelsrechtlichen Grundsätzen ordnungsmäßiger Buchführung zu führen (§ 238 Abs. 1 Satz 1 HGB i. V. m. § 6 Abs. 1 HGB). Die Buchführung ist Grundlage für die verpflichtende Aufstellung einer jährlichen Vermögensbilanz und Erfolgsrechnung, die zusammen – ggf. neben weiteren Informationswerken – den handelsrechtlichen Jahresabschluss bilden (§ 242 HGB i. V. m. § 6 Abs. 1 HGB). Kaufmann ist dabei handelsrechtlich jeder, der ein Handelsgewerbe betreibt, also grundsätzlich einen Gewerbebetrieb[957] mit in kaufmännischer

---

[954] Vgl. bereits oben Teil 3 Abschnitt A.III.4.

[955] Unter Hinweis auch auf die eingeschränkte steuerliche Verlustverrechnung Sigloch, Gewinnermittlung, S. 556.

[956] Hierzu die kritischen Analysen von Lauth, Einheitsbilanz, DStR 2000 S. 1365; Hennrichs, Maßgeblichkeitsgrundsatz, S. 305; Schulze-Osterloh, Steuerrechtliche Gewinnermittlung, StuW 1991 S. 285 ff. Zum praktisch verfehlten Ideal einer Einheitsbilanz auch Prinz, Einkünfteermittlung, S. 150 f.

[957] Zum Begriff und zur Abgrenzung zum steuerlichen „Gewerbebetrieb“ Wacker, Einkommensteuergesetz, § 15 EStG Rz. 9.

Weise eingerichtetem Geschäftsbetrieb unterhält (§ 1 Abs. 1 und 2 HGB). Bereits kraft ihrer Rechtsform sind Aktiengesellschaften, KGaAs und SEs,[958] GmbHs,[959] OHGs und KGs Handelsgesellschaften.[960]

Qualifizierte inländische „Zweigniederlassungen" ausländischer Unternehmen sind schließlich als unselbstständiger Teil eines ausländischen Unternehmens zunächst in das deutsche Handelsregister eintragen zu lassen (§ 13e HGB ff.). Wenngleich dem Gesetz für sie keine ausdrückliche handelsrechtliche Rechnungslegungspflicht zu entnehmen ist, geht die h. M. auch von einer auf die Zweigniederlassung beschränkten handelsrechtlichen Buchführungspflicht aus.[961]

Ausländische (Zweig-)Niederlassungen inländischer Unternehmen sind schließlich – ungeachtet einer eventuellen handelsrechtlichen Buchführungspflicht im Ausland – als unselbstständiger Unternehmensteil von der handelsrechtlichen Buchführungs- und Rechnungslegungspflicht des deutschen Stammhauses mitumfasst.

In Abgrenzung dazu ist handelsrechtlich keine Bilanzierung nach HGB für unselbstständige inländische Niederlassungen erforderlich, welche die handelsrechtlichen Kriterien einer Zweigniederlassung nicht erfüllen. Auch für ausländische Tochtergesellschaften besteht keine originäre handelsrechtliche Buchführungs- und Bilanzierungspflicht. Soweit im grenzüberschreitenden Konzern nicht sowieso verpflichtend oder freiwillig ein Konzernabschluss nach internationalen Rechnungslegungsregeln (IFRS) aufgestellt wird,[962] erstreckt sich der Regelungsbereich des HGB nur über den Konzernabschluss und die hier einzubeziehenden Handelsbilanzen II auf ausländische Tochtergesellschaften.

---

958 §§ 3 Abs. 1 AktG, 278 Abs. 3 AktG, Art. 61 SE-VO.

959 § 13 Abs. 3 GmbHG.

960 § 105 Abs. 1, § 161 Abs. 2 HGB i. V. m. § 195 Abs. 1 HGB.

961 Vgl. – m. w. N. – Poeschke, Handelsgesetzbuch, § 238 Rz. 26a.

962 Vgl. § 315a HGB und die IAS-Verordnung, Amtsblatt Nr. L 243 vom 11.9.2002.

Neben (Klein-)Gewerbetreibenden, deren unternehmerische Tätigkeit keinen in kaufmännischer Weise eingerichteten Geschäftsbetrieb erfordert und die daher handelsrechtlich weder Kaufmann noch buchführungspflichtig sind, sind außerdem Einzelkaufleute mit einer Umsatzschwelle bis zu 500.000 € und Gewinnschwelle bis zu 50.000 € an zwei aufeinanderfolgenden Geschäftsjahren bzw. im Gründungsjahr handelsrechtlich nicht buchführungs- und abschlusspflichtig (§ 241a HGB).

b) Nur steuerrechtlich bilanzierungspflichtige Unternehmensstrukturen

Ausländische Unternehmen, die in Deutschland nur über eine unselbstständige Niederlassung bzw. Betriebsstätte tätig sind, sind mit ihren Betriebsstätteneinkünften in Deutschland beschränkt einkommen- bzw. körperschaftsteuerpflichtig.[963] Besteht handelsrechtlich Buchführungspflicht oder werden freiwillig Bücher geführt, wird der Betriebsstättengewinn durch bilanziellen Betriebsvermögensvergleich ermittelt.[964] Ist dies nicht der Fall, können diese Niederlassungen bei Überschreiten der Gewinn-/Umsatzschwellen des § 141 AO (500.000 € Jahresumsatz; 50.000 € Jahresgewinn) allerdings dennoch buchführungspflichtig sein und müssten dann einen Betriebsvermögensvergleich zur steuerlichen Gewinnermittlung erstellen. Dieser nimmt über § 5 Abs. 1 Satz 1 EStG zwar Bezug auf die handelsrechtliche Rechnungslegung, für deren Erstellung vorgelagert allerdings gar keine Pflicht bestand. In Folge müsste das ausländische Stammhaus das handelsrechtliche und das überlagernde steuerrechtliche Normengefüge zur Erfüllung der steuerlichen Pflichten in Deutschland berücksichtigen. Modifikationen sind zusätzlich für Zwecke der Gewerbesteuer erforderlich (Hinzurechnungen und Kürzungen nach §§ 8 und 9 GewStG). Gleichzeitig ist die Geschäftstätigkeit der inländischen Betriebsstätte regelmäßig auch im Rahmen der jeweiligen ausländischen

---

963 §§ 1 Abs. 4; 49 Abs. 1 Nr. 2 a EStG; § 2 Nr. 1 KStG; § 49 Abs. 1 Nr. 2 a EStG.

964 Ansonsten wäre eine Einnahmen-Überschussrechnung nach § 4 Abs. 3 EStG aufzustellen. Vgl. Jacobs, Internationale Unternehmensbesteuerung, S. 335.

handelsrechtlichen Gewinnermittlung und ggf. auch der ausländischen steuerlichen Gewinnermittlung zu berücksichtigen.[965]

Zumindest theoretisch kann sich auch bei Kleingewerbetreibenden und nach § 241a HGB handelsrechtlich von einer Buchführungsflicht befreiten Einzelkaufleuten eine originär steuerliche Buchführungspflicht aus § 141 AO ergeben, die dann zur steuerlichen Gewinnermittlung auf Basis eines Betriebsvermögensvergleichs führt.[966] In der Praxis wird dies allerdings wohl eher die Ausnahme sein.[967]

2. Einschränkungen der Maßgeblichkeit

Selbst dort, wo dem Grunde nach von einer handels- und steuerrechtlichen Bilanzierungspflicht ausgegangen werden kann bzw. zumindest handelsrechtliche Rechnungslegungsnormen zur Anwendung kommen, kann es zu wesentlichen Einschränkungen des Maßgeblichkeitsprinzips und damit auch seiner Vereinfachungswirkungen kommen.

Das gilt zum einen für grenzüberschreitende Unternehmensstrukturen, für die die Maßgeblichkeit aufgrund zwingender *Regelungen des internationalen Steuerrechts* nicht oder nur eingeschränkt greifen kann. So kommen die Vereinfachungswirkungen der Maßgeblichkeit im DBA-Fall bei Anwendung der Freistellungsmethode bei ausländischen Betriebsstätten im Ergebnis gar nicht erst zum Tragen.[968] Selbst bei Anwendung der Anrechnungsmethode bzw. in Nicht-DBA-Fällen können jedoch die Gewinnkorrekturen im Rahmen der steuerlichen Erfolgs- und Vermögensabgrenzung nach nationalem Recht und DBA[969] zu gravierenden Einschränkungen der Maßgeblichkeit und seiner Vereinfachungswirkungen führen. [970] Insbesondere die im internationalen Steuerrecht von der OECD vertretene uneingeschränkte Selbstständigkeits-

---

[965] Vgl. dazu Jacobs, Internationale Unternehmensbesteuerung, S. 412 ff.

[966] Vgl. Rätke, Abgabenordnung § 141, Rz. 7.

[967] Vgl. Förster/Schmidtmann, Steuerliche Gewinnermittlung, BB 2009 S. 1342, m. w. N.

[968] Vgl. Schmidt, Betriebsstätten, S. 461 ff.

[969] Vgl. im Überblick Jacobs, Internationale Unternehmensbesteuerung, S. 670 ff.

[970] Vgl. Schmidt, Betriebsstätten, S. 468 ff.

fiktion von Betriebsstätten, die im deutschen Steuerrecht bereits nachvollzogen wurde, soweit dem kein DBA entgegen steht (§ 1 Abs. 5 AStG),[971] führt zu wesentlichen Maßgeblichkeitseinschränkungen.[972] Ausländische Tochtergesellschaften sind dagegen mangels Geschäftsleitung oder Sitz gar nicht erst in Deutschland steuerpflichtig (§ 1 Abs. 1 KStG). Für inländische Betriebsstätten mag bereits an Sinn und Zweck einer deutschen Handelsbilanzierung neben der ausländischen Rechnungslegung ein Fragezeichen gesetzt werden;[973] auch hier werden jedoch im Rahmen der steuerlichen Erfolgs- und Vermögenabgrenzung der inländischen Betriebsstätte im internationalen Steuerrecht wesentliche Einschränkungen der Maßgeblichkeit vorgenommen.[974] Im Ergebnis können insoweit gerade grenzüberschreitend aufgestellte Unternehmen und Konzerne – auch im europäischen Binnenmarkt – von der steuerlichen Maßgeblichkeit handelsrechtlicher GoB unter Vereinfachungsgesichtspunkten nicht oder nur sehr eingeschränkt profitieren.

Selbst dort, wo außerhalb des internationalen Steuerrechts der Maßgeblichkeitsgrundsatz zum Tragen kommen könnte, ist er heute in seiner Reichweite und Bedeutung für die steuerliche Gewinnermittlung stark eingeschränkt,[975] die „Einheitsbilanz" mehr Utopie als Realität.[976] Der steuerlich zu ermittelnde Gewinn (bereits) der ersten Gewinnermittlungsstufe ist in Teilen großflächig vom Handelsrecht abgekoppelt.[977]

---

971 Dazu Schnitger, Umsetzung des AOA, IStR 2012 S. 633.

972 Vgl. bereits Schmidt, Betriebsstätten, S. 468 ff.

973 Vgl. Poeschke, Handelsgesetzbuch, § 238 Rz. 26a.

974 Vgl. Jacobs, Internationale Unternehmensbesteuerung, S. 670 ff.; Schmidt, Betriebsstätten, S. 468 ff.

975 Vgl. auch weiter unten Abschnitte C und E.

976 Döllerer (Maßgeblichkeit, BB 1971 S. 1333) enttarnte das Ideal der vollkommenen Einheitsbilanz bereits 1971 als Utopie. Zu Entwicklungslinien der Einheitsbilanz bis hin zur „E-Bilanz" Herzig/Briesemeister/Schäperclaus, E-Bilanz, DB 2011 S. 1 ff. Zur Entwicklung des Maßgeblichkeitsprinzips Robisch/Treisch, Handels- und Steuerbilanz, WPg. 1997 S. 158 ff.

977 Zur Rückstellungspassivierung vgl. nur Prinz, Einkünfteermittlung, S. 166 ff.

Zunehmend wurden gesetzlich steuerliche Spezialregelungen für die bilanzielle Gewinnermittlung implementiert,[978] was sich über vorgegebene steuerliche Zielsetzungen der („vollen") Besteuerung nach der wirtschaftlichen Leistungsfähigkeit wiederum auf die nachfolgende Bilanzrechtsprechung des BFH ausgewirkt hat.[979] Nach inzwischen gefestigter BFH-Rechtsprechung gilt die steuerliche Maßgeblichkeit handelsrechtlicher GoB nur soweit, wie „maßgebende steuerliche Vorschriften" nichts anders vorgeben.[980] Diese vorrangig maßgeblichen steuerlichen Vorschriften ergeben sich nicht nur aus einfachem Steuerrecht, sondern auch aus vorgelagerten Vorgaben der Verfassungsordnung (abgestellt wird insbesondere auf das „Leistungsfähigkeitsprinzip") oder sonstigen speziellen steuerlichen Erfordernissen, wie etwa der Praktikabilität.[981] Richtigerweise müssten bzw. könnten sämtliche vorstehend aufgeführten Leitlinien steuerlicher Gewinnermittlung eine Durchbrechung handelsrechtlicher GoB rechtfertigen.

Zuletzt führte die handelsrechtliche „Bilanzrechtsmodernisierung"[982] zu einem weiteren „Auseinanderdriften" der handelsrechtlichen und steuerlichen Rechnungslegung.[983] Die in diesem Zuge ermöglichte Öffnung der „Steuerbilanz" für eine eigenständige, von den handelsrechtlichen GoB abweichende Wahl-

---

978 Vgl. Prinz, Einkünfteermittlung, S. 151 ff. – auch mit Hinweis zu unterschiedlichen Bilanzkorrekturnormen; Kußmaul/Klein, Maßgeblichkeitsprinzip, DStR 2001 S. 546 ff.; Hüttemann, Zukunft der Steuerbilanz, DStZ 2011 S. 511.

979 Vgl. bspw. BFH, Urteil vom 14.3.2006 – I R 22/05, BStBl. II 2006 S. 680 (voraussichtlich dauernde Wertminderung im Anlagevermögen) und vom 23.4.2009 – IV R 62/06, BStBl. 2009 II S. 778 (voraussichtlich dauernde Werterhöhung bei Verbindlichkeiten). Vgl. dazu auch Prinz, Materielle Maßgeblichkeit handelsrechtlicher GoB, DB 2010 S. 2074.

980 Vgl. BFH, Beschluss vom 31.1.2013 – GrS 1/10, BStBl. II 2013 S. 317 und dazu Drüen, Objektiv richtige Bilanz, GmbHR 2013 S. 509 f.

981 Vgl. BFH, Beschluss vom 31.1.2013 – GrS 1/10, BStBl. II 2013 S. 317; vom 14.3.2006 – I R 22/05; vom 23.4.2009 – IV R 62/06, BStBl. 2009 II S. 778.

982 Bilanzrechtsmodernisierungsgesetz (BilMoG) vom 25.5.2009, BGBl. I S. 1102.

983 Zu den steuerlichen Auswirkungen des BilMoG vgl. Förster/Schmidtmann, Steuerliche Gewinnermittlung, BB 2009 S. 1342 ff.; Prinz, Steuerwirkungen des BilMoG, GmbHR 2009 S. 1027 ff.; Herzig/Briesemeister, Handels- und Steuerbilanz, WPg 2010 S. 63 ff. Der Einfluss des Steuerrechts auf die Handelsbilanz, der durch das BilMoG geschmälert werden sollte, ist dabei im Grunde so alt wie das Maßgeblichkeitsprinzip selbst. Vgl. Simon, Bilanzen, S. V.

rechtsübung (§ 5 Abs. 1 Satz 1 2. Halbsatz EStG) ist in ihrer gesamten Reichweite noch nicht geklärt und weiterhin strittig.[984]

Gleichzeitig führt die verpflichtende elektronische Abgabe einer sog. E-Bilanz im Rahmen der Steuererklärung ab dem Jahr 2013 zu einer weiteren und deutlichen „Emanzipierung" steuerlicher „Wissenswünsche" im betrieblichen Rechnungswesen.[985] Die hier – ggf. auch faktisch-verpflichtend[986] – einzureichenden Daten gehen inhaltlich weit über die handelsrechtlichen GoB-basierten Bilanz- und Erfolgsdaten hinaus.[987] Ob und inwieweit durch eine neue sog. „Einheitstaxonomie" für steuer- und handelsrechtliche Zwecke im Gegenzug zumindest teilweise auch Synergien erzielt werden können, bleibt noch abzuwarten.[988]

Im Ergebnis zeigt sich, dass von der Vereinfachungsidee eines im Grundsatz zweifach verwendbaren Rechenwerkes ebenso wie vom Maßgeblichkeitsprinzip selbst teilweise nur noch ein „Torso" verbleibt.[989] Im Besonderen gilt dies für grenzüberschreitend – auch im Binnenmarkt – tätige Unternehmen.

---

984 Die h. M. einschließlich der Finanzverwaltung geht von einer weiten Auslegung des steuerrechtlichen Wahlrechtsvorbehalts aus. Vgl. BMF, Schreiben vom 12.3.2010, BStBl. I 201 S. 239; Prinz, Einkünfteermittlung, S. 155; Herzig/Briesemeister, Steuerliche Konsequenzen des BilMoG, DB 2009 S. 929 ff.; dies., Ansatz und Bewertung, DB 2009 S. 976 ff. und Wahlrechtsvorbehalt, DB 2010 S. 917 ff.; Förster/Schmidtmann, BB 2009 S. 1343; Dörfler/Adrian, Steuerbilanzpolitik, Ubg 2009 S. 387; Kirsch, Nutzen des Maßgeblichkeitsprinzips, DStZ 2008 S. 561; Stobbe, Handels- und Steuerbilanz, DStR 2009 S. 2433; Theile, Totenglocken für das Maßgeblichkeitsprinzip, DStR 2009 S. 2384 ff. Für eine enge Auslegung des steuerrechtlichen Wahlrechtsvorbehalts vgl. AK Bilanzrecht, Maßgeblichkeit der Handelsbilanz, DB 2009 S. 2570 sowie aus diesem Arbeitskreis Hennrichs, Maßgeblichkeit, Ubg 2009 S. 533; für eine enge Auslegung vgl. auch Schenke/Risse, Maßgeblichkeitsgrundsatz, DB 2009 S. 1957.

985 Rechtsgrundlage ist § 5b EStG, der erstmals für Wirtschaftsjahre anzuwenden ist, die nach dem 31.12.2011 beginnen (§ 52 Abs. 15a EStG i. V. m. § 1 der AnwZpvV). Für 2012 gestand das BMF mit Schreiben vom 28.9.2011 (BStBl. I 2011 S. 855 ff.) eine „Nichtbeanstandung" zu, für Betriebsstätten gilt eine Übergangsfrist bis 2014. § 51 Abs. 4 Nr. 1b EStG dient – strittig – als Ermächtigungsgrundlage für die Detaillierung der zu übermittelnden Daten. Vgl. Herzig/Briesemeister/Schäperclaus, E-Bilanz, DB 2011 S. 6 f.

986 Vgl. Herzig/Briesemeister/Schäperclaus, Steuertaxonomien, DB 2011 S. 2509 ff.

987 Vgl. Prinz, Einkünfteermittlung, S. 147 ff.; Herzig, Ermittlung des steuerlichen Gewinns, DB 2012 S. 1 ff.

988 Vgl. Herzig/Schäperclaus, Einheitstaxonomie, DB 2013 S. 1 ff.

989 Vgl. – einschließlich Zitat – Prinz, Einkünfteermittlung, S. 169 und im Einzelnen auch weiter unten unter Abschnitte C und E.

Hinsichtlich der zahlreichen steuerlichen Sonderregelungen, die mit dem Maßgeblichkeitsprinzip verbunden sind, hat sich der steuerliche Gesetzgeber – positiv formuliert – eine gewisse aktive Flexibilität[990] trotz der Anbindung an das Handelsrecht bewahrt. Die Ausgestaltung dieser Sonderregelungen und die Rechtsunsicherheiten, die mit dem Maßgeblichkeitsprinzip verbunden sind, konfligieren allerdings im Grundsatz mit sämtlichen anderen Leitlinien der steuerlichen Gewinnermittlung.[991]

Aus diesen Ergebnissen kann allerdings nicht die normative Aussage abgeleitet werden, dass das Maßgeblichkeitsprinzip wieder gestärkt werden solle. Größere Lücken werden – mit entsprechend eingeschränkter Vereinfachungswirkung – stets zumindest bei grenzüberschreitenden Sachverhalten bestehen und damit auch im europäischen Binnenmarkt gegen elementare Freiheits- und Wirtschaftlichkeitsziele verstoßen.[992] Auch aus inhaltlicher Sicht wird sich zeigen, dass die bloße Rückkehr zu einem „reparierten" Maßgeblichkeitsprinzip normativ nicht empfehlenswert ist.[993]

---

990 Vgl. Teil 3 Abschnitt B.III.4. und Teil 2 Abschnitt B.V.4.

991 Vgl. den nachfolgenden Abschnitt, außerdem Prinz, Materielle Maßgeblichkeit handelsrechtlicher GoB, DB 2010 S. 2073, mit Hinweis auch auf die aufgewerteten Steuerlatenzen in der handelsrechtlichen Rechnungslegung. Dazu auch Förster/Beer, Latente Steuern, StuW 2012 S. 85.

992 Vgl. oben Teil 2 Abschnitt B.V.4.

993 Vgl. insbesondere unten Teil 5 Abschnitt A.

C. Grundzüge der steuerbilanziellen Gewinnermittlung

I. Regelungen zur Erfassung positiver Vermögenskomponenten

1. Vermögenswirkungen der betrieblichen Beschaffung und Herstellung

a) Zugangsbewertung von Wirtschaftsgütern und Schulden

aa) Anschaffung und Herstellung als erfolgsneutrale Vermögensumschichtung

Bei Erwerb oder Herstellung von Wirtschaftsgütern wird steuerbilanziell ebenso wie in der Handelsbilanz grundsätzlich von einer erfolgsneutralen Vermögensumschichtung ausgegangen (§§ 5 Abs. 6, 6 Abs. 1 Nr. 1 und 2 EStG).

§ 246 HGB statuiert ein Vollständigkeitsgebot für den Ausweis aller „Vermögensgegenstände“ in der Handelsbilanz; der Begriff des Vermögensgegenstands ist handelsrechtlich dabei nicht ausdrücklich definiert. In der Steuerbilanz werden begrifflich „Wirtschaftsgüter“ aktiviert (§ 6 Abs. 1 Satz 1 EStG), die legislativ ebenfalls nicht definiert werden. Aufgrund der steuerlichen Maßgeblichkeit stimmen der bilanzsteuerrechtliche Begriff des Wirtschaftsgutes und der handelsrechtliche des Vermögensgegenstands zumindest grundsätzlich überein.[994] Beide Begriffe sind von sachgerechten Objektivierungs- und Typisierungszielen im Hinblick auf die Werthaltigkeit einzeln abgrenzbarer Investitionen geprägt.[995]

Entsprechend dem statischen Vermögensermittlungsprinzip, werden nicht bloße Erwerbsausgaben abgebildet, sondern das über sie Erlangte.[996] Der Begriff des Wirtschaftsguts umfasst dementsprechend grundsätzlich nicht nur körperliche Gegenstände und Rechte, sondern auch weitergehende immate-

---

[994] In Nuancen bestehen Unterschiede; vgl. Ellrott/Krämer, Bilanzkommentar, § 247 HGB Rz. 12 ff.

[995] Vgl. dazu oben Teil 3 Abschnitt B.II.1.a)aa)(1)

[996] Vgl. Moxter, Bilanzrechtsprechung, S. 6.

rielle Werte, soweit sie einen objektivierten – „greifbaren" und bewertbaren – Vermögenswert verkörpern, der zumindest zusammen mit dem Unternehmen übertragen werden kann.[997]

Im Grundsatz legitimen[998] Objektivierungs-, Vorsichts- und Praktikabilitäts-/Wirtschaftlichkeitsgründen ist das speziell steuerliche Aktivierungsverbot von selbsterstellten immateriellen Wirtschaftsgütern des Anlagevermögens zuzuschreiben (§ 5 Abs. 2 EStG).[999] Handelsrechtlich wurde dagegen im Rahmen der Bilanzrechtsmodernisierung[1000] der gegenwärtigen Bedeutung immaterieller Faktoren im Geschäftsleben Rechnung getragen und ein Aktivierungswahlrecht zumindest in Höhe der Entwicklungskosten statuiert (§ 248 Abs. 2 Satz 1 HGB).[1001]

bb) Reichweite der Anschaffungskosten

Anschaffungskosten sind über das Maßgeblichkeitsprinzip die Aufwendungen, die geleistet werden, um ein Wirtschaftsgut zu erwerben und es in einen betriebsbereiten Zustand zu versetzen, soweit sie dem Wirtschaftsgut einzeln zugeordnet werden können. Zu den Anschaffungskosten gehören auch die Nebenkosten sowie die nachträglichen Anschaffungskosten; Anschaffungspreisminderungen sind abzusetzen (§§ 5 Abs. 1 Satz 1 EStG i. V. m. 255 Abs. 1 HGB). Der Anschaffungsbegriff ist damit grundsätzlich final und nur auf Einzelkosten bezogen, was grundsätzlich Anforderungen einer vorsichtigen, praktikablen und objektivierten Gewinnermittlung entspricht,[1002] jedoch auch ungleich enger als der Herstellungskostenbegriff ist.

---

[997] In diesem Aspekt wird eine Abweichung vom handelsrechtlichen Vermögensgegenstand gesehen, für den eine Einzelveräußerbarkeit gefordert wird. Vgl. näher Adler/Düring/Schmaltz, Rechnungslegung, § 246 HGB Rz. 18 ff.; Ellrott/Krämer, Bilanzkommentar, § 247 HGB Rz. 12 ff.

[998] Vgl. oben Teil 3 Abschnitt B.II1.a)aa)(1).

[999] Vgl. dazu Moxter, Grundsätze, S. 74 ff.

[1000] Bilanzrechtsmodernisierungsgesetz (BilMoG) vom 25.5.2009, BGBl. I S. 1102.

[1001] Ein Aktivierungsverbot besteht allerdings auch handelsrechtlich für Vermögenswerte, die dem selbst geschaffenen Firmenwert ähnlich sind, wie selbst geschaffene Marken, Drucktitel, Verlagsrechte, Kundenlisten und ähnliche Immaterialgüter (§ 248 Abs. 2 Satz 2 HGB).

[1002] Vgl. dazu oben Teil 3 Abschnitt B.II.1.a)aa)(2).

In der steuerlichen Praxis zeigen sich allerdings auch Tendenzen einer extensiven Auslegung des finalen Anschaffungskostenbegriffs, indem Anschaffungsnebenkosten bereits ab einer „grundsätzlichen Erwerbsentscheidung" aktiviert werden sollen und nicht erst final mit einem konkreten Erwerb zusammenhängende Kosten.[1003] Nach hier vertretener Auffassung entspricht die extensive Auslegung eines finalen Anschaffungskostenbegriffs im Sinne „vorweggenommener Anschaffungskosten"[1004] einem für steuerliche Zwecke abzulehnenden dynamischen Bilanzverständnis, soweit sie zur Aktivierung von Ausgaben ohne direkten zeitlichen Bezug zu einem objektivierten Zugangserwerb eines Wirtschaftsguts führt.[1005]

Bereits bei der Zugangsaktivierung können schließlich unter Wirtschaftlichkeitserwägungen verschiedene Vereinfachungsverfahren greifen, was grundsätzlich den Leitlinien der Praktikabilität/Wirtschaftlichkeit entspricht.[1006]

So können Wirtschaftsgüter des Sachanlagevermögens sowie Roh-, Hilfs- und Betriebsstoffe mit einer gleichbleibenden Menge und einem gleichbleibendem Wert angesetzt werden.[1007] Voraussetzung ist, dass diese Wirtschaftsgüter regelmäßig ersetzt werden, ihr Bestand nach Größe, Wert und Zusammensetzung nur geringen Veränderungen unterliegt und ihr Gesamtwert für das Unternehmen von nachrangiger Bedeutung ist.[1008]

Gleichartige Wirtschaftsgüter des Vorratsvermögens sowie andere gleichartige oder annähernd gleichwertige bewegliche Wirtschaftsgüter und Schulden können zu einer Gruppe zusammengefasst und mit dem gewogenen Durchschnittswert angesetzt werden.[1009] Von einer Einzelbewertung wird damit abgesehen. Auch die Verbrauchsfolgefiktion zur Vorratsbewertung (LiFo-

---

[1003] Dazu Kulosa, Einkommensteuergesetz, § 6 Rz. 54 zum Streitpunkt für Betriebs- wie Privatvermögen.

[1004] Vgl. BFH, Urteil vom 9.1.2013 – I R 72/11, BStBl. II 2013 S. 343 ff. – ohne Entscheidung allerdings in der bilanzrechtlichen Frage.

[1005] Vgl. dazu oben Teil 3 Abschnitt B.II.1.a)aa)(2).

[1006] Vgl. Wendt, Wesentlichkeitsgrundsatz S. 520.

[1007] Festwertbewertung nach § 5 Abs. 1 Satz 1 EStG; § 256 S. 2 i. V. m. § 240 Abs. 3.

[1008] Vgl. dazu Hick, Umlaufvermögen, S. 762 f.

[1009] Durchschnitts- bzw. Gruppenbewertung, § 256 S. 2 i. V. m. § 240 Abs. 4 HGB.

Methode)[1010] stellt ein Bewertungsvereinfachungsverfahren dar. Ihm kommt auch eine im Grundsatz leitlinienkonforme[1011] Substanzerhaltungsfunktion zu.[1012]

Speziell in der Steuerbilanz können außerdem die Anschaffungs-/Herstellungskosten von abnutzbaren beweglichen und selbstständig nutzbaren Wirtschaftsgütern des Anlagevermögens im Wert von bis zu 410 € netto unmittelbar bei Erwerb als Aufwand geltend gemacht werden.[1013] Alternativ besteht die Wahlmöglichkeit zu einer Sofortabschreibung mit einer Wertgrenze von 150 € bei gleichzeitiger fünfjähriger Poolabschreibung für Wirtschaftsgüter im Wert von über 150 € und bis zu 1.000 €. Als dauerhaftes jahresbezogenes Wahlrecht neben der vereinfachenden Sofortabschreibung mit 410 €-Wertgrenze scheint zumindest diese Regelung eher eine Verkomplizierung als notwendige Vereinfachung unter Wirtschaftlichkeitserwägungen zu bewirken.[1014] Das widerspricht Zielen einer sachgerechten Eingrenzung steuerlicher Wahlrechte.[1015]

cc) Reichweite der Herstellungskosten

Nach § 6 Abs. 1 Nr. 1 und 2 EStG sind Wirtschaftsgüter mit den Anschaffungs- oder Herstellungskosten zu bewerten. Wie Herstellungskosten definiert werden, definiert das Einkommensteuergesetz nicht; über das Maßgeblichkeitsprinzip muss vielmehr auf die handelsrechtlichen Grundsätze zur Herstellungskostenerfassung zurückgegriffen werden.[1016] Nach § 255 Abs. 2 HGB sind Herstellungskosten Aufwendungen für die Herstellung eines Wirtschaftsguts, seine Erweiterung oder für eine über seinen ursprünglichen

---

[1010] § 6 Abs. 1 Nr. 2a EStG und § 256 HGB.

[1011] Vgl. Teil 2 Abschnitt A.V.3.

[1012] Vgl. dazu näher Hüttemann/Meinert, LiFo-Methode; S. 84 ff. Inwieweit die konkrete Ausgestaltung der LiFo-Methode faktisch über ein zwingendes Substanzerhaltungserfordernis hinausgeht, wird in der vorliegenden Arbeit nicht weiter untersucht.

[1013] § 6 Abs. 2 EStG.

[1014] Vgl. auch Kulosa, Einkommensteuergesetz, § 6 Rz. 604.

[1015] Vgl. oben Teil 2 Abschnitt B.VII.

[1016] Vgl. BFH, Urteil vom 21.10.1993 – IV R 87/92, BStBl. II 1994 S. 176; außerdem Kahle/Hiller, Bewertungsmaßstäbe, S. 186 f.; Grottel/Pastor, Bilanzkommentar, § 255 HGB Rz. 345.

Zustand hinausgehende wesentliche Verbesserung. Dazu gehören zwingend die Materialkosten, die Fertigungskosten und die Sonderkosten der Fertigung sowie angemessene Teile der Materialgemeinkosten, der Fertigungsgemeinkosten und des Werteverzehrs des Anlagevermögens, soweit dieser durch die Fertigung veranlasst ist.

Grundsätzlich entspricht ein solcher final-herstellungsbezogener Teilkostenansatz[1017] Vorsichts- und Objektivierungsanforderungen.[1018] Ebenso wie bei den Anschaffungskosten wird zwischen Einzelkosten und Gemeinkosten getrennt,[1019] während letztere bei Beschaffungsvorgängen ausgeschlossen wurden, werden sie dann hier allerdings teilweise verpflichtend einbezogen.[1020]

Forschungs- und Vertriebskosten dürfen ausdrücklich nicht in die Herstellungskosten einbezogen werden (§ 255 Abs. 2 Satz 4 HGB). Nicht originär zu den Herstellungskosten zählen außerdem Kostenanteile der allgemeinen Verwaltung, sozialer Einrichtungen und Leistungen sowie der betrieblichen Altersversorgung, die lediglich „bei der Berechnung der Herstellungskosten" einbezogen werden dürfen, soweit sie auf den Zeitraum der Herstellung entfallen (§ 255 Abs. 2 Satz 3 HGB). Dass diese Kostenbestandteile nicht aktiviert werden müssen, kann auf berechtigte Vorsichts-, Objektivierungs-, Praktikabilitäts- und Wirtschaftlichkeitserwägungen zurückgeführt werden.[1021]

Das handelsbilanzielle Einbezugswahlrecht müsste grundsätzlich auch steuerbilanziell maßgeblich sein. Die im Hinblick auf die damals übermäßig vorsichtsgeprägte Handelsbilanz ergangene Entscheidung des Großen Senats des BFH, dass (vorsichtsdominierte) Handelsbilanzwahlrechte in der Steuer-

---

[1017] Ekkenga, Rechnungslegungsrecht, § 255 Rz. 5 HGB – spricht vom Kausalitätsgedanken.

[1018] Denkbar wären allerdings auch Vereinfachungen bei der Ermittlung eines solchen Teilkostenansatzes, vgl. näher oben Teil 3 Abschnitt B.II.1.aa)(4).

[1019] Vgl. Grottel/Pastor, Bilanzkommentar, § 255 HGB Rz. 347.

[1020] Vgl. bereits oben Teil 3 Abschnitt B.II.1.aa)(4).

[1021] Vgl. oben Teil 3 Abschnitt B.II.a)aa)(4) und Kahle/Hiller, Bewertungsmaßstäbe, S. 188, Rz. 884, m. w. N.

bilanz gewinnerhöhend auszuüben sind,[1022] sollte hier insoweit nicht pauschal nachvollzogen werden. Mit „den Herstellungskosten“, auf die sich § 6 Abs. 1 Nr. 1 und 2 EStG bezieht, sollten nach der Rechtsprechung des BFH auch nur die betriebswirtschaftlich zweifelsfrei zu den Fertigungskosten zählenden Kosten gemeint sein.[1023]

Mit den EStÄR 2012 geht die Finanzverwaltung nach neuer Auffassung allerdings von einem erweiterten steuerbilanziellen Herstellungskostenbegriff aus.[1024] Damit müssten auch die anteiligen Kosten der allgemeinen Verwaltung, der sozialen Einrichtungen, freiwilliger sozialer Leistungen sowie der betrieblichen Altersversorgung zwingend einbezogen werden (R 6.3 Abs. 1 und 3 EStÄR 2012).[1025] Angewandt werden soll dies indes noch nicht, bis der hierdurch entstehende Bürokratieaufwand verifiziert ist oder die nächste EStR-Revision ansteht.[1026]

Es verbleibt damit Rechts- bzw. Planungsunsicherheit hinsichtlich der künftigen Herstellungskostendefinition und der vom Rechnungswesen zu erfüllenden steuerlichen „Wissenswünsche“. Im Übrigen würde ein Vollkostenansatz – Aktivierung auch der anteiligen Kosten der allgemeinen Verwaltung, der sozialen Einrichtungen, freiwilliger sozialer Leistungen sowie der betrieblichen Altersversorgung als Herstellungskosten – mit den Leitlinien der Unternehmensschonung/Vorsicht,[1027] Objektivierung, Praktikabilität sowie Wirtschaftlichkeit konfligieren.[1028]

[1022] BFH, Beschluss vom 3.2.1969 – GrS 2/68, BStBl. II 1969 S. 291.

[1023] Vgl. dazu das – bezogen auf das alte Handelsrecht vor BilMoG – ergangene BFH-Urteil vom 21.10.1993 – IV R 87/92, BStBl. II 1994 S. 176.

[1024] Sie beruft sich hierbei auf das BFH-Urteil vom 21.10.1993 – IV R 87/92, BStBl. II 1994 S. 176, das eine Aktivierungspflicht allgemeiner Verwaltungskosten bezogen auf den Rechtsstand vor BilMoG allerdings ausdrücklich offengelassen hatte. Vgl. auch Prinz, Einkünfteermittlung, S. 156

[1025] Auch die ursprüngliche Begründung zu § 6 EStG 1934 war dabei eindeutig: Allein herstellungsbezogene Gemeinkosten sollten verpflichtend einbezogen werden. Vgl. van der Velde, Herstellungskosten, S. 80

[1026] Vgl. BMF, Schreiben v. 25.3.2013, IV C 6 – S 2133/09/10001:004 und zur „Vorgeschichte“ Prinz, Einkünfteermittlung, S. 155 f.

[1027] Vgl. Teil 2 Abschnitt B.V.3 und Teil 3 Abschnitt A.I.2.

[1028] Vgl. Teil 3 Abschnitt B.III.1.a)aa)(4).

dd) Tauschgeschäfte

Ein Tausch oder tauschähnlicher Vorgang wird entsprechend dem Realisationsprinzip und der Grundausrichtung einer insgesamt nominalen Kapitalerhaltung als zusammenfallendes Veräußerungs- und Beschaffungsgeschäft grundsätzlich erfolgswirksam erfasst (§ 6 Abs. 6 Satz 1 EStG).[1029]

Ausnahmen bestehen hinsichtlich einzelner Sacheinlagenvorgänge bei Personengesellschaften (§ 6 Abs. 5 EStG) und unter das Umwandlungssteuerrecht fallender Vorgänge. Außerdem können nach ständiger Verwaltungspraxis Preissteigerungsdifferenzen bzw. stille Reserven bei zwingenden Ersatzbeschaffungen infolge höherer oder öffentlicher Gewalt (etwa: Brand, Unwetter, Diebstahl, Enteignung) erfolgsneutral auf das neue Wirtschaftsgut übertragen werden;[1030] über § 6b EStG kann zudem eine Reinvestitionsrücklage zur Übertragung stiller Reserven bei Veräußerung einzelner Anlagegüter – insbesondere Grund und Boden und Gebäude – gebildet werden.

Während die Ersatzbeschaffungsrücklage zweifelsfrei auf Leitlinien der Freiheitsschonung und Leistungsfähigkeitsgerechtigkeit zurückgeführt werden kann, weist § 6b EStG einen selektiv begünstigenden Charakter auf[1031] und kann damit auf die Leitlinien einer sachgerechten, nicht einseitig begünstigenden Besteuerung nicht eindeutig zurückgeführt werden.

ee) Anschaffung von Verbindlichkeiten

Sowohl handelsbilanziell[1032] als auch steuerbilanziell[1033] gilt der vorsichts- und objektivierungsgeprägte Grundsatz einer erfolgsneutralen Anschaffung

---

[1029] Vgl. dazu Hennrichs, Steuerrecht, § 9 Rz. 417. Tatbestandsvoraussetzung ist allerdings überhaupt erst ein „Tausch“, weswegen das „Tauschgutachten“ des BFH (16.12.1958 – I D 1/57 S, BStBl. III 1959 S. 30) auch nach Einführung von § 6 Abs. 6 EStG nicht zwingend gänzlich „überholt“ (Weber-Grellet und Kulosa, Einkommensteuergesetz, § 5 EStG Rz. 634 und § 6 Rz. 736) sein muss.

[1030] R 6.6 EStR 2008.

[1031] Vgl. Förster, Umstrukturierung, S. 64; Hennrichs (Steuerrecht, § 9 Rz. 427) ordnet § 6b EStG als Mischnorm – Fiskalzweck und Lenkungszweck – ein.

[1032] Ekkenga (Rechnungslegungsrecht, § 253 HGB Rz. 19) spricht – aus handelsrechtlicher Perspektive – von einem (Wert-)Äquivalenzprinzip für den Zugang von Vermögenswerten wie auch im Gegenzug „eingekauften“ Schulden.

auch für Passivposten. Konsistent und folgerichtig im GoB-System führt der I. BFH-Senat dazu aus, dass der Grundsatz der erfolgsneutralen Behandlung von Anschaffungsvorgängen auch auf übernommene Passivpositionen Anwendung findet, wobei dies unabhängig davon ist, ob der Ausweis dieser Passivpositionen in der Steuerbilanz einem speziellen Ausweisverbot ausgesetzt ist.[1034] Entsprechend der gegenteiligen Finanzverwaltungsauffassung[1035] droht diese BFH-Rechtsprechung allerdings durch Gesetz ausgehebelt zu werden.[1036]

Die parlamentarischen Beratungen offenbaren mit einer „Sicherung des Steuersubstrates“[1037] eine kurzsichtig-fiskalistische Motivation.[1038] Letztlich geht es um die Hebung stiller Lasten in steuerbilanziellen Passivposten, die sich infolge eines zu weiten legislativen Zurückdrängens des Vorsichtsprinzips erst bilden konnten.[1039] Das zeigt die fatalen Wirkungen einer *nicht nachhaltigen* Steuergesetzgebung, die über die steuerliche Bemessungsgrundlage implizit Steueraufkommensminderungen in künftigen Perioden in Kauf nimmt – und diese dann soweit weit wie möglich in die ferne Zukunft schieben will.[1040]

Würde der „Anschaffungspreis“ von Schulden in diesem Sinne entgegen dem Prinzip einer Erfolgsneutralität von Anschaffungsvorgängen[1041] und zwecks einer „privilegierten Normzweckverwirklichung“ steuerbilanzieller Rückstel-

---

[1033] Vgl. BFH, Urteil vom 12.12.2012 – I R 69/11, DB 2013 S. 611; Urteil vom 14.12.2011 – I R 72/10, DStR 2012 S. 452 und I R 102/08, BStBl. II 2011 S. 566; Prinz, Passivseite der Steuerbilanz, FR 2011 S. 1015 ff.; Prinz/Adrian, BB 2011 S. 1646 ff.; Hennrichs, Steuerrecht, § 9 Rz. 191.

[1034] Vgl. BFH, Urteil vom 14.12.2011 – I R 72/10, DStR 2012 S. 452, m. w. N. Vgl. auch Prinz, Steuerbilanzielle Hebung stiller Lasten, DB 2012 S. 10 ff. zum Fall des Schuldbeitritts mit Freistellungsverpflichtung.

[1035] BMF, Schreiben vom 24.6.2011, BStBl. I 2011 S. 627.

[1036] Zuletzt via AIFM-Steuer-Anpassungsgesetz als gesetzliches „Vehikel“; vgl. die Gesetzeshistorie unter http://dipbt.bundestag.de/extrakt/ba/WP17/508/50858.html und hierzu Geberth/ Höhn, DB 2013 S. 1192 ff.

[1037] Gegenäußerung der Bundesregierung vom 10.4.2013, BT-Drs. 17/13036.

[1038] Vgl. begrifflich Teil 2 Abschnitt B.II.

[1039] Deutlich BFH, Urteil vom 14.12.2011 – I R 72/10, DStR 2012 S. 452; vgl. Prinz, Steuerbilanzielle Hebung stiller Lasten, DB 2012 S. 10 ff.

[1040] Vgl. Teil 2 Abschnitt B.II. und Teil 3 Abschnitt A.I.2.

[1041] Vgl. oben Teil 3 Abschnitt B.II.1.a)aa)(6).

lungsansatzverbote beim Neuschuldner steuerbilanziell ertragswirksam korrigiert,[1042] stellte dies unter Missachtung des verwirklichten Sachverhalts eine weitere übermäßige Freiheitsbeschränkung dar.[1043] Gleiches gilt für eine mögliche (außerbilanzielle) Aufwandsstreckung oder -versagung hinsichtlich der tatsächlich realisierten,[1044] aufgedeckten stillen Lasten bei dem von der wirtschaftlichen Last befreiten Altschuldner.[1045] Die Etablierung eines Sonderrechts zulasten einzig großer Unternehmen/Konzerne wäre schließlich auch unter Gleichheitsaspekten kritisch.[1046] In den parlamentarischen Beratungen wird dagegen ausgeführt:

> „...im Hinblick auf die Situation der öffentlichen Haushalte ist eine Verteilung des Aufwands notwendig“ und
>
> „Große Konzerne können durch das Verschieben von Pensionsverpflichtungen im Konzern unter Teilfirmen Steuern sparen. Die Steuerausfälle – das muss man einmal sagen – werden auf 20 Milliarden Euro geschätzt. Das sind Angaben der Experten.“[1047]

Die Streitfrage offenbart größere Unklarheit über die Leitlinien der Steuerpolitik und speziell der Gewinnermittlung. Sie zeigt, dass die Missachtung sachgerechter steuerlicher Leitlinien weitere Leitlinienverletzungen produziert, was die besondere Schwere der vermeintlich im fiskalisch-budgetären Interesse implementierten oder geplanten Regelungen verdeutlicht. Zurückzufüh-

---

1042 An Deutlichkeit insoweit nicht zu toppen BFH, Urteil vom 14.12.2011 – I R 72/10, DStR 2012 S. 452. Vgl. entsprechend auch die Empfehlung des Bundesratsfinanzausschusses zum AIFM-Steuer-Anpassungsgesetz vom 27.5.2013, BR-Drs. 376/1/13 zu § 5 Abs. 7 EStG-E und die ebenfalls vorgeschlagene Regelung eines § 5 Abs. 7 EStG in der Fassung der Stellungnahme des Bundesrates sowie Gegenäußerung der Bundesregierung zum AIFM vom 10.6.2013, BT-Drs. 17/13036.

1043 Vgl. oben Teil 2 Abschnitt B.V.5.

1044 BFH, Urteil vom 17.10. 2007 – I R 61/06, BStBl. II 2008 S. 555 ff.

1045 Vgl. entsprechend die Empfehlung des Bundesratsfinanzausschusses zum AIFM-Steuer-Anpassungsgesetz vom 27.5.2013, BR-Drs. 376/1/13, § 4 f EStG und die für Konzerne ebenfalls vorgeschlagene Regelung eines § 4 f EStG in der Fassung der Stellungnahme des Bundesrates sowie Gegenäußerung der Bundesregierung zum AIFM vom 10.6.2013, BT-Drs. 17/13036.

1046 Vgl. die Empfehlung des Bundesratsfinanzausschusses zum AIFM-Steuer-Anpassungsgesetz vom 27.5.2013, BR-Drs. 376/1/13, § 5 Abs. 7 und 4 f EStG

1047 Dr. Thomas Gambke (BÜNDNIS 90/DIE GRÜNEN), BT-Plenarprotokoll vom 17/240 vom 16.5.2013.

ren ist dies letztlich auf mangelnde Klarheit über die steuerpolitischen Leitlinien und eine mangelnde Prinzipienbildung der steuerlichen Gewinnermittlung.

b) Folgebewertung von Wirtschaftsgütern

aa) Planmäßige Wertminderung

Handelsrechtlich sind bei Wirtschaftsgütern, deren Nutzungsdauer zeitlich begrenzt ist, die Anschaffungs- oder Herstellungskosten um planmäßige Abschreibungen zu vermindern.[1048]

Das Steuerrecht geht hier allerdings gänzlich eigene Wege:[1049] Bei Wirtschaftsgütern, deren Verwendung oder Nutzung sich erfahrungsgemäß auf einen Zeitraum von mehr als einem Jahr erstreckt, ist periodisch der Teil der Anschaffungs- oder Herstellungskosten abzusetzen, der bei gleichmäßiger Verteilung dieser Kosten auf die Gesamtdauer der Verwendung oder Nutzung auf ein Jahr entfällt (Absetzung für Abnutzung in gleichen Jahresbeträgen, lineare AfA).[1050] Die Absetzung soll grundsätzlich nach der „betriebsgewöhnlichen Nutzungsdauer" des Wirtschaftsguts bemessen werden,[1051] die eine Berücksichtigung der betriebstypischen Beanspruchung erfordert.[1052] Sofern die wirtschaftliche Nutzungsdauer kürzer als die technische Nutzungsdauer ist, kann sich der Steuerpflichtige nach ständiger BFH-Rechtsprechung auch hierauf berufen. Objektivierungsbedingt werden hierfür allerdings strenge Nachweiserfordernisse gestellt.[1053]

Aus Wirtschaftlichkeitsgründen kommen schließlich im Regelfall die „erfahrungsbasierten" Abschreibungssätze der AfA-Tabellen der Finanzverwaltung

---

[1048] § 253 Abs. 3 HGB.

[1049] § 5 Abs. 6; 7 EStG.

[1050] Das steuerbilanzielle Wahlrecht zur degressiven AfA nach § 7 Abs. 2 EStG (dazu auch Adrian, Sachanlagen, S. 679) wird hier aufgrund der zeitlichen Begrenzung auf Erwerbe in 2009 und 2010 nicht weiter berücksichtigt.

[1051] § 7 Abs. 1 Satz 2 EStG.

[1052] Vgl. Kulosa, Einkommensteuergesetz, § 7 Rz. 101 EStG; Hennrichs, Steuerrecht, § 9 Rz. 304.

[1053] Vgl. Kulosa, Einkommensteuergesetz, § 7 Rz. 102 EStG.

zur Anwendung, die je nach betriebstypischer Beanspruchung – Mehrfachschichten – auch pauschal erhöht werden können.[1054] Rechtlich sind die AfA-Tabellen nicht bindend,[1055] aus Wirtschaftlichkeitsgründen indes wohl regelmäßig faktisch bindend, auch wenn ihnen tendenziell eine „Überdehnung" der Nutzungsdauer bescheinigt wird.[1056] Das widerspräche Anforderungen einer vorsichtigen und möglichst auch freiheitsschonenden bzw. verzerrungsarmen Gewinnermittlung.[1057]

Aus Vereinfachungsgründen kann bei abnutzbaren beweglichen Wirtschaftsgütern des Anlagevermögens mit Anschaffungs- oder Herstellungskosten von maximal 410 € schließlich eine Sofortabschreibung vorgenommen werden; auch eine Sammelabschreibung in Höhe von pauschal 20 % pro Wirtschaftsjahr ist möglich, soweit die Anschaffungs- oder Herstellungskosten zwischen 150 € und 1.000 € liegen.[1058]

bb) Außerplanmäßige Wertminderung

Handelsrechtlich stellt das „Niederstwertprinzip" als Ausprägung des Vorsichtsprinzips einen elementaren Grundsatz ordnungsmäßiger Buchführung dar.[1059] Es äußert sich bei der Folgebewertung von Umlaufvermögen in einer zwingenden außerplanmäßigen Wertminderung, wenn der Stichtagswert eines Vermögensgegenstands unter seine Anschaffungskosten gesunken ist.[1060] Vermögensgegenstände des Anlagevermögens sind dagegen außerplanmäßig abzuschreiben, wenn von einer voraussichtlich dauernden Wertminderung auszugehen ist.[1061] Künftige Perioden würden nach dem Imparitätsprinzip von bereits entstandenen, voraussichtlichen Vermögensminde-

---

[1054] Vgl. Kulosa, Einkommensteuergesetz, § 7 Rz. 105. EStG m. w. N.

[1055] Vgl. näher Hennrichs, Steuerrecht, § 9 Rz. 305 f.

[1056] Vgl. Ekkenga, Rechnungslegungsrecht, § 253 Rz. 96.

[1057] Vgl. Teil 3 Abschnitt B.II.1.a)bb)(1).

[1058] § 6 Abs. 2 und 3 EStG. Vgl. dazu oben unter Abschnitt C.I.1.a)bb).

[1059] Vgl. nur Claussen, Rechnungslegungsrecht, § 252 HGB Rz. 43.

[1060] § 253 Abs. 4 HGB.

[1061] § 253 Abs. 3 HGB. Vgl. Ekkenga; Rechnungslegungsrecht, § 253 HGB Rz. 115 ff. Bei Finanzanlagen können außerplanmäßige Abschreibungen allerdings auch bei voraussichtlich nicht dauernder Wertminderung vorgenommen werden (§ 253 Abs. 3 Satz 4 HGB).

rungen „frei“gehalten werden. Begrifflich spricht man insoweit von „verlustfreier Bewertung“ oder – mit Blick auf die vorsichtsbedingt imparitätische Behandlung von Vermögensverlusten – von „Verlustantizipation“.[1062]

Das Steuerrecht geht hier nun mit einer möglichen Abschreibung auf den niedrigeren Teilwert eigene Wege.[1063] Eine solche Teilwertabschreibung ist für Anlage- wie auch Umlaufvermögen nur bei einer voraussichtlich dauernden Wertminderung möglich; dem Wortlaut nach ist die Teilwertabschreibung zudem als Wahlrecht gestaltet, das nur bis 2008 über den Grundsatz der „umgekehrten Maßgeblichkeit“ durch die handelsrechtlichen Regelungen nicht zum Zuge kam.[1064] Erst mit der durch das Bilanzrechtsmodernisierungsgesetz[1065] eingeführten Entkoppelung steuerlicher Wahlrechte von der formellen Maßgeblichkeit lebte das steuerbilanzielle Wahlrecht zu außerplanmäßigen Abschreibungen als echtes steuerliches Wahlrecht auf.[1066]

Erforderlich ist der Nachweis, dass der Teilwert eines Wirtschaftsguts nachhaltig unter seinen bisherigen Fortführungswert gesunken ist, was eine individuelle Bewertungsprognose als Schätzung erfordert.[1067] Praktikabilitäts- und Wirtschaftlichkeitsgründe rechtfertigen daher ausnahmsweise das steuerliche Wahlrecht.[1068]

Steuerbilanziell wird der Begriff der „dauernden Wertminderung“ auch eigenständig und losgelöst von der handelsrechtlichen Beurteilung ausgelegt, um

---

[1062] Claussen, Rechnungslegungsrecht, § 252 HGB Rz. 42; dennoch geht es hier aus statisch-bilanzieller Sicht um die Berücksichtigung eingetretener und nicht bloß künftiger Verluste. Vgl. Hennrichs, Maßgeblichkeitsgrundsatz gem. § 5 EStG, StuW 1999 S. 142; Küting/Kessler, Einzelbewertungsgrundsatz, DStR 1998 S. 1940; Schulze-Osterloh, Verfassungsrechtliche Grenzen, S. 73.

[1063] § 6 Abs. 1 Nr. 1 Satz 2 und 3 EStG und Nr. 2 Satz 2 EStG.

[1064] Vgl. BFH, Urteil vom 24.10.2006 – I R 2/06, BStBl. II 2007 S. 469.

[1065] Bilanzrechtsmodernisierungsgesetz (BilMoG) vom 25.5.2009, BGBl. I S. 1102.

[1066] Vgl. BMF, Schreiben vom 12.3.2010, BStBl. I 2010 S. 239; Prinz, Materielle Maßgeblichkeit handelsrechtlicher GoB, DB 2010 S. 2071; ders., Gewinnermittlung bei Organschaft, S. 337; Günkel, Maßgeblichkeit, S. 513 f.; Herzig/Briesemeister, Ansatz und Bewertung, DB 2009 S. 978; Kulosa, Einkommensteuergesetz, § 6 Rz. 361. Kritisch Hennrichs, Steuerrecht, § 9 Rz. 320.

[1067] Vgl. BFH, Urteil vom 21.9.2011 – I R 89/10, BFHE 235 S. 263.

[1068] Vgl. oben Teil 3 Abschnitt B.II.1.a)bb)(2). Kritisch jedoch Hennrichs, Steuerrecht, § 9 Rz. 320.

speziell steuerlichen Zielen der steuerlichen Gewinnermittlung zu genügen.[1069] Die Bilanzsteuerrechtsprechung ist dabei insbesondere geprägt vom Versuch, die abstrakte gesetzliche Vorschrift durch Typisierungen handhabbar zu machen und Objektivierungserfordernissen zu genügen.[1070] Als Beurteilungskriterien für eine dauerhafte Wertminderung werden insbesondere herangezogen: Maßgeblichkeit des Börsenwerts am Bilanzstichtag und Bilanzaufstellungstag;[1071] Zeitkriterien, während derer die Wertminderung andauern soll[1072] und Wertschwankungsgrenzen.[1073] Diese Beurteilungskriterien werden allerdings einzelfallbedingt nicht konsistent angewandt; teilweise scheinen Vereinfachungs- und Objektivierungsziele den materiellen Gehalt der dauernden Wertminderung auch deutlich zu überlagern.[1074]

Anzulasten ist dies indes dem Gesetzgeber und weniger der Rechtsprechung: Ziele der materiellen Gerechtigkeit, Bestimmtheit und Verständlichkeit, Praktikabilität und Wirtschaftlichkeit verlangen nach einer Typisierung und Spezifizierung bereits im Gesetz.

[1069] Vgl. nur BFH, Urteil vom 26.9.2007 – I R 58/06, BStBl. II 2009 S. 294 und dazu Prinz, Teilwertabschreibung, Status:Recht 03/2008 S. 98.

[1070] Vgl. auch Kulosa, Einkommensteuergesetz, § 6 Rz. 366; Buciek, Bilanzsteuerrecht, DB 2010 S. 1029 f.

[1071] Vgl. grundlegend BFH, Urteil vom 26.9.2007 – I R 58/06, BStBl. II 2009 S. 294; Prinz, Teilwertabschreibung, Status:Recht 03/2008 S. 98.

[1072] So etwa die Hälfte der Restnutzungsdauer bei abnutzbaren Wirtschaftsgütern, wobei allerdings ein Vergleich zwischen Wertminderung und fortlaufendem Buchwert vorgenommen wird, vgl. BMF, Schreiben vom 25.2.2000, BStBl. I 2000 S. 372, Rz. 6; BFH, Urteil vom 14.3.2006 – I R 22/05, BStBl. II 2006 S. 680; vom 29.4.2009 – I R 74/08, BStBl. II 2009 S. 899.

[1073] Bagatellgrenze von 5 % gegenüber Erwerbskurs bei Finanzanlagen nach BFH, Urteil vom 21.9.2011 – I R 89/10, BFHE 235 S. 263 und BFH, Urteil v. 21.09.2011 – I R 7/11, DB online, DB0463937; dagegen noch BMF, Schreiben vom 26.3.2009, BStBl. I 2009 S. 514 mit einer weit höheren Schwankungsgrenze von 40 % bzw. 25 % an zwei aufeinander folgenden Stichtagen.

[1074] Vgl. auch Hennrichs, Steuerrecht, § 9 Rz. 323 ff. und Buciek, Bilanzsteuerrecht, DB 2010 S. 1029 ff.; Kulosa, Einkommensteuergesetz, § 6 Rz. 361. Allerdings scheint es richtig, die Prognose einer voraussichtlich dauernden Wertminderung auch vom Typus des jeweiligen Wirtschaftsguts abhängig zu machen, sodass auf den ersten Blick inkonsistente Judikate nicht zwingend in einem Spannungsverhältnis zueinander stehen müssen. Vgl. Prinz, Aufwandswirksame Teilwerterhöhung, StuB 2009 S. 565 ff.

2. Vermögenswirkung des betrieblichen Absatzes

Das auch steuerlich maßgebliche Realisationsprinzip[1075] führt bilanziell erst bei Realisierung eines „quasi sicheren“[1076] Absatzerfolges durch Umsatzgeschäft zu einem Ertragsausweis. Ausdrücklich werden insoweit „Forderungen aus [erfolgten] Lieferungen und Leistungen“ erfolgswirksam aktiviert.[1077] Da das Realisationsprinzip Ausfluss des allgemeinen Vorsichtsprinzips ist, erfordert eine Ertragsrealisierung nach gefestigter Rechtsprechung konkret:[1078]

(1) einen Vertragsabschluss zwischen Verkäufer und Käufer;

(2) die wirtschaftliche Erfüllung der eigenen Leistung, um die Preisgefahr auf den Käufer zu transferieren; eine weitergehend formal-rechtliche Vollerfüllung einschließlich Übertragung des rechtlichen Eigentums wird nach ständiger BFH-Rechtsprechung nicht gefordert;

(3) das hinreichend sichere Entstehen eines Anspruchs auf Entgelt zur Zugangsaktivierung einer Forderung als Wirtschaftsgut; relevant ist dies etwa, wenn ein Verkauf noch aufgrund Rückgaberechts des Käufers „schwebt“.

Auch für langfristige Auftragsfertigungen, die vom Vertragspartner erst nach langjähriger Leistungserbringung abgenommen werden, existieren keine Sonderregelungen für einen vorzeitigen Gewinnausweis.[1079] Mangels Risikoreduktion wird es steuerbilanziell grundsätzlich als sachgerecht angesehen, eine Ertragsrealisierung erst nach Komplettabnahme des erstellten Werkes oder aber einer separierten Teilleistung anzunehmen („Completed Contract

---

[1075] § 252 Abs. 1 Nr. 4 HGB.

[1076] Vgl. dazu Hennrichs, Steuerrecht, § 9 Rz. 412, m.w. N.

[1077] Vgl. § 266 Abs. 2, B.II.1. HGB.

[1078] Vgl. dazu Hennrichs, Steuerrecht, § 9 Rz. 412 ff. Claussen, Rechnungslegungsrecht, § 252 Rz. 44 ff.; Moxter, Bilanzsteuerrecht, S. 45 ff.

[1079] Zu nachteiligen Wirkungen aus progressivem Steuerverlauf und Mindestbesteuerung vgl. in dem Zusammenhang Lang/Englisch, Mindestbesteuerung, StuW 2005 S. 21 ff. Tatsächlich geht es hier allerdings um Sonderprobleme nicht der Bilanzierung, sondern der Tarifanwendung und sachgerechten Verlustverrechnung. Vgl. bereits oben Teil 2 Abschnitt B.IV.4.a)bb).

Methode“).[1080] Allerdings kann die Herstellungskostenobergrenze in diesen Fällen ausgeschöpft werden.

II. Regelungen zur Erfassung negativer Vermögenskomponenten

1. Konkretisierung wirtschaftlicher Lasten der Sache nach

Handelsrechtlich sind Verbindlichkeiten für sichere Vermögenslasten aus Drittverpflichtungen zu passivieren.[1081] Außerdem müssen weitere Vermögenslasten, die dem Grunde und/oder der Höhe nach ungewiss sein können, handelsrechtlich als Rückstellungen passiviert werden,[1082] im Einzelnen:

- ungewisse Verbindlichkeiten,
- drohende Verluste aus schwebenden Geschäften,
- Gewährleistungen ohne rechtliche Verpflichtung,
- im Geschäftsjahr unterlassene Aufwendungen für Instandhaltung, die im folgenden Geschäftsjahr innerhalb von drei Monaten, oder für Abraumbeseitigung, die im folgenden Geschäftsjahr nachgeholt werden.

Handelsbilanziell können damit grundsätzlich nur konkretisierte Außenverpflichtungen passiviert werden.[1083] Die einzige Ausnahme stellen die zuletzt aufgeführten, eng begrenzten Innenverpflichtungen dar; weitere und ggf. auch wesentliche wirtschaftliche Lasten aus bereits verursachten Innenverpflichtungen können (noch) nicht berücksichtigt werden. Zurückzuführen ist dies letztlich auf berechtigte Objektivierungsinteressen. Der ausdrückliche Hinweis auf Gewährleistungen ohne rechtliche Verpflichtung stellt außerdem klar, dass eine Rechtsverpflichtung zur Konkretisierung einer Außenverpflich-

---

[1080] Vgl. Hennrichs, Steuerrecht, § 9 Rz. 416 mit Hinweisen auch zur ggf. abweichenden handelsrechtlichen Perspektive.

[1081] §§ 246 Abs. 1 Satz 1; 266 Abs. 3 C HGB. Vgl. Altenburger, Rechnungslegungsrecht, § 249 HGB Rz. 42 HGB.

[1082] §§ 246 Abs. 1 Satz 1; 249 HGB.

[1083] Auch Drohverlustrückstellungen stellen richtigerweise nur einen Unterfall der Verbindlichkeitsrückstellungen dar. Vgl. Hennrichs, Bilanzrecht, § 249 HGB Rz. 92 f., m. w. N.

tung nicht in jedem Fall erforderlich ist, sondern grundsätzlich auch faktische Außenverpflichtungen passivierungsfähig sind.[1084]

Über das Maßgeblichkeitsprinzip müssten steuerbilanziell grundsätzlich ebenfalls Verbindlichkeiten für sichere Vermögenslasten aus Drittverpflichtungen und ungewisse Verpflichtungen entsprechend § 249 HGB passiviert werden. Mit Blick auf Verpflichtungsgrund und Konkretisierungsgrad einer Verpflichtung können dann abstrakt passiviert werden:

- rechtlich voll entstandene Außenverpflichtungen, bei denen sämtliche Tatbestandsmerkmale erfüllt sind, die eine unabdingbare Leistungspflicht auslösen;

- rechtlich entstandene Außenverpflichtungen, bei denen alle eine Leistungspflicht auslösenden Tatbestandsmerkmale einer rechtlichen Außenverpflichtung erfüllt sind, die von Dritten allerdings noch nicht geltend gemacht wurden;

- Vorstufen rechtlicher Außenverpflichtungen;

- faktische Außenverpflichtungen ohne Rechtsverpflichtung, insbesondere Gewährleistungen ohne Rechtsverpflichtung;[1085]

- eng begrenzte Innenverpflichtungen des Unternehmens für im Geschäftsjahr unterlassene Aufwendungen für Instandhaltung, die im folgenden Geschäftsjahr innerhalb von drei Monaten, oder für Abraumbeseitigung, die im folgenden Geschäftsjahr nachgeholt wird.

Nach langjähriger Bilanzrechtsprechung des BFH ist die formale Verpflichtung allein dabei auch nicht hinreichend für eine Passivierung; hinzutreten muss eine wirtschaftliche Vermögensbelastung.[1086]

[1084] Vgl. dazu Hennrichs, Bilanzrecht, § 249 HGB Rz. 26.

[1085] Gestützt auch auf den Wortlaut von § 249 HGB für eine enge Auslegung aus Objektivierungsgründen Hennrichs, Steuerrecht, § 9 Rz. 174.

Steuergesetzlich wird von diesen durch das Maßgeblichkeitsprinzip bedingten Grundregelungen allerdings im nächsten Schritt wieder beachtlich abgewichen.[1087] In den §§ 5, 6 EStG wurde ein ergänzendes und handelsrechtliche Grundsätze insoweit verdrängendes Verbindlichkeits- und Rückstellungssonderrecht statuiert, das – mit z. T. erheblicher besteuerungspraktischer Bedeutung[1088] – zu Passivierungsbegrenzungen führt. Nachstehend werden nur einige prägnante Beispiele herausgegriffen.[1089]

Rückstellungen für drohende Verluste dürfen – nicht leitlinienkonform[1090] – steuerbilanziell grundsätzlich nicht mehr passiviert werden.[1091] Ähnlich wie bei der Diskussion zu Teilwertabschreibungen wird das Passivierungsverbot für Rückstellungen für drohende Verluste aus schwebenden Geschäften auf das Imparitätsprinzip und eine Verlustantizipation verengt. Drohverlustrückstellungen führen demnach zu einer „Antizipation" künftiger Aufwendungsüberschüsse aus schwebenden Geschäften, die noch nicht zu realisierten Erträgen geführt haben.[1092] Diese Sichtweise entspricht der Perspektive eines – steuerlich abzulehnenden – Nettorealisationsprinzips. Begreift man das Realisationsprinzip jedoch nicht als Nettorealisationsprinzip, besteht die Besonderheit bei Drohverlustrückstellungen allein in möglichen Objektivierungsschwierigkeiten, für die – ähnlich wie bei Teilwertabschreibungen – auch Typisierungen anstelle eines Passivierungsverbots denkbar gewesen wären.

Verpflichtungen, die nur zu erfüllen sind, soweit künftig Einnahmen oder Gewinne anfallen, dürfen als Verbindlichkeiten oder Rückstellungen außer-

---

[1086] Vgl. Moxter, Bilanzrechtsprechung, S. 84 ff., m. w. N.; zu den bilanzrechtlichen Kriterien passivierungsfähiger Schulden im Überblick Brösel/Haaker, Verbindlichkeitsrückstellungen, S. 228 f.

[1087] Vgl. Prinz, Rückstellungen in der Steuerbilanz, DB 2011 S. 492 ff.; Wendt, Entwicklungstendenzen, ÖStZ 2012 S. 297, 298, 301 ff.

[1088] Prinz, Rückstellungen in der Steuerbilanz, DB 2011 S. 493.

[1089] Zu einem Überblick der steuerbilanziellen Rückstellungsbegrenzung vgl. Prinz, Rückstellungen in der Steuerbilanz, DB 2011 S. 492 ff.; Hennrichs, Steuerrecht, § 9, Rz. 163 ff.; 286 ff.; Günkel/Bongaerts, Rückstellungen, S. 915 ff;

[1090] Vgl. Teil 3 Abschnitt B.II.2.c)bb).

[1091] § 5 Abs. 4a EStG.

[1092] Vgl. Niemann, Drohende Verluste, S. 16.

dem erst passiviert werden, wenn die Einnahmen oder Gewinne angefallen sind (§ 5 Abs. 2a EStG).[1093] Der Passivierungsaufschub für solche Verpflichtungen betrifft die Frage, ob zu einem Bilanzstichtag bereits eine konkretisierte wirtschaftliche Last vorliegt.[1094] Ist dies nicht der Fall, weil mit einer Inanspruchnahme und einem Vermögensabfluss tatsächlich nicht ernsthaft gerechnet werden muss, folgt bereits aus den handelsrechtlichen GoB ein Passivierungsverbot. Bezogen auf gewinnabhängige Verpflichtungen, ist § 5 Abs 2a EStG insoweit lediglich deklaratorisch.[1095] In der Steuerbilanz geht § 5 Abs 2a EStG mit Bezug zu bloß künftigen Einnahmen darüber hinaus. Ein Unternehmenserhalt wird ohne Verletzung des Realisationsprinzips jedoch zumindest künftige *Einnahmen* voraussetzen, sodass ein Passivierungsaufschub bei Zusammenhang mit künftigen Einnahmen nicht in jedem Fall gerechtfertigt sein kann; eine Nicht-Passivierung kann dann gegen das Vollständigkeits- und Vorsichtsprinzip verstoßen.[1096]

Besonders gravierend sind außerdem die steuerbilanziellen Passivierungsgrenzen für Pensionsverpflichtungen durch § 6a EStG, der aufgrund der Vorgabe der Teilwertmethode und einem Zinssatz von 6 % zu einer „systematischen Unterbewertung“[1097] bereits entstandener wirtschaftlicher Lasten des Unternehmens führt. Auch Rückstellungen für zugesagte Jubiläumszuwendungen dürfen – entgegen dem Vorsichts- und Vollständigkeitsprinzip – steuerbilanziell nur sehr eingeschränkt passiviert werden (§ 5 Abs. 4 EStG).[1098]

[1093] Zur fragwürdigen Rechtshistorie Günkel/Bongaerts, Rückstellungen, S. 937, Rz. 5582; Hennrichs, Bilanzrecht, § 249 Rz. 69 f.

[1094] Das entspricht aus statischer Bilanzperspektive insoweit auch Moxter´s Alimentationsthese; vgl. Moxter, Bilanzrechtsprechung, S. 119.

[1095] Vgl. auch Hennrichs, Bilanzrecht, § 249 HGB Rz. 69.

[1096] In diesem Sinne die Norm teleologisch reduzierend BFH, Urteil vom 15.5.2013 – I R 62/11, DB 2013 S. 1091 ff. Kritisch zur überschießenden Norm Prinz, Rückstellungen in der Steuerbilanz, DB 2011 S. 494; a. A. Weber-Grellet, Bilanzsteuerrecht, BB 2001 S. 36.

[1097] Hennrichs, Steuerrecht, § 9 Rz. 51.

[1098] Zur „Goutierung“ in der Rechtsprechung des BVerfG vgl. weiter unten Teil 5 Abschnitte B.II und III.

2. Konkretisierung wirtschaftlicher Lasten der Zeit nach

Rückstellungen sollen handels- wie auch steuerbilanziell wirtschaftliche Lasten erfassen, die bereits entstanden bzw. verursacht wurden.[1099] Nach den handelsrechtlichen GoB sind Verpflichtungen als wirtschaftliche Lasten jedenfalls auch dann zu passivieren, wenn sie am Bilanzstichtag rechtlich noch nicht bestehen, künftig aber voraussichtlich *entstehen* und bereits „wirtschaftlich verursacht" sind;[1100] strittig ist allerdings, ob es auf das Kriterium der wirtschaftlichen Verursachung noch ankommen muss, wenn eine Verpflichtung bereits rechtlich entstanden ist, also wirtschaftliche und rechtliche Verursachung zusammen vorliegen müssen oder bei Vorliegen bereits eines der Kriterien passiviert werden kann.[1101]

Auch die Bilanzrechtsprechung des BFH zur Auslegung des Kriteriums der wirtschaftlichen Verursachung und ihrem Verhältnis und Gewicht gegenüber der rechtlichen Entstehung ist uneinheitlich.[1102] So wird

- die wirtschaftliche Verursachung ausdrücklich nur als Vorstufe einer rechtlichen Verursachung begriffen;[1103]

- (noch) offen gelassen, ob die wirtschaftliche der rechtlichen Verursachung nur vorangehen kann, gleichzeitig jedoch eine wirtschaftliche Verursachung rein dynamischer Art[1104] ausgeschlossen;[1105]

- die wirtschaftliche Verursachung – in welcher Definitionsform auch immer – stets auch für rechtlich verursachte Verpflichtungen gefordert;[1106]

[1099] Vgl. Hennrichs, Bilanzrecht, § 249 HGB Rz. 8.

[1100] Vgl. entsprechend Teil 3 Abschnitt B.II.2.b).

[1101] Für eine Maßgeblichkeit des jeweils früheren Kriteriums insoweit Hennrichs Bilanzrecht, § 249 HGB Rz. 21, 38, 55 ff.

[1102] Vgl. Prinz, Anpassungsrückstellungen, S. 1815 ff.; ders., Datev-Magazin 3/2012 S. 35; ders., DB 2011 S. 492; Günkel/Bongarts, Rückstellungen, S. 927 ff.

[1103] Vgl. aus der gefestigten Rechtsprechung des I. BFH-Senats Urteil vom 27.6.2001 – I R 45/97, BStBl. II 2003 S. 121 und Nichtanwendungserlass der Finanzverwaltung durch BMF-Schreiben vom 21.1.2003, BStBl. I 2003 S. 125.

[1104] Vgl. oben Teil 3 Abschnitt A.III.2.d).

[1105] So der IV. BFH-Senat, vgl. Urteil vom 8.9.2011 – IV R 5/09, BStBl. II 2012 S. 122, m. w. N.

- die wirtschaftliche Verursachung nutzenunabhängig begriffen als „Verwirklichung der wesentlichen Tatbestandsmerkmale einer Verpflichtung“, „enge Verknüpfung mit dem betrieblichen Geschehen des abgelaufenen Geschäftsjahres“, „Auslösung materieller Rechtsfolgen einer öffentlich-rechtlichen Verpflichtung im Sinne einer inneren Wirksamkeit“, „Anknüpfung nicht nur an Vergangenes, sondern auch dessen Abgeltung“, wobei letzteres zu vage ist, da auch dem Nettorealisationsprinzip zuordenbar;[1107]

- die wirtschaftliche Verursachung als Instrument der dynamischen Nettorealisation gewertet, nach der Aufwendungen zugehörigen Nutzungen zuzuordnen seien; „Rückstellungsformel“[1108] ist das „Alimentationsprinzip“; gefordert wird eine „Anknüpfung nicht nur an Vergangenes, sondern auch dessen Abgeltung“.[1109] Letzteres muss dabei nicht zwingend einem Nettorealisationsprinzip entsprechen.

- die wirtschaftliche Verursachung unter Rückgriff auf das Ertragswertkalkül eines gedachten Erwerbers sowie die Alimentationsthese definiert.[1110]

Überzeugend ist dabei allein eine vorsichtsgeprägte, vollständige Berücksichtigung aller bereits *hinreichend konkretisierten wirtschaftlichen Lasten*,

---

[1106] So insbesondere die Finanzverwaltung (vgl. R 5.7 (5) EStR) und der VIII. BFH-Senat. (vgl. Urteil vom 19.10.1993 – VIII R 14/92, BStBl. II 1993 S. 891 ff., m. w. N.) und wohl auch der X. Senat; vgl. Prinz, Anpassungsrückstellungen, S. 1816.

[1107] Aus der ständ. Rspr. BFH, Urteil vom 6.2.2013 – I R 8/12, DB 2013 S. 10; vom 27.6.2001 – I R 45/97, BStBl. II 2003 S. 121; vom 12.12.1991 – IV R 28/91, BStBl. II 1992 S. 600; vom 8.9.2011 – IV R 5/09, BStBl. II 2012 S. 122; vom 20.3.1980 – IV R 89/79, BStBl. II 1980 S. 297; vom 25.8.1989 – III R 95/87, BStBl. II 1989 S. 893; vom 25.3.1992 – I R 69/91, BStBl. II 1992 S. 1010.

[1108] Prinz, Steuerbilanzielle Rückstellungen, Datev-Magazin 3/2012 S. 35.

[1109] Vgl. Moxter, Bilanzrechtsprechung, S. 117 ff., mit Nachweisen zur älteren Rspr.; Brösl/ Haaker, Verbindlichkeitsrückstellungen, S. 234 ff.; Herzig, Öffentlich-rechtliche Verpflichtungen, DB 1990 S. 1346 f.; Weber-Grellet, Einkommensteuergesetz, § 5 EStG Rn. 381 ff.; Lambrecht, Einkommensteuergesetz, § 5 Rz. D 31, auch unter Hinweis auf das nur eingeschränkt umsetzbare Konzept der Zuordnung von Aufwendungen zu Umsatzvorgängen. Vgl. auch Dziadkowski, Ungewisse Verbindlichkeiten, WPg 2012 S. 500.

[1110] Vgl. Engel-Ciric/Moxter, Rückstellungskriterium, S. 1143 ff.; Brösel/Haaker, Verbindlichkeitsrückstellungen, S. 234 f.; Dziadkowski, Rückstellungskriterium, BB 2012 S. 2167 ff., mit Modifikationen gegenüber Engel-Ciric/Moxter.

die – ob rechtlich oder wirtschaftlich – durch *das bisherige unternehmerische Geschehen* ausgelöst und bewirkt worden sind.[1111] Eine dynamisch geprägte wirtschaftliche Verursachung im Sinne eines Nettorealisationsprinzips ist abzulehnen.[1112] Insoweit braucht eine wirtschaftliche und rechtliche Verursachung nicht kumulativ gefordert werden;[1113] die wirtschaftliche Verursachung folgt stets der rechtlichen.

Das gedankliche Hilfskonstrukt der hypothetischen Beendigung der Unternehmenstätigkeit zur Feststellung, ob eine Verpflichtung wirtschaftlich bereits entstanden ist („Unentziehbarkeit"), scheint hier – ungeachtet der Unternehmensfortführungsprämisse – zu überzeugen. Eine zu starke Orientierung an rechtlichen Verpflichtungsstrukturen muss bei Auslegung der wirtschaftlichen Verursachung als „enger Verknüpfung mit dem betrieblichen Geschehen" allerdings vermieden werden.[1114]

Eine vollständige Berücksichtigung aller bereits hinreichend konkretisierten wirtschaftlichen Lasten, die durch das bisherige unternehmerische Geschehen ausgelöst und bewirkt worden sind, entspricht auch der bereits erläuterten Hinwendung des Gewinnbegriffs zur realwirtschaftlichen Entstehung von Vermögensänderungen statt zur fälschlich am Ertragswertkalkül orientierten rechnerischen Entstehung von Vermögensänderungen.[1115]

Rückstellungen dürfen schließlich generell nicht gebildet werden, wenn sie künftige Anschaffungs- oder Herstellungskosten eines Wirtschaftsgutes bilden;[1116] auch hier geht es um das Passivierungskriterium der gegenwärtigen

---

[1111] Vgl. oben Teil 3 Abschnitt B.II.2.b). Aus der Rechtsprechung: „eng mit dem betrieblichen Geschehen des Wirtschaftsjahres verknüpft ist" (BFH vom 8.9.2011 – IV R 5/09, BStBl. II 2012 S. 122) Vgl. auch Hennrichs, Bilanzrecht, § 249 HGB Rz. 59.

[1112] Für das geltende Bilanzrecht insoweit zu Recht BFH vom 27.6.2001 – I R 45/97, BStBl. II 2003 S. 121 und vom 8.9.2011 – IV R 5/09, BStBl. II 2012 S. 122. Vgl. oben Teil 3 Abschnitt A.III.2.d), Teil 3 Abschnitt B.II.2.b) und Prinz, Anpassungsrückstellungen, S. 1817.

[1113] Zu den Schwierigkeiten der Feststellung einer rechtlichen Verursachung vgl. allerdings BFH, Urteil vom 6. 2. 2013 – I R 8/12, DB 2013 S. 1087 ff.

[1114] Vgl. hierzu Teil 3 Abschnitt B.I.; Hennrichs, Bilanzrecht, § 249 Rz. 59 und Weber-Grellet, Einkommensteuergesetz, § 5 Rz. 385.

[1115] Vgl. oben Teil 3 Abschnitte A.II., A.IV.1.a) und A.IV.3.d).

[1116] § 5 Abs. 4b Satz 1 EStG.

wirtschaftlichen Verursachung im Sinne einer konkretisierten wirtschaftlichen Last, die dem bisherigen Unternehmensgeschehen zuordenbar ist. In der Literatur ist strittig, ob Verbindlichkeitsrückstellungen nach den handelsrechtlichen GoB insoweit passiviert werden dürfen.[1117] Eine Vermögensumschichtung erfolgt hier jeweils in der Zukunft, indem das neu erworbene Wirtschaftsgut im Betrieb eingesetzt werden kann; die Nutzung kann sich auf (mittelbar) absatzbezogene Ziele richten, aber auch in der Erfüllung einer Verpflichtung liegen. Als ausgeglichenes schwebendes Geschäft würde eine erwerbskostenbezogene Verpflichtung dann nicht berücksichtigt werden. Zumindest dann, wenn das zu erwerbende Wirtschaftsgut indes allein der Erfüllung einer Verpflichtung dient, die gegenwärtig bereits verursacht bzw. entstanden ist, bezieht sich seine Werthaltigkeit allein auf die Einsatzmöglichkeit zur Erfüllung dieser wirtschaftlichen Last,[1118] die indes vorher auch diese Erwerbskosten als „Wegbeschaffungskosten“ berücksichtigen muss. Bei Nichtpassivierung würden diese bei einem abnutzbaren Wirtschaftsgut erst über spätere planmäßige Abschreibungen erfasst werden, obwohl die Reinvermögensminderung nicht erst mit dieser Abnutzung, sondern bereits mit Entstehung der zugrunde liegenden Verpflichtung als wirtschaftlicher Last entstanden ist.[1119] Das widerspricht dem Vorsichts- und Vollständigkeitsprinzip.[1120]

Hinsichtlich der Bewertung gilt handelsbilanziell schließlich seit dem Bilanzrechtsmodernisierungsgesetz, dass Verpflichtungen zum Erfüllungsbetrag – einschließlich erwarteter Preis- und Kostensteigerungen – zu passivieren und

---

[1117] Eine Passivierungsfähigkeit verneint Hennrichs, Bilanzrecht, § 249 HGB Rz. 67, m. w. N.; eine GoB-konforme Passivierung im Einzelfall bejahen etwa Adler/Düring/Schmaltz, § 249 HGB Rz. 31; Herzig, Öffentlich-rechtliche Verpflichtungen, DB 1990 S. 1350 ff.; Prinz, Rückstellungen in der Steuerbilanz, DB 2011 S. 494; Günkel/Bongaerts, Rückstellungen, S. 941, Rz. 5596 und – deutlich gestützt allerdings auf ein Nettorealisationsprinzip – Weber-Grellet, Einkommensteuergesetz, § 5 Rz. 369.

[1118] Für eine teleologische Reduktion insoweit ausdrücklich Prinz, Rückstellungen in der Steuerbilanz, DB 2011 S. 494; Günkel/Bongaerts, Rückstellungen, S. 941, Rz. 5596; Weber-Grellet, Einkommensteuergesetz, § 5 Rz. 369.

[1119] Hieran mangelt es dann auch eigentlich im Sachverhalt der grundlegenden BFH-Entscheidung vom 1.4.1981 – I R 27/79, BStBl. 1981 II S. 660; vgl. auch Urteil vom 19.8.1998 – XI R 8/96 BStBl. 1999 II S. 18.

[1120] Vgl. auch Prinz, Einkünfteermittlung, S. 172.

mit einem Marktzins zu diskontieren sind.[1121] Unverzinsliche Verbindlichkeiten und Verbindlichkeitsrückstellungen mit einer Laufzeit von mindestens 12 Monaten sind steuerbilanziell dagegen mit einem fixen Zinssatz von 5,5 zu diskontieren. [1122] Das Abzinsungsgebot für Verbindlichkeitsrückstellungen beruht auf der typisierenden Vorstellung, dass eine zukünftig zu erfüllende Verpflichtung weniger belastend ist als eine sofortige Leistungspflicht.[1123] Vordergründig gestützt auf ein insoweit vermeintlich zwingendes Periodizitätsprinzip, dürfen außerdem künftige Preis- und Kostensteigerungen bei der Bewertung von Verbindlichkeitsrückstellungen nicht berücksichtigt werden (§ 6 Abs. 1 Nr. 3a EStG); sie sind dieser Auffassung nach erst nach dem Bilanzstichtag wirtschaftlich verursacht.

Die Fortführungsprämisse impliziert nun zwar eine Kapitalerhaltung, nicht jedoch eine unternehmerische Mindestrendite bzw. ein Mindestwachstum. Letztere Annahme liegt der Abzinsung von Verbindlichkeiten und Verbindlichkeitsrückstellungen in einer Nominalwertbilanz indes zugrunde.[1124] Diese Bewertungsmethode entspricht einem partiellen Ertragswertkalkül unter Verletzung des vorsichtsgeprägten Realisationsprinzips. [1125] In Verbindung mit einem technisch begriffenen Stichtagsprinzip[1126] hinsichtlich künftiger Preis-/Kostensteigerungen wird dies steuerbilanziell indes noch ver-

---

[1121] § 253 Abs. 1 Satz 2 und Abs. 2 HGB. Vgl. dazu Kozikowski/Schubert, Bilanzkommentar, § 253 HGB Rz. 158.

[1122] § 6 Abs. 1 Nr. 3, 3a Buchst. e EStG.

[1123] Vgl. BFH, Beschluss vom 6.10.2009 – I R 4/08, BStBl. II 2010 S. 177; BFH, Urteil vom 27.1.2010 – I R 35/09, BStBl. 2010 II S. 478.

[1124] Vgl. Teil 3 Abschnitt B.II.2.b). Vgl. auch Böcking, Bilanzrechtstheorie, S. 257 ff. m. w. N.; Moxter, Herzig und Hommel/Berndt sehen in einer Rückstellungsabzinsung keinen Verstoß gegen das Realisationsprinzip, bewegen sich dabei argumentativ allerdings im Zirkel, indem sie von der Idee einer Passivierung allein „unkompensierter" Verbindlichkeiten nach einem Nettorealisationsprinzip ausgehen; dieses impliziert, dass die im Abzinsungsbetrag enthaltenen Zinsaufwendungen den nachfolgenden Perioden zugeordnet werden. Vgl. Moxter, Grundsätze, S. 166; Herzig, Rückstellungen für Verbindlichkeiten, S. 88; Hommel/Berndt, Realisationsprinzip, BB 2009 S. 2193. Um in dem Sinne dem propagierten „Nettorealisationsprinzip" gerecht zu werden, wird vorgelagert jedoch zuerst das Bruttorealisationsprinzip verletzt, indem entsprechende künftige Umsätze unterstellt werden, welche die jeweiligen Aufzinsungsbeträge zu alimentieren haben. Die Fallkonstellation der unverzinslichen Forderung ist ähnlich gelagert (Moxter, Grundsätze, S. 56).

[1125] Vgl. auch Adler/Düring/Schmaltz, Rechnungslegung, § 253 Rz. 81.

[1126] Vgl. dazu oben Teil 3 Abschnitt B.II.2.b).

schärft.[1127] Das „Störgefühl“, das eine Nichtdiskontierung von Verbindlichkeiten und Rückstellungen im Übrigen hinterließe, ist allein auf die allgemeine Nominal- statt Realwertbilanzierung zurückzuführen.

Für Rückstellungen existiert mit § 6 Abs. 1 Nr. 3a EStG schließlich zwar eine gänzlich eigenständige Regelung, die wenn schon prinzipienbrechend, so doch zumindest im Zeitablauf ihrer eigenen Sachlogik folgen muss. Die Finanzverwaltung legt § 6 Abs. 1 Nr. 3a EStG indes nicht als abschließende steuerliche Bewertungsvorschrift aus, sondern will hier vielmehr eine „verbösernde Restmaßgeblichkeit“ etablieren. [1128] Das scheint mehr einem „Maßgeblichkeitsprinzip nach Gusto“ zu entsprechen als einer sachgerechten steuerbilanziellen Gewinnermittlung und verdeutlicht die unklaren Konturen, die das Maßgeblichkeitsprinzip heute hat.

D. Steuerliche Verlustverrechnung

Die nach der „originären“ Periodeneinkommensermittlung auf einer zweiten Stufe ansetzende interperiodische Verlustverrechnung ist nach geltendem Recht zunehmend nur beschränkt zulässig[1129] und steht regelmäßig auch unter „Missbrauchsverdacht“.[1130]

Nach geltendem Recht ist einkommen- und körperschaftsteuerlich grundsätzlich ein einjähriger Verlustrücktrag in Höhe von gegenwärtig immerhin 1.000.000 € möglich; der Verlustvortrag wird nach der sog. „Mindestbesteuerung“ auf 1 Million € plus 60 % des überschießenden Einkommens begrenzt.[1131] Gewerbesteuerlich ist nur ein Verlustvortrag im Rahmen der Min-

---

[1127] Eine „systematische Unterbewertung“ kritisiert ganz zu Recht Prinz, Einkünfteermittlung, S. 135, 173; deutlich auch Hennrichs, Steuerrecht, § 9 Rz. 288.

[1128] Vgl. R 6.11 Abs. 3 Satz 1 EStÄR 2012 und zuvor OFD Münster/OFD Rheinland, Verfügung vom 13.7.2012, DB 2012 S. 1779. Kritisch zu Recht Prinz, Maßgeblichkeitsverständnis, DB 2012 S. M9 (einschl. Zitat); Wendt, Entwicklungstendenzen, ÖStZ 2012 S. 301; Velte, Fiskalpolitische Maßgeblichkeit, StuW 2013 S. 197 ff.

[1129] Zu den – strittigen – Verlustbeschränkungen der Mindestbesteuerung vgl. im Überblick Drüen, Mindestbesteuerung, FR 2013 S. 393 ff.; grundlegend zur steuerlichen Verlustverrechnung Kröner, Verluste, S. 158 ff.; Lehner, Verluste, 2004; Lüdicke/Kempf/Brink, Verluste, 2010.

[1130] Vgl. Rennings, Verlustverrechnung, FR 2011 S. 743.

[1131] §§ 10d Abs. 1 und 2 EStG i. V. m. § 8 Abs. 1.

destbesteuerung zulässig.[1132] Bei bestimmten Kapitalmaßnahmen und Anteilseignerwechseln kann der ertragsteuerliche Verlustvortrag einer Körperschaft ganz oder teilweise für die Zukunft gekappt werden.[1133]

BVerfG und BFH lassen sich in ihrer Rechtsprechung von dem Gedanken leiten, dass der Abzug von Verlusten bzw. Erwerbsaufwendungen außerhalb von Missbrauchsfällen nicht grundsätzlich versagt werden darf; allerdings soll es bereits ausreichen, dass ein Abzug typisiert nur „irgendwann" zu ermöglichen ist.[1134] Eine Verlustverrechnung kann demnach also ausdrücklich zeitlich gestreckt werden.[1135]

Das kumuliert sich mit Verletzungen des Vorsichtsprinzips der steuerbilanziellen Gewinnermittlung, indem gegen Ziele der Kapitalerhaltung verstoßen wird. Umgekehrt kann auch der begrenzte Verlustrücktrag nicht das Zurückdrängen des Vorsichtsprinzips in der Steuerbilanz sachgerecht „aufwiegen".[1136]

E. Ergebnis

In diesem Teil der Arbeit wurde die steuerbilanzielle Gewinnermittlung von Unternehmen in ihren Grundzügen untersucht und an ihren Leitlinienvorgaben gemessen. Über das Maßgeblichkeitsprinzip und die handelsrechtlichen Grundsätze ordnungsmäßiger Buchführung scheinen materiell zwar zunächst zentrale Prinzipien der steuerlichen Gewinnermittlung umgesetzt zu sein. Mangels hinreichender leitlinienkonformer Konkretisierung weiterer Einzelprinzipien bereits durch den Gesetzgeber kann das Maßgeblichkeitsprinzip

---

[1132] § 10a GewStG.

[1133] §§ 8c KStG; 10a Satz 10 GewStG. Kritisch zur eingeschränkten Verlustverrechnung Dorenkamp, Verlustverrechnung, 2010 und Ernst, Neuordnung der Verlustnutzung, 2011. Zu Verfassungsfragen von § 8c KStG vgl. Kessler/Hinz, Verlustverrechnung, DB 2011 S. 1771, zur Mindestbesteuerung vgl. Drüen, Mindestbesteuerung, FR 2013 S. 393 ff.; Karrenbrock, Mindestbesteuerung, DB 2004 S. 559 ff.

[1134] Vgl. dazu Teil 3 Abschnitt A.V.

[1135] Vgl. BFH, Beschluss v. 26.8.2010 – I B 49/10, BStBl. II 2011 S. 826; Urteil vom 22. 8. 2012 – I R 9/11, DB 2012 S. 2785 ff. (BVerfG-Az. 2 BvR 2998/12) und in dem Zusammenhang auch BVerfG, Beschluss v. 12.5.2009 – 2 BvL 1/00, BVerfGE 123 S. 111 („Jubiläumsrückstellung"); BFH, Urteil v. 25.10.2010 – IV R 37/07, BStBl. II 2010 S. 784 („Wertaufholungsgebot").

[1136] Vgl. oben Teil 3 Abschnitt A.V.

allerdings bereits seinem Ursprung nach speziell steuerlichen Anforderungen an die Gewinnermittlung nicht genügen. Aufgrund des Festhaltens am Nominalwertprinzip ohne ergänzende Zins- bzw. Inflationskorrektur kann außerdem auch nicht annähernd eine dem realen Leistungsfähigkeitsprinzip entsprechende reale periodische Vermögensänderung gemessen werden.

Das Maßgeblichkeitsprinzip offenbart außerdem mittlerweile deutliche „Alterserscheinungen", die sich in vermehrt abweichenden Einzelregelungen, Inkonsistenzen und Unklarheiten der steuerbilanziellen Gewinnermittlung äußern. In Teilbereichen lassen sich Verstöße gegen sämtliche Leitlinien der steuerlichen Gewinnermittlung ausmachen.

Insbesondere das Vorsichts- und Imparitätsprinzip scheinen im Rahmen der steuerlichen Gewinnermittlung vom Gesetzgeber zunehmend als grundlegender Fremdkörper begriffen und stückchenweise abgebaut zu werden.[1137] Der Mangel eines klaren Gewinnbegriffs offenbart sich dabei insbesondere im steuerlichen Rückstellungssonderrecht der §§ 5, 6 EStG.[1138]

Der Status Quo des Maßgeblichkeitsprinzips lässt sich zusammenfassen als Grundsatz, „der sodann von Ausnahmen geradezu durchlöchert wird."[1139] Nicht nur der ursprüngliche Vereinfachungsgedanke wird dadurch offenkundig konterkariert. Unklarheiten über die Reichweite der steuerlichen Maßgeblichkeit – also das genaue Gefüge von Handels- und Steuerbilanz – schaffen zusätzliche Rechtsunsicherheit.[1140] Die steuerliche Maßgeblichkeit darf auch nicht darüber hinwegtäuschen, dass der steuerbilanzielle Gewinnbegriff tatsächlich keinen stabil anerkannten steuerlichen Grundsätzen ordnungs-

---

1137 Zur steuerbilanziellen „Reduzierung" des Imparitätsprinzips vgl. Herzig/Rieck, Rückstellung für drohende Verluste, BB 1998 S. 311 ff.; Wendt, Entwicklungstendenzen, ÖStZ 2012 S. 297 ff.

1138 Wenngleich die Rückstellungsbegrenzungsnormen zumindest teilweise – etwa mit Praktikabilitätserwägungen – gerechtfertigt werden können. Vgl. Prinz, Einkünfteermittlung, S. 172.

1139 Hennrichs, Maßgeblichkeitsgrundsatz gem. § 5 EStG, StuW 1999 S. 151. Pointiert bereits Weber-Grellet (DB 1994 S. 288): „eher eine Ausnahme als die Regel"; ähnlich Müller (DStR 2001 S. 1858, 1859): „Grundsatz, der im Wesentlichen aus Ausnahmen besteht".

1140 Vgl. dazu auch Lambrecht, Einkommensteuergesetz, § 5 Rz. D 42.

mäßiger Buchführung folgt. Er ist *nicht* konsistent prinzipienbasiert und prinzipienfest.

Die Judikative hat aufgrund des Maßgeblichkeitsprinzip letztlich über Jahrzehnte filigrane Auslegungsarbeiten übernommen, die der steuerliche Gesetzgeber zur Sicherstellung einer materiellen Gerechtigkeit und weitestmöglichen Entscheidungs- und Handlungsfreiheit, von Bestimmtheit und Verständlichkeit, Objektivierung und Wirtschaftlichkeit pro-aktiv selbst hätte regeln können und sollen. Angesprochen sind einzelne Prinzipien der steuerbilanziellen Gewinnermittlung, welche die abstrakten Grundsätze erst konkretisieren, darunter auch erforderliche Vereinfachungs- und Objektivierungsregelungen – wie etwa zum Nachweis dauerhafter Wertminderungen. Dass die Judikative dies ex-post durch einen jahrzehntelangen Pfad von bilanzsteuerlichen Einzelfallentscheidungen übernommen hat, stellt die ursprüngliche Vorstellung vom Maßgeblichkeitsprinzip als Vereinfachungsinstrument in Frage.

Die steuerliche Maßgeblichkeit handelsrechtlicher GoB muss aus heutiger Erkenntnis damit in der Tat zur Disposition gestellt werden,[1141] wenn eine „bessere Alternative" auch die Umstellungskosten eines Systemwechsels rechtfertigen kann.[1142] Als mögliche „bessere Alternative" werden nachfolgend drei mögliche Entwicklungswege der steuerbilanziellen Gewinnermittlung in den Blick genommen, für die jeweils ein signifikanter Reformdruck auszumachen ist. Sie werden ebenfalls an den Vorgaben der steuerlichen Gewinnermittlung gespiegelt.

[1141] Vgl. bereits Prinz, Maßgeblichkeit, S. 279 ff.; Hennrichs, Steuerrecht, § 9 Rz. 53; Herzig/Briesemeister, Ende der Einheitsbilanz, DB 2009 S. 2.

[1142] Vgl. Hennrichs, Bilanzgestützte Kapitalerhaltung, StuW 2005 S. 256, 262. Aufgrund der Langfristigkeit der bilanziell erfassten Sachverhalte sind dabei langjährige Übergangsregelungen zu erwarten, die – im Sinne einer Wirtschaftlichkeit und Verständlichkeit – zu bedenken sind. Zu Anforderungen langjähriger gesetzlicher Übergangsregelungen Prinz, Kommentar zu I R 39/10, GmbHR 2012 S. 49 f.

TEIL 5: ENTWICKLUNGSPERSPEKTIVEN DER STEUERLICHEN GEWINNERMITTLUNG

Die steuerbilanzielle Gewinnermittlung entspricht als stetig und ohne konkrete Zielvorgaben „gewachsenes Recht“ nicht durchgängig den Leitlinien und Prinzipien einer sachgerechten steuerlichen Gewinnermittlung. Wie die obigen Ausführungen zeigen,[1143] kann auch das Maßgeblichkeitsprinzip nicht mehr als „Zukunftslösung“ überzeugen.[1144] Es muss zur Disposition gestellt werden, wenn eine „bessere Alternative“ auch die Umstellungskosten eines Systemwechsels rechtfertigen kann.[1145] Aufgrund der Langfristigkeit der bilanziell erfassten Sachverhalte sind bei einer solchen „großen Steuerbilanzreform“ langjährige Übergangsregelungen zu erwarten, die schon im Sinne der Praktikabilität, Wirtschaftlichkeit und Verständlichkeit ebenfalls zu bedenken sind.[1146] Erforderlich ist insoweit die Weichenstellung für (nur) *eine* Entwicklungslinie der Gewinnermittlung.

Als mögliche „bessere Alternativen“ werden nachfolgend drei optionale Entwicklungslinien der steuerbilanziellen Gewinnermittlung in den Blick genommen, für die jeweils ein signifikanter Reformdruck auszumachen ist. Sie werden an den Vorgaben der steuerlichen Gewinnermittlung gespiegelt.

A. Prinzipienbasierte steuerbilanzielle Gewinnermittlung als nationale Reformoption

Die legislativen Abweichungen vom Maßgeblichkeitsgrundsatz wurzeln in speziellen steuerlichen Zielen der Gewinnermittlung.[1147] Aufgrund des forma-

---

[1143] Vgl. Teil 4.

[1144] Vgl. Hennrichs, Steuerrecht, § 9 Rz. 53; Prinz, Maßgeblichkeit, S. 287 ff.

[1145] Vgl. Hennrichs, Bilanzgestützte Kapitalerhaltung, StuW 2005 S. 262.

[1146] Zu Anforderungen langjähriger gesetzlicher Übergangsregelungen Prinz, GmbHR 2012 S. 49 f., Komm. zu BFH, Beschluss vom 10.8.2011 – I R 39/10, BStBl. II 2012 S. 603 ff.

[1147] Vgl. oben, Teil 4. Nach W. Müller (DStR 2001 S. 1858, 1859) liegt in der Eigenschaft von § 5 Abs. 1 Satz 1 EStG als „Transformationsvorschrift“ der Keim von Divergenzen. Man möchte hinzufügen: Erst im Lichte unterschiedlicher steuerlicher und handelsrechtlicher Zwecke und Zielvorstellungen entwickelt sich dieser Keim. Zu den unterschiedlichen Zwecksetzungen der handelsrechtlichen und steuerlichen Gewinnermittlung vgl. Beisse, Bilanzrecht und Betriebswirtschaftslehre, StuW 1984 S. 3 f.; Weber-

len Rahmens des Maßgeblichkeitsprinzips wurden allerdings auch nie in einer Gesamtschau Leitlinien steuerlicher Gewinnermittlung zur Diskussion gestellt, ihre Bezüge zueinander geklärt und ein darauf basierendes konsistentes Gewinnermittlungssystem konzipiert.

Fiskalistische Zielsetzungen[1148] und die vage Grundannahme, dass Unternehmen mit dem Maßgeblichkeitsprinzip auch Vorteile gegenüber der Anwendung einer reinen Zahlungsflussrechnung haben,[1149] – durch die periodisierte Gewinnermittlung selbst, durch Bilanzierungsspielräume und speziell durch das zur bilanziellen Kapitalerhaltung handelsrechtlich relevante Vorsichts- und Imparitätsprinzip – sind die Triebfeder legislativer Einzelabweichungen vom Maßgeblichkeitsprinzip.[1150]

Innerhalb des steuerlichen Gewinnermittlungssystems scheint dem parlamentarischen Gesetzgeber oftmals selbst nicht klar zu sein, was zum System gehört und was eine Sonderregelung darstellt. Ein folgerichtig – und ohne verengten Blickwinkel – auf anerkannten Prinzipien einer sachgerechten steuerlichen Gewinnermittlung basierendes Steuerrecht, das zwischen Systemregel und Systemausnahme unterscheidet, kann jedoch die Anforderungen einer freiheitlich-demokratischen Gesellschaftsordnung bestmöglich erfüllen.

Nicht der Maßgeblichkeitsgrundsatz schützt insoweit auch vor einem „entfesselten Fiskus“,[1151] sondern allein ein solcherart prinzipienbasiertes Steuerbilanzrecht.[1152] Ein eigenständiges und prinzipienbasiertes steuerliches Gewinnermittlungsrecht, das dem deutschen Handelsbilanzrecht ähnlich ist, darf dabei nicht verkannt und verwechselt werden mit Ergebnissen des steuerli-

---

Grellet, Maßgeblichkeitsschutz, DB 1994 S. 288; Sigloch, Gewinnermittlung, S. 556 ff. Ursprünglich hatte die kaufmännische Bilanz sogar einen nur buchhalterischen Zweck; vgl. Simon, Bilanzen, S. 31 ff.

[1148] Vgl. Teil 2 Abschnitt B.II.

[1149] Dazu im Detail nachfolgend Teil 5 Abschnitt B.

[1150] Zum Szenario eines „entfesselten Fiskus“ im Steuerbilanzrecht Hennrichs, Maßgeblichkeit, Ubg 2009 S. 542. Vgl. auch Moxter, Handels- und Steuerbilanz, BB 1997 S. 195.

[1151] Hennrichs, Maßgeblichkeit, Ubg 2009 S. 542.

[1152] Vgl. Prinz, Einkünfteermittlung, S. 165; Hennrichs, Maßgeblichkeitsgrundsatz, S. 411.

chen Maßgeblichkeitsprinzips.[1153] Der deutschen steuerlichen Gewinnermittlung mangelt es grundsätzlich nämlich nicht an der Verfügbarkeit eines tauglichen Prinzipiensystems als Ausgangspunkt, sondern an der konsistenten und auch feinmaschigen legislativen Umsetzung dieser Prinzipien unter einer Gesamtschau steuerlicher Leitlinien.

Dennoch muss – auch heute noch – gefragt werden, ob „Handelsbilanz und Steuerbilanz wirklich so verschiedene Zwecke [verfolgen], dass es nichts besseres gibt, als beide Bilanzen verschiedene Wege gehen zu lassen?“[1154] Soweit die steuerliche wie auch die handelsrechtliche Rechnungslegung auf eine vorsichtige und objektivierte Ermittlung eines periodischen, nachhaltigen Vermögensgewinns gerichtet sind, der eine Kapitalerhaltung einschließt, wäre grundsätzlich eine Gleichschaltung beider Rechenwerke denkbar.[1155]

Mit Blick auf die handelsrechtliche Informationsfunktion verbleibt jedoch ein grundlegender Unterschied insoweit, als die Handelsbilanz gerade auch auf eine Rechenschaft hinsichtlich der eigenen Entwicklung der Vermögens- und Erfolgslage im Zeitablauf, also auf die eigene vertikale Vergleichbarkeit im Zeitablauf, gerichtet sein muss.[1156] Mit dem Bilanzrechtsmodernisierungsgesetz wurde dies tendenziell verstärkt, indem das Handelsbilanzrecht bei gleichzeitiger Stärkung der Informationsfunktion in Ansätzen internationalen Rechnungslegungsstandards angenähert wurde.[1157] Über deren generell „marktnähere Bewertung“ von positiven und negativen Vermögenswerten

---

[1153] So Hüttemann, Zukunft der Steuerbilanz, DStZ 2011 S. 513; Freidank/Velte, Maßgeblichkeit, StuW 2010 S. 185, 192.

[1154] So Döllerer bereit 1971 (Maßgeblichkeit, BB 1971 S. 1334). Dabei wurden spezielle steuerliche Ziele der steuerlichen Gewinnermittlung, die schwerlich im Rahmen der Bilanzierung umgesetzt werden könnten, bereits in die zweite Gewinnermittlungsstufe ausgelagert. Vgl. oben Teil 4 Abschnitt A.

[1155] Vgl. Döllerer, Maßgeblichkeit, BB 1971 S. 1334; Schön, Steuerbilanz, StuW 1995 S. 376 und Haller, Maßgeblichkeit, RIW 1992 S. 45.

[1156] Das würde ein strenges Stetigkeitsprinzip implizieren, das aus Objektivierungsgründen grundsätzlich auch steuerbilanziell gelten muss. Zentral für die steuerliche Gewinnermittlung ist jedoch eine horizontale Vergleichbarkeit. Vgl. oben Teil 2 Abschnitt B.IV.1. und Teil 3 Abschnitt B.I.

[1157] Vgl. etwa die durch das Bilanzrechtsmodernisierungsgesetz losgelöste kontroverse Diskussion zur Zulässigkeit einer Mehrkomponentenabschreibung, Herzig/Briesemeister/Joisten/Vossel, Component approach, WPg 2010 S. 561 ff.; vgl. dazu auch Prinz, Materielle Maßgeblichkeit handelsrechtlicher GoB, DB 2010 S. 2074 f.

könnten theoretisch auch seitens des Marktes bessere horizontale Vergleiche unterschiedlicher Unternehmen vorgenommen werden. Schwere Objektivierungsmängel stehen dem dann jedoch entgegen.[1158]

Mögliche Zukunftsentwicklungen des Handelsbilanzrechts zur weiteren Internationalisierung oder verstärkten europäischen Harmonisierung können auch zu einem weiteren Druck auf die Entkoppelung von der steuerlichen Rechnungslegung führen.[1159] Umgekehrt formuliert: Das Handelsbilanzrecht sollte eigene Ziele ebenso wie das Steuerrecht verfolgen können. Das bedeutet auch noch nicht den Abschied vom Vereinfachungsgedanken des Maßgeblichkeitsprinzips. Es scheint vielmehr Zeit zu sein für eine grundlegende Diskussion auch über die Leitlinien einer sachgerechten steuerlichen Gewinnermittlung und eine anschließende Inventur neu oder anders zu regelnder Bilanzsteuerrechtsfragen durch den Gesetzgeber. Das würde auch einer Bestimmtheit, Verständlichkeit, Praktikabilität und Wirtschaftlichkeit der Besteuerung dienen. Die Schnittmenge von Steuerbilanz und Handelsbilanz wäre dann wieder konturenklar und womöglich auch größer als unter einem bloß abstrakten Maßgeblichkeitsverweis.

Ein nationaler Reformansatz vernachlässigt allerdings weitergehende europäische Freiheits- und Wirtschaftlichkeitsziele. In der Regierungsbegründung zum Bilanzrechtsmodernisierungsgesetz, mit dem sich die handelsrechtliche Rechnungslegung weiter von der steuerlichen entfernte, ist daher zu Recht auch ein entsprechendes „Prüfziel“ für ein eigenständiges steuerliches Gewinnermittlungsrecht in der EU vermerkt.[1160]

[1158] Vgl. – unabhängig von den IFRS im Einzelnen – bereits oben Teil 3 Abschnitt A.III.

[1159] Vgl. Prinz, Materielle Maßgeblichkeit handelsrechtlicher GoB, DB 2010 S. 2069, 2075; ders., Maßgeblichkeit versus eigenständige Steuerbilanz, S. 279 ff.; Hennrichs, Bilanzgestützte Kapitalerhaltung, StuW 2005 S. 262; ders., Maßgeblichkeitsgrundsatz S. 306 f.; W. Müller, Maßgeblichkeitsprinzip, DStR 2001 S. 1861; Kußmaul/Klein, Maßgeblichkeitsprinzip, DStR 2001 S. 548; Mayer, Maßgeblichkeit, S. 147 ff.; Hildesheim, Maßgeblichkeit, StBp 2001 S. 2.

[1160] Regierungsentwurf des Bilanzrechtsmodernisierungsgesetzes vom 30.7.2008, BT-Drs. 16/10067, Begründung S. 34.

Welcher Weg hier eingeschlagen wird, bleibt politischen Erwägungen vorbehalten; gute Gründe sprechen jedoch für den Vorrang einer europäischen Lösung.[1161]

B. Rücknahme steuerbilanzieller Periodisierungen als nationale Reformoption

I. Der Dualismus der Einkünfteermittlung

Einkommen wird nach geltendem Recht nicht gleich ermittelt. § 2 Abs. 2 EStG unterscheidet für die Ermittlung von Einkommen aus Erwerbstätigkeit zwei grundlegende Klassen von „Einkünften“: Unternehmerische Einkünfte,[1162] für die ein Gewinn zu ermitteln ist, und nichtunternehmerische Einkünfte,[1163] für die ein im Kern zahlungsflussgeprägter[1164] Überschuss der Einnahmen über die Werbungskosten zu ermitteln ist. Entstanden ist diese Spaltung mit Implementierung der steuerlichen Maßgeblichkeit.[1165] Das steuerliche Einkommen wurde in den deutschen Staaten zuvor noch grundsätzlich als Überschuss von Einnahmen über Ausgaben bemessen.[1166].

Da die unterschiedlichen Ermittlungstechniken der Gewinnermittlung versus Überschussrechnung den *Zeitpunkt* der Einkommenserfassung bestimmen, sind Zeitdifferenzen bei der Einkommensbemessung eines der prägenden Elemente des Einkünftedualismus. Zweites prägendes Element des Einkünftedualismus ist der im Kern von Quellentheorie einerseits Reinvermögenszugangstheorie andererseits wurzelnde *Umfang* des jeweils zu bemessenden Einkommens.[1167]

[1161] Vgl. v. Wolfersdorff, Zukunftsfragen, S. 11 ff.

[1162] Aus Land- und Forstwirtschaft, Gewerbebetrieb und selbständiger Arbeit.

[1163] Aus nichtselbstständiger Arbeit, Kapitalvermögen, Vermietung und Verpachtung sowie schließlich sonstige Einkünfte (§ 22 EStG).

[1164] § 11 Abs. 1 und 2 EStG.

[1165] Tipke, Dualistische Einkünfteermittlung, S. 392.

[1166] Pezzer (Überschussermittlung, S. 209) bezeichnet die Überschussermittlung daher aus steuerlicher Perspektive als „Mutter aller Einkünfteermittlungsmethoden.“

[1167] Zur Erfassung unterschiedlicher Einkommenselemente Lang, Bemessungsgrundlage, S. 219 ff.

Während der Einkommensbegriff des preußischen EStG 1891 zumindest innerhalb der nicht-unternehmerischen Einkünfte noch grundlegend auf die Quellentheorie, derjenige des EStG 1920 dann auf die Reinvermögenszugangstheorie ausgerichtet war, ist der Gesetzgeber mit dem EStG 1925 auf einen grundlegend pragmatischen Einkommensbegriff übergegangen, der von beiden Theorien jeweils geprägt ist, ohne dass allerdings auch eine der beiden Einkommenskonzeptionen jeweils stringent durchgesetzt werden sollte.[1168] Aus der amtlichen Begründung zum EStG 1925 wird die Verarbeitung finanzwissenschaftlicher Theorien – und die darauf basierende „Hin-und-Her-Gerissenheit" des Gesetzgebers – deutlich: Ob der Einkommensbemessung die Quellentheorie oder die Reinvermögenszugangstheorie zugrunde zu legen sei, ließe sich demnach für die Gesamtheit der Steuerpflichtigen niemals ausschließlich in dem einen oder anderen Sinne entscheiden. Die „Quelle und das sich daraus ergebende Kriterium der Regelmäßigkeit (das Fließen der Quelle)" stellten „zweifellos wichtige Merkmale" des Einkommensbegriffs dar, aber man käme damit allein nicht aus. Auch allein mit der Reinvermögenszugangstheorie komme man indes nicht weiter.[1169]

So wurde der Einkommensbegriff pragmatisch gespalten in die grundsätzlich quellentheoretisch orientierten Überschusseinkunftsarten einerseits und die grundsätzlich am Reinvermögenszugang orientierten Gewinneinkunftsarten andererseits: Wesentlich für den unternehmerischen Gewinn sei, dass er auf einem Betriebsvermögensvergleich am Anfang und Schluss des Steuerabschnitts beruhe. Bei der anderen „Hauptgruppe der Einkommen" käme ein Vergleich des Vermögens am Anfang und Schluss des Steuerabschnitts dagegen nicht in Frage; hier gelte als Einkommen der Überschuss der Einnahmen über die Ausgaben. Soweit es sich bei diesen Einkommensarten um Einkommen aus einer Tätigkeit handle – insbesondere aus nichtselbständiger Tätigkeit – seien dieser Tätigkeit Wirtschaftsgüter irgendwelcher Art regelmäßig nicht gewidmet. Soweit es sich andererseits um Erträge handle,

---

[1168] Zum historischen Einfluss von Quellentheorie und Reinvermögenszugangstheorie auf die Bestimmung des Einkommensteuerobjekts Lang, Bemessungsgrundlage, S. 36 ff.

[1169] Abgedruckt im Volltext bei Lang, Bemessungsgrundlage, S. 43.

die ohne Arbeit oder nur aufgrund einer „begrenzten Verwaltungstätigkeit aus Vermögen gezogen werden", wie bei Kapitalerträgen, Einkünften aus Vermietung und Verpachtung oder wiederkehrenden Bezügen, käme es nicht auf die Veränderung der Wirtschaftsgüter an, sondern lediglich auf die Erträge, die sie abwerfen.[1170]

Das spiegelt die grundlegenden Überlegungen zum dualistisch gespaltenen Einkommensbegriff wider. Einerseits wird anerkannt, dass die Bemessung eines umfassenden Vermögensgewinns für die unternehmerischen Tätigkeiten konzeptionell passend und richtig ist. Bei den nicht-unternehmerischen Tätigkeiten wird davon ausgegangen, dass die regelmäßig fließenden Einkünfte Hauptindikator wirtschaftlichen Erfolgs sind. Vermögensgewinne und -verluste werden für diese Gruppe von Steuerpflichtigen als vernachlässigbar eingestuft.

Der Einkünftedualismus ist in seiner gegenwärtigen Form indes auch nicht mehr von den grundlegenden Gegensätzen einer quellentheoretisch geprägten Zahlungsflussorientierung und Nichterfassung von Vermögensänderungen einerseits versus einer umfassenderen, periodisierten steuerbilanziellen Gewinnermittlung von Unternehmen geprägt.[1171]

Die Überschussrechnung aus nicht-unternehmerischer Tätigkeit ist bereits keine einfache „Kassenrechnung". Als Einnahmen werden grundsätzlich alle Güterzugänge erfasst, die in Geld oder Geldeswert bestehen und dem Steuerpflichtigen im Rahmen seiner jeweiligen Einkunftsart „zufließen"; das sind – unabhängig von der „Regelmäßigkeit" ihres Zuflusses – nicht nur Zahlungsmittel, sondern auch Sachvermögen und sonstige wirtschaftliche Vorteile.[1172] Als ein quellentheoretisches Erbe kann jedoch die nicht bzw. nur erschwert

---

[1170] Abgedruckt bei Tipke, Steuerrechtsordnung II, S. 644.

[1171] So erfolgte insbesondere mit Einführung der Abgeltungsteuer für Kapitaleinkünfte bereits ein Systemwechsel von der Quelleneinkunftsart zur faktischen Mischeinkunftsart. Vgl. Hey, Steuerrecht, § 8 Rz. 492 ff.

[1172] § 8 Abs. 1, 2 Satz 1 EStG

ertragswirksame Berücksichtigung bereits von Forderungen gedeutet werden.[1173]

Als Werbungskosten werden schließlich nicht nur auszahlungsgleiche Aufwendungen erfasst, sondern auch Güter, die in Geldeswert bestehen können.[1174] Quellentheoretisches Erbe ist allerdings auch hier grundsätzlich die Nichterfassung von möglichen (werthaltigen) Verbindlichkeiten als aufwandswirksame Vermögensbelastung.[1175]

Bei regelmäßig wiederkehrenden Einnahmen und Ausgaben sowie im Voraus erhaltenen bzw. geleisteten Einnahmen und Ausgaben kann auch eine Rechnungsabgrenzung erfolgen.[1176] Für abnutzbare Wirtschaftsgüter mit Ausnahme geringwertiger Wirtschaftsgüter, deren Nutzung sich über ein Jahr erstreckt, werden Ausgaben nicht sofort einkommensmindernd berücksichtigt, sondern nur zeitverteilt über planmäßige Abschreibungen.[1177]

Auch bei den Überschusseinkunftsarten werden schließlich Veräußerungsgewinne aus Kapitalanlagen und weitere „private Veräußerungsgeschäfte" erfasst.[1178] Massenveräußerungsgeschäfte von Kapitalanlagen nach § 20 Abs. 2 EStG werden dabei abgeltend direkt an der Quelle erfasst.[1179] Als „privates Veräußerungsgeschäft" werden Veräußerungen von Immobilien mit maximal 10-jähriger Besitzzeit und anderen Wirtschaftsgütern mit maximal 1-jähriger Besitzzeit erfasst; ausgenommen sind allerdings Eigenwohnimmobi-

---

[1173] Vgl. Schön, Maßgeblichkeit, S. 66; Hey, Steuerrecht, § 8 Rz. 192; Krüger, Einkommensteuergesetz, § 8 Rz. 3, 45 und § 11 Rz. 50 unter „Darlehen". Die grundsätzliche Nichtberücksichtigung von Forderungen und Schulden bei den Überschusseinkunftsarten lässt sich auf das quellentheoretische Einkommensermittlungsziel zurückführen, zumindest näherungsweise das lebenslang erreichbare Konsumniveau zu messen. Um dies zu erreichen, sind nur die annahmegemäß „regelmäßigen" Zuflüsse an Konsummöglichkeiten zu erfassen. Da die Quellentheorie stark konsumorientiert ist, kommt es dabei in erster Linie nur auf den unmittelbaren Konsumkraftzugang an, nicht auf Forderungen und Verbindlichkeiten, die dieses Potenzial nur mittelbar verändern.

[1174] § 9 EStG; vgl. hierzu Prinz, Werbungskosten, S. 190 f.

[1175] Vgl. Schön, Maßgeblichkeit, S. 66; Hey, Steuerrecht, § 8 Rz. 192.

[1176] § 11 Abs. 1 und 2, jeweils Sätze 2 und 3 EStG.

[1177] § 9 Abs. 1 Nr. 7 S. 1 EStG.

[1178] §§ 17, 20 Abs. 2 EStG 22 Nr. 2; 23 EStG.

[1179] §§ 43 ff. EStG.

lien.[1180] Anders als § 2 Abs. 2 EStG suggeriert, wird dabei auch jeweils kein Einnahmenüberschuss, sondern ein Nettogewinn bzw. -verlust ermittelt.[1181]

II. Der Reformdruck des Einkünftedualismus

Der dualistische Einkommensbegriff wird im Schrifttum seit Jahr und Tag hinterfragt.[1182] Aus den Vorgaben einer gleichheitsgerechten, möglichst freiheitsschonenden und praktikablen sowie Wirtschaftlichkeitsanforderungen genügenden Besteuerung leiten Rechts- und Wirtschaftswissenschaftler auch das Postulat einer formalen Gleichbehandlung der Einkunftsarten ab. [1183] Im Einkünftedualismus wird eine „Hauptursache für komplizierte Steuervermeidungsgestaltungen und zahllose Streitigkeiten zur Abgrenzung von Einkunftsarten" gesehen, „so dass die Überwindung des Einkünftedualismus zu den wichtigsten Aufgaben einer Einkommensteuerreform" gehören soll.[1184].

Auch das BVerfG hat die Forderung nach einer Gleichbehandlung der sieben Einkunftsarten mehrfach betont,[1185] die Spaltung der Einkünfteermittlung mit Hinweis auf die weite gestalterische Freiheit des Gesetzgebers allerdings auch grundsätzlich gebilligt.[1186] Warum Einkünfte, die jeweils einen periodischen Leistungsfähigkeitszugang messen wollen, ungleich behandelt werden dürfen, begründet das Gericht in seinen Entscheidungen jedoch nicht.[1187]

Der Dualismus der Einkunftsarten wird vom BVerfG vielmehr als „prägende Grundkonzeption" des Einkommensteuerrechts akzeptiert. Demnach greift

---

1180 § 23 Abs. 1 Nr. 1, 2 EStG.

1181 §§ 17 Abs. 2; 20 Abs. 4; 23 Abs. 3 EStG.

1182 Vgl. jüngst Pezzer, Überschussermittlung, S. 207 ff; Siegel, Gläubigerschutz, S. 140 f.; Kanzler, Gewinnermittlung, FR 1998 S. 247.

1183 Vgl. Tipke, Steuerrechtsordnung II, S. 645 ff.; Birk, Einkommen, S. 21; Hey, Steuerrecht, § 8 Rz. 180 ff; Jacobs, Bilanzierungsproblem, S. 24 ff.; Spengel, Zukunft der Steuerbilanz, FR 2009 S. 105; Schön, Maßgeblichkeit, S. 14 ff.; Schneider, Steuerlast, S. 282 ff.; Kirchhof, Karlsruher Entwurf, StuW 2002 S. 10.

1184 Hey, Steuerrecht, § 8 Rz. 185.

1185 Vgl. etwa BVerfG, Beschluss vom 8.10.1991 – 1 BvL 50/86, BVerfGE 84 S. 348; vom 10.4.1997 – 2 BvL 77/92, BVerfGE 96 S. 1, 6; vom 30.9.1998 – 2 BvR 1818/91, BVerfGE 99 S. 88, 95; v. 6.3.2002 – 2 BvL 17/99, BVerfGE 105 S. 73, 126.

1186 Dazu nur Tipke, Steuerrechtsordnung II, S. 645 ff; Hey, Steuerrecht, § 8 Rz. 185.

1187 Kritisch Tipke, Steuerrechtsordnung II, S. 648.

„die Einkommensteuer grundsätzlich nur im Rahmen der Gewinneinkunftsarten den Gedanken der Reinvermögenszugangstheorie auf (...) und [erfasst] deshalb auch den Wertzuwachs bei Wirtschaftsgütern (...), während die Einkünfte im Rahmen der übrigen Einkunftsarten, dem Gedanken der Quellentheorie entsprechend, als Überschuss der Einnahmen über die Werbungskosten ermittelt werden, sodass hier Zuwächse im Stammvermögen grundsätzlich außer Betracht bleiben", so das Gericht noch in einer Entscheidung aus dem Jahr 2010.[1188] Der Dualismus der Einkunftsarten, der „vor dem Hintergrund unterschiedlicher finanzwissenschaftlicher Theorien des 19. Jahrhunderts" entstanden ist, gehöre „zum historisch gewachsenen Bestand des deutschen Einkommensteuerrechts und liegt als Grundentscheidung innerhalb des Gestaltungsspielraums, der dem Gesetzgeber bei der Erschließung von Steuerquellen zukommt."[1189]

Unter dem Gesichtspunkt einer leistungsfähigkeitsgerechten Besteuerung sei es zwar „wünschenswert", dass der Gesetzgeber den Reinvermögenszugangsgedanken bei der Bestimmung des Besteuerungsobjekts in weiterem Umfang aufgreife und auch den Wertzuwachs bei Wirtschaftsgütern im Privatvermögen ohne zeitliche Begrenzung der Besteuerung unterwirft. Verfassungsrechtlich geboten sei dies aber nicht.[1190]

Der Dualismus der Einkunftsarten genießt vor dem BVerfG also „historischen Bestandsschutz". Mit seiner Entscheidung zur steuerbilanziellen Passivierung von Jubiläumsrückstellungen[1191] hat es dann allerdings wiederum eine Entscheidung getroffen, die eine ganz wesentliche Verankerung des gespaltenen Einkommensbegriffs – das Maßgeblichkeitsprinzip einschließlich des Vorsichts- und Imparitätsprinzips bei der steuerbilanziellen Gewinnermittlung – schwächt.[1192] Für die Streitfrage der Rückstellungspassivierung im Rah-

---

[1188] BVerfG, Beschluss v. 7.7.2010 – 2 BvL 14/02, 2 BvL 2/04, 2 BvL 13/05, BGBl. I 2010 S. 1296 Rz. 83.

[1189] Ebenda, Rz. 69, 83.

[1190] Ebenda Rz. 83.

[1191] BVerfG, Beschluss v. 12.5.2009 – 2 BvL 1/00, BVerfGE 123 S. 111 ff.

[1192] Vgl. Prinz, Einkünfteermittlung, S. 162; Wendt, Entwicklungstendenzen, ÖStZ 2012 S. 301 ff.

men des steuerlichen Betriebsvermögensvergleichs warf das BVerfG einen vergleichenden Blick auf die für Überschusseinkünfte geltende Grundregelung des Zufluss- und Abflussprinzips. Insoweit die zeitlichen Differenzen bei der Erfassung von Einkommenselementen gegenüberstellend, versteht es die Bildung von Rückstellungen in der Steuerbilanz dann als bloße Vorwegnahme künftiger Vermögensminderungen und nicht gegenwärtige Minderung wirtschaftlicher Leistungsleistungsfähigkeit. Trotz eigener Legitimierung des dualistisch gespaltenen Einkommensbegriffs lässt sich das BVerfG bei der Frage nach der zeitlichen Berücksichtigung von Einkommenselementen von einem zahlungsstromorientierten Leistungsfähigkeitsbegriff leiten.[1193]

Für steuergesetzliche Einzelregelungen und auch für Steuerstrukturen – wie durch das Maßgeblichkeitsprinzip geschaffen – verneint das BVerfG außerdem einen lückenlosen verfassungsrechtlichen „Flankenschutz" im Hinblick auf das vom Gesetzgeber zu beachtende Folgerichtigkeitsgebot.[1194] Das Maßgeblichkeitsprinzip stelle bereits aufgrund seiner steuerhistorischen Wurzeln als Praktikabilitätsregelung[1195] keine strikte, einmal getroffene Belastungsentscheidung des Gesetzgebers dar, die folgerichtig umzusetzen sei, sondern eine vielmehr „entwicklungsoffene Leitlinie", die nicht zum Schutzbereich des Folgerichtigkeitsgebots zählt.[1196]

Das BVerfG wertet speziell das Vorsichtsprinzip, „nach dem Erträge – erst – im Zeitpunkt der Realisation, Verluste dagegen – schon – zum Zeitpunkt ihrer wirtschaftlichen Verursachung anzusetzen sind," als handelsrechtliche Spezialität, die dem Schutz außenstehender Gläubiger durch „Antizipation nur wahrscheinlicher zukünftiger Vermögensminderungen durch die Bildung gewinnmindernder Rückstellungen" diene. Es bezweifelt folglich, dass eine solche „bilanzielle Gewinnminderung mit einer Minderung auch der aktuellen

---

[1193] Bezeichnenderweise spricht es dabei auch von „finanzieller Leistungsfähigkeit", nicht von „wirtschaftlicher Leistungsfähigkeit".

[1194] BVerfG, Beschluss v. 12.5.2009 – 2 BvL 1/00, Rz. 32, BVerfGE 123 S. 111 ff. Vgl. Teil 2 Abschnitt B.IV.3.c) und Teil 2 Abschnitt B.I.

[1195] Dazu oben Teil 4 Abschnitt B.I.

[1196] BVerfG, Beschluss v. 12.5.2009 – 2 BvL 1/00, Rz. 32, BVerfGE 123 S. 111 ff.

finanziellen Leistungsfähigkeit einhergeht."[1197] Zulässigkeit oder Unzulässigkeit einer Rückstellung beträfen „ausschließlich den maßgebenden Zeitpunkt der einkommensteuerrechtlichen Berücksichtigung eines gewinnmindernden Aufwands, als das Wann, nicht das Ob der Besteuerung." Der maßgebende Zeitpunkt ließe sich aber nicht mit Hilfe des Maßstabs wirtschaftlicher Leistungsfähigkeit oder des objektiven Nettoprinzips bestimmen, so das BVerfG weiter. Allein willkürlich, ohne jegliche stützende Sachgründe dürfe der Gesetzgeber das Vorsichtsprinzip nicht brechen.[1198]

Die Rechtsprechung des BVerfG spiegelt letztlich ebenso wie das legislative Zurückdrängen bilanzieller Ausprägungen des Vorsichts- und Imparitätsprinzips die Auffassung einer gleichheitswidrigen Bevorzugung unternehmerischer Einkommensbezieher gegenüber nicht-unternehmerischen wider.[1199]

Die Steuerbilanzierung kann über das Maßgeblichkeitsprinzip zwar auf leitlinienkonformen Prinzipien der Gewinnermittlung aufbauen; mangels umfassender Diskussion über diese Vorgaben – das Maßgeblichkeitsprinzip wirkt hier anscheinend als „technische Sperre" – besteht allerdings tatsächlich kein Konsens über die Angemessenheit dieser Prinzipien für die steuerbilanzielle Gewinnermittlung von Unternehmen.[1200] Die steuerliche Gewinnermittlung ist damit partiell orientierungslos, sie ist nicht prinzipienfest.[1201] Folge könnte ein kontinuierlicher – und nicht sachgerechter – Druck zur weiteren Rücknahme vorsichtsbedingter Periodisierungen in der Steuerbilanz sein, was auch zu einer vermehrten Rechts- und Planungsunsicherheit führen würde.[1202]

1197 BVerfG, Beschluss v. 12.5.2009 – 2 BvL 1/00, Rz. 32, BVerfGE 123 S. 111 ff.

1198 BVerfG, Beschluss v. 12.5.2009 – 2 BvL 1/00, Rz. 39, BVerfGE 123 S. 111 ff.; Drüen, Verfassungsrechtliche Anforderungen, JZ 2010 S. 94; Hey, Folgerichtigkeit, DStR 2009 S. 2566.

1199 Vgl. Schneider (Betriebswirtschaftslehre, S. 335 f.), der von schwerwiegenden Verstößen gegen die Gleichmäßigkeit der Besteuerung spricht. Aus der Rechtsprechung des BFH außerdem Urteil vom 25.2.2010 – IV R 37/07, BStBl. II 2010 S. 784, Rz. 20.

1200 Vgl. oben Teil 4 sowie Teil 5 Abschnitt A.

1201 Zur Bedeutung einer Prinzipienbasierung vgl. oben Teil 2 Abschnitt B.I.

1202 Vgl. auch die Begründung des Gesetzentwurfs zum Steuerentlastungsgesetz 1999/2000/2002 (BT-Drs. 14/23 S. 127), das den intendierten Ausschluss der Teilwertabschreibung mit dem Ziel einer Gleichbehandlung von Unternehmern und Arbeitnehmern

Als Besonderheit und relativer steuerlicher Vorteil der unternehmerischen Gewinnermittlung wird auch in der Literatur zwar die Möglichkeit zu einer steuerlichen Risikovorsorge angeführt. Angesprochen werden die Möglichkeiten zur Passivierung von Rückstellungen und zur Vornahme von Teilwertabschreibungen im Rahmen des steuerlichen Betriebsvermögensvergleichs, die im Vorsichts- und Imparitätsprinzip wurzeln.[1203] Überschussermittlern wie etwa Arbeitnehmern oder Inhabern von Kapital- und Immobilienvermögen könnten solche Möglichkeiten nicht nutzen.[1204] Speziell Rückstellungen und Teilwertabschreibungen werden daher als selektiv-begünstigende Möglichkeiten einer „Verlustvorwegnahme" für unternehmerische Einkünfte interpretiert und ein entsprechender Verstoß gegen die Gleichmäßigkeit der Besteuerung angenommen.[1205]

Auch im Hinblick auf Objektivierungsziele wird die steuerbilanzielle Gewinnermittlung kritisiert. So könne ein Unternehmer wählen, ob er Papiere im Betriebsvermögen hält oder im Privatvermögen („gewillkürtes Betriebsvermögen"). Die praktische Folge dieser Wahl sei, dass der Kaufmann dadurch gegenüber einem Angestellten Steuern sparen könne.[1206] Der handelsrechtliche Gewinn lasse sich trotz oder auch wegen der Grundsätze ordnungsmäßiger Buchführung manipulieren und eröffne so die Möglichkeit, sich selbst „einzusteuern".[1207] Bereits der Begründer der statischen Bilanz, *Herman Veit*

---

begründet. Kritisch Hennrichs, Maßgeblichkeitsgrundsatz gem. § 5 EStG, StuW 1999 S. 142 f.

1203 Adressiert wird vor allem eine „im Imparitätsprinzip gründende Verlustvorwegnahme", die „aus ökonomischer Sicht zinslose Steuerkredite zugunsten von Gewinnermittlern" bewirke, wie Kahle/Dahlke/Schulz (CCCTB, Ubg 2011 S. 495) schreiben. Teilwertabschreibungen stehen nach dieser Ansicht allein „im Dienst des Gläubigerschutzes, sie sind handelsrechtlich, nicht aber für Zwecke einer dem ... Gleichmäßigkeitsgedanken verpflichteten steuerlichen Gewinnermittlung geboten." Vgl. Kahle/Dahlke/Schulz, ebenda. Vgl. außerdem Spengel, Zukunft der Steuerbilanz, FR 2009 S. 106; Jacobs/Spengel/Wünsche, Unternehmensbesteuerung, DB 1999 S. 57; Weber-Grellet, Reform des Bilanzsteuerrechts, DStR 1998 S. 1344.

1204 Vgl. Weber-Grellet, Reform des Bilanzsteuerrechts, DStR 1998 S. 1349.

1205 Vgl. Schneider, Investition, S. 268.

1206 Schneider, Steuerlast, S. 279 ff.

1207 Schneider, Steuerlast, S. 281.

Simon, hatte erkannt, dass man Bilanzwahrheit ohnehin nie vollständig erreichen kann.[1208]

Unter Hinweis auf Praktikabilitätserfordernisse wird eine bilanzielle Gewinnermittlung als Einkommensermittlungsmethode für Arbeitnehmer und andere nichtunternehmerische Erwerbstätige dann allerdings abgelehnt.[1209] Eine in Zielen der Überwindung des Einkünftedualismus gründende Steuerbilanzreform wird vielmehr darauf gerichtet, vorsichtsgeprägte Periodisierungen bei den Gewinnermittlern einzuschränken.[1210] Im Gegenzug wird dann allerdings auch die Einführung eines zeitlich uneingeschränkten und verzinslichen Verlustausgleichs gefordert.[1211]

Tatsächlich ist eine beschränkte Verlustverrechnung mit Blick auf den fiskalischen Schuldenberg aus angesammelten Verlustvorträgen[1212] inzwischen allerdings nicht nur „gefestigtes Recht", auch ihr Zusammenwirken mit steuerbilanziellen Periodisierungen wird darüber hinaus gesetzgeberisch ignoriert.[1213] So wird keine sachgerechte Orientierung zur Ausgestaltung der steuerbilanziellen Gewinnermittlung vermittelt, wenn erst gegen das Vorsichts- und Imparitätsprinzip zu Felde gezogen wird, in einem zweiten Schritt dann allerdings eine denkbar weite interperiodische Verlustverrechnung gefordert wird, ohne dass im Vorfeld klar wäre, inwieweit eine solche steuerliche Bemessungsgrundlage einschließlich Verlustverrechnung auf unter-

---

1208 Vgl. Simon, Bilanzen, S. 475.

1209 Vgl. Spengel, Zukunft der Steuerbilanz, FR 2009 S. 105; Schneider, Betriebswirtschaftslehre, S. 263.; Wagner, Regel, DStR 1997 S. 519.

1210 Vgl. Schneider, Betriebswirtschaftslehre, S. 279 f.; ders., Steuerlast S. 284 ff.; ders., Zahlungsströme, StuW 2004 S. 303; Spengel, Zukunft der Steuerbilanz, FR 2009 S. 105 ff.; Weber-Grellet, Reform des Bilanzsteuerrechts, DStR 1348 f.; Schreiber, Gewinnermittlung, StuW 2002 S. 109; Kahle, Internationale Rechnungslegung, S. 214; Kahle/Schulz, Richtlinienentwurf, StuB 2011 S. 302; wohl auch Freidank/Velte, Maßgeblichkeit, StuW 2010 S. 193. A. A. jedoch Sigloch, Reformbedarf, S. 66 f. mit Hinweis darauf, dass eine Reinvermögenstheorie für Arbeitnehmereinkünfte häufig zu gleichen Ergebnissen wie bislang führen würde.

1211 Vgl. Schneider, Zahlungsströme, StuW 2004 S. 303; Kahle, Maßgeblichkeitsgrundsatz, WPg 2002 S. 186; Schreiber, Gewinnermittlung, StuW 2002 S. 109; Spengel, Zukunft der Steuerbilanz, FR 2009 S. 105

1212 Vgl. dazu nur oben die Ausführungen zu einem Periodizitätsprinzip mit Nachhaltigkeitscharakter, Teil 2 Abschnitt B.II.

1213 Vgl. Spengel, Zukunft der Steuerbilanz, FR 2009 S. 106.

schiedliche Steuerpflichtige wirkt und inwieweit dies steuerlichen Leitlinien tatsächlich gerecht wird.[1214]

III. Würdigung

Zentrale Idee einer Zusammenführung des gespaltenen Einkommensbegriffs ist es, wirtschaftlich gleiche Vorgänge – die Erzielung wirtschaftlichen Erfolgs durch Vermögenszugang – auch mit gleichem Maß zu messen.[1215] Die dieser Arbeit vorangestellten Leitlinien einer sachgerechten steuerlichen Gewinnermittlung müssen folglich auch für die nicht-unternehmerische Einkommensermittlung gelten. Sie wurzeln in Grundwerten einer freiheitlich-demokratischen Rechtsordnung ohne Berücksichtigung einzelner Förder- und Lenkungsziele. Eine unterschiedliche Struktur, Größenordnung und Quantität der wirtschaftlichen Sachverhalte unternehmerischer und nicht-unternehmerischer Tätigkeit kann es allerdings erfordern, gleichermaßen geltende steuerliche Leitlinien in einer Gesamtschau anders zu gewichten und hieraus andere Schlüsse zu ziehen.

Aufgrund der unternehmerischen Risikoübernahme spielt so insbesondere die Leitlinie einer Freiheitsschonung[1216] eine besondere Bedeutung für unternehmerische Einkünfte, indem eine Diskriminierung des Einsatzes von Kapital unter Risikoübernahme vermieden werden muss.[1217] Die Einkünfte nicht-unternehmerisch Tätiger basieren dagegen typischerweise nicht auf einem hohen risikobehafteten Einsatz von Vermögen als Erwerbsgrundlage, sondern auf der Nutzung dauerhafter Einkunftsquellen. Ein Gegenbeispiel stellen etwa Kapitaleinkünfte dar, da sie letztlich auch unternehmerische Ausschüttungen und Anteilswertgewinne beinhalten; allerdings sind hier dann mit besonderer Betonung die weiteren steuerlichen Leitlinien wie Praktikabilität und Wirtschaftlichkeit zu beachten.[1218]

[1214] Vgl. bereits oben Teil 3 Abschnitt A.II.

[1215] Tipke, Steuerrechtsordnung II, S. 647.

[1216] Vgl. oben Teil 2 Abschnitt B.V.

[1217] Vgl. oben Teil 2 Abschnitt B.V.3. und Teil 3 Abschnitt A.I.2.

[1218] Insoweit zu eng und die typischen Risikogrundstrukturen auch verwischend die differenzierte Analyse von Sava, Dualismus, S. 115 ff.

Die Risikobereiche, die Unternehmen regelmäßig zu Rückstellungen berechtigen, liegen bei den Überschusseinkünften im Regelfall jedenfalls nicht vor.[1219] Dass bspw. Arbeitnehmer das Risiko eines Arbeitsplatzverlustes und damit ihrer Einkunftsquelle tragen, ist hiermit nicht vergleichbar: Für eine bereits gegenwärtige Berücksichtigung bei der Einkunftsermittlung müsste der Arbeitsplatzverlust bereits konkret verursacht sein; er stellt außerdem regelmäßig keinen Vermögensverlust dar, sondern führt nur zu künftig entgehenden Einnahmen, die künftige Perioden betreffen. Dem Risiko fehlender künftiger Umsätze sind dabei auch Unternehmen ausgesetzt, ohne dass dies bereits in einer gegenwärtigen Periode berücksichtigt würde.[1220] Das Vorsichts- und Imparitätsprinzip, das ganz zentral ist im Rahmen der steuerlichen Gewinnermittlung, spielt im Ergebnis bei den Überschussermittlern eine vergleichsweise untergeordnete Rolle als Leitlinienvorgabe. Dass speziell Teilwertabschreibungen und Rückstellungen in der Steuerbilanz grundsätzlich auch nicht – wie vorgeworfen[1221] – eine bloße „Verlustantizipation" darstellen, sondern einen konkreten wirtschaftlichen Vergangenheitsbezug haben, wurde bereits nachgewiesen.[1222]

Die vorsichtsgeprägte steuerbilanzielle Gewinnermittlung einer unsicherheitsbehafteten unternehmerischen Tätigkeit wird dann zwar grundsätzlich mehr Beurteilungsspielräume erfordern als bei einer nicht-unternehmerischen Überschussermittlung, sodass kein gleiches Level an Objektivierung erreicht werden kann.[1223] Zurückzuführen ist dies im Ursprung allerdings gerade auf die unterschiedlichen Sachverhalte, die durch die steuerliche Bemessungsgrundlage nur gespiegelt werden können.

Würden die Komplexität und das Kapitalverlustrisiko der periodenübergreifend verketteten unternehmerischen Prozesse in der steuerlichen Bemes-

---

[1219] Vgl. Schön, Maßgeblichkeit, S. 15.

[1220] Zum „Gerechtigkeitsempfinden" und dem Zusammenspiel mit progressivem Steuertarif und Sozialrecht vgl. auch oben Teil 2 Abschnitt B.IV.4.a)bb).

[1221] Vgl. oben Teil 5 Abschnitt B.II.

[1222] Vgl. Teil 3 Abschnitte B.II.1.a)bb)(2) und B.II.2., außerdem Teil 4 Abschnitte C.I.1.b)bb) und C.II.

[1223] Vgl. etwa Lambrecht, Einkommensteuergesetz, § 5 Rz. D 42, zu Beurteilungsspielräumen im Rahmen der Rückstellungspassivierung.

sungsgrundlage ignoriert, könnte womöglich ein vergleichbares Niveau an Objektivierung zwischen unternehmerischen und nicht-unternehmerischen Steuerpflichtigen erreicht werden. Allerdings ginge dies zulasten einer gleichheitsgerechten und auch freiheitsschonenden Besteuerung, da nunmehr – vereinfacht – ungleiche Sachverhalte gleich besteuert würden.[1224]

Die Forderung nach *deutlich mehr Objektivität* bei der unternehmerischen Gewinnermittlung zielte dabei gerade auf eine insgesamt gleichheitsgerechtere Besteuerung.[1225] Kann dies nicht erreicht werden, verliert die Forderung nach einer anzugleichenden Objektivität ihr Gewicht.[1226]

Es konnte dabei bereits gezeigt werden, dass ein (unmittelbarer) bilanzieller Vermögensvergleich anderen Einkommensermittlungskonzepten auch unter Objektivierungsaspekten überlegen ist.[1227] Dass in der geltenden steuerbilanziellen Gewinnermittlung durchaus noch weiteres Objektivierungspotenzial gehoben werden könnte, berührt nicht das *Grundkonzept* der steuerbilanziellen Gewinnermittlung im System der Einkunftsarten.

Leitlinien wie etwa der Praktikabilität und Wirtschaftlichkeit spielen schließlich – wie oben im Zusammenhang mit Kapitaleinkünften bereits erwähnt – eine besondere Bedeutung für die Massenverfahren der Lohnbesteuerung und Kapitaleinkommensbesteuerung. So können allgemeine Praktikabilitätsgesichtspunkte dafür sprechen, erwerbswirtschaftlich begründete Forderungen und Schulden (nur) bei den Überschusseinkünften einkommensteuerlich nicht bereits zu erfassen. Für das steuerliche Massenverfahren der Besteuerung von Lohneinkommen kann etwa durch die Kombination von Zahlungsstromorientierung und Steuerabzugsverfahren (§§ 38 ff. EStG) erst ein effizienter Steuervollzug und Liquidität zur Steuerzahlung sichergestellt werden. Hinzu kommt zumindest für nicht-unternehmerische Einkünfte auf Basis von Dauervertragsverhältnissen, dass der Rechtsanspruch bzw. die Forderung

---

[1224] Vgl. oben Teil 2 Abschnitt B.V.3 und Teil 3 Abschnitt A.I.

[1225] Zum Zusammenhang von Objektivität und Gleichheitsgerechtigkeit oben Teil 2 Abschnitte B.VII. und C.

[1226] Vgl. oben Teil 2 Abschnitt C.

[1227] Vgl. oben Teil 3 Abschnitt A.

auf Entgelt und der Zufluss im Regelfall regelmäßig auch nah beisammen liegen werden.[1228]

Dass bei den Überschusseinkünften die Anschaffungskosten abnutzbarer Wirtschaftsgüter nicht sofort geltend gemacht werden können, sondern nur zeitlich versetzt über planmäßige Abschreibungen, stellt zunächst einen legislativen Bruch mit dem ursprünglich quellentheoretischen Konzept dar, das generell auf einen unmittelbaren Zugang und Abgang von Vermögenswerten gerichtet ist. Konsistent wäre es, dann auch hier in Folge Teilwertabschreibungen zuzulassen.[1229] Vereinfachungsziele könnten bei den Überschusseinkunftsarten allerdings dagegen sprechen, insbesondere da eine außergewöhnliche technische und wirtschaftliche Abnutzung möglich ist.[1230] und geringwertige Wirtschaftsgüter sofort abgeschrieben werden können. Im Ergebnis könnte die Nichtberücksichtigung von Forderungen, Schulden, Rückstellungen und Teilwertabschreibungen bei Überschussermittlern auf deren typische Risikostruktur und auch auf Praktikabilitätserfordernisse zurückgeführt werden.

An der Entscheidung des BVerfG zu Jubiläumsrückstellungen zeigt sich schließlich vor allem das Dilemma eines fehlenden eigenständigen steuerlichen Gewinnbegriffs, der auf einem anerkannten steuerlichen Prinzipiensystem und schließlich Leitliniensystem der steuerlichen Gewinnermittlung basiert. Das Maßgeblichkeitsprinzip einschließlich des Vorsichtsprinzips stellte historisch zwar durchaus eine „Grundentscheidung" des Gesetzgebers dar – die indes im Zeitablauf auch stetig durchbrochen wurde. Insoweit sind die Ressentiments des BVerfG zumindest verständlich.[1231]

[1228] So auch Sigloch, Reformbedarf, S. 66 f.

[1229] Im Übrigen können Mängel in der Bemessungsgrundlage in einer Einkunftsart auch keine Anpassung bei anderen Einkunftsarten wie den Gewinnermittlern rechtfertigen.

[1230] Vgl. §§ 7 Abs. 1 Satz 7 EStG; § 9 Abs. 1 Nr. 7 Satz 2 i. V. m. § 6 Abs. 2 Satz 1 bis 3 EStG und den Überblick von Kulosa, Einkommensteuergesetzt, § 7 Rz. 120 ff.

[1231] Vgl. auch Wendt, Bilanzrecht, S. 1968.

Nicht erst durch richterliche Ex post-Kontrolle können überzeugende, sachgerechte Steuerstrukturen entworfen werden,[1232] das könnte umgekehrt auch erstmal ein „Chaos“ durch Rechtsunsicherheit hinsichtlich des geltenden Regelgefüges bewirken. Der demokratisch legitimierte Gesetzgeber ist vielmehr selbst zur Implementierung einer Bestimmtheits- und Wirtschaftlichkeitsanforderungen genügenden, insgesamt leit- und sachgerechten Steuerpolitik aufgerufen.

C. Europäische Steuerbemessungsgrundlage als Reformoption

I. Grundlagen des Reformvorschlags

Freiheits- und Wirtschaftlichkeitsziele der Besteuerung können heute nicht mehr territorial begrenzt definiert werden, sondern erfordern eine weitergehend europäische Perspektive.[1233] Steuerbedingte Verzerrungen und Wirtschaftshemmnisse ergeben sich mangels staatenübergreifender steuerlicher Harmonisierung der unternehmenssteuerlichen Bemessungsgrundlagen auch noch im europäischen Binnenmarkt. Die Erfüllung von Steuerpflichten in mehreren europäischen Jurisdiktionen führt zu hohen Befolgungs- und Verwaltungskosten.[1234]

Im Frühjahr 2011 unterbreitete die Europäische Kommission nach langjährigen Vorarbeiten[1235] einen Vorschlag für eine Richtlinie des Rates über eine Gemeinsame Konsolidierte Körperschaftsteuer-Bemessungsgrundlage.[1236]

1232 Vgl. auch Marx, Fehlabbildungen, S. 359.

1233 Vgl. oben Teil 1 Abschnitt B.I. und v. Wolfersdorff, Zukunftsfragen, S. 13 ff.

1234 Vgl. hierzu bereits oben, Teil 2 Abschnitt B.V.4. Vgl. außerdem insbesondere die Mitteilung der Europäischen Kommission aus 2001: Ein Binnenmarkt ohne steuerliche Hindernisse, Strategie zur Schaffung einer konsolidierten Körperschaftsteuer-Bemessungsgrundlage für die grenzüberschreitende Unternehmenstätigkeit in der EU; Prinz, Obligatorische GKB, DB0421837; Jacobs, Internationale Unternehmensbesteuerung, S. 182. f.

1235 Vgl. den Überblick von Marx, GKKB, DStZ 2011 S. 548 ff.

1236 Vgl. EU-Kommission, KOM(2011) 121/4 vom 16.3.2011 und dazu Förster/Krauß, GKKB, IStR 2011 S. 607 ff.; Lenz/Rautenstrauch, GKKB, DB 2011 S. 726 ff.; Herzig, Harmonisierung, StuW 2006 S. 156 ff.; Spengel/Oestreicher, Körperschaftsteuerbemessungsgrundlage, DStR 2009 S. 773 ff.; Herzig/Kuhr, Richtlinienentwurf der GKKB, StuW 2011 S. 305 ff.; Spengel/Zöllkau CCCTB, 2012.

Eine unionsweit einheitliche steuerliche Gewinnermittlung von Körperschaften (Gemeinsame Körperschaftsteuer-Bemessungsgrundlage, GKB) und eine Konsolidierung der so ermittelten steuerlichen Gewinne im europäischen Konzern samt anschließender Aufteilung des Steueraufkommens auf die zugehörigen Mitgliedstaaten (Gemeinsame Konsolidierte Körperschaftsteuer-Bemessungsgrundlage, GKKB) bilden die zwei wesentlichen Elemente des Vorschlags.[1237] Die nachfolgenden Ausführungen beziehen sich nur auf das erste Element, also die vorgeschlagene einheitliche Gewinnermittlung.[1238]

Der Kommissionsvorschlag bietet hierfür ein eigenständiges und geschlossenes Regelsystem.[1239] Der für steuerliche Zwecke zu ermittelnde Gewinn basiert materiell auf einem bilanziellen Vermögensvergleich, stellt insoweit also einen Reinvermögensgewinn dar. Der steuerliche Gewinn wird jedoch als Erfolgsrechnung, also als Unterschiedsbetrag zwischen steuerrelevanten Erträgen und Aufwendungen ermittelt (Art. 10). Eine Bilanzierung muss dann „im Hintergrund" erfolgen,[1240] um die „Sicherheit der Rechnung" zu gewährleisten.[1241]

Der Richtlinienentwurf statuiert auch Grundsätze und Prinzipien der steuerlichen Gewinnermittlung.[1242] Im Rahmen der inhaltlichen Vorarbeiten des Vorschlags erkannte man die Bedeutung von Steuerprinzipien als Grundlage für die Ausgestaltung der steuerlichen Bemessungsgrundlage, da eine politi-

---

[1237] Zu einer Trennung in GKB und GKKB vgl. die Antwort der Bundesregierung vom 3.5.2011 auf eine parlamentarische Anfrage der Fraktion Bündnis 90/Die Grünen zur GKKB (BT-Drs. 17/5748 vom 5.5.2011) und dazu Prinz, Obligatorische GKB, DB vom 25.5.2011, DB0421837.

[1238] Fragen des genauen subjektiv-persönlichen Anwenderkreises einer harmonisierten Gewinnermittlung – aus deutscher Sicht: einschließlich Personengesellschaften – und einer möglichen Optionalität sind ebenfalls nicht Gegenstands der Untersuchung.

[1239] Der Ansatz wird begrüßt, vgl. Herzig/Kuhr, Richtlinienentwurf der GKKB, StuW 2011 S. 306; Hüttemann, Zukunft der Steuerbilanz, DStZ 2011 S. 511.

[1240] Zur Technik der Erfolgsrechnung des Richtlinienvorschlags Herzig/Kuhr, Richtlinienentwurf der GKKB, StuW 2011 S. 306 f.; Hüttemann, Zukunft der Steuerbilanz, DStZ 2011 S. 511 ff. Zur Notwendigkeit einer „Schattenbilanzierung" Herzig/Kuhr, GKKB Richtlinienentwurf, DB 2011 S. 2054 f.

[1241] So bereits Schmalenbach (Dynamische Bilanz, S. 35) zur dynamischen Bilanzierung zwecks Erfolgsrechnung.

[1242] Dazu Marx, GKKB, DStZ 2011 S. 547 ff.; Scheffler/Krebs, CCCTB, DStR 22/2011 S. 16.

sche Einigung zu einer gemeinsamen differenzierten steuerlichen Gewinnermittlung letztlich vor allem eine Einigung hinsichtlich der zugrunde liegenden Prinzipien erfordert.[1243] Unter Ausklammerung derjenigen Prinzipien, die interstaatliche Verteilungsprinzipien darstellen, werden als elementare Prinzipien letztlich anerkannt:[1244]

- eine Prinzipienbasierung,
- ein – nur – nominales Leistungsfähigkeitsprinzip,
- Entscheidungsneutralität,
- Praktikabilität und Wirtschaftlichkeit,
- Bestimmtheit und Verständlichkeit,
- Flexibilität,
- Objektivierung und Wahlrechtseingrenzung.

Letztlich bleibt es allerdings bei einer enumerativen Aufführung dieser einzelnen abstrakten Prinzipien, sodass hieraus keine konkreten Vorgaben für die steuerliche Gewinnermittlung abgeleitet werden können. In einem nächsten Schritt werden Bilanzierungsgrundsätze der IFRS herangezogen, was im Sinne der eigentlich intendierten Top-down-Vorgabe von Soll-Qualitäten der steuerlichen Gewinnermittlung indes nicht zielführend sein kann.[1245]

Das ursprünglich vorgesehene Konzept, IFRS als staaten-neutralen „Starting point" der steuerlichen Gewinnermittlung in Europa zu wählen,[1246] wurde bereits unter Praktikabilitäts- und Wirtschaftlichkeitsaspekten nicht weiterverfolgt, da Einzelunternehmen die IFRS in vielen Mitgliedstaaten nicht verpflichtend bzw. befreiend für ihren Jahresabschluss anwenden können.[1247]

[1243] Vgl. GKKB AG, Besteuerungsgrundsätze, CCCTB\WP\001Rev1\doc\en und dazu Herzig/Kuhr, GKKB Richtlinienentwurf, DB 2011 S. 2056 f.

[1244] Vgl. GKKB AG, Besteuerungsgrundsätze, CCCTB\WP\001Rev1\doc\en, S. 2 ff.

[1245] Vgl. GKKB AG, Besteuerungsgrundsätze, CCCTB\WP\001Rev1\doc\en, S. 6 ff.

[1246] Vgl. KOM(2003) 726 endg. V. 24.11.2003, S. 21; dazu Spengel, Zukunft der Steuerbilanz, FR 2009 S. 104 ff. Vgl. zu dieser Vereinfachungsstrategie auch oben Teil 3, Abschnitt A.IV.4.d).

[1247] Vgl. Mors/Rautenstrauch, GKKB, Ubg 2008 S. 98; Herzig/Kuhr, Richtlinienentwurf der GKKB, StuW 2011 S. 306.

Eine Vereinfachung durch Anbindung an diese Rechnungslegung wäre insoweit nur für einen ausgewählten IFRS-Anwenderkreis gelungen.[1248]

Die Einzelregelungen des Richtlinienvorschlags basieren letztlich konzeptionell nicht auf einem geschlossenen und kodifizierten Prinzipiensystem; einzelne Grundsätze und Prinzipien ergeben sich zum Großteil nur implizit oder punktuell aus Einzelregelungen:

- eine Unternehmensfortführungsprämisse implizit;
- eine periodengerechte Vermögensermittlung („accrual accounting", Art. 17), was indes noch keine Aussage über die inhaltlichen Regeln der Periodisierung trifft;[1249]
- ein Stichtagsprinzip (implizit über Art. 9 (4)),[1250]
- eine (nur) nominale Kapitalerhaltung implizit, etwa über das Realisationsprinzip (Art. 9) und ein – vages – Nettoprinzip (Art. 10);
- ein Einzelbewertungsprinzip (Art. 9);[1251]
- ein Objektivierungsprinzip implizit;[1252]
- ein allgemeines Vorsichtsprinzip implizit; ein Imparitätsprinzip, nach dem bestimmte unsicherheitsbehaftete Aufwendungen tendenziell eher oder höher berücksichtigt werden als Erträge, wird nicht geregelt;[1253]
- ein Realisationsprinzip als (nur) grundsätzliche Regelung (Art. 9), das insbesondere durchbrochen wird durch die Zeitwertbewertung von Fi-

---

1248 Auch unter materiellen Gesichtspunkten zu Recht kritisch zu einer steuerlichen Maßgeblichkeit von IFRS Prinz, Materielle Maßgeblichkeit handelsrechtlicher GoB, DB 2010 S. 2075 f.; ders., Der Bundesfinanzhof und die IFRS, DB0423595; ders., Maßgeblichkeit versus eigenständige Steuerbilanz, S. 287 ff.; AK Bilanzrecht, Bilanzrecht, BB 2002 S. 2378 ff.; Herzig, Steuerliche Gewinnermittlung, WPg 2005 S. 213 f.; Hüttemann, Internationalisierung des deutschen Handelsbilanzrechts, BB 2004 S. 205 f.; Hennrichs, Bilanzgestützte Kapitalerhaltung, StuW 2005 S. 262. Zur fehlenden Prinzipienbasierung der IFRS als Case Law aus europäischer Perspektive differenziert Hauck/ Prinz, Auslegung von IAS/IFRS, DK 2005 S. 638 f. Zu IFRS als steuerbilanziellem „Starting point" vgl. außerdem Oestreicher/Spengel, Tax Harmonisation, 2007.

1249 Vgl. auch Stoll, Rückstellung, S. 143 f.

1250 Zur Konnexität von Periodizitäts- und Stichtagsprinzip Kammann, Stichtagsprinzip, S. 148 ff.

1251 Vgl. Spengel/Zöllkau, CCCTB, S. 21.

1252 Etwa über das Stetigkeitsprinzip (Art. 9), vgl. dazu Spengel/Zöllkau, CCCTB, S. 21.

1253 Vgl. Marx, Wesentlichkeitsgrundsatz, DStZ 2011 S. 550.

nanztiteln und eine vorzeitige Gewinnrealisierung bei langfristiger Fertigung; unklar bleibt auch, ob ein Netto- oder Bruttorealisationsprinzip geregelt wird;[1254]

- ein Anschaffungskostenprinzip implizit (über Art. 14 (1) Buchst. i);
- ein Grundsatz der Wirtschaftlichkeit bzw. Wesentlichkeit implizit.[1255]

Es mangelt dem Richtlinienvorschlag damit durchaus nicht an einem sachgerechten Grundkonzept der steuerlichen Gewinnermittlung – das indes auch noch weiterzuentwickeln und zu konkretisieren wäre:[1256] Den derzeitigen Regelungsvorschlägen mangelt es insbesondere noch an einer klaren Prinzipienbasierung, Bestimmtheit, Verständlichkeit, Praktikabilität und Wirtschaftlichkeit, was auch bereits in der Regelungstechnik einer unmittelbaren Erfolgsrechnung mit „Bilanzierung im Hintergrund" begründet liegt.

Die mangelnde Prinzipienklarheit birgt für die Rechtsanwendung der Mitgliedstaaten auch die Gefahr einer faktischen „Residualmaßgeblichkeit" nationaler – auch handelsrechtlicher – Vorschriften,[1257] was die Harmonisierungsbestrebungen letztlich unter Inkaufnahme eines enormen Umstellungsaufwands konterkarieren würde.

Aufgrund der legislativ erforderlichen politischen Abstimmungsprozesse über mehrere Landesgrenzen hinweg ist schließlich auch grundsätzlich von einer nur eingeschränkten Anpassungsfähigkeit[1258] der zugrundeliegenden steuerlichen Normen auszugehen. Das unterstreicht die Notwendigkeit, direkt schon bei der gesetzlichen Erstimplementierung ein sicheres, geschlossenes Regelkonzept zur steuerbilanziellen Gewinnermittlung umzusetzen.

[1254] Zum Realisationsprinzip im Rahmen des Richtlinienvorschlags vgl. Herzig/Kuhr, Richtlinienentwurf der GKKB, StuW 2011 S. 309 f., die aufgrund der weiten Formulierung in Art. 9 von einem Realisationsprinzip auch für die bilanzielle Passivseite ausgehen. Allerdings deutet Art. 25 (Rückstellungen) auch auf darüber hinausgehende Passivierungsmöglichkeiten bei wirtschaftlichem Vergangenheitsbezug hin.

[1255] So auch Herzig/Kuhr, GKKB Richtlinienentwurf, DB 2011 S. 2057. Vgl. auch Marx, GKKB, DStZ 2011 S. 551.

[1256] Dazu Herzig/Kuhr, GKKB Richtlinienentwurf, DB 2011 S. 2057 f. und Marx, GKKB, DStZ 2011 S. 555, der erheblichen Nachbesserungsbedarf diagnostiziert.

[1257] Vgl. Herzig/Kuhr, GKKB Richtlinienentwurf, DB 2011 S. 2057; Kahle/Schulz, Richtlinienentwurf, StuB 2011 S. 298.

[1258] Vgl. oben Teil 2 Abschnitt B.III.

II. Ausgewählte Einzelfragen aus Perspektive der Erfolgsrechnung

1. Erfolgsneutrale Geschäftsvorfälle

a) Erwerb von Wirtschaftsgütern

Der Richtlinienvorschlag sieht grundsätzlich die Periodisierung der Kosten des Erwerbs, der Herstellung sowie der wesentlichen Verbesserung von Wirtschaftsgütern des Anlagevermögens vor.[1259] Die Aktivierungskriterien selbst werden im Richtlinienvorschlag allerdings nicht definiert.[1260]

Eine wirtschaftspolitisch motivierte Ausnahme von der grundsätzlichen Periodisierung von Erwerbsaufwand stellt die sofortige Abziehbarkeit von Wirtschaftsgütern dar, die der Forschung und Entwicklung dienen.[1261] Da die Definition der Wirtschaftsgüter des Anlagevermögens nach Art. 4 (14) selbsterstellte immaterielle Wirtschaftsgüter nicht umfasst, können auch die Kosten für deren Herstellung und Verbesserung unmittelbar nach den allgemeinen Regeln von Art. 19 als Aufwand erfasst werden. Da als Anlagevermögen nur Wirtschaftsgüter mit Anschaffungs-, Herstellungs- und Verbesserungskosten von mindestens 1.000 € erfasst werden, erfolgt bei Unterschreiten dieser Wertgrenze ebenfalls eine sofortige steuerliche Berücksichtigung der jeweiligen Kosten (Art. 4 (14)).

Aufwendungen im Zusammenhang[1262] mit dem Erwerb, der Herstellung oder einer wesentlichen Verbesserung nicht abnutzbarer Sachanlagen sind erst in dem Steuerjahr abziehbar, in dem diese Wirtschaftsgüter veräußert werden, sofern der Veräußerungserlös Bestandteil der Steuerbemessungsgrundlage ist (Art. 20). Eine Ausnahme gilt auch hier für die Kosten von Wirtschaftsgü-

---

[1259] Art. 14 (1) Buchst. i i. V. m. Art. 13.

[1260] Vgl. dazu Kahle/Dahlke/Schulz, CCCTB, Ubg 2011 S. 493.

[1261] Die konkrete Zuordnung und der Umfang der sofort zu erfassenden Kosten bleiben dabei unklar. Der Richtlinienvorschlag fokussiert nur „costs … relating to research and development“, Art.14 (1) Buchst. i.

[1262] „Relating to…“, Art. 20.

tern des Anlagevermögens, die Forschung und Entwicklung zugeordnet werden können.

Von der im Ergebnis abzubildenden Vermögensumschichtung bei Erwerb, Herstellung oder Verbesserung von Wirtschaftsgütern des Anlagevermögens sind dem Wortlaut des Richtlinienvorschlags nach zunächst die einem Erwerb, einer Herstellung oder wesentlichen Verbesserung eines Anlagegutes *zuordenbaren* Kosten erfasst.[1263] Der Richtlinienvorschlag nimmt anscheinend eine Unterscheidung zwischen Einzel- und Gemeinkosten vor; klare, verständliche und rechtssicher anwendbare Differenzierungen zur Periodisierung von indirekten Kosten bzw. Gemeinkosten werden allerdings nicht vorgenommen; auch die Regelungstechnik der Unterscheidung von abziehbaren und nicht abziehbaren bzw. zu periodisierenden Aufwendungen schafft hier Unklarheit. Im Ergebnis wird wohl von einem erwerbs- und herstellungsbezogenen Vollkostenansatz auszugehen sein.[1264] Kosten, die erforderlich sind, um ein Wirtschaftsgut des Anlagevermögens in einen betriebsbereiten Zustand zu versetzen, werden schließlich nicht angesprochen, was einen engen Begriff einer risikoadäquaten Vermögensumschichtung unter Fortführungsaspekten implizieren könnte.[1265]

Auch mit der Finalität der jeweiligen Aufwendungen fehlt ein elementares Abgrenzungselement der Anschaffungs- und Herstellungskosten.[1266] Den Herstellungskosten könnte zwar aus der Formulierung in der deutschen Fassung des Richtlinienvorschlags in Art. 33 (1) „...indirekten Kosten *für* die Herstellung..." eine solche Finalität entnommen werden, nicht allerdings der englischen Fassung, die „...indirect costs *incurred in* production" adres-

---

[1263] "Costs relating to...," Art. 14 (1) Buchst. i.

[1264] Gleicher Ansicht Kahle/Dahlke/Schulz, CCCTB, Ubg 2011 S. 494. A. A. Scheffler/ Krebs, CCCTB, DStR 22/2011 S. 18.

[1265] Da diese Kosten indes bei der Vorratsbewertung angesprochen werden (dazu sogleich), ist ggf. von einem redaktionellen Versehen auszugehen. Vgl. auch Scheffler/ Krebs, CCCTB, DStR 22/2011 S. 17.

[1266] Vgl. oben Teil 3 Abschnitt B.II.1.a)(2) und (4).

siert[1267] und auch nicht der Regelung in Art. 14 (1) Buchst. i, der Art. 33 vorgeschaltet ist und allgemein „...*Kosten im Zusammenhang mit ... der Herstellung*“ bzw. „...*costs relating to the ... construction*“ betrifft.

Auch die Anschaffungs- und Herstellungskosten von einzeln zu bewertenden Vorräten, fertigen und unfertigen Erzeugnissen[1268] sind aufgrund einer angenommenen Vermögensumschichtung nicht unmittelbar aufwandswirksam (Art. 21).[1269] Sie umfassen „alle Kosten des Erwerbs, direkte Kosten der Umwandlung sowie sonstige direkte Kosten (...), die angefallen sind, um die Vorräte und unfertigen Erzeugnisse[1270] an ihren derzeitigen Ort zu bringen und in den derzeitigen Zustand zu versetzen“ (Art. 29 (2)). Immerhin letzteres schließt wohl eine Finalität von Kostenbestandteilen mit ein. Werden direkte Kosten nur als Einzelkosten verstanden, impliziert dies einen engen Herstellungskostenbegriff speziell für das Vorratsvermögen.[1271]

Nach dem Definitionsartikel des Richtlinienvorschlags werden unter „Verbesserungskosten“ schließlich zusätzliche Aufwendungen für Anlagevermögen, durch die ein Wirtschaftsgut wesentlich in seiner Substanz erweitert, seine Nutzungsmöglichkeiten wesentlich verbessert werden oder die – bei abnutzungsfähigen Wirtschaftsgütern – mehr als 10 % der ursprünglichen Abschreibungsbasis ausmachen, verstanden (Art. 4 (18)). Typisiert wird dadurch ein erhöhtes (Mindest-)Einnahmepotenzial durch qualifizierte Verbesserungsmaßnahmen als Vermögensumschichtung abgebildet.

[1267] Ein solch örtlich begrenzter Ansatz würde dann etwa Materialgemeinkosten, die außerhalb des Fertigungsbereichs entstehen, ausschließen, also höchstens die Fertigungsgemeinkosten einbeziehen.

[1268] Definiert als Vorräte und unfertige Erzeugnisse, „die normalerweise nicht austauschbar sind“, sowie hergestellte Güter und Dienstleistungen, die für bestimmte Vorhaben getrennt werden (Art. 29 (1)).

[1269] „Vorräte und unfertige Erzeugnisse“ bezeichnet nach Art. 4 (19) „zum Verkauf vorgehaltene Wirtschaftsgüter, die sich in der Herstellung zum Zwecke eines Verkaufs befinden oder die als Roh-, Hilfs- und Betriebsstoffe dazu bestimmt sind, bei der Herstellung oder der Erbringung von Dienstleistungen verbraucht zu werden“.

[1270] Fertige Erzeugnisse werden hier weder in der englischen noch in der deutschen Richtlinienversion separat aufgeführt.

[1271] Vgl. Spengel/Zöllkau, CCCTB, S. 44.

b) Kapitalvorgänge

Die „Anschaffung" von Schulden verdeutlicht die Schwierigkeit des Richtlinienentwurfs, über Einzelregelungen einer Erfolgsrechnung lückenlos alle möglichen Geschäftsvorfälle eines Unternehmens abbilden zu müssen. So müssen Kapitalzugänge und -abgänge über die Ertrags- und Aufwandsdefinitionen des Richtlinienvorschlags[1272] erfasst werden, ohne dass ein umfassendes und konsistentes Anschaffungskostenprinzip als ausdrückliche Vorgabe für sämtliche Vermögensumschichtungen vorgegeben würde.

Aufwendungen zur Tilgung von Darlehen und Eigenkapitalrückgewähr stellen insoweit ausdrücklich keine abzugsfähigen Aufwendungen dar.[1273] Einnahmen aus einer Eigenkapitalaufnahme und einer Begleichung von Darlehensforderungen durch Externe stellen per definitionem bereits keinen Ertrag dar.[1274] Es ist davon auszugehen, dass auch die Aufnahme von Fremdkapital erfolgsneutral ist; eine ausdrückliche Nennung in Art. 4 (8) fehlt allerdings. Unklar ist dann mangels Prinzipienbasierung etwa, wie bspw. ein „Schulderwerb" – etwa bzgl. ungewisser Verbindlichkeiten – abzubilden wäre.

2. Erfolgswirksame Geschäftsvorfälle

Der Richtlinienvorschlag listet die steuerrelevanten Ertragselemente zunächst im Definitionsartikel des Art. 4 im Einzelnen auf.[1275] Zeitlich werden Erträge dann erfasst, wenn sie nach den speziellen Periodisierungsgrundsätzen anfallen („accrual accounting", Art. 17). Konkretisiert wird dieses „accrual accounting" für Erträge durch das Realisationsprinzip, nach dem Gewinne und Verluste erst bei ihrer Realisierung erfasst werden (Art. 9 (1)). Für die Ertragsberücksichtigung aus Lieferungen und Leistungen wird dies als derjenige Zeitpunkt definiert,

- zu dem der Anspruch auf Ertragsvereinnahmung eintritt und

[1272] Art. 4 (8) für eine allgemeine Ertragsdefinition; Art. 12 für eine Definition abzugsfähiger Aufwendungen.

[1273] Art. 14 (1) Buchst. a).

[1274] Art. 4 (8).

[1275] Art. 4 (8).

- der jeweilige Betrag mit angemessener Genauigkeit bestimmt werden kann, unabhängig davon, ob die tatsächliche Zahlung zeitversetzt erfolgt (Art. 18).

Weitere Klarstellungen fehlen allerdings. Insbesondere wird die vertragsgemäße Leistungserbringung nicht gesondert adressiert, was jedoch wichtig für eine risikoadäquate Ertragsberücksichtigung wäre.[1276] Der Richtlinienvorschlag stellt dabei an anderen Stellen auf das wirtschaftliche Eigentum an Wirtschaftsgütern ab.[1277]

Der Richtlinienvorschlag setzt das Realisationsprinzip schließlich auch nicht konsequent um. Eine der Ausnahmen von dieser Regelung betrifft die Neubewertung von Wertpapieren und verbrieften Verbindlichkeiten des Umlaufvermögens, die zu Handelszwecken gehalten werden (Wertpapierhandel/"trading book"). Für diese finanziellen Aktiva und Passiva sieht der Richtlinienvorschlag eine Erfolgsberücksichtigung entsprechend der Entwicklung des beizulegenden Zeitwertes („fair value") vor (Art. 23 (2)). Eine Definition des „fair value" erfolgt nicht. Es ist auch keine Ausnahmeklausel für den Fall vorgesehen, dass ein beizulegender Zeitwert im Einzelfall nicht oder nicht zuverlässig ermittelt werden kann. Greifen würde hier eigentlich die allgemeine Regelung des Art. 18, die eine Ertragsberücksichtigung nur dann vorsieht, wenn der jeweils zugrunde liegende Betrag mit angemessener Genauigkeit bestimmt werden kann. Sie wird durch Art. 23 (2) allerdings gerade suspendiert, der zudem eindeutig von einer jährlichen Neubewertung dieser Finanztitel ausgeht.

Als Vermögensgewinn wird der Ertrag aus einer Neubewertung der betroffenen Finanztitel nach dem Richtlinienvorschlag nicht tituliert. Sämtliche ertragsrelevanten Sachverhalte – inklusive eines gestiegenen Zeitwertes von Finanztiteln des „trading book" – werden formal als "Transaktion" tituliert –

1276 Vgl. oben, Teil 3 Abschnitt B.II.1.b).

1277 Etwa Art. 19 Buchst. c; Art. 34 Abs. 1, 2. Auch an anderen Stellen des Richtlinienvorschlags außerhalb der Körperschaftsteuer-Bemessungsgrundlage (Konsolidierung, Aufteilung des Gruppenergebnisses) finden sich mehrere Verweise auf wirtschaftliches Eigentum, so etwa in Art. 61, 67, 68, 70, 93, 94.

passend eigentlich nur zur Ertragsberücksichtigung nach dem Realisationsprinzip (Art. 22 (1)). Wegen der erforderlichen und insgesamt für das Portfolio nachzuweisenden Absicht eines kurzfristigen Handelserfolges werden bei steigenden Kursen (aktivische Finanztitel) bzw. sinkenden Kursen (passivische Finanztitel) Zeitwertentwicklung und tatsächlicher Umsatzerfolg im angenommen Regel- und Idealfall konvergieren. Der jeweilige Grad an Risikoabbau bei der Ertragsberücksichtigung würde sich dann nicht wesentlich von derjenigen unter Geltung des Realisationsprinzips unterscheiden – dies allerdings auch nur unter fiktiven „Idealbedingungen" eines aktiven Marktes ohne Transaktionsbeschränkungen. Wenn es zudem nur um minimale Zeitverschiebungen bei der Ertragsrealisierung geht – wie der sachliche Anwendungsbereich dieser Zeitwertbewertung nahelegt –, ist bereits keine „Notwendigkeit" einer vom Realisationsprinzip abweichenden Ertragsberücksichtigung zu erkennen.[1278]

Wenngleich ein Finanzportfolio schließlich zu Handelszwecken gehalten wird, werden in der Unternehmenspraxis daneben auch Liquiditätsziele und -bedürfnisse über eine tatsächliche Transaktion entscheiden. Allein von den jeweiligen Kursbewegungen von Finanztiteln des „trading book" kann dann nicht auf einen folgenden Umsatzgewinn geschlossen werden, der „automatisch" entsprechend der Kursbewegungen berücksichtigt werden könnte. Das Realisationsprinzip wird an dieser Stelle daher durchbrochen, ohne dass ein Konzept bzw. tragende sachliche Gründe hierfür erkennbar wären.

Eine weitere Ausnahme vom Realisationsprinzip gilt nach dem Richtlinienvorschlag für langfristige Fertigungs- und Leistungsaufträge (Art. 24 (1)). Der Richtlinienvorschlag sieht vor, dass Erträge aus langfristigen Verträgen nicht erst nach endgültiger Abnahme durch den Auftraggeber (Completed-contract-Methode), sondern entsprechend dem jeweiligen Fertigstellungsgrad zu erfassen sind (Percentage-of-completion-Methode). Der Fertigstellungsgrad soll entweder nach dem Verhältnis der in einer Periode entstandenen Kosten zu den geschätzten Gesamtkosten des Projektes oder auf Basis

[1278] Vgl. oben Teil 3 Abschnitt B.II.1.b)cc).

eines Expertengutachtens zum jeweiligen Leistungsfortschritt am Periodenende bestimmt werden (Art. 24 (2)). Weitere Regelungen zur Ertragsberücksichtigung bei langfristigen Verträgen sieht der Richtlinienvorschlag nicht vor, insbesondere auch keine Auffangklausel für den Fall, dass Gesamtkosten und -erlöse eines langfristigen Auftrags nicht zuverlässig bestimmt werden können. Grundsätzlich würde auch hier zwar die allgemeine Regelung des Art. 18 greifen, nach der für eine Ertragsberücksichtigung der zugrundeliegende Betrag mit angemessener Genauigkeit bestimmt werden können muss. Art. 18 wird allerdings durch Art. 24 (2)) suspendiert.

Soweit keine sukzessive Teil-Abnahme durch den jeweiligen Auftraggeber erfolgt ist, werden damit abweichend von der grundsätzlichen Regelung eines leitlinienkonformen Realisationsprinzips noch – ggf. hoch – unsicherheitsbehaftete Erträge erfasst.

Nach Art. 38 ist außerdem eine allgemeine steuerfreie „Rücklage“ für Erlöse aus der Veräußerung einzeln abschreibungsfähiger Ersatzwirtschaftsgüter – das sind langlebige Sachanlagen mit über 15-jähriger Nutzungsdauer und immaterielle Werte – zu bilden. Die Regelung wirkt damit selektiv begünstigend.

3. Aufwandswirksame Geschäftsvorfälle

a) Planmäßige Abschreibungen abnutzbarer Wirtschaftsgüter

Die im Rahmen der vorgeschlagenen GKB abziehbaren Aufwendungen werden nicht wie die steuerbaren Erträge in der Definitionsnorm des Richtlinienvorschlags geregelt (Art. 4), sondern im IV. Kapitel, das „Grundlagen der Berechnung der Steuerbemessungsgrundlage“ enthält (hier: Art. 12).

Als spezielle Aufwandskategorie nennt der Richtlinienvorschlag „Sonstige abziehbare Posten“ (Art. 13), womit periodisierte Aufwendungen aus Investitionen gemeint sind, also zeitanteilige Abschreibungen abnutzbarer Wirtschaftsgüter. Für Gebäude und sonstige abnutzbare langlebige Sachanlagen mit mindestens fünfzehnjähriger Nutzungsdauer wie Flugzeuge oder Schiffe (Art. 4 (16)) sowie abnutzbare immaterielle Wirtschaftsgüter des Anlagevermögens ist ein linear verteilter steuerlicher Abzug der Erwerbskosten über planmäßige Abschreibungen vorgesehen (Art. 36). Die Erwerbskosten von Gebäuden sollen linear über 40 Jahre, diejenigen sonstiger abnutzbarer langlebiger Sachanlagen über 15 Jahre und diejenigen immaterieller Wirtschaftsgüter über den Zeitraum des jeweiligen Rechtsschutzes oder – sofern nicht bestimmbar – ebenfalls über 15 Jahre abgeschrieben werden.[1279]

Für Verbesserungskosten statuiert Art. 35 die Regelung, dass sie nicht einfach die Abschreibungsbasis des jeweiligen Anlagegutes erhöhen, sondern separat über die Nutzungsdauer eines fiktiven neuen Wirtschaftsgutes abzuschreiben sind.[1280] Wurde allerdings das Einnahmenpotenzial eines Wirtschaftsguts erhöht, bedeutet das nicht, dass gleichzeitig dessen Nutzungsdauer verdoppelt wird. Auch unter Vereinfachungserwägungen erscheint dies nicht gerechtfertigt.

Für alle Wirtschaftsgüter des Anlagevermögens, die nicht einzeln abgeschrieben werden, sieht der Richtlinienvorschlag unter Praktikabilitäts- und Wirtschaftlichkeitsaspekten schließlich eine Poolabschreibung vor (Art. 39). Adressiert sind hier abnutzbare Sachanlagen mit Erwerbskosten von mindestens 1.000 € und einer unter fünfzehn Jahren liegenden Nutzungsdauer. Sie werden in einem Sammelposten zu einem jährlichen Satz von 25 % der Abschreibungsbasis abgeschrieben. Die zuordenbaren Kosten zur Bemessung der Abschreibungen bestimmen sich wie bei den Einzelabschreibungen. Grundsätzlich sind also wohl erwerbsbedingte Einzelkosten und herstellungsbezogene Einzel- wie Gemeinkosten hier einzubeziehen.

Im Ergebnis sind die Regelungen des Richtlinienvorschlags zu planmäßigen Abschreibungen klar von Praktikabilitäts- und Wirtschaftlichkeitszielen gekennzeichnet.

[1279] Das Gleiche gilt grundsätzlich für den Fall gebrauchter Wirtschaftsgüter, es sei denn, der Steuerpflichtige weist eine niedrigere verbleibende Nutzungsdauer nach, Art. 36 Abs. 2.

[1280] Deutlich in der englischen Fassung des Richtlinienvorschlags: „…as if they are related to a newly acquired fixed asset“ (Art. 35).

b) Außerplanmäßige Abschreibungen von Wirtschaftsgütern

Außerplanmäßige Wertminderungen an Wirtschaftsgütern werden nach dem Richtlinienvorschlag allein für nicht planmäßig abschreibungsfähige Wirtschaftsgüter des Anlagevermögens (Art. 41 (1)), für uneinbringliche Forderungen (Art. 27) sowie Vorräte und unfertige Erzeugnisse (Art. 29 (4)) berücksichtigt.

Bei nicht planmäßig abschreibungsfähigen Wirtschaftsgütern des Anlagevermögens kann ein „dauerhafter Wertverlust“ [1281] zum Periodenstichtag nachgewiesen werden, der zu einer außerplanmäßigen Abschreibung berechtigt; weitere Klarstellungen fehlen. Das faktische Wahlrecht entspricht allerdings Wirtschaftlichkeitszielen der Gewinnermittlung.[1282]

Für Vorräte und unfertige Erzeugnisse gilt ein verpflichtendes Niederstwertprinzip. Ist der jeweilige Nettoveräußerungswert[1283] zum Ende des Steuerjahres unter die Anschaffungs- oder Herstellungskosten gesunken, ist eine aufwandswirksame Abwertung vorzunehmen (Art. 29 (4)).

Auch für uneinbringliche Forderungen ist ein – gesondert geregelter – Abzug von der steuerlichen Bemessungsgrundlage möglich (Art. 27). Für eine steuerliche Berücksichtigung muss der Steuerpflichtige bisher alle vernünftigen Schritte zur Eintreibung der Forderung unternommen haben und demnach Grund zu der Annahme haben, dass die Forderung ganz oder teilweise uneinbringlich ist. Um das zu klären, werden etwa auch die Eintreibungskosten ins Verhältnis zum Forderungsbetrag gesetzt (Art. 27 (2)). Für den Fall einer großen Anzahl gleichartiger Forderungen kann für eine Wertminderung dieses Forderungsbestands aus uneinbringlichen Forderungen auch eine Gesamtbewertung mit prozentualem Abschlag vorgenommen werden. Insbesondere Erfahrungswerte spielen bei dieser Bewertung eine Rolle (Art. 27 (1) Buchst. a).

[1281] „Permanently decreased“ in der englischen Fassung, Art 41 (1)

[1282] Vgl. oben Teil 3 Abschnitt B.II.1.a)bb)(2).

[1283] Definiert als der geschätzte Verkaufspreis bei normalem Geschäftsverlauf abzüglich der geschätzten Kosten für Fertigstellung und Verkauf.

Anschaffungs-, Herstellungs- und Verbesserungskosten von abnutzbaren Wirtschaftsgütern können dagegen allein über planmäßige Abschreibungen bzw. einen weitergehenden Abzug der noch nicht geltend gemachten Kosten bei vorzeitiger Veräußerung berücksichtigt werden (Art. 37 (2)). Angesprochen sind hier freiwillige wie unfreiwillige Veräußerungen;[1284] ein bloßer Abgang bzw. eine Verschrottung ist dem Wortlaut nach nicht umfasst, sollte aber ebenfalls zu einer „finalen" Aufwandserfassung führen. Dauerhafte Wertminderungen allein rechtfertigen bei abnutzbaren Wirtschaftsgütern dagegen noch nicht zu einer außerplanmäßigen Abschreibung. Das ist anscheinend – gerade mit einem Blick auf die recht großzügigen Abschreibungsregelungen der Poolabschreibung – Vereinfachungserwägungen geschuldet.

Außerplanmäßige Wertminderungen sind im Ergebnis ebenso wie planmäßige Abschreibungen wesentlich – und womöglich zu stark – von Vereinfachungserwägungen geprägt. Die Regelungen scheinen auch noch nicht „ausgereift". So stehen ausgefeilte Einzelprinzipien zur Berücksichtigung uneinbringlicher Forderungen den abstrakten Regelungen zur Berücksichtigung von Wertminderungen im nicht abnutzbaren Anlagevermögen gegenüber.

c) Passivierung von Rückstellungen

Steht am Ende eines Steuerjahres fest, dass aufgrund vergangener Geschäftstätigkeit eine rechtliche Verpflichtung besteht oder voraussichtlich entstehen wird, ist jeder sich daraus ergebende Betrag, der zuverlässig geschätzt werden kann, als Rückstellung für ungewisse Verbindlichkeiten von der steuerlichen Bemessungsgrundlage abzuziehen (Art. 25).

Erforderlich zur Rückstellungspassivierung ist also die Konkretisierung einer wirtschaftlichen Last durch eine bestehende oder voraussichtlich künftige rechtliche Außenverpflichtung mit Vergangenheitsbezug. Wirtschaftliche Lasten aus rein wirtschaftlichen Verpflichtungen ohne Rechtsverpflichtung

---

[1284] „Voluntarily or involuntarily" in der englischen Fassung, Art. 37 (2).

und Innenverpflichtungen dürfen grundsätzlich noch nicht als Aufwand berücksichtigt werden, was unter Vorsichts- und Vollständigkeitserwägungen zu eng gezogen scheint.[1285] Nach Art. 25 (2) Buchst. d werden zudem bei der Bewertung einer Rückstellung „künftige Vorteile, die unmittelbar mit dem Ereignis zusammenhängen, das Anlass zu der Rückstellung gibt ... berücksichtigt", was ebenfalls auf das Ziel zurückgeführt werden kann, nur wirtschaftliche Vermögenslasten zu passivieren.

Die Rückstellungsdefinition des Richtlinienvorschlags belässt zwar Raum auch zur Berücksichtigung drohender Verluste aus schwebenden Geschäften; da sie nicht ausdrücklich erwähnt werden, verbleibt Unklarheit.[1286]

Zur Rückstellungsbewertung schreibt Art. 25 (2) die Berücksichtigung objektiviert nachweisbarer künftiger Preis-/Kostensteigerungen vor. Es scheint, als würden allgemeine Preissteigerungen allerdings ausgeschlossen und nur unerwartete Preissteigerungen durch besondere Ereignisse berücksichtigt werden; durch die vorgesehene Abzinsung wird gegen das Realisationsprinzip verstoßen.[1287]

d) Verlustverrechnung

Wird in einem Steuerjahr ein Verlust ermittelt, sollte dieser nach dem ursprünglichen Richtlinienvorschlag grundsätzlich schrankenlos in spätere Steuerjahre vorgetragen werden können (Art. 43 (1)). Nach dem dänischen Änderungsvorschlag im Rahmen der Dänischen Ratspräsidentschaft in der ersten Jahreshälfte 2012[1288] ist allerdings eine Mindestbesteuerung nach deutschem Vorbild vorgesehen (Art. 43);[1289] ein Verlustrücktrag ist generell ausgeschlossen.

[1285] Vgl. oben Teil 3 Abschnitt B.I. Vgl. auch Scheffler/Krebs, CCCTB, DStR 22/2011, S. 22; kritisch Kahle/Dahlke/Schulz, CCCTB, Ubg 2011 S. 496.

[1286] Vgl. Marx, GKKB, DStZ 2011 S. 550; Herzig/Kuhr, Richtlinienentwurf der GKKB, StuW 2011 S. 312; nicht eindeutig Kahle/Dahlke/Schulz, CCCTB, Ubg 2011 S. 496.

[1287] Vgl. oben Teil 3 Abschnitt B.II.2.b).

[1288] Presidency comments on the compromise proposal for a Council Directive on a Common Consolidated Corporate Tax Base (CCCTB), 16.4.2012, 8790/12.

[1289] Vgl. hierzu auch oben Teil 3 Abschnitt D.

III. Zwischenergebnis

Der Reformweg einer Gemeinsamen unternehmenssteuerlichen Bemessungsgrundlage in der Europäischen Union ist überzeugend. Gerade in der gegenwärtigen Europäischen Krise sind Maßnahmen, die Wachstumshemmnisse im Binnenmarkt abbauen, nicht nur aus gesamteuropäischer Perspektive, sondern auch aus nationaler Perspektive zu begrüßen.[1290]

Der grundlegende Ansatz des Richtlinienvorschlags, ein eigenes und in sich geschlossenes Gewinnermittlungssystem ohne steuerliche Maßgeblichkeit etwa der IFRS als „starting point" anzubieten, erscheint richtig, um unter Praktikabilitäts- und Wirtschaftlichkeitsaspekten nicht nur eine selektive Gruppe von Unternehmen zu adressieren, während andere Unternehmen faktisch zu einer IFRS-„Grundbilanzierung" allein aus steuerlichen Gründen gezwungen würden. Außerdem können die IFRS nicht eine gemeinsame politische Linie und steuerliche Prinzipienbasierung der Einzelregelungen des Richtlinienvorschlags ersetzen.

Der Richtlinienvorschlag basiert im Kern auf einer bilanziellen Reinvermögensrechnung, ist jedoch unmittelbar nur als Erfolgsrechnung konzipiert. Er enthält eine Fülle detaillierter – und zum Teil schwer verständlicher – Anwendungsregeln, um die unternehmerische Geschäftstätigkeit im Rahmen der steuerlichen Gewinnermittlung umfassend abbilden zu können. Eine Zins- bzw. Inflationsbereinigung ist (noch) nicht vorgesehen, sodass auch nicht annähernd eine dem realen Leistungsfähigkeitsprinzip entsprechende reale periodische Vermögensänderung gemessen werden kann. Mit dieser Ausnahme scheinen jedoch die wichtigsten Leitlinien, Grundannahmen und Prinzipien steuerlicher Gewinnermittlung in Grundzügen umgesetzt zu sein, sie sind zum Teil auch kodifiziert. Allerdings bilden sie noch kein festes, konsistentes Prinzipiengerüst, auf dem die steuerliche Gewinnermittlung sicher und konsistent aufgebaut ist. Verständlichkeit und Bestimmtheit des Richtlinienvorschlags sind verbesserungsbedürftig; sowohl die Regelungs-

---

[1290] Vgl. v. Wolfersdorff, Zukunftsfragen, S. 11 ff., 47 f.

technik der Erfolgsrechnung als auch Sprache und Aufbau des Gesetzgebungsvorschlags sind damit adressiert.

Inkonsistenzen sind wohl auch durch Kompromisserwägungen hinsichtlich der unterschiedlichen steuerlichen Bemessungsgrundlagen der Mitgliedstaaten entstanden,[1291] um also die europapolitischen Realisierungschancen des Vorhabens einer Gemeinsamen Körperschaftsteuer-Bemessungsgrundlage insgesamt zu erhöhen. Wenn dies allerdings im zweiten Schritt der Rechtsauslegung eines so implementierten Regelungssystems die Rechtsanwendung wesentlich erschwert,[1292] ist das Ergebnis (noch) nicht zufriedenstellend.[1293] Gerade aufgrund des Fehlens eines formalen „Links“ zu einer schon bestehenden – insoweit „umsetzungsgeprüften“ – Rechnungslegung und auch der politischen Schwerfälligkeit hinsichtlich legislativer Nachbesserungen im gemeinsamen Regelungsgefüge ist die unmittelbare Implementierung eines sicheren und umfassenden Prinzipiensystems der steuerlichen Gewinnermittlung essentiell.

Der Europäische Reformvorschlag scheint gegenüber den existierenden nationalen Gewinnermittlungsregelungen insoweit auch einen „Altersnachteil“ zu haben. Antworten auf offene Auslegungsfragen müssen durch die Rechtsprechung – in letzter Instanz durch den EuGH – erst neu entwickelt werden.[1294] Für die Anfangs- und Übergangszeit einer gemeinsamen steuerlichen Gewinnermittlung in der EU würde das bedeuten, dass hier zunächst größere Rechtsunsicherheiten zu bewältigen sind und eine möglichst einheit-

---

[1291] Vgl. dazu nur den Vergleich zwischen Regelungen des Richtlinienvorschlags und dem geltenden Gewinnermittlungsrecht in den EU-Mitgliedstaaten von Spengel/Zöllkau, CCCTB 2012 (im Überblick auf S. 85 ff.). Vgl. auch Herzig/Kuhr, Richtlinienentwurf der GKKB, StuW 2011 S. 308.

[1292] Zu Recht insoweit Simon (Bilanzen, S. VIII): „Prinzipien sollen sich in der Durchführung bewähren.“

[1293] Vgl. auch Hüttemann, Zukunft der Steuerbilanz, DStZ 2011 S. 511, außerdem Kahle mit einem rechtsvergleichenden Blick in die Gewinnermittlung der USA (StuW 1997 S. 323); die Bedeutung eines in sich geschlossenen, umfassenden und konsistenten Systems der Gewinnermittlung wird dabei deutlich.

[1294] Zur Bedeutung der „untergesetzlichen“ Rechtslage – konstituiert durch Rechtsprechung und Finanzverwaltung – als Grundlage steuerlicher Planung vgl. Hey, Schutz des Vertrauens, DStR 2004 S. 1897.

liche Rechtsanwendung innerhalb des weiten, landesübergreifenden Anwendungsbereichs der Richtlinie sicherzustellen ist.[1295]

Allerdings liegt in der Konzeptionierung eines eigenständigen Gewinnermittlungssystems auch eine Chance: Einzelprinzipien unter abstrakten Bilanzierungsprinzipien, wie sie etwa der BFH aus deutscher Perspektive in jahrzehntelanger Bilanzsteuerrechtsprechung konkretisiert, könnten – und sollten – legislativ bereits vorgegeben werden.[1296] Hierfür ist die Vorgabe eines grundlegenden und in sich schlüssigen Prinzipiensystems der Gewinnermittlung unerlässlich, wenngleich dies auch auf Kosten von Abweichungen gegenüber Regelungen der steuerlichen Gewinnermittlung in einzelnen Mitgliedstaaten erfolgen muss.

D. Ergebnis

In diesem Teil der Untersuchung werden drei grundlegende Reformwege der steuerbilanziellen Gewinnermittlung untersucht:

- die Abkopplung der steuerbilanziellen Gewinnermittlung vom geltenden Handelsrecht unter Aufgabe des Maßgeblichkeitsgrundsatzes als jeweils nationaler und europäischer Reformansatz sowie
- die Zusammenführung des dualistisch gespaltenen Einkünftebegriffs als allein national ausgerichtete Reform.

[1295] Hennrichs (Maßgeblichkeitsgrundsatz gem. § 5 EStG, StuW 1999 S. 149) spricht von der Gefahr einer ansonsten schleichenden Entharmonisierung. Vgl. auch die Parallelsituation im europäischen Bilanzrecht, bei der wegen der Behandlung offener Auslegungsfragen in der nationalen Rechtsanwendung eine kontroverse Diskussion ausgelöst wurde. Nach der Judikatur des EuGH (Urteil vom 7.1.2003 – C-306/99 – BIAO, DB 2003 S. 181) sollten einzelne Bilanzierungsfragen mangels Detailregelungen der europäischen 4. EU-Bilanzrichtlinie nach nationalem Recht, jedoch unter Beachtung der in der Richtlinie aufgestellten Grundsätze beurteilt werden. Dabei sollte ggf. ein Rückgriff auch auf die internationalen Rechnungslegungsgrundsätze (IFRS) als Auslegungshilfe vorgenommen werden können. Zur steuerlichen Perspektive in dem Zusammenhang FG-Hamburg, Urteil vom 28.11.2003 – III 1/01, BB 2004 S. 1220; dagegen jedoch BFH, Urteil vom 15.9.2004 – I R 5/04, BStBl. II 2009 S. 100; Urteil vom 25.8.2010 -I R 103/09, DB vom 2010 S. 2648 ff. Zur Diskussion Hennrichs, Bilanzgestützte Kapitalerhaltung, StuW 2005 S. 263.

[1296] Ein Beispiel ist die Regelung zur Aufwandserfassung für uneinbringliche Forderungen in Art. 27; vgl. Teil 5 Abschnitt C.II.3.b). Vgl. auch Marx, Fehlabbildungen, S. 359.

Dabei sollen auch bei Aufgabe des formal-abstrakten Maßgeblichkeitsgrundsatzes keineswegs Praktikabilitäts- und Wirtschaftlichkeitsziele aus dem Blick gelassen werden. So hat der BFH in jahrzehntelanger Bilanzrechtsprechung handelsrechtliche GoB im Lichte speziell steuerlicher Wertungen und Erfordernisse konkretisiert, ohne dass dies bei einer Beurteilung der Vereinfachungswirkungen des Maßgeblichkeitsprinzips allgemein als widersprüchlich beurteilt worden wäre. Die Judikative ist zudem nicht demokratisch legitimierter Gesetzgeber. Ein konsistentes, zielgerichtetes Regelungssystem, das ex ante durch den parlamentarischen Gesetzgeber zu konzipieren wäre, können judikative Einzelfallentscheidungen nicht ersetzen. Dies gilt auch deshalb, weil die Rechtsprechung im Rahmen des vorhandenen Normensystems judiziert, dem es gerade an Einigung und Anerkennung eines stabilen Prinzipiensystems der steuerbilanziellen Gewinnermittlung und damit insgesamt an Leitlinienkonformität mangelt.

So hat das Maßgeblichkeitsprinzip bislang auch eine offene Diskussion über steuerliche Leitlinien der steuerlichen Gewinnermittlung verhindert, obwohl eine Aufgabe der Maßgeblichkeit keineswegs mit einer Aufgabe von Praktikabilitäts- und Wirtschaftlichkeitszielen durch gemeinsame Schnittmengen der Handels- und Steuerbilanz verbunden sein muss. Hier liegt vielmehr eine Reformchance zur Implementierung eines sachgerechten prinzipienbasierten steuerlichen Gewinnermittlungssystems, das gleichzeitig legislativ tiefergehender als die flexiblen handelsrechtlichen GoB ausgestaltet werden könnte und sollte.

Obwohl eine periodisierte steuerbilanzielle Gewinnermittlung auch unter Anwendung eines Vorsichtsprinzips bereits als leitlinienkonform eingeordnet wurde, wurde dennoch der latente Reformdruck auf die Steuerbilanzierung durch den gespalteten Einkünftebegriff näher in den Blick genommen.

Den Maßstab der jeweiligen Einkommensbemessung geben allerdings nur die steuerlichen Leitlinien vor. Die Untersuchung der Leitlinienkonformität der Überschussermittlung war nicht Gegenstand der vorliegenden Untersuchung; beispielhaft wurde jedoch gezeigt, dass die unterschiedlichen wirtschaftlichen Sachverhalte zum Teil andere Gewichtungen der steuerlichen Leitlinien und andere Schlussfolgerungen erfordern. Die Zusammenführung des gespaltenen Einkünftebegriffs stellt daher nach hier vertretener Auffassung keinen sachgerechten Reformansatz für die steuerbilanzielle Gewinnermittlung dar.

Vielversprechend scheint dagegen der Reformansatz einer europäischen unternehmenssteuerlichen Bemessungsgrundlage zu sein, der nach hier vertretener Auffassung auch vorrangig vor einem nationalen Reformansatz verfolgt werden sollte. Der vorliegende Richtlinienvorschlag hierzu fügt sich grundsätzlich in die hier herausgestellten steuerlichen Leitlinien und daraus abgeleiteten Prinzipien steuerlicher Gewinnermittlung ein. Allerdings sind hier Nachbesserungsarbeiten mit dem Ziel der Schaffung eines verständlichen, bestimmten, stabil-prinzipienbasierten Gewinnermittlungssystems erforderlich.

TEIL 6: ZUSAMMENSCHAU DER ERGEBNISSE

1. Unternehmerischer Gewinn ist keine objektive Größe, die eindeutig beobachtet und gemessen werden kann. Wie der Gewinn richtigerweise zu definieren ist, hängt von den Zielvorgaben ab, die Anforderungen und „Aufgaben" der zu konturierenden Bemessungsgrundlage erst bestimmen. Zu einer „richtigen" steuerlichen Gewinngröße gelangt man also dann, wenn sie auf entsprechend zielgerichteten Leitlinien und Prinzipien basiert.

Mit normativen steuerlichen Fragen der „richtigen" Ausgestaltung der Gewinnermittlung befassen sich die Steuerwissenschaften aus einer rechtlichen, wertbasierten Perspektive (Steuerrechtswissenschaften), aus einer übergreifend gesamtwirtschaftlichen Perspektive (Finanzwissenschaften) und aus einer einzelwirtschaftlichen Perspektive (Betriebswirtschaftslehre). Über wesentliche Zielvorgaben der Besteuerung besteht interdisziplinär Einigkeit, nicht allerdings über den „Gesamtkatalog" elementarer Zielvorgaben bzw. Leitlinien der Gewinnbesteuerung. Allerdings lassen sich strittige Einzelfragen der Bilanzierung regelmäßig bereits auf mangelnde unterschiedliche Auffassungen und Unklarheiten hinsichtlich dieser Zielvorgaben zurückführen.

Hier setzt die vorliegende, normativ-betriebswirtschaftliche Untersuchung an. Sie geht dabei von den Grundwerten einer freiheitlich-demokratischen Gesellschaftsordnung aus: Freiheit, Gleichheit, Demokratie und Rechtsstaatlichkeit (Teil 2 Abschnitt A). Die in einem nächsten Schritt herausgestellten Leitlinien der steuerlichen Gewinnermittlung basieren auf anerkannten finanzwissenschaftlich, rechtswissenschaftlich und auch betriebswirtschaftlich fundamentalen Besteuerungsmaximen, die gleichzeitig in Bezug zu diesen Grundwerten gesetzt werden können und dadurch wertebezogen konkretisiert, legitimiert und gewichtet werden können (Teil 2 Abschnitt B): Prinzipienbasierung, Periodizität, Anpassungsfähigkeit, Gerechtigkeit, Freiheitsschonung, Bestimmtheit und Verständlichkeit, Objektivierung und Wahlrechtseingrenzung sowie Praktikabilität und Wirtschaftlichkeit.

2. Erst eine Gesamtbetrachtung dieser wertebezogenen Leitlinien ermöglicht die Gewinnung konkreter Zielvorgaben für die steuerliche Gewinnermittlung. Soll die steuerliche Gewinngröße periodisch die wirtschaftliche Leistungsfähigkeit erfassen, gilt dies insbesondere für das Leistungsfähigkeits- und Periodizitätsprinzip. Zu hohe Erwartungen richten sich regelmäßig an das Leistungsfähigkeitsprinzip als Vorgabe materieller Gerechtigkeit, ohne dass dem Periodizitätsprinzip eine auch nur annähernd vergleichbare Aufmerksamkeit zugeteilt würde. Es zeigt sich, dass das Periodizitätsprinzip ein technisches Prinzip darstellt, das jedoch gleichzeitig wesentliche zeitbezogene materielle Aspekte der Leistungsfähigkeitsmessung beinhaltet. Mit Blick speziell auf die steuerliche Gewinnermittlung ist bereits das Periodizitätsprinzip auf die Ermittlung einer nachhaltigen Periodenerfolgsgröße gerichtet; es kann als zeitliche Dimension des Leistungsfähigkeitsprinzips verstanden werden. Dies leitet über zu der Periodeneinkommensdogmatik als Basis der Gewinnermittlung und zeitlichen Konkretisierung des Leistungsfähigkeitsprinzips (Teil 2 Abschnitt B.IV.4).

3. Mit Ausgestaltungsformen einer Kapital- und Substanzerhaltung, der Zahlungsflussrechnung, der Ertragswertrechnung, der dynamischen sowie statischen Bilanztheorie und der steuerlichen Verlustverrechnung werden in Teil 3 Abschnitt A elementare Gewinnermittlungskonzepte und -instrumente vorgestellt und an dem Leitliniengefüge der steuerlichen Gewinnermittlung gespiegelt. Sie sollen damit hinsichtlich ihrer möglichen Verwendung im Rahmen der steuerlichen Gewinnermittlung beurteilt werden. So soll eine Brücke auch zur Ableitung von Prinzipien der steuerlichen Gewinnermittlung geschlagen werden. Es wird gezeigt, dass die Zahlungsflussrechnung nur auf den ersten Blick leitlinienkonform erscheint. Auch eine vollständige oder partielle Ertragswertrechnung im Sinne einer „Reinvermögenszuwachstheorie" entspricht nicht den Leitlinien steuerlicher Gewinnermittlung (Teil 3 Abschnitte A.II und III). Die Ertragswertrechnung misst dabei eine theoretisch mögliche gegenwärtige Gewinnverwendung und löst sich von der Entstehung des Gewinns. Es wird gezeigt, dass jedoch gerade in einer auch auf die Entstehungsseite wirtschaftlichen Erfolgs gerichteten Gewinnkonzeption der Schlüssel zur Herstellung eines wirtschaftlichen Periodenbezugs liegt.

4. In Teil 3 Abschnitt A.IV wird dargelegt, dass die dynamische Bilanztheorie – und einzelne ihr zugehörige Elemente wie insbesondere das Matching-Prinzip von Aufwand zu zugehörigem Ertrag („Nettorealisationsprinzip") – der Lebenseinkommensdogmatik und nicht der Periodeneinkommensdogmatik zuzuordnen sind. Als objektiviertes und praktikables Umsetzungsmodell der Reinvermögenszugangstheorie kann die statische Bilanztheorie den Anforderungen einer leitlinienkonformen steuerlichen Gewinnermittlung am ehesten gerecht werden. Als leitlinienkonforme „Unternehmensschonung" erweisen sich im Ergebnis eine bilanzielle reale Kapitalerhaltung plus ergänzender einzelner Substanzerhaltungselemente und die Implementierung eines Vorsichts- und Imparitätsprinzips als sachgerecht (Abschnitt A.I). Die steuerliche Verlustverrechnung stellt schließlich ein Instrument zur Einkommensmessung „auf zweiter Stufe" dar, das ebenfalls leitlinienkonform auszugestalten ist. Der Leitlinie einer Freiheitsschonung, aber auch einer – richtig verstandenen – Periodizität entspricht dabei ein uneingeschränkter Verlustvortrag. Mängel der ersten Gewinnermittlungsstufe können außerdem nicht pauschal mit Hinweis auf eine Verlustverrechnung auf dieser zweiten Stufe gerechtfertigt werden (Teil 3 Abschnitt A.V).

5. Ausgehend von einer leitlinienkonformen statisch-bilanziellen Gewinnermittlung, werden in Teil 3 Abschnitt B zugehörige Prinzipien der Gewinnermittlung herausgestellt. Materiell steht die Konkretisierung des wirtschaftlichen Periodenbezugs der steuerlichen Gewinnermittlung als Erfolgsrechnung im Vordergrund, die für die elementaren unternehmerischen Wertschöpfungsphasen vorgenommen wird. Eine einheitliche, objektivierte Maßgröße für wirtschaftlichen Erfolg, die auf jedes Unternehmen und in jeder Marktsituation zutrifft, gibt es allerdings nicht. Sie setzt die Zugrundelegung von Basisannahmen voraus. Konform zu steuerlichen Zielsetzungen kann dabei von einem auf Dauer angelegten Unternehmen ausgegangen werden. Unternehmen wirtschaften zudem unter Risiko, was ebenfalls eine typisierte Berücksichtigung erfordert. Hinsichtlich des relevanten Marktes kann dabei von einem Käufermarkt ausgegangen werden, der Absatz also typisiert als wesentlicher betrieblicher Engpass betrachtet werden.

6. Als zentrale Prinzipien und Annahmen steuerbilanzieller Gewinnermittlung werden im Ergebnis hergeleitet:

- die wirtschaftliche Verursachung bzw. Entstehung als Maßstab periodengerechter Erfolgsermittlung und Kehrseite eines Vermögensermittlungsprinzips,
- das Objektivierungsprinzip (einschließlich Stetigkeit);
- das Vollständigkeitsprinzip;
- das nicht einseitig formalrechtlich zu begreifende Einzelbewertungsprinzip;
- die reale Kapitalerhaltung plus einzelner Elemente der Substanzerhaltung;
- die Unternehmensfortführung;
- das Vorsichts- und Imparitätsprinzip;
- das Realisationsprinzip als Bruttoprinzip einschließlich des Anschaffungs- und Herstellungskostenprinzips;
- das objektive Nettoprinzip;
- das Wirtschaftlichkeitsprinzip.

Diese Prinzipien decken sich zu großen Teilen mit den statisch basierten handelsrechtlichen Grundsätzen ordnungsmäßiger Buchführung, die über das „Maßgeblichkeitsprinzip“ de lege lata grundsätzlich auch steuerrechtlich maßgeblich sind. Durch Nachweis eines unmittelbaren steuerlichen Leitlinienbezugs – auch für das Vorsichts- und Imparitätsprinzip – werden diese Prinzipien jedoch vom Nimbus eines bloßen „Fremdimports“ aus dem Handelsrecht befreit. Teil 3 Abschnitt B.II konkretisiert diese Prinzipien und zeigt dabei auch den möglichen gesetzgeberischen Spielraum einer leitlinienkonformen Prinzipienbasierung auf.

7. Bei der leitlinienkonform statisch-bilanziellen Gewinnermittlung führt die Annahme einer erfolgsneutralen Vermögensumschichtung durch Anschaffungs- oder Herstellungsvorgänge zu einem finalen Anschaffungs-/Herstellungskostenbegriff unter Einschluss zumindest der variablen Kosten oder Einzelkosten (Teil 3 Abschnitt B.II.1.a)). Die Fortführungsannahme rechtfertigt auch unter Vorsichtserwägungen einen Einbezug anteiliger

– nicht sämtlicher – Fixkosten, wobei allerdings nicht zwingend auf einen genauen Bezug zum Herstellungsbereich abgestellt werden müsste, sondern unter Wirtschaftlichkeitserwägungen auch andere Typisierungen denkbar wären, die – insbesondere – seitens der steuerlichen Betriebswirtschaftslehre untersucht werden könnten. Die Weite des Anschaffungskosten-/Herstellungsbegriffs hängt letztlich insbesondere von getroffenen Risikoannahmen hinsichtlich Markt und unternehmerischer Tätigkeit ab.

8. Die Risikoannahmen der steuerlichen Bemessungsgrundlage spiegelt auch das Realisationsprinzip wider, das erst bei Realisierung eines Absatzerfolges durch ein Umsatzgeschäft zu einem Ertragsausweis führt (Teil 3 Abschnitt B.II.1.b)). Zu einer adäquaten Risikominimierung sind erforderlich: (1) Ein Vertragsabschluss zwischen Verkäufer und Käufer, um das Verkaufsrisiko zu eliminieren, (2) die Erbringung der vertraglich geschuldeten Leistungen, um die Preisgefahr auf den Käufer zu übertragen und (3) das sichere Entstehen eines Anspruchs auf Entgelt. Ausnahmen vom Realisations- und Anschaffungskostenprinzip sollten grundsätzlich nicht zulässig sein, da sie den typisiert gesetzten Risikoannahmen widersprechen.

9. Planmäßige Abschreibungen abnutzbarer Wirtschaftsgüter bewirken eine typisierte Periodisierung von Investitionsrisiken durch Vermögensminderungen (Teil 3 Abschnitt B.II.1.a)bb)(1)). Vereinfachungs-, Objektivierungs- und Vorsichtserwägungen sprechen für eine lineare Abschreibung über die technische Nutzungsdauer hinweg. Aus Vereinfachungsgründen ließe sich auch eine feste Vorgabe von pauschalen Nutzungsdauern rechtfertigen, die eher kurz bemessen sein sollten, um Pauschalierungsnachteile und Investitionshemmnisse im Einzelfall möglichst zu vermeiden.

10. Bei abnutzbaren wie nicht abnutzbaren Wirtschaftsgütern müssten bilanziell auch außerplanmäßige Wertverluste gegenüber den fortgeschriebenen Anschaffungs- oder Herstellungskosten berücksichtigt werden, soweit sie voraussichtlich andauern und sich dadurch effektuieren würden (Teil 3 Abschnitt B.II.1.a)bb)(2). Sie stellen keine Antizipation künftiger Verluste dar, da nur die vorherige Zugangsbewertung, durch die unter Inkaufnahme von Unsicherheit der Ausweis eines Vermögensverlustes zunächst neutralisiert

wurde, korrigiert wird. Da eine außerplanmäßige Wertminderung von den individuell-betrieblichen Nutzungsmöglichkeiten eines Wirtschaftsguts abhängt und Schätzungen zu künftigen Ausgaben wie Einnahmen erfordert, sind steuerliche Vereinfachungs- und Objektivierungsziele außerdem besonders zu berücksichtigen. So könnten für den Nachweis einer voraussichtlich endgültigen Wertminderung Typisierungen vorgesehen werden. Aufgrund der im Einzelfall möglicherweise sehr aufwendigen und unsicherheitsbehafteten Bewertung könnte ausnahmsweise auch ein Wahlrecht zu einer außerplanmäßigen Abschreibung gerechtfertigt sein, solange ein endgültiger Verlust des Vermögenswertes nicht offenkundig ist.

11. Für die Verbindlichkeitspassivierung ist die Konkretisierung einer Außenverpflichtung als wirtschaftliche Last entscheidend. Erforderlich ist ein Bezug zwischen der unternehmerischen Tätigkeit einer gegenwärtigen oder vergangenen Periode und den hierdurch bereits bewirkten bzw. entstandenen Vermögensminderungen. Auch Drohverlustrückstellungen erfüllen diese Passivierungskriterien (Teil 3 Abschnitt B.II.2.).

12. Teil 4 der Untersuchung befasst sich mit dem Status Quo und den Entwicklungslinien der steuerlichen Gewinnermittlung in Deutschland. Ziel ist dabei nicht eine lückenlose legislative Darstellung und Beurteilung im Detail, sondern die Erarbeitung einer Gesamtaussage zur steuerbilanziellen Gewinnermittlung, um Differenzen zu einem leitlinienkonformen Prinzipiensystem steuerlicher Gewinnermittlung aufzeigen zu können. Auf den ersten Blick scheinen über das Maßgeblichkeitsprinzip die hergeleiteten Prinzipien steuerbilanzieller Gewinnermittlung zwar umgesetzt zu sein. Tatsächlich ist das Maßgeblichkeitsprinzip heute allerdings in seiner Reichweite für die steuerliche Gewinnermittlung stark eingeschränkt. Das „Mysterium“ und die Unklarheiten hinsichtlich des Bestands und der Fortentwicklung handelsrechtlicher GoB sind steuerlich nicht leitlinienkonform. Rechts- und Planungsunsicherheit sowie partielle Orientierungslosigkeit prägen faktisch die steuerbilanzielle Gewinnermittlung. Sie konfligiert damit in Teilen mit elementaren Leitlinien steuerlicher Gewinnermittlung.

13. Abweichungen vom Maßgeblichkeitsprinzip werden legislativ gern mit unterschiedlichen Zwecken von Handels- und Steuerbilanz rechtfertigt. Damit wird allerdings zumeist nur zum Ausdruck gebracht, welche handelsrechtlichen Regelungen und Prinzipien aus fiskalistischer Sicht *nicht* passend erscheinen, wie insbesondere: das Vorsichts- und Imparitätsprinzip. Allerdings wird zuvor auch kein eigenes Zielsystem steuerlicher Gewinnermittlung hergeleitet bzw. offengelegt. Das Steuerbilanzrecht ist im Ergebnis ein historisch gewachsenes „Stückwerk"; das Maßgeblichkeitsprinzip auf Basis des gewachsenen Handelsbilanzrechts kann weder vor fiskalistisch motivierten Systembrüchen schützen noch überzeugt es unter Praktikabilitäts- und Wirtschaftlichkeitsaspekten.

14. Ausgehend von der Reformbedürftigkeit der geltenden steuerbilanziellen Gewinnermittlung, werden in Teil 5 drei grundlegende Entwicklungsperspektiven der steuerbilanziellen Gewinnermittlung in Deutschland aufgezeigt, für die gute Sachargumente streiten bzw. ein hoher Reformdruck auszumachen ist: Eine prinzipienbasierte nationale Steuerbilanzreform, eine Rücknahme von Periodisierungen zur Milderung des Dualismus der Einkünfteermittlung und die Einführung einer steuerlichen Bemessungsgrundlage in der Europäischen Union.

Eine prinzipienbasierte nationale Steuerbilanzreform unter Verwendung auch der handelsrechtlichen GoB ist dabei nicht mit einer bloßen Rücknahme der vergangenen legislativen Durchbrechungen des Maßgeblichkeitsprinzips zu verwechseln. Zur Erfüllung der speziellen Zielvorgaben werden hier vielmehr auch eigene Akzente gesetzt werden müssen – wie es der Bundesfinanzhof in gefestigter Auslegung steuerbilanzieller Regelungen und handelsrechtlicher GoB „im Lichte steuerlicher Wertungen" bereits vornimmt. Wurden bislang bilanzielle Einzelfallregelungen – etwa nach den IFRS – und eine Vorgabe von Gewinnermittlungsprinzipien als gegensätzlich betrachtet, wird hier ein – prinzipienbasierter – Mittelweg vorgeschlagen. Grundzüge der steuerbilanziellen Gewinnermittlung wie etwa zum Nachweis einer dauernden Wertminderung von Wirtschaftsgütern, der Herstellungskostenermittlung oder zur

Rückstellungspassivierung könnten und sollten – prinzipienbasiert – legislativ konkreter vorgegeben werden, als dies bislang geregelt ist.

15. Als wesentliche Reformimpulse, die derzeit auf die steuerliche Gewinnermittlung einwirken können, werden die Überwindung des Einkünftedualismus und die Einführung einer gemeinsamen steuerlichen Bemessungsgrundlage in der Europäischen Union aufgezeigt. Das nationale Reformziel einer „Gleichbehandlung verschiedener Einkunftsbezieher“ wird an seiner Leitidee gemessen, wirtschaftlich gleiche Vorgänge auch mit gleichem Maß zu messen (Teil 5 Abschnitt B). Es wird gezeigt, dass die in Teil 2 herausgestellten Leitlinien steuerlicher Gewinnermittlung für Unternehmen dabei zwar grundsätzlich auch für nicht-unternehmerisch Tätige gelten müssen. Allerdings erfordern selbst identische Leitlinien aufgrund der unterschiedlichen Sachverhalte eine andere Operationalisierung und Gewichtung. Im Ergebnis können Reformansätze der steuerbilanziellen Gewinnermittlung zugunsten einer Annäherung an die Überschussermittlung nicht-unternehmerischer Steuerpflichtiger nicht überzeugen.

16. Mit dem Richtlinienvorschlag der EU-Kommission für eine Gemeinsame Körperschaftsteuerbemessungsgrundlage in der EU (GKB) wird in Teil 5 Abschnitt C ein umfassender europäischer Reformansatz in seinen Grundzügen dargestellt und beurteilt. Da das herausgestellte steuerliche Leitliniengefüge auf freiheitlich-demokratische Grundwerte zurückgeführt werden kann, kann es nicht nur aus deutscher Perspektive, sondern – u. a. – auch aus einer weitergehend europäischen Perspektive als Beurteilungsmaßstab herangezogen werden.

Der Reformansatz einer GKB zielt auf die Hebung wesentlicher Effizienzpotenziale im Europäischen Binnenmarkt und verfolgt damit elementare steuerliche Zielsetzungen. Ob eine – prinzipienbasierte – nationale oder aber europäische Steuerbilanzreform durchzuführen ist, bleibt letztlich einer politischen Zielabwägung vorbehalten. Gute Sachgründe sprechen dafür, den europäischen Weg zu verfolgen, solange eine politische Umsetzung erfolgversprechend scheint.

Mit dem Richtlinienentwurf der GKB liegt ein in sich geschlossenes Modell einer möglichen unternehmenssteuerlichen Gewinnermittlung in der Europäischen Union vor. Der Gewinnbegriff des Richtlinienvorschlags bildet im Ergebnis eine bilanzielle Reinvermögensrechnung ab, ist jedoch unmittelbar GuV-orientiert als Gegenüberstellung der entsprechenden Erträge und Aufwendungen konzipiert. Der Richtlinienvorschlag besteht aus Einzelregelungen der steuerbilanziellen Gewinnermittlung und statuiert teilweise ausdrücklich, teilweise implizit Prinzipien steuerlicher Gewinnermittlung. Er ist allerdings gerade nicht konsistent prinzipienbasiert aufgebaut und insgesamt (noch) nicht leitlinienkonform ausgestaltet. Die dadurch auftretenden Inkonsistenzen und Lücken für eine sichere Rechtsanwendung werden aufgezeigt. Die Vorgabe leitlinienkonformer und auch im Einzelnen weiter konkretisierter Prinzipien der steuerbilanzieller Gewinnermittlung wird normativ für die weiteren Arbeiten am Richtlinienvorschlag angeregt.

Dies könnte bei einer späteren Rechtsanwendung für erhöhte Rechtssicherheit sorgen und mit Blick auf mögliche nationale Ressentiments gegenüber einer GKB aufgrund der Anwendung eines noch nicht praktisch „erprobten“ Gewinnermittlungssystems auch zu ihrem rechtspolitischen Erfolg beitragen.

LITERATURVERZEICHNIS

Adler, Hans/Düring, Walther/Schmaltz, Kurt (Rechnungslegung), Rechnungslegung und Prüfung von Unternehmen, Kommentar zum HGB, AktG, GmbHG, PublG nach den Vorschriften des Bilanzrichtlinien-Gesetzes, Teilband 1 und 6, 6. Aufl. 1995.

Adrian, Gerrit (Immaterielle Wirtschaftsgüter), Immaterielle Wirtschaftsgüter, in Prinz/Kanzler, NWB Praxishandbuch Bilanzsteuerrecht, 1. Aufl. 2012, S. 575 ff.

Adrian, Gerrit (Sachanlagen), Sachanlagen, in Prinz/Kanzler, NWB Praxishandbuch Bilanzsteuerrecht, 1. Aufl. 2012, S. 628 ff.

Altenburger, Otto (Rechnungslegungsrecht), in Claussen/Scherrer (Hrsg.), Kölner Kommentar zum Rechnungslegungsrecht, 2011, § 249 HGB.

Arbeitsgruppe „Einheitliche Konsolidierte Körperschaftsteuer-Bemessungsgrundlage"/AG GKKB (Besteuerungsgrundsätze), Allgemeine Besteuerungsgrundsätze, CCCTB\WP\001Rev1\doc\en CCCTB/WP\-001 vom 23.11.2004.

Arbeitskreis Bilanzrecht der Hochschullehrer Rechtswissenschaft/AK Bilanzrecht (Maßgeblichkeit der Handelsbilanz), Zur Maßgeblichkeit der Handelsbilanz für die steuerliche Gewinnermittlung gem. § 5 Abs. 1 EStG i. d. F. durch das BilMoG, DB 2009 S. 2570 ff.

Arbeitskreis Bilanzrecht der Hochschullehrer Rechtswissenschaft/AK Bilanzrecht (Bilanzrecht), Zur Fortentwicklung des deutschen Bilanzrechts, BB 2002 S. 2372 ff.

Arndt, Hans-Wolfgang/Jenzen, Holger (Verlustverrechnung und Verfassungsrecht), Verlustverrechnung und Verfassungsrecht – Zu dem Beschluß des BVerfG vom 30.9.1998 und der geplanten Steuerreform 1999-2000 -, DStR 1998 S. 1818 ff.

Babel, Mathias (Schwebende Geschäfte), Nutzungsrechte, Rechnungsabgrenzungsposten, schwebende Geschäfte – Ein "magisches Dreieck" der Bilanzierung, in Werheim/Heurung (Hrsg.) Steuerbelastung – Steuerwirkung – Steuergestaltung, Festschrift zum 65. Geburtstag von Winfried Mellwig, 2007, S. 1 ff.

Baetge, Jörg/Kirsch, Hans-Jürgen/Thiele, Stefan (Bilanzen), Bilanzen, 8. Aufl., 2005.

Ballwieser, Wolfgang (Maßgeblichkeitsprinzip), Ist das Maßgeblichkeitsprinzip überholt?, BFuP1990 S. 477 ff.

Bareis, Peter (Karlsruher Entwurf), Zur Kritik am „Karlsruher Entwurf zur Reform des EStG“, StuW 2002 S. 135 ff.

Beisse, Heinrich (Zukunft des Maßgeblichkeitsgrundsatzes), Die Krise des deutschen Bilanzrechts und die Zukunft des Maßgeblichkeitsgrundsatzes, in Baetge (Hrsg.), Deutsches Bilanzrecht – In der Krise oder im Aufbruch? Vorträge vor dem Münsteraner Gesprächskreis Rechnungslegung und Prüfung e. V, S. 1 ff.

Beisse, Heinrich (Bilanzrecht und Betriebswirtschaftslehre), Zum Verhältnis von Bilanzrecht und Betriebswirtschaftslehre, StuW 1984 S. 1 ff.

Beisse, Heinrich (Bilanzrechtssystem), Zum neuen Bild des Bilanzrechtssystems, in Ballwieser/Böcking/Drukarczyk/Schmidt (Hrsg.), Bilanzrecht und Kapitalmarkt, Festschrift für Adolf Moxter, 1994, S. 3 ff.

Berg, Rolf/Schmich, Hans-Georg (Verlustabzug), Die Beschränkung des Verlustabzuges im Karlsruher Entwurf zum Einkommensteuergesetz, DStR 2002 S. 346 ff.

Bergkemper, Winfried (Einkommensteuergesetz), § 9 EStG, in Hey/Prinz/Wendt (Hrsg.) Herrmann/Heuer/Raupach, Großkommentar/Loseblattwerk, 2012.

Biergans, Enno (Steuerbilanz), Einkommensteuer und Steuerbilanz – Systematischer Kommentar, 5. Aufl. 1990.

Birett, Barbara (Maßgeblichkeitsprinzip), Hat das Maßgeblichkeitsprinzip noch eine Zukunft?, StWa 2002 S. 151 ff.

Birk, Dieter (Einkommensteuergesetz), in Herrmann/Heuer/Raupach, Großkommentar, Loseblattwerk, § 11 EStG, 2012.

Birk, Dieter (Einkommen), Einkommen, Einkunftsarten und Einkünfteermittlung, in Hey (Hrsg.), Einkünfteermittlung, DStJG Band 34, 2011, S. 11 ff.

Birk, Dieter (Leistungsfähigkeitsprinzip), § 147, Leistungsfähigkeitsprinzip, in Kube/Mellinghoff/Morgenthaler/Palm/Puhl/Seiler (Hrsg.), Leitgedanken des Rechts, Paul Kirchhof zum 70. Geburtstag, S. 1591 ff.

Blumer, Karl (Steuerbilanz), in Blumer/Graf (Hrsg.), Kaufmännische Bilanz und Steuerbilanz, 2. Aufl. 1965.

Böcking, Hans-Joachim/Gros, Marius (Gewinnermittlung), IFRS und die Zukunft der steuerlichen Gewinnermittlung, DStR 2007 S. 2339 ff.

Böcking, Hans-Joachim (Bilanzrechtstheorie), Bilanzrechtstheorie und Verzinslichkeit, 1995.

Bodenhöfer, Hans-Joachim (Rationales Steuersystem), Rationales Steuersystem, internationaler Steuerwettbewerb und das Modell der "flat tax", in Schmied/Kanduth-Kristen/Urnik (Hrsg.), Steuerwissenschaften und betriebliches Rechnungswesen, Festschrift für Herbert Kofler zum 60. Geburtstag, S. 785 ff.

Braun, Ulrich (Rechnungslegungsrecht), § 246 HGB, in Claussen/Scherrer (Hrsg.), Kölner Kommentar zum Rechnungslegungsrecht, 2011.

Brösel, Gerrit/Haaker, Andreas (Verbindlichkeitsrückstellungen), Zur wirtschaftlichen Verursachung von Verbindlichkeitsrückstellungen, BFuP 2013 S. 227 ff.

Buciek, Klaus (Bilanzsteuerrecht), Aktuelle Rechtsprechung zum Bilanzsteuerrecht, DB 2010 S. 1029 ff.

Clemm, Herrmann/Nonnenmacher, Rolf (Rechtsprechung), Die Steuerbilanz – Ein fragwürdiger Besteuerungsschlüssel, in Klein/Vogel (Hrsg.), Der Bundesfinanzhof und seine Rechtsprechung: Grundfragen – Grundlagen, Festschrift für von Wallis, 1985, S. 227 ff.

Claussen, Carsten P. (Rechnungslegungsrecht), § 252 HGB, in Claussen/Scherrer (Hrsg.), Kölner Kommentar zum Rechnungslegungsrecht, 2011.

Crezelius, Georg (Rechtsanwendung), Steuerliche Rechtsanwendung und allgemeine Rechtsordnung, Grundlagen für eine liberale Besteuerungsordnung, 1983.

Department of Finance, Ireland (CCCTB Update), CCCTB: An Update, Presentation to Joint Oireachtas Committee on Finance and Public Expenditure and Reform – 14th November 2012, abrufbar unter http://taxpolicy.gov.ie/wp-content/uploads/2012/11/CCCTB-Presentation-to-Oireachtas-Finance-Committee-November-2012.pdf.

Dietel, Marco (IFRS und steuerliche Gewinnermittlung), International Accounting Standards/International Financial Reporting Standards und steuerliche Gewinnermittlung, 2005.

Döllerer, Georg (Anschaffungs- und Herstellungskosten), Zur Problematik der Anschaffungs- und Herstellungskosten, in Jahrbuch der Fachanwälte für Steuerrecht 1976/77, S. 195 ff.

Döllerer, Georg (Maßgeblichkeit), Maßgeblichkeit der Handelsbilanz in Gefahr, BB 1971 S. 1333 ff.

Döllerer, Georg (Grundsätze), Grundsätze ordnungsmäßiger Bilanzierung, deren Entstehung und Ermittlung, BB 1959 S. 1217 ff.

Dörfler, Oliver/Adrian, Gerrit (Steuerbilanzpolitik), Steuerbilanzpolitik nach BilMoG, Ubg 2009 S. 385 ff.

Dorenkamp, Christian (Verlustverrechnung), Systemgerechte Neuordnung der Verlustverrechnung – Haushaltsverträglicher Ausstieg aus der Mindestbesteuerung, IFSt-Schrift Nr. 461, 2010.

Drüen, Klaus-Dieter (Objektiv richtige Bilanz), Der Große Senat des BFH und die objektiv richtige Bilanz, Überlegungen zum BFH-Beschluss vom 31.1.2013 – GrS 1/10 zur Aufgabe des subjektiven Fehlerbegriffs hinsichtlich bilanzieller Rechtsfragen, GmbHR 2013 S. 505 ff.

Drüen, Klaus-Dieter (Mindestbesteuerung), Verfassungsrechtliche Positionen zur Mindestbesteuerung, FR 2013 S. 393 ff.

Drüen, Klaus-Dieter (Verfassungsrechtliche Anforderungen), Anmerkung zum Beschluss des BVerfG vom 12.05.2009; Az.: 2 BvL1/00 (Verfassungsrechtliche Anforderungen an Begrenzungen der Maßgeblichkeit der handelsrechtlichen Grundsätze ordnungsgemäßer Buchführung), JZ 2010 S. 88 ff.

Drüen, Klaus-Dieter (Periodengewinn), Periodengewinn und Totalgewinn. Zum Einfluss des Totalgewinngedankens auf die steuerrechtliche Gewinnermittlung, 1999.

Drüen, Klaus-Dieter (Betriebsprüfung), Modelle und Rechtsfragen zeitnaher Betriebsprüfung, IFSt-Schrift Nr. 468, 2011.

Dziadkowski, Dieter (Rückstellungskriterium), Zum umstrittenen Rückstellungskriterium der wirtschaftlichen Verursachung. Zugleich Ergänzung zu Engel-Ciric/Moxter, BB 2012, 1143 ff., BB 2012 S. 2167 ff.

Dziadkowski, Dieter (Ungewisse Verbindlichkeiten), Zur Nicht-Passivierung rechtlich entstandener ungewisser Verbindlichkeiten in der Steuerbilanz, WPg 2012 S. 500 ff.

Dziadkowski, Dieter (Überschussrechnung), Die Überschussrechnung – Eine Alternative zur Steuerbilanz?, BB 2000 S. 399 ff.

Eisgruber, Thomas (Einkünfteermittlung), Arten der Einkünfteermittlung – Bestandsaufnahme und Kritik – „Vereinfachte“ Gewinnermittlung (§ 4 Abs. 3 EStG), in Hey (Hrsg.), Einkünfteermittlung, DStJG Band 34, 2011, S. 185 ff.

Ekkenga, Jens (Rechnungslegungsrecht), § 255 HGB, in Claussen/Scherrer (Hrsg.), Kölner Kommentar zum Rechnungslegungsrecht, 2011.

Ellrott, Helmut/Krämer, Andreas (Bilanzkommentar), § 247 HGB, in Beck´scher Bilanzkommentar, Handels- und Steuerbilanz, 8. Aufl. 2012.

Elschen, Rainer (Entscheidungsneutralität), Entscheidungsneutralität, Allokationseffizienz und Besteuerung nach der Leistungsfähigkeit – oder: Gibt es ein gemeinsames Fundament der Steuerwissenschaften?, StuW 1991 S. 99 ff.

Englisch, Joachim (Steuerrecht), § 5, in Tipke/Lang, Steuerrecht, 21. Aufl. 2013.

Ernst, Markus (Neuordnung der Verlustnutzung), Neuordnung der Verlustnutzung nach Anteilseignerwechsel – Reformbedarf und haushaltspolitische Bedeutung des § 8c KStG, IFSt-Schrift Nr. 471, 2011.

Esser, Clemens (Scheingewinn), Ertragsbesteuerung und Geldentwertung – das Problem des „Scheingewinns“ (Grundsätzliche Überlegungen für Steuerreformen), IFSt-Schrift Nr. 374, 1999.

Euler, Roland (Bilanzrechtstheorie), Bilanzrechtstheorie und internationale Rechnungslegung, in Budde/Moxter/Offerhaus (Hrsg.), Handelsbilanzen und Steuerbilanzen, Festschrift zum 70. Geburtstag von Heinrich Beisse, 1997, S. 171 ff.

Euler, Roland (Grundsätze ordnungsmäßiger Bilanzierung), Das System der Grundsätze ordnungsmäßiger Bilanzierung, 1996.

Facharbeitsgruppe „Verlustverrechnung und Gruppenbesteuerung“ der Finanzverwaltung, Bericht vom 15.9.2011.

Förster, Guido/Beer, Susanne (Latente Steuern), Passive latente Steuern und Verbindlichkeitsrückstellungen, StuW 2012 S. 85 ff.

Förster, Guido/Krauß, Sebastian (GKKB), Der Richtlinienvorschlag der Europäischen Kommission zur Gemeinsamen konsolidierten Körperschaftsteuer-Bemessungsgrundlage (GKKB) vom 16.3.2011, IStR 2011 S. 607 ff.

Förster, Guido/Schmidtmann, Dirk (Steuerliche Gewinnermittlung), Steuerliche Gewinnermittlung nach dem BilMoG, BB 2009 S. 1342 ff.

Förster, Guido (Umstrukturierung), Umstrukturierung deutscher Tochtergesellschaften im Ertragsteuerrecht, 1991.

Förschle, Gerhart/Usinger, Rainer (Bilanzkommentar), § 243 HGB Beck´scher Bilanzkommentar. Handels- und Steuerbilanz, 8. Aufl. 2012.

Freidank, Carl-Christian/Velte, Patrick (Maßgeblichkeit), Quo vadis Maßgeblichkeit?, Eine Analyse aus rechtshistorischer, steuersystematischer und betriebswirtschaftlicher Sicht, StuW 2010 S. 185 ff.

Friauf, Karl-Heinrich (Nichtabzugsfähigkeit von Aufsichtsratvergütungen), Zur Frage der Nichtabzugsfähigkeit von Aufsichtsratvergütungen im Körperschaftsteuerrecht, StuW 1973 S. 97.

Friauf, Karl-Heinrich (Steuerstaat), Unser Steuerstaat als Rechtsstaat, in Hörstmann/Niemann/Rose (Hrsg.), Steuerberaterjahrbuch 1977/78, S. 39 ff.

Fritz-Schmied, Gudrun (Die steuerbilanzielle Gewinnermittlung), Die steuerbilanzielle Gewinnermittlung – Prinzipien und Folgerungen einer periodengerechten und entscheidungsneutralen Konzeption, 2005.

Fuisting, Bernd (Einkommensbesteuerung), Die Einkommensbesteuerung der Zukunft in Anknüpfung an das Preußische Einkommensteuergesetz, 1903.

Geberth, Georg/Höhn, Alexander (Passivierung), Passivierung "angeschaffter" Pensionsrückstellungen, Anm. zum BFH-Urteil vom 12.12.2012 – I R 69/11, DB 2013 S. 611 und I R 28/11, DB0582111, DB 2013 S. 1192 ff.

Gelhausen, Hans-Friedrich (Realisationsprinzip), Das Realisationsprinzip im Handels- und im Steuerrecht, 1985.

Graf, Adolf (Steuerbilanz), in Blumer/Graf (Hrsg.), Kaufmännische Bilanz und Steuerbilanz, 2. Aufl. 1965.

Gräbe, Sebastian (Maßgeblichkeitsprinzip) Das Maßgeblichkeitsprinzip vor dem Hintergrund des BilMoG – Geänderte Reichweite – neue Fragen – Entwicklungsperspektiven, 2011.

Grottel, Bernd/Pastor, Christiane (Bilanzkommentar), § 255 HGB, in Beck´scher Bilanzkommentar. Handels- und Steuerbilanz, 8. Aufl. 2012.

Günkel, Manfred (Maßgeblichkeit), Die Maßgeblichkeit nach der Bilanzrechtsreform (BilMoG), in Kessler/Förster/Watrin (Hrsg.), Unternehmensbesteuerung, Festschrift für Norbert Herzig, 2010, S. 509 ff.

Günkel, Manfred/Bongaerts, Dirk (Rückstellungen), Rückstellungen, in Prinz/Kanzler (Hrsg.), NWB Praxishandbuch Bilanzsteuerrecht, 1. Aufl. 2012, S. 913 ff.

Gutenberg, Erich (Produktion), Grundlagen der Betriebswirtschaftslehre, Erster Band: Die Produktion, 22 Aufl. 1976.

Hackmann, Johannes (Lebenseinkommen), Die Besteuerung des Lebenseinkommens – Ein Vergleich von Besteuerungsverfahren, 1979.

Haller, Axel (Maßgeblichkeit), Der Grundsatz der Maßgeblichkeit der Handels- für die Steuerbilanz – Ein wesentlicher Grund für die mangelnde Harmonisierung der Jahresabschlusserstellung in Europa, RIW 1992 S. 43 ff.

Hartl, Rudolf (Politikberatung durch die Kommission Rechnungswesen), in Coenenberg/v. Wysocki (Hrsg.), Die Politikberatung durch die Kommission Rechnungswesen im Verband der Hochschullehrer für Betriebswirtschaft e. V., Methodenkritik der Stellungnahmen zur Transformation der 4. (Bilanz-)Richtlinie der Europäischen Gemeinschaft, Beiträge zum Rechnungs-, Finanz- und Revisionswesen. Bd. 13, 1986.

Haaker, Andreas/Brösel, Gerrit (Verbindlichkeitsrückstellungen), Zur wirtschaftlichen Verursachung von Verbindlichkeitsrückstellungen, BFuP 2013 S. 227 ff.

Hauck, Anton/Prinz, Ulrich (Auslegung von IAS/IFRS), Zur Auslegung von (europarechtlich übernommenen) IAS/IFRS, DK 2005 S. 635 ff.

Hax, Karl (Gewinnbegriff), Der Gewinnbegriff in der Betriebswirtschaftslehre, 1926.

Heinicke, Wolfgang (Einkommensteuergesetz), § 4 EStG, in Schmidt(Hrsg.), Einkommensteuergesetz, Kommentar, 31. Aufl. 2012.

Heintschel von Heinegg, Wolff (Europäisches Unionsrecht), Art. 2 EUV, in Vedder/Heintschel von Heinegg (Hrsg.), Europäisches Unionsrecht, EUV/AEUV/Grundrechte-Charta, Handkommentar, 1. Aufl. 2012.

Hemmelgarn, Thomas (Finanzmarktsteuern), Steuern und Abgaben im Finanzsektor, Abgabenrechtliche Regulierung und neue Finanzmarktsteuern in der Europäischen Union, IFSt-Schrift Nr. 478, 2011.

Hénaff, Marcel (Nichtgreifbares und Unschätzbares), Über Nichtgreifbares und Unschätzbares – Der Markt und das Preislose, Lettre International 100, Frühjahr 2013.

Hennrichs, Joachim (Bilanzrecht), § 249 HGB, in Hennrichs/Kleindiek/Watrin (Hrsg.), Münchener Kommentar zum Bilanzrecht, 2013.

Hennrichs, Joachim (Steuerrecht), § 9, in Tipke/Lang, Steuerrecht, 21. Aufl. 2013.

Hennrichs, Joachim (Maßgeblichkeit), Neufassung der Maßgeblichkeit gemäß § 5 Abs. 1 EStG nach dem BilMoG, Ubg 2009 S. 533.

Hennrichs, Joachim (Ausschüttungszwecke), IFRS – Eignung für Ausschüttungszwecke?, BFuP 2008 S. 415 ff.

Hennrichs, Joachim (Bilanzgestützte Kapitalerhaltung), Bilanzgestützte Kapitalerhaltung, HGB-Jahresabschluss und Maßgeblichkeitsprinzip – Dinosaurier der Rechtsgeschichte?, StuW 2005 S. 256 ff.

Hennrichs, Joachim (Maßgeblichkeitsgrundsatz), Maßgeblichkeitsgrundsatz oder eigenständige Prinzipien für die Steuerbilanz?, in: Ebling (Hrsg.), Besteuerung von Einkommen, DStJG Band 24, 2001, S. 301 ff.

Hennrichs, Joachim (Maßgeblichkeitsgrundsatz gem. § 5 EStG), Der steuerrechtliche sog. Maßgeblichkeitsgrundsatz gem. § 5 EStG – Stand und Perspektiven, StuW 1999 S. 138 ff.

Herzig, Norbert/Schäperclaus, Jens (Einheitstaxonomie), Einheitstaxonomie für E-Bilanz und Offenlegung, DB 2013 S. 1 ff.

Herzig, Norbert (Ermittlung des steuerlichen Gewinns), Perspektiven der Ermittlung, Abgrenzung und Übermittlung des steuerlichen Gewinns, DB 2012 S. 1 ff.

Herzig, Nobert/Briesemeister, Simone/Schäperclaus, Jens (Steuertaxonomien), E-Bilanz: Finale Fassung des BMF-Schreibens und der Steuertaxonomien 2012, DB 2011 S. 2509 ff.

Herzig, Nobert/Briesemeister, Simone/Schäperclaus, Jens (E-Bilanz), Von der Einheitsbilanz zur E-Bilanz, DB 2011 S. 1 ff.

Herzig, Norbert/Kuhr, Johannes (Richtlinienentwurf der GKKB), Realisations- und Imparitätsprinzip im Richtlinienentwurf der GKKB, StuW 2011 S. 305 ff.

Herzig, Norbert/Kuhr, Johannes (GKKB-Richtlinienentwurf), Grundlagen der steuerlichen Gewinnermittlung nach dem GKKB-Richtlinienentwurf, DB 2011 S. 2053 ff.

Herzig, Norbert/Briesemeister, Simone (Wahlrechtsvorbehalt), Reichweite und Folgen des Wahlrechtsvorbehalts, § 5 Abs. 1 EStG, Stellungnahme zum BMF-Schreiben vom 12. 3. 2010 – IV C 6 – S 2133/09/10001, DB 2010 S. 917 ff.

Herzig, Norbert/Briesemeister, Simone (Handels- und Steuerbilanz), Unterschiede zwischen Handels- und Steuerbilanz nach BilMoG – Unvermeidbare Abweichungen und Gestaltungsspielräume, WPg 2010 S. 63 ff.

Herzig, Norbert/Briesemeister, Simone/Joisten, Christian/Vossel, Stephan (Component approach), Component approach im Handels- und Steuerbilanzrecht – Anmerkungen zu IDW RH HFA 1.1016 WPg 2010 S. 561 ff.

Herzig, Norbert (Konsequenzen des BilMoG), Konsequenzen des BilMoG für laufende und latente Steuern, in Kirsch/Baetge (Hrsg.), Vom BiRiLiG zum BilMoG – Eine Standortbestimmung der Bilanzierung und Prüfung in Deutschland, Vorträge und Diskussionen zum 25. Münsterischen Tagesgespräch des Münsteraner Gesprächskreises Rechnungslegung und Prüfung e. V. am 15. Mai 2009, S. 87 ff.

Herzig, Norbert/Briesemeister, Simone (Steuerliche Konsequenzen des BilMoG), Steuerliche Konsequenzen des BilMoG – Deregulierung und Maßgeblichkeit, DB 2009 S. 926 ff.

Herzig, Norbert/Briesemeister, Simone (Ansatz und Bewertung), Steuerliche Konsequenzen der Bilanzrechtsmodernisierung für Ansatz und Bewertung, DB 2009 S. 976 ff.

Herzig, Norbert/Briesemeister, Simone (Ende der Einheitsbilanz), Das Ende der Einheitsbilanz, DB 2009 S. 1 ff.

Herzig, Norbert (Harmonisierung), Harmonisierung der steuerlichen Gewinnermittlung in der Europäischen Union, StuW 2006 S. 156 ff.

Herzig, Norbert (Steuerliche Gewinnermittlung), IAS/IFRS und steuerliche Gewinnermittlung, WPg 2005 S. 211 ff.

Herzig, Norbert/Hausen, Guido (Steuerliche Gewinnermittlung), Steuerliche Gewinnermittlung durch modifizierte Einnahmenüberschussrechnung – Konzeption nach Aufgabe des Maßgeblichkeitsprinzips DB 2004 S. 1 ff.

Herzig, Norbert/Bär, Michaela (Zukunft der steuerlichen Gewinnermittlung), Die Zukunft der steuerlichen Gewinnermittlung im Licht des europäischen Bilanzrechts, DB 2003 S. 1 ff.

Herzig, Norbert/Köster, Thomas (Jahresabschluss), Handbuch des Jahresabschlusses, Abt. III/5, Rz. 171, April 1999.

Herzig, Norbert/Rieck, Ulrich (Rückstellung für drohende Verluste), Die Rückstellung für drohende Verluste aus schwebenden Geschäften im Steuerrecht – Übergangsfragen und Grundsätzliches, BB 1998 S. 311 ff.

Herzig, Norbert/Hötzel, Oliver (Rückstellungen), Rückstellungen wegen Produkthaftung, BB 1991 S. 99 ff.

Herzig, Norbert (Öffentlich-rechtliche Verpflichtungen), Rückstellungen für öffentlich-rechtliche Verpflichtungen, insbesondere Umweltschutz, DB 1990 S. 1341 ff.

Herzig, Norbert (Rückstellungen für Verbindlichkeiten), Rückstellungen für Verbindlichkeiten aus Arbeitsverhältnissen, in Hartung/Herzig/Niemann, Steuerberater-Jahrbuch 1985/86, 1986, S. 61 ff.

Hildesheim, Carl Ulrich (Maßgeblichkeit), Der Grundsatz der Maßgeblichkeit – Eine Betrachtung unter Berücksichtigung der neuen Rechtsprechung, StBp 2001 S. 1 ff.

Hey, Johanna (Steuerrecht), §§ 3, 8, in Tipke/Lang, Steuerrecht, 21. Aufl. 2013,

Hey, Johanna (Nettoprinzip), Körperschaft- und Gewerbesteuer und objektives Nettoprinzip, DStR Beihefter zu Heft 34/2009, S. 109 ff.

Hey, Johanna (Gebot der Folgerichtigkeit), Zur Geltung des Gebots der Folgerichtigkeit im Unternehmensteuerrecht – Zugleich Besprechung der Entscheidung des BVerfG zum Verbot von Jubiläumsrückstellungen vom 12.5.2009, DStR 2009 S. 2561 ff.

Hey, Johanna (Territorialitätsprinzip), Die beschränkte Steuerpflicht im Licht von Territorialitätsprinzip, Isolationstheorie und Objektsteuercharakter, in: Gassner/Lang/Lechner/Schuch/Staringer (Hrsg.), Die beschränkte Steuerpflicht im Einkommen- und Körperschaftsteuerrecht, 2004, S. 15 ff.

Hey, Johanna (Schutz des Vertrauens), Schutz des Vertrauens in BFH-Rechtsprechung und Verwaltungspraxis, DStR 2004 S. 1897 ff.

Hey, Johanna (Steuerplanungssicherheit), Steuerplanungssicherheit als Rechtsproblem, 2002.

Hick, Christian (Umlaufvermögen), Umlaufvermögen, in Prinz/Kanzler (Hrsg.), NWB Praxishandbuch Bilanzsteuerrecht, 1. Aufl. 2012, S. 733 ff.

Homburg, Stefan (Steuerlehre), Allgemeine Steuerlehre, 6. Aufl. 2010.

Hommel, Michael/Berndt, Thomas (Realisationsprinzip), Das Realisationsprinzip – 1884 und heute, BB 2009 S. 2190 ff.

Hopt, Klaus J. (Handelsgesetzbuch), § 13 HGB, in Baumbach/Hopt (Hrsg.), Handelsgesetzbuch, 34. Auflage 2010.

Hüttemann, Rainer/Meinert, Carsten (LiFo-Methode), Die LiFo-Methode in Handels- und Steuerbilanz, IFSt-Schrift Nr. 486, 2013.

Hüttemann, Rainer (Zukunft der Steuerbilanz), Die Zukunft der Steuerbilanz, DStZ 2011 S. 507 ff.

Hüttemann, Rainer (Internationalisierung des deutschen Handelsbilanzrechts), BB-Gesetzgebungsreport: Internationalisierung des deutschen Handelsbilanzrechts im Entwurf des Bilanzrechtsreformgesetzes, BB 2004 S. 203 ff.

Icking, Jan (Deutsches Einkommensteuerrecht), Deutsches Einkommensteuerrecht zwischen Quellen- und Reinvermögenszugangstheorie, 1993.

Institut der Wirtschaftsprüfer/IDW (Drohverlustrückstellungen), Zweifelsfragen zum Ansatz und zur Bewertung von Drohverlustrückstellungen, WPg Supplement 3/2010 S. 51 ff.

Isensee, Josef (Sitzungsbericht), in Ständige Deputation des Deutschen Juristentages (Hrsg.), Deutscher Juristentag 1988 Sitzungsbericht N.

Ismer, Roland (Periodizitätsprinzip), Das Periodizitätsprinzip, in Hey (Hrsg.), Einkünfteermittlung, DStJG Band 34, 2011, S. 91 ff.

Jachmann, Monika (Gleichheitsproblem), Besteuerung von Unternehmen als Gleichheitsproblem. Unterschiedliche Behandlung von Rechtsformen, Einkunftsarten, Werten und Steuersubjekten im Ertrag- und Erbschaftsteuerrecht, in Pelka (Hrsg.), Europa- und verfassungsrechtliche Grenzen der Unternehmensbesteuerung, DStJG Band 23, 2000, S. 9 ff.

Jacobs, Otto H. (Internationale Unternehmensbesteuerung), Deutsche Investitionen im Ausland. Ausländische Investitionen im Inland, 7. Aufl. 2011.

Jacobs, Otto H./Schreiber, Ulrich/Spengel, Christoph/Gutekunst, Gerd/ Lammersen, Lothar (Steuervergünstigungsabbaugesetz), Stellungnahme zum Steuervergünstigungsabbaugesetz und zu weiteren steuerlichen Maßnahmen, DB 2003 S. 519 ff.

Jacobs, Otto H./Spengel, Christoph/Wünsche, Alexander (Unternehmensbesteuerung), Auswirkungen auf die Unternehmensbesteuerung im nationalen und internationalen Vergleich, DB 1999 S. 57 ff.

Jacobs, Otto H. (Bilanzierungsproblem), Das Bilanzierungsproblem in der Ertragsteuerbilanz, 1971.

Joisten, Christian (Mehrkomponentengeschäfte), Mehrkomponentengeschäfte im Handels- und Steuerbilanzrecht, 2012.

Kahle, Holger (Zukunft der Steuerbilanz), Zukunft der Steuerbilanz, in Prinz/Kanzler (Hrsg.), NWB Praxishandbuch Bilanzsteuerrecht, 1. Aufl. 2012, S. 561 ff.

Kahle, Holger/Hiller, Matthias (Bewertungsmaßstäbe), Bewertungsmaßstäbe bei der steuerlichen Gewinnermittlung, in Prinz/Kanzler (Hrsg.), NWB Praxishandbuch Bilanzsteuerrecht, 1. Aufl. 2012, S. 175 ff.

Kahle, Holger (Internationale Bezüge), Internationale Bezüge der steuerlichen Gewinnermittlung, in Prinz/Kanzler (Hrsg.), NWB Praxishandbuch Bilanzsteuerrecht, 1. Aufl. 2012, S. 521 ff.

Kahle, Holger (Gewinnermittlung bei Personengesellschaften), Besonderheiten der steuerlichen Gewinnermittlung bei Personengesellschaften, in Prinz/Kanzler (Hrsg.), NWB Praxishandbuch Bilanzsteuerrecht, 1. Aufl. 2012, S. 271 ff.

Kahle, Holger/Dahlke, Andreas/Schulz, Sebastian (CCCTB), Der Richtlinienentwurf zur CCCTB – Anmerkungen aus Theorie und Praxis, Ubg 2011 S. 491 ff.

Kahle, Holger/Schulz, Sebastian (Richtlinienentwurf), Richtlinienentwurf für eine Gemeinsame konsolidierte Körperschaftsteuer-Bemessungsgrundlage in der Europäischen Union: Regelungen zur Gewinnermittlung, StuB 2011 S. 296 ff.

Kahle, Holger (Internationale Rechnungslegung), Internationale Rechnungslegung und ihre Auswirkung auf Handels- und Steuerbilanz, 2002.

Kahle, Holger (Maßgeblichkeitsgrundsatz), Maßgeblichkeitsgrundsatz auf Basis der IAS?, WPg 2002 S. 178 ff.

Kammann, Evert (Stichtagsprinzip), Stichtagsprinzip und zukunftsorientierte Bilanzierung, 1989.

Kanzler, Hans-Joachim (Gewinnermittlung), Die steuerliche Gewinnermittlung zwischen Einheit und Vielfalt, FR 1998 S. 233 ff.

Kanzler, Hans-Joachim (Bilanzenzusammenhang), Bilanzenzusammenhang, Bilanzberichtigung und Bilanzänderung, in Prinz/Kanzler (Hrsg.), NWB Praxishandbuch Bilanzsteuerrecht, 1. Aufl. 2012, S. 223 ff.

Karrenbrock, Holger (Mindestbesteuerung), Wider die Aushöhlung des Leistungsfähigkeitsprinzips durch die Mindestbesteuerung – Stellungnahme zu den BFH-Beschlüssen vom 6.3.2003 und zur Neuregelung der Mindestbesteuerung durch das ProtErklG, DB 2004 S. 559 ff.

Kempermann, Michael (Anmerkung), Anm. zu BVerfG v. 4. 12. 2002, FR 2003 S. 574 f.

Kempny, Simon (Lebensbelastungsgleichheit), Der Grundfreibetrag als Problem der Lebensbelastungsgleichheit im Einkommensteuerrecht, FR 2009 S. 470 ff.

Kese, Volkmar/Zimmermann, Daniel (Legitimationsgaranten), Die subnationalen Verwaltungen als Legitimationsgaranten der Europäischen Union – Belegt an der Europäischen Kohäsionspolitik, in „integration“, Vierteljahresschrift des Instituts für Europäische Politik in Zusammenarbeit mit dem Arbeitskreis Europäische Integration, November 2012, Ausgabe 4/12. S. 296 ff.

Kessler, Harald/Hinz, Bogdan (Verlustverrechnung), Kernbereiche der Verlustverrechnung – Verfassungswidrigkeit von § 8c KStG, DB 2011 S. 1771 ff.

Kirchhof, Paul (Deutschland im Schuldensog), Deutschland im Schuldensog, Der Weg vom Bürgen zurück zum Bürger, 2012.

Kirchhof, Paul (EStG), Einkommensteuergesetz, Kompaktkommentar, 11. Aufl. 2012.

Kirchhof, Paul (Bundessteuergesetzbuch), Bundessteuergesetzbuch. Ein Reformentwurf zur Erneuerung des Steuerrechts, 2011.

Kirchhof, Paul (Steuerreform), Der Weg zu einer großen Steuerreform, in Schneider/Rückle/Küpper/Wagner (Hrsg.), Kritisches zur Rechnungslegung und Unternehmensbesteuerung, Festschrift zur Vollendung des 65. Lebensjahres von Theodor Siegel, 2005, S. 399 ff.

Kirchhof, Paul (EStGB), Das EStGB – Ein Vorschlag zur Reform des Ertragsteuerrechts, Beihefter zu DStR 5/2003 S. 1 ff.

Kirchhof, Paul (Einkommensteuergesetzbuch), Einkommensteuergesetzbuch – Ein Vorschlag zur Reform der Einkommen- und Körperschaftsteuer, 2003.

Kirchhof, Paul (Karlsruher Entwurf), Der Karlsruher Entwurf und seine Fortentwicklung zu einer vereinheitlichten Ertragsteuer, StuW 2002 S. 3 ff.

Kirchhof, Paul/Geserich, Stephan (Einkommensteuergesetz), § 2 Abs. 3 EStG, in Kirchhof/Söhn/Mellinghoff (Hrsg.), Einkommensteuergesetz, Kommentar, 2002.

Kirchhof, Paul (Besteuerung im Verfassungsstaat), Beiträge zur Ordnungstheorie und Ordnungspolitik; 2000.

Kirchhof, Paul (Steuern), Die verfassungsrechtliche Rechtfertigung der Steuern, in Kirchhof/Birk/Lehner (Hrsg.), Steuern im Verfassungsstaat, Symposion zu Ehren von Klaus Vogel, 1996, S. 27 ff.

Kirchhof, Paul (Einkommensteuergesetz), in Kirchhof/Söhn/Mellinghoff (Hrsg.), Einkommensteuergesetz, Kommentar, § 2 EStG, 1992.

Kirsch, Hanno (Nutzen des Maßgeblichkeitsprinzips), Nutzen des steuerlichen Maßgeblichkeitsprinzips i. d. F. des Bilanzrechtsmodernisierungsgesetzes, DStZ 2008 S. 561 ff.

Kling, Siegfried (Abschreibungen), Abschreibungen und Investitionsverhalten – Eine empirische Analyse, 1992.

Knobbe-Keuk, Brigitte (Bilanzsteuerrecht), Bilanz- und Unternehmenssteuerrecht, 9. Aufl. 1993.

Kozikowski, Michael/Schubert, Wolfgang J. (Bilanzkommentar), § 253 HGB, in Beck´scher Bilanzkommentar, Handels- und Steuerbilanz, 8. Aufl. 2012.

Kröner, Michael (Verluste), Verrechnungsbeschränkte Verluste im Ertragsteuerrecht. Materiellrechtliche Grundlagen und systematische Gestaltungssuche, 1986.

Kröner, Michael (Werbungskostenbegriff), Differenzierende Betrachtungen zum Betriebsausgaben- und Werbungskostenbegriff, StuW 1985 S. 115 ff.

Krüger, Roland (Einkommensteuergesetz), §§ 8 und 11 EStG, in Schmidt (Hrsg.), Einkommensteuergesetz, Kommentar, 31. Aufl. 2012.

Kruk, Max/Potthoff, Erich/Sieben, Günter (Schmalenbach), in Cordes Schmalenbach-Stiftung (Hrsg.), Eugen Schmalenbach, 1984.

Kruschwitz, Lutz (Investitionsrechnung), Investitionsrechnung, 12. Aufl. 2009.

Kruschwitz, Lutz/Husmann, Sven/Schneider, Dieter (Investitionsneutrale Steuersysteme), Investitionsneutrale Steuersysteme vor dem Hintergrund der Kontroverse um Einkommen oder Konsum als geeignete Steuerbemessungsgrundlage, in Diskussionsbeiträge des Fachbereichs Wirtschaftswissenschaft der Freien Universität Berlin, 2000, Nr. 16.

Küpper, Hans-Ulrich (Unternehmensrechnung), Unternehmensrechnung und Ethik, in Schneider/Rückle/Küpper/Wagner (Hrsg.), Kritisches zu Rechnungslegung und Unternehmensbesteuerung: Festschrift zur Vollendung des 65. Lebensjahres von Theodor Siegel, 2005, S. 23 ff.

Küpper, Hans-Ulrich (Cash Flow), Cash Flow und/oder Vermögen als Basis von Unternehmensrechnung und Besteuerung, in Dirrigl/Wellisch/Wenger (Hrsg.), Steuern, Rechnungslegung und Kapitalmarkt, Festschrift für Franz W. Wagner zum 60. Geburtstag, 2004, S. 101 ff.

Kulosa, Egmont (Einkommensteuergesetz), § 6 EStG, in Schmidt (Hrsg.), Einkommensteuergesetz, 31. Aufl. 2012.

Kußmaul, Heinz (Steuerlehre), Betriebswirtschaftliche Steuerlehre, 5. Aufl. 2008.

Kußmaul, Heinz/Klein, Nicole (Maßgeblichkeitsprinzip), Überlegungen zum Maßgeblichkeitsprinzip im Kontext jüngerer nationaler sowie internationaler Entwicklungen, DStR 2001 S. 546 ff.

Küpper, Hans-Ulrich (Unternehmensrechnung), Unternehmensrechnung und Ethik, in Schneider/Rückle/Küpper/Wagner (Hrsg.), Kritisches zu Rechnungslegung und Unternehmensbesteuerung: Festschrift zur Vollendung des 65. Lebensjahres von Theodor Siegel, 2005, S. 23 ff.

Küting, Karlheinz/Kußmaul, Heinz/Bieg, Hartmut/Weber, Claus-Peter/Waschbusch, Gerd/Baumeister, Alexander/Wegener, Wolfgang/Olbrich, Michael/Knobloch, Alois Paul (Plädoyer), Saarbrücker Plädoyer für eine normative theorie- und praxisbezogene Betriebswirtschaftslehre, DB 2013 S. 2097 ff.

Küting, Karlheinz/Eichenlaub, Raphael (Einzelbewertungsgrundsatz), Einzelbewertungsgrundsatz im HGB- und im IFRS-System, BB 2011 S. 1195 ff.

Küting Karlheinz/Kessler, Harald (Rückstellungsrecht), Zur geplanten Reform des bilanzsteuerlichen Rückstellungsrechts nach dem Entwurf eines Steuerentlastungsgesetzes 1999/2000/2002, DStR 1998 S. 1937 ff.

Lagarden, Martin (Markenbewertung), Markenbewertung in der Unternehmenspraxis – Empirische Analyse der Bedingungen und Schlüsselkonzepte der Bewertung, 2011.

Lambrecht, Claus (Einkommensteuergesetz), in Kirchhof/Söhn/Mellinghoff (Hrsg.), Großkommentar zum Einkommensteuergesetz, § 5 EStG (Dezember 2012).

Lang, Joachim (Prinzipien), Prinzipien und Systeme der Besteuerung von Einkommen, in: Ebling (Hrsg.), Besteuerung von Einkommen, DStJG Band 24, 2001, S. 49 ff.

Lang, Joachim/Englisch, Joachim (Rechtsgutachten), Rechtsgutachten zur Mindestbesteuerung (§§ 10d Abs. 2 EStG; 10a GewStG), 2004.

Lang, Joachim (Diskussionsbeitrag zur Einkünfteermittlung), Diskussion zu den Referaten von Ratschow/Seiler/Ismer, in Hey (Hrsg.), Einkünfteermittlung, DStJG Band 34, 2011, S. 121 ff.

Lang, Joachim/Englisch, Joachim (Mindestbesteuerung), Zur Verfassungswidrigkeit der neuen Mindestbesteuerung, StuW 2005 S. 3 ff.

Lang, Joachim (Konkretisierungen), Konkretisierungen und Restriktionen des Leistungsfähigkeitsprinzips, in: Drenseck/Seer (Hrsg.), Festschrift für Heinrich Wilhelm Kruse, 2001, S. 313 ff.

Lang, Joachim (Steuergesetzbuch), Entwurf eines Steuergesetzbuchs, Schriftenreihe des Bundesministeriums der Finanzen, Heft 49, 1993.

Lang, Joachim (Bemessungsgrundlage), Die Bemessungsgrundlage der Einkommensteuer – Rechtssystematische Grundlagen steuerlicher Leistungsfähigkeit im deutschen Einkommensteuerrecht, 1981/88.

Larenz, Karl (Methodenlehre), Methodenlehre der Wissenschaft, 6. Aufl. 1991.

Lauth, Bernd (Einheitsbilanz), Endgültiger Abschied von der Einheitsbilanz?, DStR 2000 S. 1365 ff.

Leffson, Ulrich (Grundsätze), Grundsätze ordnungsmäßiger Buchführung, 1. Aufl. 1964.

Lehmann, Wolfgang (Dynamische Bilanz), Die dynamische Bilanz Schmalenbachs, 1963.

Lehner, Moris (Verankerung des objektiven Nettoprinzips), Die verfassungsrechtliche Verankerung des objektiven Nettoprinzips, DStR 2009 S. 185 ff.

Lehner, Moris (Verluste), Verluste im nationalen und internationalen Steuerrecht, in Lehner (Hrsg.), Münchener Schriften zum Internationalen Steuerrecht Heft 24, 2004.

Lenz, Martin/Rautenstrauch, Gabriele (GKKB), Der Richtlinienentwurf zur Gemeinsamen konsolidierten KSt-Bemessungsgrundlage (GKKB), DB 2011 S. 726.

Lenz, Thomas (Grundsätze steuerlicher Gewinnermittlung), Grundsätze steuerlicher Gewinnermittlung unter dem Einfluss der IAS/IFRS, 2008.

Levitt, Theodore (Marketing Myopia), Marketing Myopia, Harvard Business Review 1960 S. 45 ff.

Littmann, Konrad (Finanzwissenschaft), Problemstellung und Methoden der heutigen Finanzwissenschaft, in Neumark (Hrsg.), Handbuch der Finanzwissenschaft, 3. Aufl., 1977, S. 99 ff.

Lüdicke, Jürgen/Kempf, Andreas/Brink, Thomas (Hrsg.) (Verluste), Verluste im Steuerrecht, 2010.

Mandl, Gerwald/Rabel, Klaus (Unternehmensbewertung), Unternehmensbewertung – Eine praxisorientierte Einführung, 1997.

Marx, Franz-Jürgen (Fehlabbildungen), Fehlabbildungen in der steuerrechtlichen Gewinnermittlung, Ubg 2013 S. 354 ff.

Marx, Franz-Jürgen (Wesentlichkeitsgrundsatz), Der Wesentlichkeitsgrundsatz in der steuerrechtlichen Gewinnermittlung, DStZ 2011 S. 267 ff.

Marx, Franz-Jürgen (GKKB), Die Gewinnermittlungskonzeption der GKKB nach dem Richtlinienentwurf der EU-Kommission, DStZ 2011 S. 547 ff.

Marx, Franz-Jürgen (Teilhaberthese), Teilhaberthese als Leitbild zur Neukonzeption der steuerrechtlichen Gewinnermittlung nach Inkrafttreten des BilMoG, BB 2011 S. 1003 ff.

Mayr, Gunter (Steuervereinfachung), Steuervereinfachung als Leitprinzip, in Schmied/Kanduth-Kristen/Urnik (Hrsg.), Steuerwissenschaften und betriebliches Rechnungswesen, Festschrift für Herbert Kofler zum 60. Geburtstag, S. 473 ff.

Mayer, Stefan (Maßgeblichkeit), in Schön (Hrsg.), Steuerliche Maßgeblichkeit in Deutschland und Europa, 2005, Entwicklung der Maßgeblichkeit in Deutschland, S. 147 ff.

Mitschke, Joachim (Lebenseinkommensbesteuerung), Lebenseinkommensbesteuerung durch interperiodischen Progressionsausgleich, StuW 1980 S. 122 ff.

Mitschke, Joachim (Einkommen), Über die Eignung von Einkommen, Konsum und Vermögen als Bemessungsgrundlagen der direkten Besteuerung. Eine meßtechnische Analyse, 1976.

Mors, Matthias/Rautenstrauch, Gabriele (GKKB), Die GKKB als harmonisiertes Körperschaftsteuerrecht der Zukunft, Ubg 2008 S. 97 ff.

Moxter, Adolf (Bilanzrechtsprechung), Bilanzrechtsprechung, 6. Aufl. 2007.

Moxter, Adolf (Grundsätze), Grundsätze ordnungsmäßiger Rechnungslegung, 2003.

Moxter, Adolf (Maßgeblichkeitsprinzip), Missverständnisse um das Maßgeblichkeitsprinzip, DStZ 2000 S. 157 ff.

Moxter, Adolf (Handels- und Steuerbilanz), Zum Verhältnis von Handels- und Steuerbilanz, BB 1997 S. 195 ff.

Moxter, Adolf (Bilanztheorie): Bilanzlehre, Band I, Einführung in die Bilanztheorie, 3. Auf. 1984.

Moxter, Adolf (Gewinnermittlung), Betriebswirtschaftliche Gewinnermittlung, 1982.

Müller, Dirk (Verbindlichkeitsrückstellungen), Verbindlichkeitsrückstellungen, 2008.

Müller, Welf (Maßgeblichkeitsprinzip), Die Ausnahme und die Regel – Ein Lehrstück, dargestellt am sogenannten Maßgeblichkeitsprinzip, DStR 2001 S. 1858 ff.

Müller-Franken, Sebastian (Einkommensteuerrechtliche Verluste), Gesamtrechtsnachfolge durch Erbfall und einkommensteuerrechtliche Verluste, StuW 2004 S. 109 ff.

Musil, Andreas/Leibohm, Thomas (Entscheidungsneutralität), Die Forderung nach Entscheidungsneutralität der Besteuerung als Rechtsproblem, FR 2008 S. 807 ff.

Neumark, Fritz (Steuerpolitik), Grundsätze gerechter und ökonomisch rationaler Steuerpolitik, 1970.

Neumark, Fritz (Inflationsprobleme), Inflationsprobleme – Alt und Neu, 1976.

Niemann, Ursula (Grundsätze), Grundsätze ordnungsmäßiger Bilanzierung – international betrachtet, IFSt-Schrift Nr. 387, 2000.

Niemann, Ursula (Drohende Verluste), Zur Bilanzierung drohender Verluste aus schwebenden Geschäften, IFSt-Schrift Nr. 187, 1979.

Oestreicher, Andreas/Spengel, Christoph (Tax Harmonisation), Tax Harmonisation in Europe – The Determination of Corporate Taxable Income in the EU Member States, ZEW Discussion Paper No. 07-035, 2007.

Oestreicher, Andreas/Spengel, Christoph (Abschreibung), Steuerliche Abschreibung und Standortattraktivität, ZEW-Wirtschaftsanalysen, Band 66, 1. Aufl. 2003.

Oestreicher, Andreas/Spengel, Christoph (Maßgeblichkeit), Maßgeblichkeit der International Accounting Standards für die steuerliche Gewinnermittlung? Schriftenreihe des ZEW, Band 39, 1999.

Pacioli, Luca (Buchhaltung), Abhandlung über die Buchhaltung, 1494, Unveränderter Nachdruck der Ausgabe von 1933, 1992.

Pindyck, Robert/Rubinfeld, Daniel (Mikroökonomie), Mikroökonomie, 7. Aufl. 2009.

Peuker, Enrico (Bürokratie und Demokratie), Bürokratie und Demokratie in Europa – Legitimität im Europäischen Verwaltungsverbund, 2011.

Pezzer, Heinz-Jürgen (Überschussermittlung), Arten der Einkünfteermittlung – Bestandsaufnahme und Kritik – Überschussermittlung, in Hey (Hrsg.), Einkünfteermittlung, DStJG Band 34, 2011, S. 207 ff.

Pietsch, Holger (Fair Value), Fair Value und steuerliche Gewinnermittlung, Beurteilung der Übertragbarkeit der Grundsätze der Fair-Value-Richtlinie und des IAS 39 auf die Steuerbilanz, 2007.

Poeschke, Moritz (Handelsgesetzbuch), § 238 HGB, in Staub (Hrsg.), Handelsgesetzbuch Großkommentar, Band 5, 5. Aufl. 2013.

Potacs, Michael (Wirtschaftliche Betrachtungsweise), Wirtschaftliche Betrachtungsweise als steuerrechtliches Interpretationsprinzip, in Schmied/Kanduth-Kristen/Urnik (Hrsg.), Steuerwissenschaften und betriebliches Rechnungswesen, Festschrift für Herbert Kofler zum 60. Geburtstag, S. 143 ff.

Prinz, Ulrich (Anpassungsrückstellungen), Akzentverschiebung bei umweltbezogenen Anpassungsrückstellungen in der BFH-Rechtsprechung, DB 2013 S. 1815 ff.

Prinz, Ulrich (Zinsschranke), Ist die Zinsschranke verfassungsrechtlich besser als ihr Ruf?, Eine Einschätzung aus Praktikersicht, FR 2013 S. 145 ff.

Prinz, Ulrich (Kommentar zu I R 39/10), Kommentar zu BFH, Beschluss vom 10.8.2011 – I R 39/10, GmbHR 2012 S. 49 f.

Prinz, Ulrich (Maßgeblichkeit), in Prinz/Kanzler (Hrsg.), NWB Praxishandbuch Bilanzsteuerrecht, 1. Aufl. 2012, Maßgeblichkeit handelsrechtlicher GoB für die steuerliche Gewinnermittlung nach BilMoG, S. 59 ff.

Prinz, Ulrich (Gewinnermittlung bei Organschaft), in Prinz/Kanzler (Hrsg.), NWB Praxishandbuch Bilanzsteuerrecht, 1. Aufl. 2012, Gewinnermittlung, Einkommensermittlung und -zurechnung bei Organschaft, S. 321 ff.

Prinz, Ulrich (Steuerbilanzielle Rückstellungen), Steuerbilanzielle Rückstellungen – Leitlinien neu gezogen, Datev-Magazin 3/2012 S. 35 ff.

Prinz, Ulrich (Maßgeblichkeitsverständnis), Widersinniges Maßgeblichkeitsverständnis der Finanzverwaltung bei sachleistungsbezogenen Rückstellungen, DB 2012 S. M9, DB0487625.

Prinz, Ulrich (Steuerbilanzielle Hebung stiller Lasten), Neuer BFH-Meilenstein im Rechtsstreit um die steuerbilanzielle Hebung stiller Lasten, DB 2012 S. 10 ff.

Prinz, Ulrich (Rückstellungen in der Steuerbilanz), Rückstellungen in der Steuerbilanz: Ein Gebot sachgerechter Leistungsfähigkeitsbesteuerung, DB 2011 S. 492 ff.

Prinz, Ulrich (Der Bundesfinanzhof und die IFRS), Der Bundesfinanzhof und die IFRS, DB vom 16.6.2011, online abrufbar über DB0423595.

Prinz, Ulrich (Obligatorische GKB), Obligatorische GKB statt optionaler GKKB – Steuerpolitischer Konzeptwechsel der Bundesregierung!, DB vom 25.5.2011, online abrufbar über DB0421837.

Prinz, Ulrich (Rechnungslegungsrecht), in Claussen/Scherrer (Hrsg.), § 250 HGB, in Kölner Kommentar zum Rechnungslegungsrecht, 2011.

Prinz, Ulrich (Einkünfteermittlung), Arten der Einkünfteermittlung – Bestandsaufnahme und Kritik – Betriebsvermögensvergleich, in Hey (Hrsg.), Einkünfteermittlung, DStJG Band 34, 2011, S. 135 ff.

Prinz, Ulrich (Passivseite der Steuerbilanz), Steuersystematische „Ungereimtheiten“ auf der Passivseite der Steuerbilanz, FR 2011 S. 1015 ff.

Prinz, Ulrich (Besteuerung der Personengesellschaften), Besteuerung der Personengesellschaften – Unpraktikabel und realitätsfremd? 4 Thesen zu Bestandsaufnahme und Neujustierung der deutschen Personengesellschaftsbesteuerung, FR 2010 S. 736 ff.

Prinz, Ulrich (Finanzierungsfreiheit), Bedeutung der Finanzierungsfreiheit im Steuerrecht, in Kessler/Förster/Watrin (Hrsg.), Unternehmensbesteuerung, Festschrift für Norbert Herzig, 2010, S. 147.

Prinz, Ulrich (Materielle Maßgeblichkeit handelsrechtlicher GoB), Materielle Maßgeblichkeit handelsrechtlicher GoB – Ein Konzept für die Zukunft im Steuerrecht?, DB 2010 S. 2069 ff.

Prinz, Ulrich (Steuerwirkungen des BilMoG), Steuerwirkungen des BilMoG – Ziel, Realität, Perspektiven, GmbHR 2009 S. 1027 ff.

Prinz, Ulrich (Aufwandswirksame Teilwerterhöhung), Vorsichtsgeprägte „Fair Values“ in der Steuerbilanz? BFH lehnt aufwandswirksame Teilwerterhöhung bei langfristigen Fremdwährungsverbindlichkeiten ab, StuB 2009 S. 565 ff.

Prinz, Ulrich (Teilwertabschreibung), Teilwertabschreibung auf börsennotierte Aktien wegen voraussichtlich dauernder Wertminderung wird vom BFH zugelassen!, Status:Recht 03/2008 S. 98 f.

Prinz, Ulrich (Maßgeblichkeit versus eigenständige Steuerbilanz), Maßgeblichkeit versus eigenständige Steuerbilanz – Auswirkungen einer HGB-Reform auf das Steuerrecht, in Kirchhof/Schmidt/Schön/Vogel (Hrsg.), Festschrift für Arndt Raupach, 2006, S. 279 ff.

Prinz, Ulrich/Hauck, Anton (Auslegung von IAS/IFRS), Zur Auslegung von (europarechtlich übernommenen) IAS/IFRS, DK 2005 S. 635 ff.

Prinz, Ulrich (Veranlassungsprinzip), Grundfragen und Anwendungsbereiche des Veranlassungsprinzips im Ertragsteuerrecht, StuW 1996, S. 267 ff.

Prinz, Ulrich (Werbungskosten), Werbungskosten bei den Einkünften aus Vermietung und Verpachtung – Systematische steuerliche Analyse unter besonderer Berücksichtigung von Bauherren- und Erwerbermodellen, 1984.

Rätke, Bernd (Abgabenordnung), in Klein (Hrsg.), Abgabenordnung, Kommentar, 10. Aufl. 2009, § 141 AO.

Raupach, Arndt (Handelsbilanz), Das Steuerrecht als unerwünschte Rechtsquelle der Handelsbilanz, in Ballwieser/Böcking/Drukarczyk/ (Hrsg.), Bilanzrecht und Kapitalmarkt, Festschrift für Adolf Moxter, 1994, S. 101 ff.

Reil, Stephanny (Leistungs- und Verlustfähigkeit), Leistungs- und Verlustfähigkeit – Das Leistungsfähigkeitsprinzip und das System des Verlustausgleichs im deutschen Einkommensteuerrecht, 2003.

Rennings, Peter (Verlustverrechnung), Einschränkungen der Verlustverrechnung, FR 2011 S. 741 ff.

Richter, Andreas/Welling, Berthold (Einschränkungen der Verlustverrechnung), Diskussionsbericht zum 39. Berliner Steuergespräch "Einschränkungen der Verlustverrechnung", FR 2011 S. 756 ff.

Rieger, Wilhelm (Privatwirtschaftslehre), Einführung in die Privatwirtschaftslehre, 3. Aufl., 1984.

Robisch, Martin/Treisch, Corinna (Handels- und Steuerbilanz), Neuere Entwicklungen des Verhältnisses von Handels- und Steuerbilanz – Anhaltspunkte für eine Tendenzwende?, WPg. 1997 S. 156 ff.

Rose, Gerd (Betrieb und Steuer), Betrieb und Steuer, 1. Buch. Ertragsteuern: Einkommensteuer, Körperschaftsteuer, Gewerbesteuer, 1969.

Rose, Gerd (Steuerlehre) Betriebswirtschaftliche Steuerlehre: Eine Einführung für Fortgeschrittene, 3. Aufl. 1992.

Rose, Gerd (Steuerberatung und Wissenschaft), in: Steuerberaterjahrbuch 1969/70, Steuerberatung und Wissenschaft, S. 31 ff.

Rose, Manfred (Plädoyer), Plädoyer für ein konsumbasiertes Steuersystem, in M. Rose (Hrsg.), Konsumorientierte Neuordnung des Steuersystems, 1991, S. 7 ff.

Rose, Manfred (Besteuerung des Sparens), Reform der Besteuerung des Sparens und der Kapitaleinkommen, BB Beilage 1992 Nr. 5, S. 1 ff.

Rudzio, Wolfgang (Das politische System), Das politische System der Bundesrepublik Deutschland, 7. Aufl. 2006.

Rüstow, Alexander (Ortsbestimmung der Gegenwart), Ortsbestimmung der Gegenwart – Eine universalgeschichtliche Kulturkritik, Band 3, 2003.

Rützel, Georg (Steuerbilanz in Zeiten schleichender Inflation), Handels- und Steuerbilanz in Zeiten schleichender Inflation, 1994.

Sachverständigenrat zur Begutachtung der gesamtwirtschaftlichen Entwicklung/Max-Planck-Institut für Geistiges Eigentum, Wettbewerbs- und Steuerrecht/Zentrum für Europäische Wirtschaftsforschung/SVR/-MPI/ZEW (Duale Einkommensteuer), Reform der Einkommens- und Unternehmensbesteuerung durch die Duale Einkommensteuer, 2006.

Schanz, Georg (Einkommensbegriff), Der Einkommensbegriff und die Einkommensteuergesetze, FA 1896 S. 1 ff.

Scharpf, Fritz W. (Regieren in Europa), Regieren in Europa. Effektiv und demokratisch?, 1999.

Sava, Olga (Dualismus), Dualismus der Einkunftsarten, Ansätze zur Steuerreformdiskussion aus betriebswirtschaftlicher Sicht, 2007.

Scheffler, Wolfram/Krebs, Claudia (CCCTB), Richtlinienvorschlag zur CCCTB: Bestimmung der Bemessungsgrundlage im Vergleich mit der Steuerbilanz nach EStG, DStR 2011, Beihefter zu Heft 22, S. 13 ff.

Scheffler, Wolfram (Maßgeblichkeitsprinzip), Das Maßgeblichkeitsprinzip nach dem Bilanzrechtsmodernisierungsgesetz – Bestandsaufnahme nach Auffassung der Finanzverwaltung und Alternativen zum Maßgeblichkeitsprinzip, IFSt-Schrift Nr. 474 (2011).

Schenke, Ralf P./Risse, Markus (Maßgeblichkeitsgrundsatz), Der Maßgeblichkeitsgrundsatz nach dem Bilanzrechtsmodernisierungsgesetz, DB 2009 S. 1957 ff.

Schipporeit, Erhard (Unternehmenssteuer), Ziele und Möglichkeiten einer Unternehmenssteuer, StuW 1980 S. 190 ff.

Schmalenbach, Eugen/Bauer, Richard (Kostenrechnung), Kostenrechnung und Preispolitik, 7. Aufl. 1956.

Schmalenbach, Eugen (Dynamische Bilanz), Dynamische Bilanz, 8. Aufl. 1947.

Schmalenbach, Eugen (Abschreibung), Die Abschreibung, ZfhF 1908/1909 S. 81 ff.

Schmidt, Peter-Jürgen (Betriebsstätten), Besteuerung ausländischer Betriebsstätten und Maßgeblichkeitsprinzip, in Budde/Moxter (Hrsg.), Handelsbilanzen und Steuerbilanzen, Festschrift zum 70. Geburtstag von Prof. Dr. h. c. Heinrich Beisse, 1997, S. 461 ff.

Schmiel, Ute (Rechtskritik), Rechtskritik als Aufgabe der Betriebswirtschaftlichen Steuerlehre, 2005.

Schneider, Dieter/Bareis, Peter/Siegel, Theodor (Normative Steuerlehre), Für normative Steuerlehre – Wider eine Beseitigung des gesellschaftlichverpflichteten Fundaments der Betriebswirtschaftlichen Steuerlehre, DStR 2013 S. 1145 ff.

Schneider, Dieter (Vertikale Gerechtigkeit), Vertikale Gerechtigkeit wider Rechtsformneutralität und Lebenseinkommensbesteuerung, in Siegel/Kirchhof/Schneeloch/Schramm (Hrsg.), Steuertheorie, Steuerpolitik und Steuerpraxis, Festschrift für Peter Bareis zum 65. Geburtstag, 2005, S. 275 ff.

Schneider, Dieter (Zahlungsströme), Folgt die Tugend gewinnsteuerlicher Bemessungsgrundlagen den Zahlungsströmen?, StuW 2004 S. 293 ff.

Schneider, Dieter (Rechtsformneutralität), Steuervereinfachung durch Rechtsformneutralität?, DB 2004 S. 1517 ff.

Schneider, Dieter (Steuerlast), Steuerlast und Steuerwirkung, Einführung in die Betriebswirtschaftslehre, 2002.

Schneider, Dieter (Investition), Investition, Finanzierung und Besteuerung, 7. Aufl. 2002.

Schneider, Dieter (Unternehmensbesteuerung), Reform der Unternehmensbesteuerung aus betriebswirtschaftlicher Sicht, StuW 1989 S. 328 ff.

Schneider, Dieter (Betriebswirtschaftslehre), Betriebswirtschaftslehre, Band 2: Rechnungswesen, 2. Aufl. 1997.

Schneider, Dieter (Gewinnbesteuerung), Die Diskussion um Inflation und Gewinnbesteuerung 1920 – 1923 als Anstoß für die Entwicklung zweier Steuerwissenschaften jenseits der Finanzwissenschaft, Deutsche Finanzwissenschaft zwischen 1918 und 1939, 13. Tagung des Dogmenhistorischen Ausschusses im Verein für Socialpolitik, 1994.

Schneider, Dieter (Steuerbilanzen), Steuerbilanzen, Rechnungslegung als Messung steuerlicher Leistungsfähigkeit, 1978.

Schnitger, Arne (Umsetzung des AOA), Änderungen des § 1 AStG und Umsetzung des AOA durch das JStG 2013, IStR 2012 S. 633 ff.

Schober, Tibor (Verfassungsrechtliche Restriktionen), Verfassungsrechtliche Restriktionen für den vereinfachenden Einkommensteuergesetzgeber – Eine Überprüfung verfassungsrechtlicher Grundsätze an ausgewählten Vereinfachungsideen, 2009.

Schön, Wolfgang (Steuervereinfachung), Vermeidbare und unvermeidbare Hindernisse der Steuervereinfachung, in: StuW 2002, 23 ff.

Schön, Wolfgang (Maßgeblichkeit), Eine Zukunft für das Maßgeblichkeitsprinzip, in Schön (Hrsg.), Steuerliche Maßgeblichkeit in Deutschland und Europa, 2005, S. 1.

Schön, Wolfgang (Steuerbilanz), Die Steuerbilanz zwischen Handelsrecht und Grundgesetz, StuW 1995 S. 366 ff.

Schramm, Uwe (Deutscher Maßgeblichkeitsgrundsatz), Internationale Rechnungslegungsvorschriften und der deutsche Maßgeblichkeitsgrundsatz, in Siegel/Kirchhof/Schneeloch/Schramm (Hrsg.), Steuertheorie, Steuerpolitik und Steuerpraxis, Festschrift für Peter Bareis zum 65. Geburtstag, 2005, S. 293 ff.

Schredelseker, Klaus (Unternehmensbesteuerung), Wider eine individualistisch verkürzte Theorie der Unternehmensbesteuerung, StuW 1975, S. 724 ff.

Schreiber, Ulrich (Gewinnermittlung), Gewinnermittlung und Besteuerung der Einkommen, StuW 2002 S. 105 ff.

Schreiber, Ulrich (Maßgeblichkeitsprinzip), Hat das Maßgeblichkeitsprinzip noch eine Chance?, in Budde/Moxter/Offerhaus (Hrsg.), Handelsbilanzen und Steuerbilanzen, Festschrift zum 70. Geburtstag von Heinrich Beisse, 1997, S. 491 ff.

Schulemann, Olaf (Horizontale Gerechtigkeit), Horizontale Gerechtigkeit und Einkommensbesteuerung, 2008.

Schulze-Osterloh, Joachim (Verfassungsrechtliche Grenzen), Verfassungsrechtliche Grenzen der bilanzsteuerrechtlichen Gesetzgebung: Nettoprinzip, Maßgeblichkeitsgrundsatz, Rückstellungen, Gewinnrealisierung, in Pelka (Hrsg.), Europa- und verfassungsrechtliche Grenzen der Besteuerung, DStJG Band 23, 2000, S. 67 ff.

Schulze-Osterloh, Joachim (Verbindlichkeitsrückstellung), in Schneider/-Rückle/Küpper/Wagner (Hrsg.), Kritisches zur Rechnungslegung und Unternehmensbesteuerung, Festschrift zur Vollendung des 65. Lebensjahres von Theodor Siegel, 2005, Die Unentziehbarkeit als Voraussetzung einer Verbindlichkeitsrückstellung, S. 185 ff.

Schulze-Osterloh, Joachim (Steuerrechtliche Gewinnermittlung), Handelsbilanz und steuerrechtliche Gewinnermittlung, StuW 1991 S. 284 ff.

Schütz, Robert (Maßgeblichkeitsgrundsatz), Der Maßgeblichkeitsgrundsatz gemäß § 5 Abs. I EStG – Ein Fossil?, 2002.

Schumpeter, Joseph (Theorie der wirtschaftlichen Entwicklung), Theorie der wirtschaftlichen Entwicklung – Eine Untersuchung über Unterneh-mer-gewinn, Kapital, Kredit, Zins und den Konjunkturzyklus, 9. Aufl. 1997.

Schruff, Wienand (Zeitwertbilanzierung), Die Zeitwertbilanzierung nach IFRS/IAS – Ein zukunftsweisendes Konzept oder ein fundamentaler Irrtum?, in Schneider/Rückle/Küpper/Wagner (Hrsg.), Kritisches zur Rechnungslegung und Unternehmensbesteuerung, Festschrift zur Vollendung des 65. Lebensjahres von Theodor Siegel, 2005, S. 111 ff.

Seer, Roman (Steuerrecht), § 1, in Tipke/Lang, Steuerrecht, 21. Aufl. 2013.

Seer, Roman (Einkommensteuerreform), BB-Forum: Einkommensteuerreform – Flat Tax oder Dual Income Tax, BB 2004 S. 2272 ff.

Siegel, Theodor (Gewinnermittlung), Leistungsfähigkeitsprinzip und steuerliche Gewinnermittlung, in Schmiel/Breithecker (Hrsg.), Steuerliche Gewinnermittlung nach dem Bilanzrechtsmodernisierungsgesetz, 2008, S. 301 ff.

Siegel, Theodor (Gläubigerschutz), Mangelnde Ernsthaftigkeit des Gläubigerschutzes als offene Flanke der deutschen Rechnungslegungsvorschriften, in Fischer (Hrsg.), Jahresabschluss und Jahresabschlussprüfung – Probleme, Perspektiven, internationale Einflüsse, Festschrift für Jörg Baetge, 1997, S. 117 ff.

Siegel, Theodor (Steuerpolitik), Steuerwirkungen und Steuerpolitik in der Unternehmung, 1982.

Sigloch, Jochen (Gewinnermittlung), Einheitliche Gewinnermittlung nach Handels- und Steuerrecht – Utopie oder realistische Version?, in Schneider/Rückle/Küpper/Wagner (Hrsg.), Kritisches zur Rechnungslegung und Unternehmensbesteuerung, Festschrift zur Vollendung des 65. Lebensjahres von Theodor Siegel, 2005, S. 551 ff.

Sigloch, Jochen (Reformbedarf), Die Unternehmensbesteuerung – Reformstand und Reformbedarf, in Söllner/Wilfert (Hrsg.), Die Zukunft des Sozial- und Steuerstaates, Festschrift zum 65. Geburtstag von Dieter Fricke, 2001, S. 46 ff.

Sigloch, Jochen (Maßgeblichkeitsprinzip), Ein Valet dem Maßgeblichkeitsprinzip?, BFuP 2000 S. 157 ff.

Simon, Herman Veit (Bilanzen), Die Bilanzen der Aktiengesellschaften und der Kommanditgesellschaften auf Aktien, 3. Aufl. 1899.

Smeets, Heinz-Dieter/Vogel, Bernard (Stabilitäts- und Wachstumspakt), Der Stabilitäts- und Wachstumspakt – Eine Kritische Würdigung, in Söllner/Wilfert (Hrsg.), Die Zukunft des Sozial- und Steuerstaates, Festschrift zum 65. Geburtstag von Dieter Fricke, 2001, S. 421 ff.

Smeets, Heinz-Dieter (Freihandel), Freihandel im Widerstreit zu protektionistischen Bestrebungen, in Fischer (Hrsg.), Währungsreform und Soziale Marktwirtschaft, Erfahrungen und Perspektiven nach 40 Jahren, 1989, S. 239 ff.

Spengel, Christoph/Zöllkau, York (CCCTB), Common Corporate Tax base (CC(C)TB) and Determination of Taxable Income. An International Comparison, 2012.

Spengel, Christoph/Oestreicher, Andreas (Körperschaftsteuerbemessungsgrundlage), Gemeinsame (konsolidierte) Körperschaftsteuerbemessungsgrundlage in der EU – Modelle und Umsetzungsfragen, DStR 2009 S. 773 ff.

Spengel, Christoph (Zukunft der Steuerbilanz), Bilanzrechtsmodernisierung – Zukunft der Steuerbilanz, FR 2009 S. 101 ff.

Spengel, Christoph (Europäische Steuerbelastungsvergleiche), Europäische Steuerbelastungsvergleiche. Deutschland – Frankreich – Großbritannien, 2005.

Spengel, Christoph (Unternehmensbesteuerung), Internationale Unternehmensbesteuerung in der Europäischen Union. Steuerwirkungsanalyse – Empirische Befunde – Reformüberlegungen, 2003.

Stapperfend, Thomas (Fehlerbegriff), Bilanzberichtigung und Bindung der Finanzverwaltung an die eingereichte Bilanz – Subjektiver Fehlerbegriff auf dem Prüfstand, IFSt-Schrift Nr. 464, 2010.

Steger, Gerhard (Öffentliche Haushalte), in Steger (Hrsg.), Öffentliche Haushalte in Österreich, 3. Aufl. 2010, S. 483 ff.

Stiftung Marktwirtschaft, Kommission Steuergesetzbuch, Entwurf eines Einkommensteuergesetzbuches, 2009.

Stiftung Marktwirtschaft, Kommission Steuergesetzbuch, Gesetz zur Steuerlichen Gewinnermittlung (StGEG), 2006.

Stiglitz, Joseph E./Schönfelder, Bruno (Finanzwissenschaft), Finanzwissenschaft, 2. Auf. 1996.

Stobbe, Thomas (Handels- und Steuerbilanz), Überlegungen zum Verhältnis von Handels- und Steuerbilanz nach dem BilMoG, DStR 2008 S. 2432 ff.

Stoll, Jürg (Rückstellung), Die Rückstellung im Handels- und Steuerrecht, 1992 (CH).

Strobl, Elisabeth (Matching Principle), Matching Principle und deutsches Bilanzrecht, in Ballwieser/Böcking/Drukarczyk/Schmidt, Bilanzrecht und Kapitalmarkt, Festschrift zum 65. Geburtstag von Prof. Dr. Dr. h. c. Dr. h. c. Adolf Moxter, S. 408 ff.

Theile, Carsten (Totenglocken für das Maßgeblichkeitsprinzip), Totenglocken für das Maßgeblichkeitsprinzip – „Steuerbilanzgesetz" ante portas? Zum Entwurf eines BMF-Schreibens zum Maßgeblichkeitsprinzip, DStR 2009 S. 2384 ff.

Thomas, Ralf Peter (Rückstellungen für drohende Verluste), Rückstellungen für drohende Verluste aus schwebenden Absatzgeschäften unter besonderer Berücksichtigung von Forschung und Entwicklung, 1994.

Tipke, Klaus (Steuergerechtigkeit), Steuergerechtigkeit unter besonderer Berücksichtigung des Folgerichtigkeitsgebots, StuW 2007 S. 201 ff.

Tipke, Klaus (Karlsruher Entwurf), Der Karlsruher Entwurf zur Reform der Einkommensteuer, StuW 2002 S. 148 ff.

Tipke, Klaus (Steuerrechtsordnung I), Die Steuerrechtsordnung, Band I, 1993.

Tipke, Klaus (Steuerrechtsordnung II), Die Steuerrechtsordnung, Band II, 1993.

Tipke, Klaus (Dualistische Einkünfteermittlung), Die dualistische Einkünfteermittlung nach dem Einkommensteuergesetz, in Kruse (Hrsg.), Festschrift für Heinz Paulick zum 65. Geburtstag, 1973, S. 391 ff.

Tipke, Klaus (Steuerrecht), Steuerrecht – Chaos, Konglomerat oder System?, StuW 1971 S. 2 ff.

Titz, Elisabeth (Das Bilanzsteuerrecht), Das Bilanzsteuerrecht in Gegenwart und Zukunft, 2012.

Trzaskalik, Christoph (Einkommen), Vom Einkommen bis zu den Einkunftsarten – Marginalien zum steuertheoretischen Grundsatz von Klaus Tipke, in Lang (Hrsg.), Die Steuerrechtsordnung in der Diskussion – Festschrift für Klaus Tipke zum 70. Geburtstag, 1995, S. 321 ff.

Urbas, Helmut (Wirtschaftliche Betrachtungsweise), Die wirtschaftliche Betrachtungsweise im Steuerrecht, 1987.

Vodrazka, Karl (Steuerbilanz), Zukunftswerte in der Steuerbilanz, in Schmied/Kanduth-Kristen/Urnik (Hrsg.), Steuerwissenschaften und betriebliches Rechnungswesen, Festschrift für Herbert Kofler zum 60. Geburtstag, S. 677 ff.

van der Velde, Kurt (Herstellungskosten) Herstellungskosten in der Kostenrechnung und in der Steuerbilanz. 3. Aufl. 1960.

Velte, Patrick (Fiskalpolitische Maßgeblichkeit), Fiskalpolitische Maßgeblichkeit bei der Rückstellungsbewertung, StuW 2013 S. 197 ff.

Velte, Patrick/Freidank, Carl-Christian (Maßgeblichkeit), Quo vadis Maßgeblichkeit?, Eine Analyse aus rechtshistorischer, steuersystematischer und betriebswirtschaftlicher Sicht, StuW 2010 S. 185 ff.

Versin, Volker (Derogation des Maßgeblichkeitsprinzips), Derogation des Maßgeblichkeitsprinzips im Einkommensteuerrecht?, 2002.

Wacker, Roland (Einkommensteuergesetz) § 15 EStG, in Schmidt (Hrsg.), Einkommensteuergesetz, 31. Aufl. 2012.

Wacker, Wilhelm H. (Verluststrategien), Steuerliche Verluststrategien der Unternehmung, in Hörstmann/Niemann/Rose (Hrsg.), Steuerberater-jahrbuch 1975/76, 1976, S. 389 ff.

Wagner, Franz W. (Neuordnung der steuerlichen Gewinnermittlung), Welche Kriterien sollten die Neuordnung der steuerlichen Gewinnermittlung bestimmen?, BB 2002 S. 1885.

Wagner, Franz W. (Objektives Nettoprinzip), Warum haben Ökonomen das objektive Nettoprinzip erfunden, aber nicht erforscht?, StuW 2010 S. 24 ff.

Wagner, Franz W. (Aufgabe der Maßgeblichkeit), Aufgabe der Maßgeblichkeit bei einer Internationalisierung der Rechnungslegung? Eine Analyse der ökonomischen Wirkungen des Bilanzsteuerrechts DB 1998 S. 2073 ff.

Wagner, Franz W. (Regel), Kann es eine Beseitigung aller steuerlichen Ausnahmen geben, wenn es keine Regel gibt?, DStR 1997 S. 517 ff.

Walb, Ernst (Finanzwirtschaftliche Bilanz), Finanzwirtschaftliche Bilanz, 3. Aufl. 1943.

Walb, Ernst (Erfolgsrechnung), Die Erfolgsrechnung privater und öffentlicher Betriebe – eine Grundlegung, 1926.

Wassermeyer, Franz (Tatbestandsmerkmale), Das Erfordernis objektiver und subjektiver Tatbestandsmerkmale in der ertragsteuerlichen Rechtsprechung des BFH, StuW 1982 S. 352 ff.

Weber, Guido (Inflationsberücksichtigung), Inflationsberücksichtigung in der Einkommensteuer, 2012.

Weber-Grellet, Heinrich (Einkommensteuergesetz), § 5 EStG, in Schmidt (Hrsg.), Einkommensteuergesetz, 31. Aufl. 2012.

Weber-Grellet, Heinrich (Prüfung von Steuergesetzen), Das Koordinatensystem des BVerfG bei der Prüfung von Steuergesetzen, FR 2011 S. 1028 ff.

Weber-Grellet, Heinrich (Grundfragen), Grundfragen und Zukunft der Gewinnermittlung, DB 2010 S. 2298 ff.

Weber-Grellet, Heinrich (Maßgeblichkeit), Das BMF und die Maßgeblichkeit, Anmerkungen zum Entwurf des BMF-Schreibens vom 12. 10. 2009 – IV C 6 – S 2133/09/10001, DB 2009 S. 2402 ff.

Weber-Grellet, Heinrich (Mindestbesteuerung), Mindestbesteuerung/Verlustverrechnung, Stbg 2004 S. 75 ff.

Weber-Grellet, Heinrich (Bilanzsteuerrecht), Rechtsprechung des BFH zum Bilanzsteuerrecht im Jahr 2000, BB 2001 S. 35 ff.

Weber-Grellet, Heinrich (Reform des Bilanzsteuerrechts), Bestand und Reform des Bilanzsteuerrechts, DStR 1998 S. 1343 ff.

Weber-Grellet, Heinrich (Maßgeblichkeitsschutz), Maßgeblichkeitsschutz und eigenständige Zielsetzung der Steuerbilanz, DB 1994 S. 288 ff.

Wendt, Michael (Bilanzrecht), § 180, Bilanzrecht, in Kube/Mellinghoff/Morgenthaler/Palm/Puhl/Seiler (Hrsg.), Leitgedanken des Rechts: Paul Kirchhof zum 70. Geburtstag, 2013, S. 1961 ff.

Wendt, Michael (Entwicklungstendenzen), Entwicklungstendenzen auf dem Gebiet des Bilanzsteuerrechts in der Rechtsprechung des Bundesfinanzhofs, ÖStZ 2012 S. 297 ff.

Wendt, Michael (Verlustberücksichtigung), Prinzipien der Verlustberücksichtigung, in v. Groll (Hrsg.), Verluste im Steuerrecht, DStJG Band 28, 2005, S. 41 ff.

Wendt, Michael (Wesentlichkeitsgrundsatz), Wie wesentlich ist der Wesentlichkeitsgrundsatz in der Steuerbilanz?, in Kessler/Förster/Watrin

(Hrsg.), Unternehmensbesteuerung, Festschrift für Norbert Herzig, 2010, S. 517 ff.

Willgerodt, Hans (Verlust, Gewinn und Gemeinwohl), in Hasse/Starbatty (Hrsg.), Werten und Wissen, Beiträge zur Politischen Ökonomie, Der Unternehmer zwischen Verlust, Gewinn und Gemeinwohl, S. 283 ff.

v. Wolfersdorff, Janine (Zukunftsfragen), Zukunftsfragen und Trends der deutschen und europäischen Steuerpolitik, IFSt-Schrift Nr. 479, 2012, S. 11 ff.

Wöhe, Günter/Mock, Sebastian (Handels- und Steuerbilanz), Die Handels- und Steuerbilanz – Betriebswirtschaftliche, handelsrechtliche und steuerrechtliche Grundsätze der Bilanzierung, 6. Aufl. 2010.

Wöhe, Günter (Betriebswirtschaftslehre), Einführung in die Allgemeine Betriebswirtschaftslehre, 23. Aufl. 2008.

Wöhe, Günter/Kußmaul, Heinz (Bilanztechnik), Grundzüge der Buchführung und Bilanztechnik, 6. Aufl. 2008.

Wüstemann, Jens/Wüstemann, Sonja (System der GoB), Das System der Grundsätze ordnungsmäßiger Buchführung nach dem Bilanzrechtsmodernisierungsgesetz, in Baumhoff/Dücker/Köhler (Hrsg.), Besteuerung, Rechnungslegung und Prüfung der Unternehmen, Festschrift für Norbert Krawitz, 2010, S. 751 ff.

Zimmermann, Horst,/Henke, Klaus-Dirk/Broer, Michael (Finanzwissenschaft), Finanzwissenschaft, 10. Aufl. 2009.

VERZEICHNIS DER RECHTSPRECHUNG

EuGH, Urteil vom 7.1.2003 – C-306/99 – BIAO, DB 2003 S. 181 ff.

BVerfG, Urteil vom 28.2.2012 – 2 BvE 8/11, BVerfGE 130 S. 318 ff.

BVerfG, Beschluss vom 7.7.2010 – 1 BvR 2556/09, juris.

BVerfG, Beschluss vom 7.7.2010 – 2 BvL 14/02, 2 BvL 2/04, 2 BvL 13/05, BGBl. I 2010 S. 1296 ff.

BVerfG, Beschluss vom 12.5.2009 – 2 BvL 1/00, BVerfGE 123 S. 111 ff.

BVerfG, Urteil vom 6.3.2002 – 2 BvL 17/99, BVerfGE 105 S. 73 ff.

BVerfG, Beschluss vom 30.9.1998 – 2 BvR 1818/91, BVerfGE 99 S. 88 ff.

BVerfG, Beschluss vom 10.4.1997 – 2 BvL 77/92, BVerfGE 96 S. 1 ff.

BVerfG, Beschluss vom 27.12.1991 – 2 BvR 72/90, BStBl. II 1992 II S. 212 ff.

BVerfG, Beschluss vom 8.10.1991 – 1 BvL 50/86, BVerfGE 84 S. 348 ff.

BVerfG, Beschluss vom 22.7.1991 – 1 BvR 313/88, DStR 1991 S. 1278 ff.

BVerfG, Beschluss vom 3.6.1987 – 1 BvL 5/81, BVerfGE 75 S. 361 ff.

BVerfG, Urteil vom 6.11.1984 – 2 BvL 19/83, BVerfGE 67 S. 256 ff.

BVerfG, Urteil vom 20.7.1954 – I BvR 459/52, BVerfGE 4 S. 7 ff.

BVerfG, Urteil vom 1.7.1953 – 1 BvL 23/51, BVerfGE 2 S. 380 ff.

BVerfG, Beschluss vom 18.12.1953 – 1 BvL 106/53, BVerfGE 15 S. 313 ff.

BFH, Urteil vom 15.5.2013 – I R 62/11, DB 2013 S. 1091 ff.

BFH, Urteil vom 6. 2. 2013 – I R 8/12, DB 2013 S. 1087 ff.

BFH, Beschluss vom 31.1.2013 – GrS 1/10, BStBl. II 2013 S. 317 ff.

BFH, Urteil vom 9.1.2013 – I R 72/11, BStBl. II 2013 S. 343 ff.

BFH, Urteil 12.12.2012 – I R 69/11, DB 2013 S. 611 ff

BFH, Urteil vom 22.8.2012 – I R 9/11, DB 2012 S. 2785 ff. (BVerfG-Az. 2 BvR 2998/12).

BFH, Urteil vom 26.4.2012 – IV R 43/09, DB 2012 S. 1359 ff.

BFH, Urteil vom 21.9.2011 – I R 89/10, BFHE 235 S. 263 ff.

BFH, Urteil vom 14.12.2011 – I R 72/10, DStR 2012 S. 452 ff.

BFH, Urteil vom 21.09.2011 – I R 7/11, DB online, DB0463937.

BFH, Urteil vom 8.9.2011 – IV R 5/09, BStBl. II 2012 S. 122 ff.

BFH, Urteil vom 25.10.2010 – IV R 37/07, BStBl. II 2010 S. 784 ff.

BFH, Beschluss vom 26.8.2010 – I B 49/10, BStBl. II 2011 S. 826 ff.

BFH, Urteil vom 25.8.2010 – I R 103/09, DB 2010 S. 2648 ff.

BFH, Urteil vom 27.1.2010 – I R 35/09, BStBl. 2010 II S. 478 ff.

BFH, Urteil vom 16.12.2009 – I R 102/08, BStBl. II 2011 S. 566 ff.

BFH, Beschluss vom 6.10.2009 – I R 4/08, BStBl. II 2010 S. 177 ff.
BFH, Urteil vom 29.4.2009 – I R 74/08, BStBl. II 2009 S. 899 ff.
BFH, Urteil vom 23.4.2009 – IV R 62/06, BStBl. II 2009 S. 778 ff.
BFH, Urteil vom 17.10.2007 – I R 61/06, BStBl. II 2008 S. 555 ff.
BFH, Urteil vom 26.9.2007 – I R 58/06, BStBl. II 2009 S. 294 ff.
BFH, Urteil vom 24.10.2006 – I R 2/06, BStBl. II 2007 S. 469 ff.
BFH, Urteil vom 14.3.2006 – I R 22/05, BStBl. II 2006 S. 680 ff.
BFH, Beschluss vom 17.2.2005 – XI B 138/03, BFH/NV 2005 S. 1264 ff.
BFH, Urteil vom 15.9.2004 – I R 5/04, BStBl. II 2009 S. 100 ff.
BFH, Beschluss vom 28.7.2004 – XI R 54/99, BFH/NV 2004 S. 269 ff.
BFH, Urteil vom 5.6.2002 – I R 96/00, BStBl. II 2005 S. 736 ff.
BFH, Urteil vom 27.6.2001 – I R 45/97, BStBl. II 2003 S. 121 ff.
BFH, Urteil vom 20.1.1999 – I R 32/98, BStBl. II 1999 S. 269 ff.
BFH, Urteil vom 19.8.1998 – XI R 8/96 BStBl. 1999 II S. 18 ff.
BFH, Urteil vom 23.6.1997 – GrS 2/93, BStBl. II 1997 S. 735 ff.
BFH, Urteil vom 21.10.1993 – IV R 87/92, BStBl. II 1994 S. 176 ff.
BFH, Urteil vom 25.3.1992 – I R 69/91, BStBl. II 1992 S. 1010 ff.
BFH, Urteil vom 12.12.1991 – IV R 28/91, BStBl. II 1992 S. 600 ff.
BFH, Urteil vom 25.8.1989 – III R 95/87, BStBl. II 1989 S. 893 ff.
BFH, Urteil vom 22.11.1988 – VIII R 62/85, BStBl. 1989 II S. 359 ff.
BFH, Urteil vom 1.4.1981 – I R 27/79, BStBl. 1981 II S. 660 ff.
BFH, Beschluss vom 11.12.1985 – I B 49/58, BFH/NV 1986, S. 595 ff.
BFH, Urteil vom 20.3.1980 – IV R 89/79, BStBl. II 1980 S. 297 ff.
BFH, Urteil vom 23.7.1980 – I R 28/77, BStBl. II 1981 S. 62 ff.
BFH, Urteil vom 19.2.1975 – I R 28/73, BStBl. II 1975 S. 480 ff.
BFH, Urteil vom 17.7.1974 – I R 195/72, BStBl. II 1974 S. 684 ff.
BFH, Urteil vom 16.9.1970 – I R 184/67, BStBl. II 1971 S. 85 ff.
BFH, Beschluss vom 3.2.1969 – GrS 2/68, BStBl. II 1969 S. 291 ff.
BFH, Tauschgutachten vom 16.12.1958 – I D 1/57 S, BStBl. III 1959, 30 ff.
FG Baden-Württemberg, Urteil vom 24.7.2008 – 5 K 1521/08, juris,
FG Hamburg, Urteil vom 28.11.2003 – III 1/01, BB 2004 S. 1220 ff.

VERZEICHNIS DER VERWALTUNGSANWEISUNGEN

BMF, Schreiben vom 25.3.2013, BStBl. I 2013 S. 276 ff.

BMF, Schreiben vom 28.9.2011, BStBl. I 2011 S. 855 ff.

BMF, Schreiben vom 24.6.2011, BStBl. I 2011 S. 627 ff.

BMF, Schreiben vom 12.3.2010, BStBl. I 2010 S. 239 ff.

BMF, Schreiben vom 26.3.2009, BStBl I 2009 S. 514 ff.

BMF, Schreiben vom 21.1.2003, BStBl. I 2003 S. 125 ff.

BMF, Schreiben vom 25.2.2000, BStBl I 2000 S. 372 ff.

OFD Münster/OFD Rheinland, Verfügung vom 13.7.2012, DB 2012 S. 1779.

VERZEICHNIS DER GESETZESMATERIALIEN

Vertrag über die Schaffung einer Währungs-, Wirtschafts- und Sozialunion zwischen der Bundesrepublik Deutschland und der Deutschen Demokratischen Republik vom 18. Mai 1990 (BGBl. 1990 II S. 537), geändert durch Art. 9 § 3 des Gesetzes vom 9.6.1998 (BGBl. I S. 1242).

Abgabenordnung (AO), zuletzt geändert durch Artikel 2 Abs. 71 des Gesetzes zur Strukturreform des Gebührenrechts des Bundes vom 7.8.2013, BGBl. I S. 3154 ff.

Einkommensteuergesetz (EStG), zuletzt geändert durch Art. 1 des Gesetzes zur Änderung des Einkommensteuergesetzes in Umsetzung der Entscheidung des Bundesverfassungsgerichts vom 7. Mai 2013, 15.7.2013, BGBl. I S. 2397.

Körperschaftsteuergesetz (KStG), zuletzt geändert durch Artikel 3 des Gesetzes zur Umsetzung der Amtshilferichtlinie sowie zur Änderung steuerlicher Vorschriften (Amtshilferichtlinie-Umsetzungsgesetz – AmtshilfeRLUmsG) vom 26.6.2013, BGBl. I S. 1809 ff.

Handelsgesetzbuch (HGB), zuletzt geändert durch Gesetz zur Änderung des Handelsgesetzbuches vom 4.10.2013 BGBl. I S. 3746 ff.

Gewerbesteuergesetz (GewStG), zuletzt geändert durch Artikel 4 des Gesetzes zur Umsetzung der Amtshilferichtlinie sowie zur Änderung steuerlicher Vorschriften (Amtshilferichtlinie-Umsetzungsgesetz – AmtshilfeRLUmsG) vom 26.6.2013, BGBl. I S. 1809 ff.

Aktiengesetz (AktG), zuletzt geändert durch Art. 26 des Zweiten Gesetzes zur Modernisierung des Kostenrechts (2. Kostenrechtsmodernisierungsgesetz – 2. KostRMoG) vom 23.7.2013, BGBl. I S. 2586 ff.

Gesetz betreffend die Gesellschaften mit beschränkter Haftung (GmbHG), zuletzt geändert durch Artikel 27 des Zweiten Gesetzes zur Modernisierung des Kostenrechts (2. Kostenrechtsmodernisierungsgesetz – 2. KostRMoG) vom 23.7.2013, BGBl. I S. 2586 ff.

Verordnung (EG) Nr. 2157/2001 des Rates vom 8.10.2001 über das Statut der Europäischen Gesellschaft (SE), Abl.EG Nr. L 294/1

Bürgerliches Gesetzbuch (BGB), zuletzt geändert durch Artikel 4 Abs. 5 des Gesetzes zur Einführung eines Datenbankgrundbuches vom 1.10.2013, BGBl. I S. 3719 ff.

Gesetz zur Modernisierung des Bilanzrechts (Bilanzrechtsmodernisierungsgesetz – BilMoG) vom 25.5.2009, BGBl. I S. 1102 ff.

Verordnung zur Festlegung eines späteren Anwendungszeitpunktes der Verpflichtungen nach § 5b des Einkommensteuergesetzes (AnwZpvV) vom 20.12.2010, BGBl. I S. 2135.

EU-Kommission, Vorschlag für eine Richtlinie des Rates über eine Gemeinsame konsolidierte Körperschaftsteuer-Bemessungsgrundlage (GKKB) vom 16.3.2011, KOM 121/4, 2011/0058 (CNS), 2011.

Dänische Ratspräsidentschaft, Presidency comments on the compromise proposal for a Council Directive on a Common Consolidated Corporate Tax Base (CCCTB), 16.4.2012, 8790/12, abrufbar unter http://register.consilium.europa.eu/pdf/en/12/st08/st08790.en12.pdf.

Gesetz zur Modernisierung des Bilanzrechts (Bilanzrechtsmodernisierungsgesetz – BilMoG), Gesetzentwurf der Bundesregierung vom 30.7.2008, BT- Drs. 16/10067.

Anpassung des Investmentsteuergesetzes und anderer Gesetze an das AIFM-Umsetzungsgesetz (AIFM-Steuer-Anpassungsgesetz, AIFM-

StAnpG), Gesetzentwurf der Bundesregierung vom 8.2.2013, http://dipbt.bundestag.de/extrakt/ba/WP17/508/50858.html.

Gesetz zur Durchführung der Vierten Richtlinie des Rates der Europäischen Gemeinschaften zur Koordinierung des Gesellschaftsrechts, Gesetzentwurf der Bundesregierung vom 3.6.1983 (Bilanzrichtlinien-Gesetz), BR-Drs. 257/83.

Steuerentlastungsgesetz 1999/2000/2002, Gesetzentwurf der Fraktionen SPD und BÜNDNIS 90/DIE GRÜNEN vom 9.11.1998, BT-Drs. 14/23.

Einkommensteuergesetz (EStG) 1975, Regierungsentwurf vom 9.1.1974, BT-Drs. Nr. 7/1470.

VERZEICHNIS DER LEXIKA

Gabler Wirtschaftslexikon, Stichwort: Opportunitätskosten, http://wirtschafts-lexikon. gabler.de/Archiv/6755/opportunitaetskosten-v6.html.

Grosjean, Rene Klaus, Bank-Lexikon, 9. Aufl. 1983, Stichwort Zahlungsmittel.

Schubert, Klaus/Klein, Martina: Das Politiklexikon. 5., Aufl. 2011, Stichwort Demokratie.